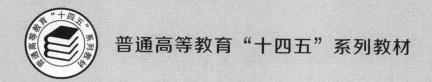

普通高等教育"十四五"系列教材

# 路由交换技术

主　编 ◎ 尹淑玲　温　静
副主编 ◎ 汪　刚　谢永平

U0172432

华中科技大学出版社
http://www.hustp.com
中国·武汉

# 内 容 简 介

　　路由和交换技术是计算机网络技术的核心,本书主要围绕交换技术和路由技术的重点基础理论和主要应用实践展开教学,不但重视理论讲解,还精心设计了相关实验,高度强调实用性和提高学生动手操作的能力。

　　本书首先介绍了计算机网络技术的基础知识,并在此基础上详细介绍了构建园区网所涉及的交换和路由等方面的技术,包括虚拟局域网技术、生成树协议、以太网链路聚合、IP 路由技术、RIP 协议、OSPF 路由协议、虚拟路由器冗余协议、动态主机配置协议访问控制列表、网络地址转换和广域网与 PPP 协议等。本书以华为技术有限公司的交换机产品和路由器产品为平台,在内容的选取、组织与编排上强调先进性、技术性和实用性,突出理论基础和实践操作相结合的特点。

　　本书的读者对象可以是本科、高职高专层次院校的学生、教师,也可以是准备参加 HCNA 和 HCNP 考试的专业人士,以及希望学习更多网络技术知识的技术人员。

　　为了方便教学,本书还配有电子课件等教学资源包,可以登录"我们爱读书"网(www.ibook4us.com)浏览,任课教师可以发邮件至 hustpeiit@163.com 索取。

**图书在版编目(CIP)数据**

路由交换技术/尹淑玲,温静主编.—武汉:华中科技大学出版社,2020.8(2024.1 重印)
ISBN 978-7-5680-6471-2

Ⅰ.①路… Ⅱ.①尹… ②温… Ⅲ.①计算机网络-路由选择 ②计算机网络-信息交换机
Ⅳ.①TN915.05

中国版本图书馆 CIP 数据核字(2020)第 159009 号

**路由交换技术**
Luyou Jiaohuan Jishu

尹淑玲　　温静　主编

策划编辑:康　序
责任编辑:康　序
封面设计:孢　子
责任监印:朱　玢

出版发行:华中科技大学出版社(中国·武汉)　　　电话:(027)81321913
　　　　　武汉市东湖新技术开发区华工科技园　　　邮编:430223
录　　排:武汉三月禾文化传播有限公司
印　　刷:武汉市首壹印务有限公司
开　　本:787mm×1092mm　1/16
印　　张:20
字　　数:512 千字
版　　次:2024 年 1 月第 1 版第 6 次印刷
定　　价:48.00 元

# 前言

PREFACE

随着互联网技术的出现及广泛应用,通信及电子信息产业在全球迅猛发展,从而也导致了企业对网络技术人才需求的不断增加,网络技术人才的培养成为高等院校的一项重要的战略任务。

路由和交换技术是计算机网络技术的核心,本书主要围绕交换技术和路由技术的重点基础理论和主要应用实践展开教学,不但重视理论讲解,还精心设计了相关实验,高度强调实用性和提高学生动手操作的能力。

本书首先介绍了计算机网络技术的基础知识,并在此基础上详细介绍了构建园区网所涉及的交换和路由等方面的技术,包括虚拟局域网技术、生成树协议、以太网链路聚合、IP路由技术、RIP协议、OSPF路由协议、虚拟路由器冗余协议、动态主机配置协议访问控制列表、网络地址转换和广域网与PPP协议等。本书以华为技术有限公司的交换机产品和路由器产品为平台,在内容的选取、组织与编排上强调先进性、技术性和实用性,突出理论基础和实践操作相结合的特点。

本书涉及的理论知识,都安排了相应的配置实现,重点培养学生的网络设计能力、对网络设备的选型和调试能力、分析和解决故障能力以及自主创新的能力。在每章的最后,还安排了若干习题供教师教学和学生课后复习使用。

通过对本书的学习,学员不仅能进行路由器、交换机等网络设备的配置,还可以全面理解网络与实际生活的联系及应用,掌握如何利用基本的网络技术来设计和构建中小型企业网。本书的技术内容都遵循相关国际标准,从而保证良好的开放性和兼容性。

本书由湖北科技职业学院尹淑玲老师基于多年的网络工程经验、教学经验及对网络技术的深刻理解而编写。本书的读者对象可以是本科、高职高专层次院校的学生、教师,也可以是准备参加 HCNA 和 HCNP 考试的专业人士,以及希望学习更多网络技术知识的技术人员。

本书共分 14 章,其中尹淑玲编写第 1 章至第 13 章,温静编写第 14 章。在本书的编写过程中,汪刚老师和谢永平老师给予了大力支持和鼓励,并对本书进行了详细的讨论和校正,在此表示衷心的感谢。

为了方便教学,本书还配有电子课件等教学资源包,可以登录"我们爱读书"网(www.ibook4us.com)浏览,任课教师可以发邮件至 hustpeiit@163.com 索取。

由于作者水平有限,书中的不妥和错误在所难免,诚请各位专家、读者不吝赐教!

编　者

2020 年 5 月

# 目录

CONTENTS

# 第 1 章　网络技术基础

计算机网络诞生于 20 世纪 60 年代末,发展到现在已经有 50 多年的历史,其一经诞生就引起了人们极大的兴趣,期间随着计算机技术和通信技术的高速发展及相互渗透融合,计算机网络已迅速扩散到日常民生的各个方面。例如,政府、军队、企业和个人都越来越多地将自己的重要业务依托于网络运行,同时有越来越多的信息被放置于网络之中。

现在,我们已经全面进入了信息社会,由于计算机网络对信息的收集、传输、存储和处理有非常重要的作用,因而信息高速公路更是离不开它。因此,计算机网络对整个信息社会都有着极其深刻的影响。

学习完本章,要达成如下目标。

- 理解计算机网络的定义和分类。
- 掌握 OSI 参考模型和 TCP/IP 模型的分层结构。
- 掌握 IP、TCP 等协议的功能及原理。
- 掌握子网划分和地址汇总的方法。

## 1.1　计算机网络概述

要想学习计算机网络技术,首先需要知道什么是计算机网络?

通常我们将用通信线路把分散在不同地点的多台计算机、终端和外部设备互连起来,彼此间能够互相通信,并且实现资源共享(包括软件、硬件、数据等)的整个系统称为计算机网络。

接入网络的每台计算机本身都是一台完整独立的设备,它自己可以独立工作。将这些计算机用双绞线、同轴电缆和光纤等有线通信介质,或者使用微波、卫星等无线媒体连接起来,再安装上相应的软件(这些软件就是实现网络协议的一些程序),就可以形成一个网络系统。在计算机网络中,通信的双方需要遵守共同的规则和约定才能进行通信,这些规则和约定称为计算机网络协议,计算机之间的通信和相互间的操作就由网络协议来解析、协调和管理。

### ◆ 1.1.1　计算机网络的分类

计算机网络的分类的方法有多种,下面简单介绍以下几种。

**1. 按网络的地域范围分类**

(1)广域网(wide area network,WAN):广域网的分布距离远,它通过各种类型的串行连接以便在更大的地理区域内实现接入。广域网是因特网的核心部分,其任务是长距离传输主机所发送的数据。

(2)城域网(metropolitan area network,MAN):城域网的覆盖范围为中等规模,介于局域网和广域网之间,通常是一个城市内的网络连接(距离为 5~50km)。城域网可以为一个或几个单位所拥有,但也可以是一种公用设施,用于将多个局域网进行互联。

(3)局域网(local area network,LAN):局域网通常指几千米范围以内的、可以通过某种介质互联的计算机、打印机或其他设备的集合。一个局域网通常为一个组织所有,常用于连接公司办公室或企业内的个人计算机和工作站,以便共享资源和交换信息。

**2. 按网络的使用者分类**

(1)公用网(public network):指电信公司(国有或私有)出资建造的大型网络。"公用"的意思就是所有愿意按电信公司的规定缴纳费用的人都可以使用这种网络。因此公用网也可称为公众网。

(2)专用网(private network):指某个部门为本单位的特殊业务工作的需要而建造的网络。这种网络不向本单位以外的人提供服务。例如,军队、铁路、电力等系统均有本系统的专用网。

**3. 按网络的拓扑结构分类**

(1)集中式网络:在集中式网络中,所有的信息流必须经过中央处理设备(即交换结点),链路都从中央交换结点向外辐射,这个中心结点的可靠性基本决定了整个网络的可靠性。集中式网络的典型结构就是星型拓扑。

(2)分布式网络:分布式网络中的任意一个结点都至少与其他两个结点直接相连,因而可靠性大幅提高。分布式网络的典型结构是网状拓扑。

**4. 按网络的传输介质分类**

(1)有线网络:有线网络使用同轴电缆、双绞线、光纤等通信介质。

(2)无线网络:无线网络使用卫星、微波、红外线、激光等通信介质。

## ◆ 1.1.2 计算机网络的拓扑结构

计算机网络的拓扑结构是指用传输媒体互连各种设备的物理布局,常见的有总线型拓扑结构、星型拓扑结构、环型拓扑结构和网状拓扑结构等。

**1. 总线型拓扑结构**

早期的以太网采用的是总线型拓扑结构,所有计算机共用一条物理传输线路,所有的数据发往同一条线路,并能被连接在线路上的所有设备感知。总线型拓扑结构如图 1-1 所示。

在总线型拓扑结构中,多台主机共用一条传输信道,信道的利用率较高。但是,在这种结构的网络中,同一时刻只能有两台主机进行通信,并且网络的延伸距离和接入的主机数量都有限。

**2. 星型拓扑结构**

星型拓扑结构网络以一台中央处理设备(通信设备)为核心,其他入网的主机仅与该中央处理设备之间有直接的物理链路,所有的数据都必须经过中央处理设备进行传输。目前使用的电话网络就属于这种结构,现在的以太网也采取星型拓扑结构或者分层的星型拓扑结构,如图 1-2 所示。

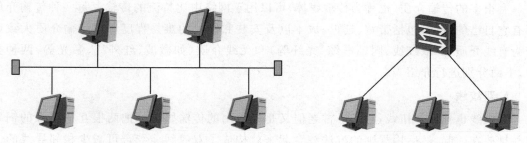

图 1-1　总线型拓扑结构　　　　　　　　图 1-2　星型拓扑结构

星型拓扑结构的特点是结构简单,便于管理(集中式)。不过每台入网的主机均需与中央处理设备互连,线路的利用率低;中央处理设备需处理所有的服务,负载较重;在中央处理设备处会形成单点故障,这将会导致网络瘫痪。

**3. 环型拓扑结构**

环型拓扑结构是一种在 LAN 中使用较多的网络拓扑结构。这种结构中的传输媒体从一个端用户连接到另一个端用户,直到将所有的端用户连成环形,如图 1-3 所示。显然,这种结构消除了端用户通信时对中心系统的依赖。

环型拓扑结构的特点是每个端用户都与两个相邻的端用户相连,并且环型网的数据传输具有单向性,一个端用户发出的数据只能被另一个端用户接收并转发。环型拓扑结构的传输控制机制比较简单,但是单个环网的结点数有限,一旦某个结点发生故障,将导致整个网络瘫痪。

**4. 网状拓扑结构**

网络通常利用冗余的设备和线路来提高网络的可靠性,结点设备可以根据当前的网络信息流量有选择地将数据发往不同的线路,网状拓扑结构如图 1-4 所示。

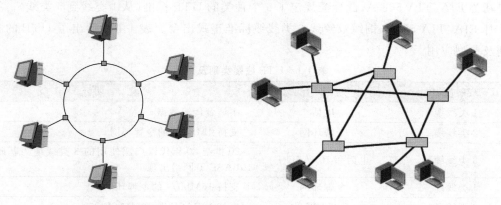

图 1-3　环型拓扑结构　　　　　　　　图 1-4　网状拓扑结构

网络中任意两台设备之间都直接相连的网络称为全互连网络,这种形式的网络可靠性是最高的,但是代价也是最高的。因此,实际应用中往往只是将网络中任意一个结点至少和其他两个结点互连在一起,这样就可以提供令人满意的可靠性保证。

现在,一些网络常把骨干网络做成网状拓扑结构,而非骨干网络则采用星型拓扑结构。

### 1.1.3　网络传输介质

有很多的传输介质(也称为传输媒体)可以用于网络中比特流的传输。每一种传输介质都有它自己的特性,包括带宽、延迟、成本以及安装和维护的难易程度等。传输介质大致可分为有线介质(如双绞线、同轴电缆、光纤等)和无线介质(如微波、红外线、激光等)两种类型,下面分别进行介绍。

**1. 双绞线**

双绞线也称为双扭线,它是最古老但又是最常用的传输媒体。把两根互相绝缘的铜导线并排放在一起,然后用规则的方法绞合起来就构成了双绞线。绞合可减少相邻导线的电磁干扰。使用双绞线最多的地方是电话系统,几乎所有的电话都使用双绞线连接到电话交换机。这段从用户电话机到交换机的双绞线称为用户线或用户环路。通常将一定数量的这种双绞线捆成电缆,在其外面包上护套。

数字传输和模拟传输都可以使用双绞线,其通信距离一般为几千米到十几千米。对于模拟传输,距离太长时要加上放大器,以便将衰减了的信号放大到合适的数值;对于数字传输,距离太长时要加上中继器,以便将失真了的信号进行整形。与其他传输介质相比,双绞线在传输距离、信道宽度和数据传输等方面均受到一定的限制,但它的价格较为低廉,安装与维护比较容易,因此得到了广泛的应用。

为了提高双绞线的抗电磁干扰的能力,可以在双绞线的外面再加上一层用金属丝编织成的屏蔽层,这就是屏蔽双绞线(shielded twisted pair,STP)。它的价格比非屏蔽双绞线要高一些,安装时也比安装非屏蔽双绞线困难。

1991年,美国电子工业协会EIA(electronic industries association)和电信工业协会TIA(telecommunications industry association)联合发布了一个标准EIA/TIA-568,它的名称是"商用建筑物电信布线标准"。这个标准规定了用于室内传送数据的非屏蔽双绞线和屏蔽双绞线的标准。随着局域网上数据传送速率的不断提高,EIA/TIA在1995年将布线标准更新为EIA/TIA-568-A,此标准规定了5个种类的UTP标准(从1类线到5类线)。2002年6月EIA/TIA-568-B铜缆双绞线6类线缆标准正式出台。表1-1中给出了UTP的各种类别及典型应用。

表 1-1　UTP 线缆类别及用途

| UTP 线缆的类别 | 用　途 | 说　明 |
| --- | --- | --- |
| 1 类线缆 | 电话 | 不适合传输数据 |
| 2 类线缆 | 令牌环网 | 支持 4Mbit/s 的令牌环网 |
| 3 类线缆 | 电话和 10BASE-T | 20 世纪 80 年代以广泛使用的 3 类线缆为基础的 10BASE-T 网络出现 |
| 4 类线缆 | 令牌环网 | 支持 16Mbit/s 的令牌环网 |
| 5 类线缆 | 以太网 | 支持 10BASE-T、100BASE-T |
| 5e 类线缆 | 以太网 | 使用与 5 类线缆相同的介质,但要经过更严格的端接和线缆测试,支持吉比特以太网 |
| 6 类线缆 | 以太网 | 支持 1Gbit/s 的以太网,也可用 6 类线缆建立 10Gbit/s 的网络 |

**2. 同轴电缆**

同轴电缆由内导体铜质芯线（单股实心线或多股绞合线）、绝缘层、网状编织的外导体屏蔽层以及保护塑料外层所组成。同轴电缆的这种结构使它具有高带宽和很好的抗干扰特性，被广泛地用于传输较高速率的数据。

在局域网发展的初期，曾广泛地使用同轴电缆作为传输介质，当需要把计算机连接到同轴电缆的某一处时，是利用 T 型接头（或称为 T 型连接器）进行连接，这种连接方法要比利用双绞线连接麻烦。

常用的同轴电缆有以下两种。一种是 50Ω 同轴电缆，用于数字传输，由于多用于基带传输，也称为基带同轴电缆。另一种是 75Ω 同轴电缆，用于模拟传输系统，它是有线电视系统中的标准传输电缆。在这种电缆上传送的信号采用了频分复用的宽带信号，因此，75Ω 同轴电缆又称为宽带同轴电缆。目前，同轴电缆主要用在有线电视网的居民小区中。

**3. 光纤**

光导纤维简称光纤。与前述两种传输介质不同的是，光纤传输的信号是光，而不是电流。它是通过传导光脉冲来进行通信的，可以简单地理解为以光的有无来表示二进制 0 和 1。

光纤由内向外分为核心、覆层和保护层三个部分。其核心是由极纯净的玻璃或塑胶材料制成的光导纤维芯，覆层也是由极纯净的玻璃或塑胶材料制成的，但它的折射率要比核心部分低。正是由于这一特性，如果到达核心表面的光，其入射角大于临界角时，就会发生全反射。光线在核心部分进行多次全反射，达到传导光波的目的。

光纤分为多模光纤和单模光纤两种。若多条入射角不同的光线在同一条光纤内传输，这种光纤就是多模光纤。单模光纤的直径只有一个光波长（$5\sim10\mu m$），即只能传导一路光波，单模光纤因此而得名。

利用光纤传输的发送方，其光源一般采用发光二极管或激光二极管，将电信号转换为光信号。接收端要安装光电二极管，作为光的接收装置，并将光信号转换为电信号。光纤是迄今传输速率最快的传输介质（现已超过 10Gbps）。光纤具有很高的带宽，几乎不受电磁干扰的影响，中继距离可达 30 千米。光纤在信息的传输过程中，不会产生光波的散射，因而安全性高。另外，它的体积小、重量轻，易于铺设，是一种性能良好的传输介质。但光纤脆性高，易折断，维护困难，而且造价昂贵。目前，光纤主要用于铺设骨干网络。

**4. 无线传输**

前面介绍的三种传输介质为有线传输介质，而对应的传输属于有线传输。但是，如果通信线路要通过一些高山或岛屿，有时就很难施工，这时使用无线传输进行通信就成为必然。无线传输使用的频段很广，目前主要利用无线电、微波、红外线以及可见光这几个波段进行通信。

国际电信联合会（international telecommunication union，ITU）规定了波段的正式名称，例如：低频（LF，长波，波长范围为 1km～10km，对应于 30kHz～300kHz）、中频（MF，中波，波长范围为 100m～1000m，对应于 300kHz～3000kHz）、高频（HF，短波，波长范围为 10m～100m，对应于 3MHz～30MHz），更高的频段还有甚高频、特高频、超高频、极高频等。

大多数传输都使用窄的频段以获得最佳的接收能力，然而，在有些情况下，也会使用宽的频段。例如,在跳频扩频(frequency hopping spread spectrum,FHSS)中,发送方每秒几百次地从一种频率跳到另一种频率。这种技术在军事通信中很流行,因为它使得通信过程很难被检测到,对方也就不太可能干扰通信。最近几年,这项技术已经应用到了商业领域,IEEE 802.11 和蓝牙都用到了这项技术。另一种扩频的形式是直接序列扩频(direct sequence spread spectrum,DSSS),它将信号展开在一个很宽的频段上,这项技术有很好的光谱效率、抗噪声能力和其他一些特性,WLAN 中就应用了这项技术。

无线电微波通信在数据通信中占有重要地位。微波的频率范围为 300MHz～300GHz,但主要是使用 2 GHz～40 GHz 的频率范围。微波在空间中主要是直线传播,因此它们可以被聚焦成很窄的一束进行传播,从而获得极高的信噪比。微波传输要求发射端和接收端的天线必须精确地互相对齐。远距离传输时,两个终端之间需要建立若干个中继站。微波通信可用于电话、电报、图像等信息。

无导向的红外线和毫米波被广泛地应用于短距离通信。电视机、录像机等家用电器的遥控器都用到了红外线通信。相对来说,它们有方向性、便宜、易于制造等优点,但它们不能够穿透固体物质。

## 1.2 计算机网络模型

### ◆ 1.2.1 OSI 参考模型

在计算机网络发展的初期,许多研究机构、计算机厂商和公司都推出了自己的网络系统,如 IBM 公司的 SNA、Novell 的 IPX/SPX 协议、Apple 公司的 Apple Talk 协议、DEC 公司的 DECNET,以及广泛流行的 TCP/IP 协议等。同时,各大厂商针对自己的协议生产出了不同的硬件和软件。然而这些标准和设备之间互不兼容,没有一种统一标准存在,就意味着这些不同厂家的网络系统之间无法相互连接。

为了解决网络之间的兼容性问题,ISO 于 1984 年提出了 OSI 参考模型(open system interconnection reference model,开放系统互联参考模型),它很快成为计算机网络通信的基础模型。OSI 参考模型仅仅是一种理论模型,并没有定义如何通过硬件和软件实现每一层功能,与实际使用的协议(如 TCP/IP 协议)是有一定区别的。

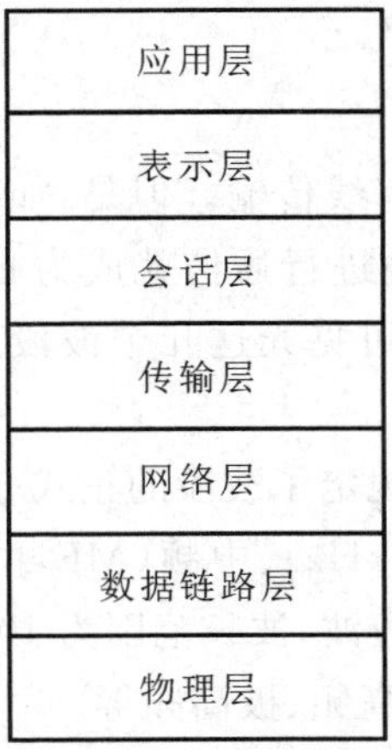

| 应用层 |
| :---: |
| 表示层 |
| 会话层 |
| 传输层 |
| 网络层 |
| 数据链路层 |
| 物理层 |

图 1-5 OSI 参考模型

OSI 参考模型一个很重要的特性是其分层体系结构。分层体系结构将复杂的网络通信过程分解到各个功能层次,各个层次的设计和测试相对独立,并不依赖于操作系统或其他因素,层次间也无须了解其他层次是如何实现的,从而简化了设备间的互通性和互操作性。采用统一的标准的层次化模型后,各个设备生产厂商遵循标准进行产品的设计开发,有效地保证了产品间的兼容性。

OSI 参考模型自下而上分为 7 层,分别是:物理层、数据链路层、网络层、传输层、会话层、表示层和应用层,如图 1-5 所示。

OSI 参考模型的每一层都负责完成某些特定的通信任务,并只与紧邻的上层和下层进行数据交换。

**1. 物理层**

物理层是 OSI 参考模型的最底层或称为第 1 层,其功能是在终端设备间传输比特流。

物理层并不是指物理设备或物理媒介,而是有关物理设备通过物理媒体进行互连的描述和规定。物理层协议定义了通信传输介质的如下物理特性。

(1)机械特性:说明接口所用接线器的形状和尺寸、引线数目和排列等,如人们见到的各种规格的电源插头的尺寸都有严格的规定。

(2)电气特性:说明在接口电缆的每根线上出现的电压、电流范围。

(3)功能特性:说明某根线上出现的某一电平的电压表示何种意义。

(4)规程特性:说明对不同功能的各种可能事件的出现顺序。

物理层以比特流的方式传送来自数据链路层的数据,而不理会数据的含义或格式。同样,它接收数据后直接传给数据链路层。也就是说,物理层不能理解所处理的比特流的具体意义。

常见的物理层传输介质主要有同轴电缆、双绞线、光纤、串行电缆和电磁波等。

**2. 数据链路层**

数据链路层的目的是负责在某一特定的介质或链路上传递数据。因此数据链路层协议与链路介质有较强的相关性,不同的传输介质需要不同的数据链路层协议给予支持。

数据链路层的主要功能包括以下内容。

(1)帧同步:即编帧和识别帧。物理层只发送和接收比特流,而并不关心这些比特流的次序、结构和含义;而在数据链路层,数据以帧为单位传送。因此发送方需要数据链路层将上层传送下来的数据编成帧,接收方需要数据链路层能从接收到的比特流中明确地区分出数据帧的起始与终止的地方。帧同步的方法包括字节计数法、使用字符或比特填充的首尾定界符法,以及违法编码法等。

(2)数据链路的建立、维持和释放:当网络中的设备要进行通信时,通信双方有时必须先建立一条数据链路,在建立链路时需要保证安全性,在传输过程中要维持数据链路,而在通信结束后要释放数据链路。

(3)传输资源控制:在一些共享介质上,多个终端设备可能同时需要发送数据,此时必须由数据链路层协议对资源的分配加以控制。

(4)流量控制:为了确保正常地收发数据,防止发送数据过快,导致接收方的缓存空间溢出以及网络出现拥塞,就必须及时控制发送方发送数据的速率。数据链路层控制的是相邻两个节点之间数据链路上的流量。

(5)差错控制:由于比特流传输时可能产生差错,而物理层无法辨别错误,所以数据链路层协议需要以帧为单位实施差错检测。最常用的差错检测方法是帧校验序列(frame check sequence,FCS)。发送方在发送一个帧时,根据其内容,通过诸如循环冗余校验(cyclic redundancy check,CRC)这样的算法计算出校验和(checksum),并将其加入此帧的 FCS 字段中发送给接收方。接收方通过对校验和进行检查,检测收到的帧在传输过程中是否发生差错。一旦发现差错,就丢弃此帧。

(6)寻址:数据链路层协议应该能够标识介质上的所有节点,并且能寻找到目的节点,以便将数据发送到正确的目的地。

(7)标识上层数据:数据链路层采用透明传输的方法传送网络层数据包,它对网络层呈现为一条无错的线路。为了在同一链路上支持多种网络层协议,发送方必须在帧的控制信息中标识载荷所属的网络层协议,这样接收方才能将载荷提交给正确的上层协议来处理。

**3. 网络层**

在网络层,数据的传输单元是包。网络层的任务就是要选择合适的路径并转发数据包,使数据包能够正确无误地从发送方传递到接收方。

网络层的主要功能包括以下内容。

(1)编址:网络层为每个节点分配标识,这就是网络层的地址。地址的分配也为从源到目的的路径选择提供了基础。

(2)路由选择:网络层的一个关键作用是要确定从源到目的的数据传递应该如何选择路由,网络层设备在计算路由之后,按照路由信息对数据包进行转发。

(3)拥塞控制:如果网络同时传送过多的数据包,可能会产生拥塞,导致数据丢失或延时,网络层也负责对网络上的拥塞进行控制。

(4)异种网络互连:通信链路和介质类型是多种多样的,每一种链路都有其特殊的通信规定,网络层必须能够工作在多种多样的链路和介质类型上,以便能够跨越多个网络提供通信服务。

网络层处于传输层和数据链路层之间,它负责向传输层提供服务,同时负责将网络地址翻译成对应的物理地址。网络层协议还能协调发送、传输及接收设备的处理能力的不平衡性,如网络层可以对数据进行分段和重组,以使得数据包的长度能够满足该链路的数据链路层协议所支持的最大数据帧长度。

网络层的典型设备是路由器,其工作模式与二层交换机相似,但路由器工作在第3层,这个区别决定了路由器和交换机在传递数据时使用不同的控制信息,因为控制信息不同,实现功能的方式就不同。

路由器的内部有一个路由表,这个表所描述的是如果要去某一网络,下一步应该如何转发,如果能从路由表中找到数据包的转发路径,则把转发端口的数据链路层信息加在数据包上转发出去,否则,将此数据包丢弃,然后返回一个出错信息给源地址。

**4. 传输层**

传输层的功能是为会话层提供无差错的传送链路,保证两台设备间传递信息的正确无误。传输层传送的数据单位是段。

传输层负责创建端到端的通信连接。通过传输层,通信双方主机上的应用程序之间通过对方的地址信息直接进行对话,而不用考虑期间的网络上有多少个中间节点。

传输层既可以为每个会话层请求建立一个单独的连接,也可以根据连接的使用情况为多个会话层请求建立一个单独的连接,这称为多路复用。

传输层的一个重要工作是差错校验和重传。数据包在网络传输中可能出现错误,也可能出现乱序、丢失等情况,传输层必须能够检测并更正这些错误。如果出现错误和丢失,接收方必须请求对方重新传送丢失的包。

为了避免发送速度超出网络或接收方的处理能力,传输层还负责执行流量控制和拥塞控制,在资源不足时降低流量,而在资源充足时提高流量。

**5. 会话层、表示层和应用层**

会话层是利用传输层提供的端到端服务,向表示层或会话用户提供会话服务。就像它的名字一样,会话层建立会话关系,并保持会话过程的畅通,决定通信是否被中断以及下次通信从何处重新开始发送。例如,某个用户登录到一个远程系统,并与之交换信息。会话层管理这一进程,控制哪一方有权发送信息,哪一方必须接收信息,这其实是一种同步机制。会话层也处理差错恢复。

表示层负责将应用层的信息"表示"成一种格式,让对端设备能够正确识别,它主要关注传输信息的语义和语法。在表示层,数据将按照某种一致同意的方法对数据进行编码,以便使用相同表示层协议的计算机能互相识别数据。例如,一幅图像可以表示为 JPEG 格式,也可以表示为 BMP 格式,如果对方程序不识别本方的表示方法,就无法正确显示这幅图片。表示层还负责数据的加密和压缩。

应用层是 OSI 的最高层,它直接与用户和应用程序打交道,负责对软件提供接口以使程序能使用网络服务。这里的网络服务包括文件传输、文件管理、电子邮件的消息处理等。应用层并不等同于一个应用程序。

◆ **1.2.2 OSI 参考模型层次间的关系以及数据封装**

在数据通信网络领域,协议数据单元(protocol data unit,PDU)泛指网络通信对等实体之间交换的信息单元,包括用户数据信息和协议控制信息等。

为了更准确地表示出当前讨论的是哪一层的数据,在 OSI 术语中,每一层传送的 PDU均有其特定的称呼。应用层数据称为 APDU(application protocol data unit,应用层协议数据单元),表示层数据称为 PPDU(presentation protocol data unit,表示层协议数据单元),会话层数据称为 SPDU(session protocol data Unit,会话层协议数据单元),传输层数据称为段(segment),网络层数据称为包(packet),数据链路层数据称为帧(frame),物理层数据称为比特(bit)。

在 OSI 参考模型中,终端主机的每一层都与另一方的对等层次进行通信,但这种通信并非直接进行,而是通过下一层为其提供的服务来间接与对端的对等层交换数据。下一层通过服务访问点(service access point,SAP)为上一层提供服务。

图 1-6 所示为两台设备之间的通信。从图 1-6 中可以看出,两台设备建立对等层的通信连接,即在各个对等层间建立逻辑信道,对等层使用功能相同的协议实现通信。例如,主机A 的第 2 层不能和对方的第 3 层直接通信。同时,同一层之间的不同协议也不能通信,比如主机 A 的 E-mail 应用程序就不能和对方的 Telnet 应用程序通信。

封装是指网络节点将要传送的数据用特定的协议打包后传送。多数协议是通过在原有数据之前加上封装头来实现封装的,一些协议还要在数据之后加上封装尾,而原有的数据此时便成为载荷。在发送方,OSI 七层模型的每一层都对上一层数据进行封装,以保证数据能够正确无误地到达目的地;而在接收方,每一层又对本层的封装数据进行解封装,并传送给上层,以便数据被上一层所理解。

图 1-7 所示为 OSI 参考模型中数据的封装和解封装的过程。首先,源主机的应用程序生成能够被对端应用程序识别的应用层数据;然后数据在表示层加上表示层头,协商数据格式以及是否加密,转化成对端能够理解的数据格式;数据在会话层又加上会话层头;依此类

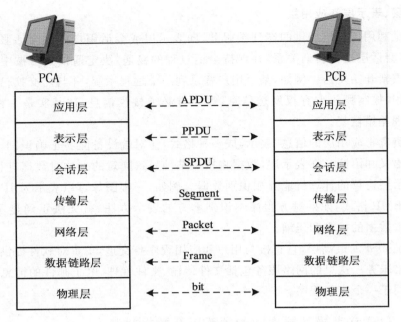

图 1-6 对等通信

推,传输层加上传输层头形成段,网络层加上网络层头形成包,数据链路层加上数据链路层头形成帧;在物理层数据转换为比特流,传送到网络上。比特流到达目的主机后,也会被逐层解封装。首先由比特流获得帧,然后剥去数据链路层帧头获得包,再剥去网络层包头获得段,依此类推,最终获得应用层数据提交给应用程序。

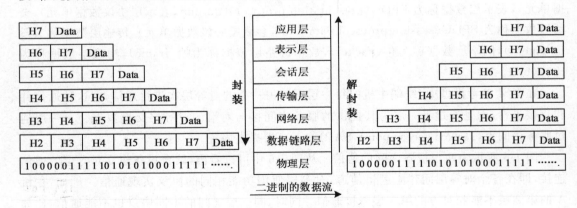

图 1-7 数据封装与解封装

### ◆ 1.2.3 TCP/IP 模型

OSI 参考模型的诞生为清晰地理解互联网络、开发网络产品和网络设计等带来了极大的方便。但是 OSI 参考模型也有其缺点:①OSI 参考模型过于复杂,难以完全实现;②OSI参考模型各层功能具有一定的重复性,效率较低;③OSI 参考模型提出时,TCP/IP 协议已经逐渐占据主导地位,因此 OSI 参考模型并没有流行开来,也从来没有存在一种完全遵循 OSI参考模型的协议族。可以这么认为,OSI 参考模型是理论上的网络标准,而 TCP/IP 协议体系是实际使用的网络标准。

TCP/IP 协议体系是 20 世纪 70 年代中期美国国防部为其高级研究项目专用网络（advanced research projects agency network，ARPANet)开发的网络体系结构和协议标准，以它为基础组建的 Internet 是目前世界上规模最大的计算机互联网络，正因为 Internet 的广泛使用，使得 TCP/IP 协议体系成为事实上的标准。

与 OSI 参考模型一样，TCP/IP 也采用层次化结构，每一层负责不同的通信功能。但是 TCP/IP 协议简化了层次设计，只分为 4 层，由下向上依次是：网络接口层、网络层、传输层和应用层，如图 1-8 所示。

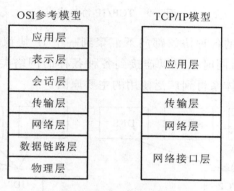

图 1-8　TCP/IP 模型与 OSI 参考模型

从实质上讲，TCP/IP 协议体系只有三层，即应用层、传输层和网络层，因为最下面的网络接口层并没有什么具体内容和定义，这也意味着各种类型的物理网络都可以纳入 TCP/IP 协议体系中，这也是 TCP/IP 协议体系流行的一个原因。下面分别介绍各层的主要功能。

（1）网络接口层：TCP/IP 的网络接口层大体对应于 OSI 参考模型的数据链路层和物理层，通常包括计算机和网络设备的接口驱动程序与网络接口卡等。

（2）网络层：是 TCP/IP 体系的关键部分。它的主要功能是使主机能够将信息发往任何网络并传送到正确的目的主机。

（3）传输层：TCP/IP 的传输层主要负责为两台主机上的应用程序提供端到端的连接，使源、目的端主机上的对等实体可以进行会话。

（4）应用层：TCP/IP 模型没有单独的会话层和表示层，其功能融合在 TCP/IP 应用层中。应用层直接与用户和应用程序打交道，负责对软件提供接口以使程序能够使用网络服务。

TCP/IP 协议体系是用于计算机通信的一组协议，如图 1-9 所示。其中应用层的协议分为三类：一类协议基于传输层的 TCP 协议，典型的如 FTP、Telnet、HTTP 等；一类协议基于传输层的 UDP 协议，典型的如 TFTP、SNMP 等；还有一类协议既基于 TCP 协议又基于 UDP 协议，典型的如 DNS。

传输层主要使用两个协议，即面向连接的可靠的 TCP 协议和面向无连接的不可靠的 UDP 协议。

网络层最主要的协议是 IP 协议，另外还有 ICMP、IGMP、ARP、RARP 等协议。

数据链路层和物理层根据不同的网络环境，如局域网、广域网等情况，有不同的帧封装协议和物理层接口标准。

TCP/IP 协议体系的特点是上下两头大而中间小，应用层和网络接口层都有很多协议，

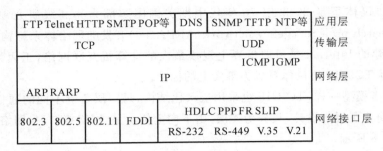

图 1-9　TCP/IP 协议栈

而中间的 IP 层很小,上层的各种协议都向下汇聚到一个 IP 协议中,而 IP 协议又可以应用到各种数据链路层协议中,同时也可以连接到各种各样的网络类型,如图 1-10 所示。这种漏斗结构是 TCP/IP 协议体系得到广泛使用的主要原因。

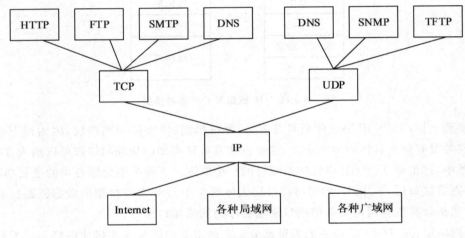

图 1-10　TCP/IP 协议体系的漏斗结构

## 1.3　重点协议介绍

### ◆ 1.3.1　IP 协议

　　IP 协议是 TCP/IP 网络层的核心协议,由 RFC 791 定义。IP 协议是尽力传输的网络协议,其提供的数据传输服务是不可靠、无连接的。IP 协议不关心数据包的内容,不能保证数据包是否能成功地到达目的地,也不维护任何关于数据包的状态信息。面向连接的可靠服务由上层的 TCP 协议实现。

　　IP 协议的主要作用如下。

　　(1)标识节点和链路:IP 协议为每条链路分配一个全局的网络号以标识每个网络;为每个节点分配一个全局唯一的 32 位 IP 地址,用于标识每一个节点。

　　(2)寻址和转发:IP 路由器根据所掌握的路由信息,确定节点所在的网络位置,进而确定节点所在的位置,并选择适当的路径将 IP 包转发到目的节点。

　　(3)适应各种数据链路:为了工作在多样化的链路和介质上,IP 协议必须具备适应各种链路的能力。例如,可以根据链路的最大数据传输单元(maximum transfer unit,MTU)对 IP 包进行分片和重组,可以建立 IP 地址到数据链路层地址的映射以通过实际的数据链路传递信息。

IP 报文格式如图 1-11 所示,IP 头选项字段不经常使用,因此普通的 IP 报头长度为 20 字节。其中一些主要字段介绍如下。

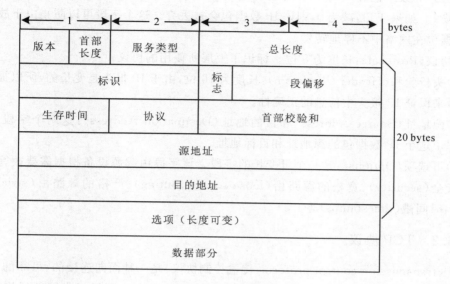

**图 1-11　IP 报文格式**

(1)版本号(Version):长度为 4 位(bit)。用于标识目前采用的 IP 协议的版本号。一般的 IPv4 的值为 0100,IPv6 的值为 0110。

(2)IP 报头长度(Header Length):长度为 4 位。这个字段的作用是描述 IP 报头的长度,因为在 IP 报头中有变长的选项部分。IP 报头的最小长度为 20 字节,而变长的可选部分的最大长度是 40 字节。这个字段所表示数的单位是 4 字节。

(3)服务类型(Type of Service):长度为 8 位。这个字段可拆分成两个部分:优先级(precedence,3 位)和 4 位标志位(最后一位保留)。优先级主要用于 QoS,表示从 0(普通级别)到 7(网络控制分组)的优先级。4 个标志位分别是 D、T、R、C 位,代表 Delay(更低的延时)、Throughput(更高的吞吐量)、Reliability(更高的可靠性)、Cost(更低费用的路由)。

(4)IP 数据包总长度(Total length):长度为 16 位,指明 IP 数据包的最大长度为 65535 字节。

(5)标识(Identifier):长度为 16 位。该字段和 Flag 与 Fragment Offset 字段联合使用,对大的上层数据包进行分段(fragment)操作。IP 数据包在实际传送过程中,所经过的物理网络帧的最大长度可能不同,当长 IP 数据包需通过短帧子网时,需对 IP 数据包进行分段和组装。IP 协议实现分段和组装的方法时给每个 IP 数据包分配一个唯一的标识符,并配合以分段标记和偏移量。IP 数据包在分段时,每一段需包含原有的标识符。为了提高效率、减轻路由器的负担,重新组装工作由目的主机来完成。

(6)标志(Flags):长度为 3 位。该字段第 1 位不使用。第 2 位是 DF 位(Don't Fragment),只有当 DF 位为 0 时才允许分段。第 3 位为 MF 位(More Fragment),MF 位为 1 表示后面还有分段,MF 位为 0 表示这已是若干分段中的最后一个。

(7)段偏移(Fragment Offset):长度为 13 位,该字段指出该分段内容在原数据包中的相对位置。也就是说,相对于用户数据字段的起点,该分段从何处开始。段偏移以 8 个字节为偏移单位。

(8)生存时间(TTL):长度为 8 位。当 IP 数据包进行传送时,先会对该字段赋予某个特定的值。当 IP 数据包经过每一个沿途的路由器时,每个沿途的路由器会将 IP 数据包的 TTL 值减 1。如果 TTL 减为 0,则该 IP 数据包会被丢弃。这个字段可以防止由于故障而导致 IP 数据包在网络中不停地转发。

(9)协议(Protocol):长度为 8 位。标识了上层所使用的协议。

(10)头校验和(Header Checksum):长度为 16 位,由于 IP 报头是变长的,所以提供一个头部校验来保证 IP 报头中信息的正确性。

(11)源地址(Source Address)和目的地址(Destination Address):这两个字段都是 32 位。标识了这个 IP 数据包的源地址和目标地址。

(12)可选项(Options):是一个可变长的字段。该字段由起源设备根据需要改写。可选项包含安全(security)、宽松的源路由(loose source routing)、严格的源路由(strict source routing)、时间戳(timestamps)等。

◆ **1.3.2 TCP 协议**

TCP(transmission control protocol,传输控制协议)是一种面向连接的、可靠的、基于字节流的传输层通信协议,由 IETF 的 RFC 793 定义。TCP 为应用层提供了差错恢复、流控及可靠性等功能。TCP 协议号是 6,大多数应用层协议使用 TCP 协议,如 HTTP、FTP、Telnet 等协议。

TCP 收到应用层提交的数据后,将其分段,并在每个分段前封装一个 TCP 头。图 1-12 所示为 TCP 头的格式。TCP 头由一个 20 字节的固定长度部分加上变长的选项字段组成。

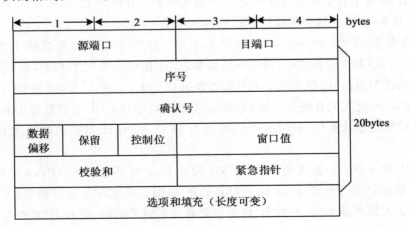

**图 1-12  TCP 头格式**

TCP 头的各字段的含义介绍如下。

(1)源端口号(Source Port):16 位的源端口号指明发送数据的进程。源端口和源 IP 地址的作用是标识报文的返回地址。

(2)目的端口号(Destination Port):16 位的目的端口号指明目的主机接收数据的进程。源端口号和目的端口号合起来唯一地表示一条连接。

(3)序列号(Sequence Number):32 位的序列号,表示数据部分第一字节的序列号,32 位长度的序列号可以将 TCP 流中的每一个数据字节进行编号。

(4)确认号(Acknowledgement Number):32 位的确认号由接收端计算机使用,如果设置了 ACK 控制位,这个值表示下一个期望接收到的字节(而不是已经正确接收到的最后一个字节),其隐含意义是序号小于确认号的数据都已正确地被接收。

(5)数据偏移量(Data Offset):4 位,指示数据从何处开始,实际上是指出 TCP 头的大小。数据偏移量以 4 字节长的字为单位计算。

(6)保留(Reserved):6 位值域。这些位必须是 0,它们是为了将来定义新的用途所保留的。

(7)控制位(Control Bits):6 位标志域。按照顺序排列是:URG、ACK、PSH、RST、SYN、FIN,它们的含义如表 1-2 所示。

表 1-2　TCP 控制位

| 控制位 | 含　义 |
|---|---|
| URG | 紧急标志位,说明紧急指针有效 |
| ACK | 仅当 ACK=1 时确认号字段才有效。当 ACK=0 时,确认号无效。TCP 规定,在建立连接后所有传送的报文段都必须把 ACK 位置 1 |
| PSH | 该标志置位时,接收端在收到数据后应立即请求将数据递交给应用程序,而不是将它缓冲起来直到缓冲区接收满为止。在处理 Telnet 或 login 等交互模式的连接时,该标志总是置位的 |
| RST | 复位标志,用于重置一个已经混乱(可能由于主机崩溃或其他的原因)的连接。该位也可以被用来拒绝一个无效的数据段,或者拒绝一个连接请求 |
| SYN | 在连接建立时用来同步序号。当 SYN=1 而 ACK=0 时,表明这是一个连接请求报文段。若对方同意建立连接,则应在响应的报文段中使 SYN=1 和 ACK=1。因此 SYN 置 1 就表示这是一个连接请求或连接接受报文 |
| FIN | 用来释放一个连接。当 FIN=1 时,表明此报文段的发送方的数据已发送完毕,并要求释放连接 |

(8)窗口值(Window Size):16 位,指明了从被确认的字节算起可以发送多少个字节。当窗口大小为 0 时,表示接收缓冲区已满,要求发送方暂停发送数据。

(9)校验和(Checksum):TCP 头包括 16 位的校验和字段用于错误检查。校验和字段检验的范围包括首部和数据这两部分。源端计算一个校验和数值,如果数据报在传输过程中被第三方篡改或者由于线路噪音等原因受到损坏,发送和接收方的校验计算值将不会相符,由此 TCP 协议可以检测是否出错。

(10)紧急指针(Urgent Pointer):16 位,指向数据中优先部分的最后一个字节,通知接收方紧急数据共有多长,在 URG=1 时才有效。

(11)选项(Option):长度可变,最长可达 40 字节。TCP 最初只规定了一种选项,即最大报文段长度(maximum segment size,MSS),随着因特网的发展,又陆续增加了几个选项,如窗口扩大因子、时间戳选项等。

(12)填充(Padding):这个字段中加入额外的零,以保证 TCP 头是 32 位的整数倍。

TCP 协议是一个面向连接的可靠的传输控制协议,在每次数据传输之前需要首先建立连接,当连接建立成功后才开始传输数据,数据传输结束后还要断开连接。

TCP 使用三次握手的方式来建立可靠的连接,如图 1-13 所示。TCP 为传输每个字段分配了一个序号,并期望从接收端的 TCP 得到一个肯定的确认(ACK)。如果在一个规定的时间间隔内没有收到一个 ACK,则数据会被重传。因为数据按块(TCP 报文段)的形式进行传输,所以 TCP 报文段中的每一个数据段的序列号被发送到目的主机。当报文段无序到达时,接收端 TCP 使用序列号来重排 TCP 报文段,并删除重复发送的报文段。

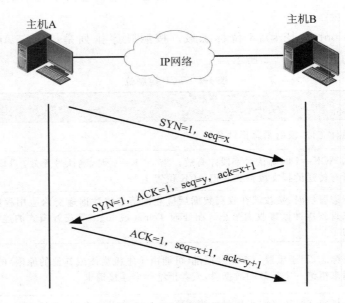

主机A                          主机B

IP网络

SYN=1, seq=x

SYN=1, ACK=1, seq=y, ack=x+1

ACK=1, seq=x+1, ack=y+1

**图 1-13    TCP 连接的建立**

TCP 三次握手建立连接的过程如下。

(1)初始化主机,通过一个 SYN 标志置位的数据段发出会话请求。

(2)接收主机通过发回具有以下项目的数据段表示回复:SYN 标志置位、即将发送的数据段的起始字节的顺序号,ACK 标志置位、期望收到的下一个数据段的字节顺序号。

(3)请求主机再回送一个数据段,ACK 标志置位,并带有对接收主机确认序列号。

当数据传输结束后,需要释放 TCP 连接,过程如图 1-14 所示。

为了释放一个连接,任何一方都可以发送一个 FIN 位置位的 TCP 数据段,这表示它已经没有数据要发送了,当 FIN 数据段被确认时,这个方向上就停止传送新数据。然而,另一个方向上可能还在继续传送数据,只有当两个方向都停止的时候,连接才被释放。

◆  **1.3.3  UDP 协议**

UDP 协议(user datagram protocol),即用户数据报协议,主要用来支持那些需要在计算机之间快速传递数据(相应的对传输可靠性要求不高)的网络应用。包括网络视频会议系统在内,众多的客户/服务器模式的网络应用都需要使用 UDP 协议。

UDP 数据段同样由首部和数据两部分组成,UDP 报头包括 4 个域,其中每个域占用 2 个字节,总长度为固定的 8 字节,具体如图 1-15 所示。

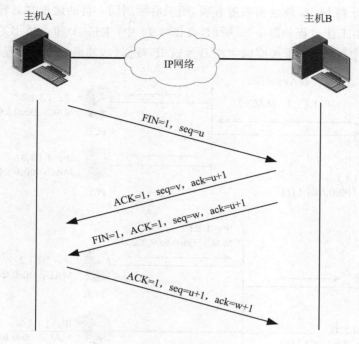

图 1-14　TCP 连接的释放

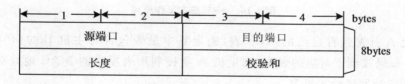

图 1-15　UDP 报头格式

（1）源和目的端口号（Source and Destination Port）：UDP 协议与 TCP 协议一样，使用端口号为不用的应用进程保留其各自的数据传输通道。数据发送一方将 UDP 数据报通过源端口发送出去，而数据接收一方则通过目标端口接收数据。

（2）长度（Length）：是指包括报头和数据部分在内的总的字节数。

（3）校验和（Checksum）：校验和计算的内容超出了 UDP 数据报文本身的范围，实际上，它的值是通过计算 UDP 数据报及一个伪包头而得到的。与 TCP 一样，UDP 协议使用报头中的校验和来保证数据的安全。

## ◆ 1.3.4　ARP 协议

作为网络中主机的身份标识，IP 地址是一个逻辑地址，但在实际进行通信时，物理网络所使用的依然是物理地址，IP 地址是不能被物理网络所识别的。对于以太网而言，当 IP 数据包通过以太网发送时，以太网设备并不识别 32 位 IP 地址，它们是以 48 位的 MAC 地址标识每一设备并依据此地址传输以太网数据的。因此在物理网络中传送数据时，需要在逻辑IP 地址和物理 MAC 地址之间建立映射关系，两个地址之间的这种映射称为地址解析。

ARP（address resolution protocol，地址解析协议）就是用于动态地将 IP 地址解析为MAC 地址的协议。主机通过 ARP 解析到目的 MAC 地址后，将在自己的 ARP 缓存表中增加相应的 IP 地址到 MAC 地址的映射表项,用于后续到同一目的地报文的转发。

　　ARP 的基本工作过程如图 1-16 所示,在图 1-16 中,主机 A 和主机 B 在同一物理网络中,且处于同一个网段,主机 A 要向主机 B 发送 IP 数据包,其地址解析过程如下。

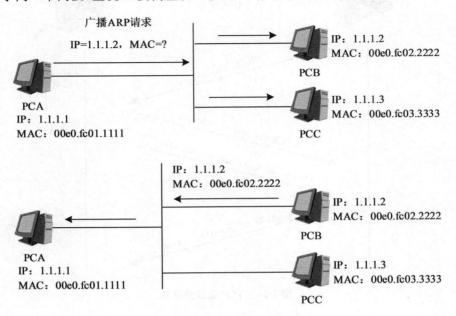

图 1-16　ARP 基本工作原理

　　(1)主机 A 首先查看自己的 ARP 表,确定其中是否包含有主机 B 的 IP 地址对应的 ARP 表项。如果找到了对应的表项,则主机 A 直接利用表项中的 MAC 地址对 IP 数据包封装成帧,并将帧发送给主机 B。

　　(2)如果主机 A 在 ARP 表中找不到对应的表项,则暂时缓存该数据包,然后以广播方式发送一个 ARP 请求。ARP 请求报文中的发送端 IP 地址和发送端 MAC 地址为主机 A 的 IP 地址和 MAC 地址,目标 IP 地址为主机 B 的 IP 地址,目标 MAC 地址为全 0 的 MAC 地址。

　　(3)由于 ARP 请求报文以广播方式发送,该网段上的所有主机都可以接收到该请求。主机 B 比较自己的 IP 地址和 ARP 请求报文中的目标 IP 地址,由于二者相同,主机 B 将 ARP 请求报文中的发送端(即主机 A)IP 地址和 MAC 地址存入自己的 ARP 表中,并以单播方式向主机 A 发送 ARP 响应,其中包含了自己的 MAC 地址。其他主机发现请求的 IP 地址并非自己,于是都不做应答。

　　(4)主机 A 收到 ARP 响应报文后,将主机 B 的 IP 地址与 MAC 地址的映射加入自己的 ARP 表中,同时将 IP 数据包用此 MAC 地址为目的地址封装成帧并发送给主机 B。

　　ARP 地址映射被缓存在 ARP 表中,以减少不必要的 ARP 广播。当需要向某一个 IP 地址发送报文时,主机总是首先检查它的 ARP 表,目的是了解它是否已知目的主机的物理地址。一个主机的 ARP 表项在老化时间(aging time)内是有效的,如果超过老化时间未被使用,就会被删除。

　　ARP 表项分为动态 ARP 表项和静态 ARP 表项。动态 ARP 表项由 ARP 协议动态解析获得,如果超过老化时间未被使用,则会被自动删除;静态 ARP 表项通过管理员手工配置,不会老化。静态 ARP 表项的优先级高于动态 ARP 表项,可以将相应的动态 ARP 表项覆盖。

## ◆ 1.3.5 ICMP 协议

IP 协议是尽力传输的网络层协议,其提供的数据传送服务是不可靠的、无连接的,不能保证 IP 数据包能成功地到达目的地。为了更有效地转发 IP 数据包和提高交付成功的机会,在网络层使用了网际控制报文协议(Internet control message protocol,ICMP)。ICMP定义了错误报告和其他回送给源点的关于 IP 数据包处理情况的消息,可以用于报告 IP 数据包传递过程中发生的错误、失败等信息,提供网络诊断等功能。

ICMP 允许主机或路由器报告差错情况和提供有关异常情况的报告。如果在传输过程中发生某种错误,设备便会向源端返回一条 ICMP 消息,告知它发生的错误类型。

ICMP 是基于 IP 运行的,ICMP 的设计目的并非是使 IP 成为一种可靠的协议,而是对通信中发生的问题提供反馈。ICMP 消息的传递同样得不到任何可靠性保证,因而可能在传递途中丢失。

在网络工程实践中,ICMP 被广泛地用于网络测试,ping 和 tracert 这两个使用极其广泛的测试工具都是利用 ICMP 协议来实现的。

## 1.4 IP 地址及子网划分

## ◆ 1.4.1 IP 地址

### 1. IP 地址及其分类

如果把整个互联网看成一个单一的、抽象的网络,IP 地址就是给互联网中的每一台主机分配的一个全世界范围内唯一的 32 位的标识符。IP 地址现在由互联网名称与数字地址分配机构(Internet corporation for assigned names and numbers,ICANN)进行分配。

IP 地址是 32 位的二进制代码,包含了网络号和主机号两个独立的信息段,网络号用来标识主机或路由器所连接到的网络,主机号用来标识该主机或路由器。为了提高可读性,通常将 32 位 IP 地址中的每 8 位用其等效的十进制数字表示,并且在这些数字之间加上一个点。此种标记 IP 地址的方法称为点分十进制记法。如图 1-17 所示,可以看出,IP 地址每一段的范围是 0~255。

| 网络号 | 主机号 |
|---|---|

32位的二进制

| 10101100 | 00010000 | 01111010 | 11001100 |
|---|---|---|---|

点分十进制记法

| 172 | 16 | 122 | 204 |
|---|---|---|---|

图 1-17  IP 地址

而所谓的"分类的 IP 地址"就是将 IP 地址中的网络位和主机位固定下来,分别由两个固定长度的字段组成,左边的部分指示网络,右边的部分指示主机。根据固定的网络号位数和主机号位数的不同,IP 地址被分成了 A 类、B 类、C 类、D 类和 E 类。其中,A 类、B 类和 C 类地址是最常用的。

如图 1-18 所示,A 类、B 类和 C 类地址的网络号分别为 8 位、16 位和 24 位,其最前面的 1 位～3 位的数值分别规定为 0、10 和 110。其主机号分别为 24 位、16 位和 8 位。A 类网络容纳的主机数最多;B 类和 C 类网络所容纳的主机数相对较少。D 类和 E 类地址也被定义,D 类地址的前 4 位为 1110,用于多播地址;E 类地址的前 4 位为 1111,留作试验使用。

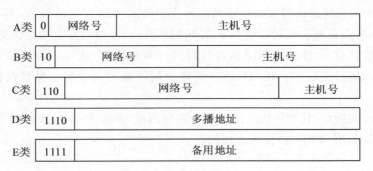

图 1-18　IP 地址的分类

### 2. 专用 IP 地址

IP 地址中,还存在 3 个地址段,它们只在机构内部有效,不会被路由器转发到公网中。这些 IP 地址被称为专用地址或者私有地址。专用地址只能用于一个机构的内部通信,而不能用于和互联网上的主机通信。使用专用地址的私有网络接入 Internet 时,要使用地址转换技术,将私有地址转换成公用合法地址。这些私有地址如下。

(1)A 类地址中的 10.0.0.0～10.255.255.255

(2)B 类地址中的 172.16.0.0～172.31.255.255

(3)C 类地址中的 192.168.0.0～192.168.255.255

相对应的,其余的 A、B、C 类地址称为公网地址或者合法地址,可以在互联网上使用,即可被互联网上的路由器所转发。

### 3. 特殊 IP 地址

除了以上介绍的各类 IP 地址之外,还有一些特殊的 IP 地址。下面来介绍一些比较常见的特殊 IP 地址。

(1)环回地址:127 网段的所有地址都称为环回地址,主要用来测试网络协议是否正常工作。例如,使用 ping 127.1.1.1 就可以测试本地 TCP/IP 协议是否已经正确安装。

(2)0.0.0.0:该地址用来表示所有不清楚的主机和目的网络。这里的不清楚是指本机的路由表里没有特定条目指明如何到达。

(3)255.255.255.255:该地址是受限的广播地址,对本机来说,这个地址是指本网段内(同一个广播域)的所有主机。在任何情况下,路由器都会禁止转发目的地址为受限的广播地址的数据包,这样的数据包只出现在本地网络中。

(4)直接广播地址:通常,网络中的最后一个地址为直接广播地址,也就是主机位全为 1

的地址,主机使用这种地址将一个 IP 数据包发送到本地网段的所有设备上,路由器会转发这种数据包到特定网络上的所有主机。

(5)网络号全为 0 的地址:当某个主机向同一网段上的其他主机发送报文时就可以使用这样的地址,分组也不会被路由器转发。例如,120.12.12.0/24 这个网络中的一台主机 120.12.12.100/24 在与同一网络中的另一台主机 120.12.12.8/24 通信时,目的地址可以是 0.0.0.8。

(6)主机号全为 0 的地址:该地址是网络地址,它指向本网,表示的是"本网络",路由表中经常出现主机号全为 0 的地址。

### ◆ 1.4.2 IP 子网划分

**1. 子网划分的方法和子网掩码**

在早些时候,许多 A 类地址都被分配给大型服务提供商和组织,B 类地址被分配给大型公司或其他组织,在 20 世纪 90 年代,还在分配许多 C 类地址,但这样分配的结果是大量的 IP 地址被浪费掉。如果一个网络内的主机数量没有地址类中规定的多,那么多余的部分将不能再被使用。另外,如果一个网络内包含的主机数量过多(如一个 B 类网络中最大主机数是 65 534),而又采取以太网的组网形式,则网络内会有大量的广播信息存在,从而导致网络内的拥塞。

IETF 在 RFC 950 和 RFC 917 中针对简单的两层结构 IP 地址所带来的日趋严重的问题提出了解决方法,该方法称为子网划分,即允许将一个自然分类的网络划分为多个子网(subnet)。

如图 1-19 所示,划分子网的方法是从 IP 地址的主机号部分借用若干位作为子网号,剩余的位作为主机号。这意味着用于主机的位减少,所以子网越多,可用于定义主机的位越少。划分子网后,两级的 IP 地址就变为包括网络号、子网号和主机号的三级的 IP 地址。这样,拥有多个物理网络的机构可以将所属的物理网络划分为若干个子网。

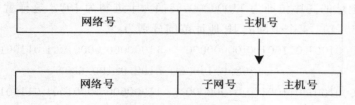

**图 1-19 子网划分的方法**

子网划分使得 IP 网络和 IP 地址出现多层次结构,这种层次结构便于 IP 地址的有效利用和分配与管理。

只根据 IP 地址本身无法确定子网号的长度。为了把主机号与子网号区分开,就必须使用子网掩码(subnet mask)。子网掩码的形式和 IP 地址一样,也是长度为 32 位的二进制数,由一串二进制 1 和跟随的一串二进制 0 组成,如图 1-20 所示。子网掩码中的 1 对应于 IP 地址中的网络号和子网号,子网掩码中的 0 对应于 IP 地址中的主机号。

将子网掩码和 IP 地址进行逐位逻辑与(AND)运算后,就能得出该 IP 地址的子网地址。习惯上子网掩码有以下两种表示方式。

(1)点分十进制表示法:与 IP 地址类似,将二进制的子网掩码化为点分十进制的数字来

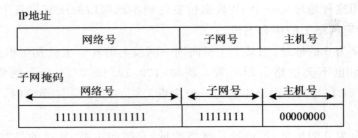

图 1-20　IP 地址及子网掩码

表示。例如,子网掩码 11111111 11111111 00000000 00000000 可以写成 255.255.0.0。

（2）位数表示法：也称为斜线表示法（slash notation）,即在 IP 地址后面加上一个斜线"/",然后写上子网掩码中二进制 1 的个数。例如,子网掩码 11111111 11111111 00000000 00000000 可以表示为/16。

事实上,所有的网络都必须有一个掩码。如果一个网络没有划分子网,那么该网络使用默认掩码。由于 A、B、C 类地址中网络号和主机号所占的位数是固定的,所以 A 类地址的默认掩码为 255.0.0.0,B 类地址的默认掩码为 255.255.0.0,C 类地址的默认掩码为 255.255.255.0。

**2. 子网划分实例**

要划分一个子网,主要是确定相应的子网掩码,建议按以下步骤进行。

（1）将要划分的子网数目转换为 $2^m$。例如,如要划分 8 个子网,$8=2^3$。

（2）取上述要划分子网数的幂。例如,如 $2^3$,即 m＝3。

（3）取上一步确定的幂 m 按高序占用主机地址 m 位后转换为十进制来确定子网掩码。如果 m＝3,若要划分的是 C 类网络,则子网掩码是 255.255.255.224;若要划分的是 B 类网络,则子网掩码是 255.255.224.0;若要划分的是 A 类网络,则子网掩码是 255.224.0.0。

例如,要将一个 C 类网络 192.9.100.0 划分成 4 个子网,可按照以上步骤操作：取 $2^2$ 的幂,则占用主机地址的高序位即为 11000000,转换为十进制为 192。这样就可确定该子网掩码为 255.255.255.192,4 个子网的 IP 地址范围分别为：

11000000 00001001 01100100 00000000 ～ 11000000 00001001 01100100 00111111
192.9.100.0 ～ 192.9.100.63

11000000 00001001 01100100 01000000 ～ 11000000 00001001 01100100 01111111
192.9.100.64 ～ 192.9.100.127

11000000 00001001 01100 10010000 ～ 11000000 00001001 01100100 10111111
192.9.100.128 ～ 192.9.100.191

11000000 00001001 01100100 11000000 ～ 11000000 00001001 01100100 11111111
192.9.100.192 ～ 192.9.100.255

**3. VLSM**

虽然对网络进行子网划分的方法可以对 IP 地址结构进行有价值的扩充,但是仍然要受到一个基本的限制——整个网络只能有一个子网掩码,这意味着各个子网内的主机数完全相等。但是,在现实世界中,不同的组织对子网的要求是不一样的,如果在整个网络中一致地使用同一个子网掩码,在许多情况下会浪费大量 IP 地址。

VLSM（variable length subnet mask,可变长子网掩码）技术规定了如何使用多个子网掩码划分子网。使用 VLSM 技术,同一 IP 网络可以划分为多个子网并且每个子网可以有不同的大小。

VLSM 实际上是一种多级子网划分技术,如图 1-21 所示。

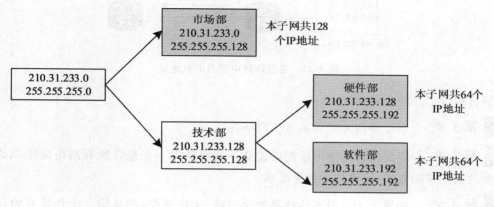

图 1-21 VLSM 应用

如图 1-21 所示,某公司有两个主要部门:市场部和技术部,其中技术部又分为硬件部和软件部。该公司申请到了一个完整的 C 类 IP 地址段 210.31.233.0,子网掩码为 255.255.255.0,为了便于管理,该公司使用 VLSM 技术将原主类网络划分为两级子网。市场部分得了一级子网中的第一个子网 210.31.233.0/25;技术部分得了一级子网中的第二个子网 210.31.233.128/25,对该子网又进一步划分,得到了两个二级子网:210.31.233.128/26 和 210.31.233.192/26,这两个二级子网分别分配给了硬件部和软件部。在实际工程实践中,可以进一步将网络划分成三级或更多级子网。

VLSM 技术使网络管理员能够按子网的具体需要定制子网掩码,从而使一个组织的 IP 地址空间能够被更有效地利用。

**4. CIDR**

使用 VLSM 技术可进一步提高 IP 地址资源的利用率。研究人员在 VLSM 技术的基础上又进一步研究出无分类编址方法,即无类域间路由(classless inter-domain routing,CIDR)。

CIDR 消除了传统的 A 类、B 类和 C 类地址以及划分子网的概念,因而可以更加有效地分配 IPv4 的地址空间。

CIDR 使用各种长度的网络前缀来代替分类地址中的网络号和子网号。CIDR 使 IP 地址从三级编址又回到了两级编址。CIDR 使用斜线记法,又称为 CIDR 记法,即在 IP 地址后面加上一个斜线"/",然后写上网络前缀所占的比特数(这个数值对应于三级编址的二进制子网掩码中 1 的个数)。

CIDR 将网络前缀都相同的 IP 地址组成"CIDR 地址块"。如 128.14.32.0/20 表示的地址块共有 4096 个地址(因为斜线后面的 20 是网络前缀的位数,所以主机号的位数是 12)。128.14.32.0/20 地址块的最小地址是 128.14.32.0,最大地址是 128.14.47.255。

### 1.4.3 地址汇总

地址汇总也称为路由聚集,它允许路由选择协议将多个网络用一个地址来进行通告。通过汇总,可以减少路由数量,从而减少存储和处理路由时需要占用的资源(CPU 和内存资源）。汇总还可以节省网络带宽,因为需要发送的通告更少。图 1-22 所示为在互联网络中如何使用汇总地址。

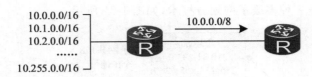

图 1-22　在互联网中使用汇总地址

进行地址汇总的步骤如下。

**第 1 步**　以二进制方式表示每个网络。

**第 2 步**　确定所有网络中匹配的位数。这将获得一个包含所有路由的汇总地址,但包含的范围可能太大,这被称为过度汇总。

**第 3 步**　如果第 2 步得到的结果汇总过度,无法接受,则从第一个地址开始,增加前缀包含的位数,直到能够汇总指定范围的一部分。对余下的地址重复上述过程。

下面通过一个示例来说明地址汇总的过程。假设需要汇总网络为 192.168.0.0/24 ~ 192.168.9.0/24,执行如下步骤。

**第 1 步**　以二进制方式表示每个网络。

**第 2 步**　确定匹配的位数:

192.168.0.0 =**1100 0000 1010 1000 0000** 0000 0000 0000

192.168.1.0 =**1100 0000 1010 1000 0000** 0001 0000 0000

192.168.2.0 =**1100 0000 1010 1000 0000** 0010 0000 0000

192.168.3.0 =**1100 0000 1010 1000 0000** 0011 0000 0000

192.168.4.0 =**1100 0000 1010 1000 0000** 0100 0000 0000

192.168.5.0 =**1100 0000 1010 1000 0000** 0101 0000 0000

192.168.6.0 =**1100 0000 1010 1000 0000** 0110 0000 0000

192.168.7.0 =**1100 0000 1010 1000 0000** 0111 0000 0000

192.168.8.0 =**1100 0000 1010 1000 0000** 1000 0000 0000

192.168.9.0 =**1100 0000 1010 1000 0000** 1001 0000 0000

前 20 位匹配。然而,深入考虑后发现,汇总地址 192.168.0.0/20 覆盖的范围为 192.168.0.0 到 192.168.15.255,因此汇总过度。

**第 3 步**　由于第 2 步的结果导致汇总过度,因此在前缀中增加一位,考虑汇总地址 192.168.0.0/21,它汇总了网络 192.168.0.0 到 192.168.7.0,因此这是一个可行的通告。接下来对余下的地址重复该过程。

**第 4 步**　以二进制方式表示每个网络。

**第 5 步**　确定匹配的位数:

192.168.8.0 =**1100 0000 1010 1000 0000 1000** 0000 0000

192.168.9.0 =**1100 0000 1010 1000 0000 1001** 0000 0000

前 23 位匹配,因此汇总地址为 192.168.8.0/23。

**第 6 步** 由于第 5 步的结果没有导致过度汇总,因此计算过程结束。总共需要两个通告(192.168.0.0/21 和 192.168.8.0/23),这比原来需要 10 个通告要好得多。

## 本章小结

本章详细介绍了网络的一些基础知识,包括计算机网络的概念和分类、网络的参考模型及 IP、TCP 等重点协议,还回顾了以太网技术和 IP 地址及子网划分。

计算机网络是将分散在不同地点的多台计算机、终端和外部设备用通信线路互连起来,彼此间能够互相通信,并且实现资源共享(包括软件、硬件、数据等)的一个整体系统。

计算机网络使用了分层的设计思想,并产生了 OSI 和 TCP/IP 两种参考模型。OSI 参考模型分为七层,从下至上分别为物理层、数据链路层、网络层、传输层、会话层、表示层和应用层。OSI 的七层模型更加系统,服务、接口和协议三个概念的划分更加明确,对于我们研究网络有着极大的意义。但这种模型由于设计复杂、实现困难、有些功能的层次定位不明确,没有得到实际的应用。TCP/IP 模型却是依据已在使用的协议而制定的,它只有四层:网络接口层、网络层、传输层和应用层。因其简单实用而得到了广泛的支持和应用。现在的网络系统基本都是基于 TCP/IP 协议栈的。

TCP/IP 协议栈中包含的协议很多,最重要的是 IP 协议、TCP 协议和 UDP 协议。IP 协议负责寻址、路由和数据包的分片与重组;TCP 提供可靠的端到端传输,而 UDP 则提供快速却不太可靠的端到端传输。

IP 协议提供了对网络上的节点进行逻辑编址的方法,IP 地址为 32 位的二进制数字,一般用点分十进制的方法表示,分为网络号和主机号两部分,网络号用于定位一个具体的子网,主机号用于定位子网内的主机。初期,IP 地址被划分为 A、B、C、D、E 五类,并将 A、B、C 类地址分配给用户使用。现在为了节约 IP 地址和更灵活地划分子网,不再按照类别进行 IP 地址分配,而是依靠子网掩码来确定网络号和主机号的具体位数。

划分子网的方法就是从主机号里面借位成为子网号。有时,一个主网内需要划分出多种不同掩码长度的子网,这就是 VLSM 技术,VLSM 技术使 IP 地址分配更加灵活从而更加节省,而且可以提高路由汇总的能力。

地址汇总可以减少路由数量,从而减少存储和处理路由时需要占用的资源,而且还可以节省网络带宽。

## 习题1

**1.选择题**

(1)以下拓扑结构中提供了最高的可靠性保证的是(    )。

A.星型拓扑    B.环型拓扑    C.总线型拓扑    D.网状拓扑

(2)OSI 的(    )处理物理寻址和网络拓扑结构。

A.物理层    B.数据链路层    C.网络层    D.传输层

(3)TCP/IP(　　)保证传输的可靠性、流量控制和检错与纠错。

A.网络接口层　　　　B.网络层　　　　　　C.传输层　　　　　　D.应用层

(4)ARP 请求报文属于(　　)。

A.单播　　　　　　　B.广播　　　　　　　C.组播　　　　　　　D.以上都是

(5)下列字段包含于 TCP 头而不包含于 UDP 头中的是(　　)。

A.校验和　　　　　　B.源端口　　　　　　C.确认号　　　　　　D.目标端口

(6)/27 的点分十进制表示(　　)。

A.255.255.255.0　B.255.255.224.0　C.255.255.255.224　D.255.255.0.0

(7)地址 192.168.37.62/26 属于(　　)网络。

A.192.168.37.0　　B.255.255.255.192　C.192.168.37.64　　D.192.168.37.32

(8)主机地址 192.168.190.55/27 对应的广播地址(　　)。

A.192.168.190.59　B.255.255.190.55　C.192.168.190.63　D.192.168.190.0

(9)要使 192.168.0.94 和 192.168.0.116 不在同一网段,它们使用的子网掩码不可能是(　　)。

A.255.255.255.192　B.255.255.255.224　C.255.255.255.240　D.255.255.255.248

(10)给定地址 10.1.138.0/27、10.1.138.64/27 和 10.1.138.32/27,下面最佳的汇总地址是(　　)。

A.10.0.0.0/8　　　B.10.1.0.0/16　　　C.10.1.138.0/24　　D.10.1.138.0/25

## 2.问答题

(1)常见的网络拓扑结构有哪些,其特点是什么?

(2)简述 OSI 参考模型各层的功能。

(3)IP 数据包头部包含哪些内容,与分段与重组有关的字段是哪些?

(4)简述 ARP 协议的作用,并描述 ARP 进行地址解析的过程。

(5)对于下述每个 IP 地址,计算其所属子网的主机范围:

①24.177.78.62/27;

②135.159.211.109/19;

③207.87.193.1/30。

(6)在不过度汇总的情况下汇总下面的地址:

①192.168.160.0/24;

②192.168.161.0/24;

③192.168.162.0/23;

④192.168.164.0/22。

(7)在 202.16.100.0/24 的 C 类主网络内,需要划分出 1 个可容纳 100 台主机的子网、1 个可容纳 50 台主机的子网,2 个可容纳 25 台主机的子网,应该如何划分?请写出每个子网的网络号、子网掩码、容纳主机数量和广播地址。

# 第2章 VRP 系统基础

控制路由器和交换机工作的核心软件是网络设备的操作系统。因此,要了解网络设备的基本使用和管理方法,首先要学习网络设备的网络操作系统。华为网络设备使用的操作系统软件是VRP。本章将介绍 VRP 的概念与作用、VRP 命令行的使用方法,以及 VRP 文件系统管理、VRP 系统软件和配置文件的管理等。

学习完本章,要达成如下目标。
- 了解 VRP 各个版本的主要特性。
- 了解命令行的概念、作用及其基本结构。
- 理解用户视图、系统视图、接口视图之间的差异。
- 熟悉命令级别和用户权限级别的划分。
- 能够比较熟练地使用命令行。
- 了解 VRP 文件系统的作用与操作方法。

## 2.1 VRP 系统基础

VRP(versatile routing platform,通用路由平台)是华为公司数据通信产品的通用网络操作系统平台,包括路由器、交换机、防火墙、WLAN 等众多系列产品。

### 2.1.1 VRP 系统概述

VRP 系统自 1994 年开始研发至今已走过了近 20 年的历史,系统版本也从最初的 1.x 发展到了现在最高的 8.x 版本,无论是从系统软件体系结构,还是从支持的功能,采用的配置方法上都发生了明显的变化。在 S 系列以太网交换机中目前主要是应用 5.x 版本,VRP 8.x 目前主要应用在数据交换机 CE 系列和集群路由器 NE5000E。VRP 系统可以运行在多种硬件平台之上并拥有一致的网络界面、用户界面和管理界面,为用户提供了灵活丰富的应用解决方案。

当然 VRP 系统的发展远不仅体现在其版本、功能上的更新,更体现在软件平台结构上的发展和变化,从 VRP 1.x 的集中式到 VRP 3.x 和今天主流应用的 VRP 5.x 的模块化分布式,在平台架构上不断优化的同时也大大提升了平台的性能,降低了产品成本。下一代的VRP 8.x 还采用了多进程、多处理、内存保护等新技术。

VRP 以 TCP/IP 协议栈为核心,在操作系统中集成了路由、组播、QoS、VPN、安全和 IP

话音等数据通信要件。VRP 平台是以当前最主流的 IP 业务为核心,实现组件化的体系结构。在提供丰富功能特性的同时,还提供基于应用的可裁剪能力和可伸缩能力。

VRP 系统与其他主要品牌网络交换机的操作系统一样,也提供了用于人机交互、功能强大的命令行界面(command line interface,CLI)。要使用命令行来配置与管理华为设备,就必须从认识 VRP 命令行开始。下面具体进行介绍。

### ◆ 2.1.2  VRP 系统登录

要对一台新出厂的设备进行业务配置,首先需要本地登录设备。设备支持的首次登录方式有 Console 口登录方式、MiniUSB 口登录方式和 Web 网管登录方式。

本地登录以后,完成设备名称、管理 IP 地址和系统时间等基本配置,并配置 Telnet 或 SSH 用户的级别和认证方式实现远程登录,为后续配置提供基础环境。

通过 Console 口登录设备的具体步骤如下。

**1. 线缆连接**

将 Console 通信电缆的 DB9(孔)插头插入 PC 机的 COM 口中,再将 RJ-45 插头端插入设备的 Console 口中,如图 2-1 所示。

**2. 在 PC 上打开终端仿真软件,新建连接**

在 PC 上打开终端仿真软件,新建连接,此处以使用第三方软件 SecureCRT 为例进行介绍。如图 2-2 所示,单击"![按钮]"按钮,按钮新建连接。

**3. 设置连接的接口以及通信参数**

如图 2-3 所示,设置 PC 机串口的通信参数。设置终端软件的通信参数需与设备的默认值保持一致,分别为:传输速率(Baud rate)为 9600bit/s、8 位数据位(Date bits)、1 位停止位(stop bits)、无校验和无流控。

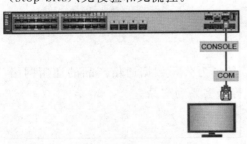

图 2-1  通过 Console 口连接设备　　图 2-2  通过 SecureCRT 新建连接　　图 2-3  设置端口通信参数

**4. 进入命令行界面**

单击图 2-3 中的"Connect"按钮,终端界面会出现如下显示信息,提示用户配置登录密码。登录时没有默认密码,需要用户先配置登录密码。

```
An initial password is required for the first login via the console.

Continue to set it? [Y/N]: y

Set a password and keep it safe.Otherwise you will not be able to login via the console.


Please configure the login password (8-16)

Enter Password:

Confirm Password:
```

```
<Huawei>
```

完成以上步骤后,设备显示<Huawei>,表示已进入用户视图,接下来就可以对设备进行基本配置了。

### ◆ 2.1.3 VRP 命令行

#### 1. 命令行格式约定

用户可通过在 VRP 命令行界面下输入文本类配置或管理命令,按回车键即可把相应的命令提交给网络交换机执行,从而实现对网络交换机的配置与管理,并可以通过执行相关命令查看输出信息,确认配置结果。与命令行界面(CLI)相对的就是我们通常所说的 GUI(graphical user interface,图形用户界面),如我们常用的 Windows 操作系统,是通过鼠标点击相关选项进行设置的。但在 CLI 下可以一次输入含义更为丰富的指令,系统响应更迅速。

在华为 VRP 系统中,一条命令行由关键字和参数组成,关键字是一组与命令行功能相关的单词或词组,通过关键字可以唯一确定一条命令行,本书正文中采用加粗字体的方式来标识命令行的关键字。参数是为了完善命令行的格式或指示命令的作用对象而指定的相关单词或数字等,包括整数、字符串、枚举值等数据类型,本书正文中采用斜体字体方式来标识命令行的参数。例如,测试设备间连通性的命令行 **ping** *ip-address* 中,**ping** 为命令行的关键字,*ip-address* 为参数(取值为一个 IP 地址)。

新购买的华为网络设备,初始配置为空。若希望它能够具有诸如文件传输、网络互通等功能,则需要首先进入到该设备的命令行界面,并使用相应的命令进行配置。

#### 2. 命令行视图

视图是 VRP 命令接口界面,不同的 VRP 命令需要在不同的视图下才能执行,在不同的视图下也配置有不同功能的命令。

VRP 系统的命令行界面分为若干个命令视图,所有命令都注册在某个(或某些)命令视图下。当使用某个命令时,需要先进入这个命令所在的视图。各命令行视图是针对不同的配置要求实现的,它们之间既有联系又有区别。最常见的命令视图、视图功能、提示符示例,以及进入和退出对应视图的方法如表 2-1 所示(仅列举了部分交换机配置中最常见的视图,不包括全部)。通过 **quit** 命令可以返回到上一级命令视图,通过 **return** 命令或者按 Ctrl+Z 组合键可直接返回到用户视图。

表 2-1　交换机 VRP 系统常见命令视图功能、提示符及进入/退出视图的方法

| 视图 | 功能 | 提示符 | 进入命令 | 退出命令 |
|---|---|---|---|---|
| 用户视图 | 查看交换机的简单运行状态和统计信息 | <Huawei> | 与交换机连接即可进入 | **quit** |
| 系统视图 | 配置系统参数 | [Huawei] | 在用户视图下输入 **system-view** | **quit** 或 **return**,或按 Ctrl+Z 组合键返回用户视图 |
| 接口视图 | 配置接口参数 | [Huawei-GigabitEthernet0/0/1] | 在系统视图下输入 **interface** Gigabit Ethernet 0/0/1 | **quit** 返回系统视图;**return** 或按 Ctrl+Z 组合键返回用户视图 |
| VLAN 视图 | 配置 VLAN 参数 | [Huawei-vlan10] | 在系统视图下输入 **vlan** 10 | |
| VTY 用户界面视图 | 配置单个或多个 VTY 用户界面参数 | [Huawei-ui-vty1] | 在系统视图下输入 **user-interface** vty 1 | |

### 3. 命令级别与用户权限级别

为了增加交换机的安全性,在 VRP 系统中把所有命令分成了许多个不同的级别,使不同权限的用户可以使用不同级别的命令。这样也就确定了对应的不同用户级别。不同级别的用户登录后,只能使用等于或低于自己级别的命令。

VRP 系统的命令级别分为 0~3 共 4 级,但用户级别分成 0~15 共 16 个级别。默认情况下,用户级别和命令级别的对应关系如表 2-2 所示。

**表 2-2　VRP 用户级别和命令级别的对应关系**

| 用户级别 | 命令级别 | 级别名称 | 可用命令说明 |
| --- | --- | --- | --- |
| 0 | 0 | 访问级 | 网络诊断工具命令(**ping**、**tracert**)、从本设备出发访问其他设备的命令(**Telnet**)、部分 **display** 命令等 |
| 1 | 0、1 | 监控级 | 用于系统维护,包括 **display** 等命令。但并不是所有 **display** 命令都是监控级,比如 **display current-configuration** 命令和 **display saved-configuration** 命令是 3 级管理级 |
| 2 | 0、1、2 | 配置级 | 业务配置命令,包括路由、各个网络层次的命令,向用户提供直接网络服务 |
| 3~15 | 0、1、2、3 | 管理级 | 用于系统基本运行的命令,对业务提供支撑作用,包括文件系统、FTP、TFTP 下载、用户管理命令、命令级别设置命令、系统内部参数设置命令以及用于业务故障诊断的 **debugging** 命令等。可以通过划分不同的用户级别,为不同的管理人员授权使用不同的命令 |

## 2.2　网络设备配置基础

### ◆ 2.2.1　基本配置

#### 1. 配置设备名称

命令行界面中的尖括号"<>"或方括号"[]"中包含有设备的名称,也称为设备主机名。默认情况下,设备名称为"Huawei"。为了更好地区分不同的设备,通常需要修改设备名称。在系统视图下,我们可以通过如下命令来对设备名称进行修改。

```
sysname host-name
```

其中,**sysname** 是命令行的关键字,*host-name* 为参数,表示希望设置的设备名称。例如,通过如下操作,就可以将设备名称设置为 Router1。

```
[Huawei]sysname Router1
[Router1]
```

#### 2. 配置设备系统时钟

华为设备出厂时默认采用了世界协调时间(UTC),但没有配置时区,所以在配置设备系统时钟前,需要了解设备所在的时区。

在用户视图下使用如下命令设置时区。

```
clock timezone time-zone-name {add | minus} offset
```

其中,*time-zone-name* 为用户定义的时区名,用于标识配置的时区;根据偏移方向选择 **add** 或 **minus**,正向偏移(UTC 时间加上偏移量为当地时间)选择 **add**,负向偏移(UTC 时间减去偏移量为当地时间)选择 **minus**;*offset* 为偏移时间。

假设设备位于北京时区,则使用如下命令配置相应的时区。

```
<Huawei>clocktimezone BJ add 08:00
```

设置好时区后,就可以设置设备当前的日期和时间了,华为设备仅支持 24 小时制。在用户视图下使用如下命令设置设备当前的日期和时间。

**clock datetime** *HH:MM:SS YYYY-MM-DD*

其中,*HH:MM:SS* 为设置的时间,*YYYY-MM-DD* 为设置的日期。

假设当前的日期为 2019 年 6 月 29 日,时间是下午 14:30:00,则相应的配置如下。

```
<Huawei>clockdatetime 14:30:00 2019-06-29
```

### 3. 配置设备 IP 地址

IP 地址是针对设备接口的配置,通常一个接口配置一个 IP 地址。在接口视图下使用如下命令配置接口 IP 地址。

**ip address** *ip-address{mask | mask-length}*

其中,**ip address** 是命令关键字;*ip-address* 为希望配置的 IP 地址;*mask* 表示点分十进制方式的子网掩码;*mask-lengh* 表示长度方式的子网掩码,即掩码中二进制数 1 的个数。

假设要为设备的 GE 0/0/1 接口分配的 IP 地址为 10.1.1.200、子网掩码为 255.255.255.0,则相应的配置如下。

```
[Huawei]interfaceGigabitEthernet 0/0/1
[Huawei-GigabitEthernet0/0/1]ip address 10.1.1.200 24
```

### ◆ 2.2.2 用户界面配置

#### 1. 用户界面的概念

用户界面视图是 VRP 系统提供的一种命令行视图,用来配置和管理所有工作在异步交互方式下的物理接口(包括 Console 口和 MiniUSB 口)和逻辑接口(VTY 虚拟接口),从而达到统一管理各种用户界面的目的。

Console 用户界面是指用户通过 Console 口(包括 MiniUSB 口)登录到设备后的用户界面。用户终端的串行接口可以与设备 Console 口直接连接,实现对设备的本地访问。

VTY(virtual type terminal,虚拟类型终端)是一种虚拟线路端口。用户通过终端与设备建立 Telnet 或 SSH 连接后,即建立了一条 VTY 连接(或称 VTY 虚拟线路)。

#### 2. 用户界面的编号

华为设备上提供了多个可用的用户界面,其中 Console 类型的用户界面只有一个,VTY 类型的用户界面有多个,而且这么多用户界面都有一个固定编号。当用户登录交换机时系统会根据此用户的登录方式自动分配一个当前空闲且编号最小的相应类型的用户界面给这个用户。用户界面的编号包括以下两种方式。

1)相对编号

相对编号是针对具体类型用户界面进行的编号方式,其格式为:用户界面类型+编号,这也是我们配置设备功能时通常采用的编号方式。此种编号方式只能唯一指定某种类型的用户界面中的一个或一组,而不能跨类型操作。相对编号方式遵守的规则如下。

(1)Console 编号:固定为 CON 0,且只有这一个编号。

(2)VTY 编号:第一个为 VTY 0,第二个为 VTY1,最高编号为 VTY14,共有 15 个。

2）绝对编号

使用绝对编号方式可以唯一地指定一个用户界面或一组用户界面。可用 **display user-interface**（不带参数）命令查看设备当前支持的用户界面以及它们的绝对编号。

每个主控板上 Console 口只有一个，但 VTY 类型的用户界面最多可有 20 个（其中 0～14 是提供给普通 Telnet/SSH 用户的用户接口，16～20 是预留给网管用户的接口，但不同设备所支持的线路数不一样），还可在系统视图下使用 **user-interface maximum-vty** 命令人为设置最大可用的用户界面个数，其默认值为 5，即 VTY0～4。

**3. 用户界面的用户验证和优先级**

因为 VRP 系统是基于用户界面的网络操作系统，所以为了安全起见，需要为不同用户界面配置相应的安全保护措施，那就是配置用户界面下的用户验证。配置用户界面的用户验证方式后，用户登录交换机时 VRP 系统会对用户的身份进行验证。

VRP 系统中对用户的验证方式有如下两种。

（1）Password 验证：只需要进行密码验证，不需要进行用户名验证，所以只需要配置密码，不需要配置本地用户。该验证方式为默认认证方式。

（2）AAA 验证：需要同时进行用户名验证和密码验证，所以需要创建本地用户，并为其配置对应的密码。这种方式更安全，像 Telnet 这样的登录方式一般是需要采用 AAA 验证的。

VRP 系统支持对登录用户进行分级管理，这就是我们前面介绍的用户级别。与命令级别一样，用户级别也对应分为 0～15 共 16 个级别，标识越高则优先级越高。用户所能访问命令的级别由其所使用的用户界面配置的优先级（当采用不验证或者密码验证方式时）或者为用户自身配置的用户优先级别（当采用 AAA 验证方式时）决定，但高级别用户可以访问级别比它低的所有级别命令。也就是在 AAA 验证方式下，用户级别不是由所使用的用户界面级别确定，而是由具体的用户账户优先级别确定，因此更加灵活，这样一来，同一用户界面下的不同用户的用户级别可能不一样。当然，这也决定了在 AAA 验证方式下，必须为具体的用户配置具体的用户优先级。

**4. 配置 Console 口用户界面**

通过 Console 口登录的用户直接受控于 Console 用户界面的用户认证方式，为保证 Console 登录的安全，在登录设备前需配置认证方式。

Console 用户界面提供 AAA 认证、Password 认证和 None 认证方式。None 认证也称不认证，登录时不需要输入任何认证信息，可直接登录设备。为了保证更高的安全性，建议不要使用 None 认证方式。

默认情况下，使用 Console 用户界面登录设备时只需要密码认证。为了防止非法用户登录设备，修改 Console 用户界面的认证方式为 AAA 认证，配置命令如示例 2-1 所示。

 **示例 2-1**　　　　配置 Console 用户界面的认证方式为 AAA 认证。

```
// (1)配置 Console 用户界面的相关参数
<Huawei>system-view
[Huawei]sysname Switch
[Switch] user-interface console 0              //进入 Console 用户界面
```

```
[Switch-ui-console0] authentication-modeaaa      // 设置用户认证方式为 AAA 认证
[Switch-ui-console0] user privilege level 15
[Switch-ui-console0] quit
```
// (2) 配置登录用户的相关信息
```
[Switch]aaa            // 进入 AAA 视图
[Switch-aaa] local-user admin password cipher Admin@ 123
```
// 创建本地用户，并配置对应的登录密码
```
[Switch-aaa] local-user admin privilege level 15      // 配置本地用户的级别
[Switch-aaa] local-user admin service-type terminal
```
// 配置本地用户的接入类型为 Console 用户

　　执行以上操作后，用户使用 Console 用户界面重新登录设备时，需要输入用户名 admin，认证密码 Admin@123 才能通过身份验证，成功登录设备。

◆　**2.2.3　配置通过 Telnet 登录设备**

　　如图 2-4 所示，PC 与设备之间可达。现要求在担当 Telnet 服务器的交换机端配置 Telnet 用户，以 AAA 验证方式登录到 VRP 系统，保证管理员能通过指定的 VTY 用户界面登录交换机。

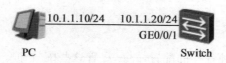

10.1.1.10/24　　10.1.1.20/24
GE0/0/1
PC　　　　　　　　Switch

**图 2-4　配置通过 Telnet 登录设备组网图**

　　Telnet 登录方式采用的是 VRP 系统的 VTY 虚拟线路，具体配置步骤和配置命令如示例 2-2 所示。

**示例 2-2**　　　　　配置通过 Telnet 登录设备。

// (1) 使能服务器功能
```
<Huawei>system-view
[Huawei]sysname Telnet_Server
[Telnet_Server] telnet server enable
```
// (2) 配置 VTY 用户界面的相关参数
```
[Telnet_Server] user-interface maximum-vty 15 // 配置 VTY 用户界面的最大个数
[Telnet_Server] user-interface vty 0 14
[Telnet_Server-ui-vty0-14] protocol inbound telnet
[Telnet_Server-ui-vty0-14] authentication-mode aaa // 配置 VTY 用户界面的用户验证方式
[Telnet_Server-ui-vty0-14] quit
```
// (3) 配置登录用户的相关信息
```
[Telnet_Server] aaa
[Telnet_Server-aaa] local-user admin password cipher Admin@ 123
[Telnet_Server-aaa] local-user admin service-type telnet
[Telnet_Server-aaa] local-user admin privilege level 3
[Telnet_Server-aaa] quit
```

　　配置完成后，进入管理员 PC 的 Windows 的命令行提示符，执行相关命令，通过 Telnet

方式登录设备,如示例 2-3 所示。

示例 2-3　　　客户端通过 Telnet 登录交换机。

```
[d:\~]$ telnet 10.1.1.20

    Connecting to 10.1.1.20:23...
    Connection established.
    To escape to local shell,press 'Ctrl+Alt+]'.


    Login authentication

    Username:admin
    Password:
    Info: The max number of VTY users is 15,and the number
        of current VTY users on line is 1.
        The current login time is 2019-06-29 21:23:05.
<Telnet_Server>
```

### 2.2.4　常用配置技巧

设备为用户提供了各种各样的配置命令,尽管这些配置命令的形式不一样,但它们都遵循配置命令的语法。并且,命令行支持获取帮助信息、命令的简写、命令的自动补齐和快捷键功能。

**1. 支持快捷键**

为了方便用户对交换机进行配置,交换机命令行提供快捷键功能,表 2-3 列出了一些常用快捷键的功能。

表 2-3　常用快捷键的功能

| 按　键 | 功　能 |
| --- | --- |
| 删除键 Backspace | 删除光标所在位置的前一个字符,光标前移 |
| 上光标键"↑" | 显示上一条输入命令 |
| 下光标键"↓" | 显示下一条输入命令 |
| 左光标键"←" | 光标向左移动一个位置 |
| 右光标键"→" | 光标向右移动一个位置 |
| Ctrl+Z | 从其他视图直接退回到用户视图 |
| Tab 键 | 当输入的字符串可以无歧义地表示命令或者关键字时,可以使用 Tab 键将其补充成完整的命令或关键字 |

**2. 命令简写**

在输入一个命令时可以只输入各个命令字符串的前面部分,只要其长到系统能够与其他命令关键字区分就可以。例如,如果要在用户视图下输入"**system-view**"命令进入系统视图,可以只输入"**sys**",系统会自动识别。如果输入的简写命令太短,无法与其他命令区分,系统会提示继续输入后面的字符。

### 3. 获取帮助信息

用户在使用命令行时,可以使用在线帮助以获取实时帮助,从而无须记忆大量的复杂的命令。在线帮助通过输入"?"来获取,在命令行输入过程中,用户可以随时输入"?"以获得在线帮助。命令行在线帮助可分为完全帮助和部分帮助,如表 2-4 所示。

表 2-4　获取帮助信息的方法

| 帮助 | 使用方法及功能 |
|---|---|
| 完全帮助 | 在任一命令视图下,键入"?"获取该命令视图下所有的命令及其简单描述,如下所示:<br>`< Huawei> ?`<br>`User view commands:`<br>`  backupBackup electronic elabel`<br>`  cd              Change current directory`<br>`  checkCheck information`<br>`  clearClear information`<br>`  clock           Specify the system clock`<br>`  compareCompare function`<br>`  ...`<br><br>键入一条命令的部分关键字,后接以空格分隔的"?",如果该位置为关键字,则列出全部关键字及其简单描述,如下所示:<br>`< Huawei> system-view`<br>`[Huawei] user-interface vty 0 4`<br>`[Huawei-ui-vty0-4]authentication-mode ?`<br>`  aaa       AAA authentication,and this authentication mode is recommended`<br>`  none      Login without checking`<br>`  password  Authentication through the password of a user terminal interface` |
| 部分帮助 | 输入一条命令,后接一字符串紧接"?",列出命令以该字符串开头的所有关键字,如下所示:<br>`<Huawei>display b?`<br>`  bpdu                                      bridge`<br>`  buffer` |

### 4. undo 命令行

在命令前加 **undo** 关键字,即为 **undo** 命令行。**undo** 命令行一般用来恢复默认情况、禁用某个功能或者删除某项配置,如表 2-5 所示。几乎每条配置命令都有对应的 undo 命令行。

表 2-5　undo 命令行的使用

| undo 命令行的功能 | 使 用 举 例 |
|---|---|
| 恢复默认情况 | [Huawei]**sysname Server**<br>[Server]**undo sysname** |
| 禁用某个功能 | [Huawei]**ftp server enable**<br>[Huawei]**undo ftp server** |
| 删除某项设置 | [Huawei]**header login information "Hello,Welcome to Huawei!"**<br>[Huawei]**undo header login** |

### 5. 理解 CLI 的提示信息

表 2-6 中列出了用户在使用 CLI 配置管理设备时可能遇到的几个常见错误提示信息,理解这些提示信息的含义,有助于用户找出错误、改正错误,从而实现对设备进行有效的配置管理。

**表 2-6　常见的 CLI 错误信息**

| 错误信息 | 含　义 | 如何获取帮助 |
|---|---|---|
| Ambiguous command found at '^' position. | 用户没有输入足够的字符,网络设备无法识别唯一的命令 | 重新输入命令,紧接着在发生歧义的单词后面输入一个问号,则可能输入的关键字将被显示出来,如[Huawei]in? |
| Incomplete command found at '^' position. | 用户没有输入该命令必需的关键字或者变量参数 | 重新输入命令,输入空格后再输入问号,则可能输入的关键字或者变量参数将被显示出来,如[Huawei]vlan ? |
| Unrecognized command found at '^' position. | 用户输入的命令错误,符号(^)指明了错误的单词的位置 | 在所在的命令视图下输入问号,则该视图允许的命令的关键字将被显示出来,如[Huawei]? |

## 2.3　VRP 文件管理

### ◆ 2.3.1　VRP 系统的组成

华为 VRP 系统包括"软件系统"和"配置文件"两大部分,软件系统又包括"BootROM 软件"和"系统软件"两部分。

设备加电后,先运行 BootROM 软件,初始化硬件并显示设备的硬件参数,再运行系统软件。系统软件一方面提供对硬件的驱动和适配功能,另一方面实现了业务功能特性。BootROM 软件与系统软件是设备启动、运行的必备软件,为整个设备提供支撑、管理、业务等功能。

我们一般所说的系统软件是指产品版本的 VRP 系统软件。VRP 系统软件的文件扩展名为".CC",如 V200R002C00.CC,如果要针对特定子系列,则在前面还会加子系列名,如 S5700HI-V200R002C00.CC。但在华为公司网站下载的文件是".zip"格式的压缩文件,要解压后才能上传到设备存储器中使用。

VRP 系统配置文件是 VRP 命令行的集合,用户可将当前配置保存到配置文件中,以便在设备重启后这些配置能够继续生效。另外,通过配置文件用户可以非常方便地查阅配置信息,也可以将配置文件上传到其他的设备上,实现设备的批量配置。

### ◆ 2.3.2　文件系统管理

文件系统管理就是用户对设备中存储的文件和目录的访问管理,如用户可以通过命令行对文件或目录进行创建、移动、复制、删除等操作,并可对设备存储器进行管理。它们都是在用户视图下进行的。VRP 系统是基于 Linux 操作系统平台进行二次开发的,所以它的文件系统管理命令和操作方法与我们常用的 Linux 操作系统中对应的操作方法完全一样。

用户可以从终端通过直接登录系统、FTP、SFTP、SCP、FTPS 方式,对设备上的文件进行一系列操作,从而实现对设备本地文件的管理。

#### 1. 目录管理

当需要在客户端与服务器端进行文件传输时,需要使用文件系统对目录进行配置。

可以使用表 2-7 中的用户视图命令来进行相应的目录操作,包括创建或删除目录、显示当前的工作目录、指定目录下文件或目录的信息等。

表 2-7　VRP 系统目录操作命令

| 目录操作 | 所用命令 | 说　　明 |
|---|---|---|
| 创建目录 | **mkdir** *directory* | — |
| 删除目录 | **rmdir** *directory* | — |
| 显示当前路径 | **pwd** | — |
| 进入指定的目录 | **cd** *directory* | — |
| 显示目录或文件信息 | **dir**［/**all**］［*filename* \| *directory* \| /**all－filesystems**］ | 被删除的目录必须为空目录。<br>目录被删除后,无法从回收站中恢复,原目录下被删除的文件也彻底从回收站中删除 |

**2. 文件管理**

可以使用表 2-8 中的用户视图命令来进行相应的文件操作,包括删除文件、重命名文件、复制文件、移动文件、查看文件的内容、显示指定文件的信息等。

表 2-8　VRP 文件管理命令

| 文件操作 | 所用命令 | 说　　明 |
|---|---|---|
| 显示文本文件内容 | **more** *filename*［*offset*］［**all**］ | — |
| 复制文件 | **copy** *source-filename destination-filename* | 在复制文件前,确保存储器有足够的空间。<br>若目标文件名与已经存在的文件名重名,将提示是否覆盖 |
| 移动文件 | **move** *source-filename destination-filename* | 若目标文件名与已经存在的文件名重名,将提示是否覆盖 |
| 重新命名文件 | **rename** *old-name new-name* | — |
| 压缩文件 | **zip** *source-filename destination-filename* | — |
| 解压缩文件 | **unzip** *source-filename destination-filename* | — |
| 删除文件 | **delete**［/**unreserved**］［/**quiet**］{ *filename* \| *devicename* } | 此命令不能删除目录。<br>注意:如果使用参数/unreserved,则删除后的文件不可恢复 |
| 恢复删除的文件 | **undelete** { *filename* \| *devicename* } | 执行 delete 命令(不带/unreserved 参数)后,文件将被放入回收站中。可以执行此命令恢复回收站中被删除的文件 |
| 彻底删除回收站中的文件 | **reset recycle-bin**［*filename* \| *devicename*］ | 需要永久删除回收站中的文件时,可进行此操作 |
| 运行批处理文件 | **execute** *batch-filename* | 一次进行多项处理时,可进行此操作。编辑好的批处理文件要预先保存在设备的存储器中 |

◆　**2.3.3　配置系统启动文件**

配置系统启动文件包括指定系统启动用的系统软件和配置文件,这样可以保证设备在下一次启动时以指定的系统软件启动以及以指定的配置文件初始化配置。如果系统启动时还需要加载新的补丁,则还需指定补丁文件。但所指定的启动文件必须已保存至设备的根目录中。

系统启动文件也是在用户视图下配置的。在进行系统启动文件配置前,可使用 **display startup** 命令查看当前设备指定的下次启动时加载的文件。

(1)如果没有配置设备下次启动时加载的系统软件,则下次启动时将默认启动此次加载的系统软件。当需要更改下次启动的系统文件(如设备升级)时,则需要指定下次启动时加载的系统软件,此时还需要提前将系统软件通过文件传输方式保存至设备,系统软件必须存放在存储器的根目录下,文件名必须以".cc"作为扩展名。

(2)如果没有配置下次启动时加载的配置文件,则下次启动采用默认配置文件(如 vrpcfg.zip)。如果默认存储器中没有配置文件,则设备启动时将使用默认参数初始化。配置文件的文件名必须以".cfg"或".zip"作为扩展名,而且必须存放在存储器的根目录下。

(3)补丁文件的扩展名为".pat",在指定下次启动时加载的补丁文件前也需要提前将补丁文件保存至设备存储器的根目录下。

在用户视图下,使用如下命令配置设备下次启动时加载的系统软件。

**startup** *system-software system-file*

其中,system-file 为参数,表示系统软件的文件名。例如,通过如下操作,配置下次启动使用的系统软件为 basicsoft.cc。

<Huawei> startup system-software basicsoft.cc

在用户视图下,使用如下命令配置设备下次启动时使用的配置软件。

**startup saved-configuration** *configuration-file*

其中,*configuration-file* 为参数,表示配置文件名。例如,通过如下操作,配置下次启动使用的配置文件为 vrpconfig.cfg。

<Huawei> startup saved-configuration vrpconfig.cfg

如果用户希望设备重新启动后加载运行补丁文件,并使之生效,则可在用户视图下,使用如下命令指定下次启用的补丁文件。

**startup patch** *patch-name* [ **slave-board** ]

其中,*patch-name* 为参数,表示补丁文件名。例如,通过如下操作,指定下次启动的补丁文件为 patch.pat。

<Huawei>startup patch patch.pat

 **本章小结**

VRP 是华为公司数据通信产品的通用网络操作系统平台,包括路由器、交换机、防火墙、WLAN 等众多系列产品。网络设备支持 Console 口本地配置、Telnet 或 SSH 远程配置。命令行提供多种命令视图,系统命令采用分级保护方式,命令行划分为访问级、监控级、配置级和管理级四个级别。

华为 VRP 系统包括软件系统和配置文件两大部分,软件系统又包括 BootROM 软件和系统软件两部分。VRP 文件系统包括目录操作、文件操作等。通过指定的启动文件可以进行操作系统软件升级。

**习题2**

**1. 选择题**

(1) 关于 VRP，以下描述不正确的是（　　）。

A. 网络操作系统 　　　　　　　　　B. 系统软件

C. 网络设备 　　　　　　　　　　　D. 支撑多种网络设备的软件平台

(2) 以下（　　）提示符表示的是接口视图。

A. ＜Huawei＞ 　　　　　　　　　　B. ［Huawei-aaa］

C. ［Huawei］ 　　　　　　　　　　D. ［Huawei-GigabitEthernet0/0/0］

(3) 级别是 2 级的用户可以操作（　　）级别的 VRP 命令。

A. 0 级和 1 级 　　　　　　　　　　B. 0 级、1 级和 2 级

C. 2 级 　　　　　　　　　　　　　D. 0 级、1 级、2 级和 3 级

(4) Telnet 的默认端口号是（　　）。

A. 20 　　　　　　B. 21 　　　　　　C. 22 　　　　　　D. 23

(5) VRP 系统的首次登录必须采用（　　）登录方式。

A. Telnet 　　　　B. Web 　　　　　C. SSH 　　　　　D. Console 口

(6) 要查看网络设备使用的操作系统版本等信息，可采用（　　）命令。

A. display version 　　　　　　　　B. display current-configuration

C. display system 　　　　　　　　D. show version

(7) 要为交换机配置主机名为 SW1，可采用（　　）命令。

A. hostname SW1 　　　　　　　　B. system-name SW1

C. sys-name SW1 　　　　　　　　D. sysname SW1

# 第3章 以太网技术

随着 IP 技术的飞速发展,以太网作为 IP 的承载网络已经成为局域网用户必须选择的技术之一。在局域网中,以太网交换机是非常重要的网络互联设备,负责在主机之间快速转发数据帧。交换机与集线器的不同之处在于,交换机工作在数据链路层,能够根据数据帧中的 MAC 地址进行转发。本章首先介绍以太网技术的基本原理和实现、共享式以太网和交换式以太网的区别,然后重点讲述交换机的工作原理、交换机的交换方式及交换机的常用配置。

学习完本章,要达成以下目标。
- 理解以太网技术的基本原理以及以太网帧格式。
- 了解共享式以太网和交换式以太网的区别。
- 掌握交换机中 MAC 地址的学习过程。
- 掌握交换机的过滤、转发原理。
- 掌握冲突域、广播域的概念。
- 掌握交换机的常用配置。

## 3.1 以太网概述

1973 年,施乐公司(Xerox)开发出了一种设备互联技术,并将这项技术命名为"以太网(Ethernet)",以太网的问世是局域网发展史上的一个重要的里程碑。可以说以太网技术是有史以来最成功的局域网技术,也是目前主流的、占据市场份额最大的技术。

最初的以太网使用的传输介质是一根粗的同轴电缆,其长度可以达到 2500 米(每 500 米之间需要一个中继器),一共可以有 256 台计算机连接到局域网系统中。这些计算机使用粗同轴电缆作为共享介质进行连接,无论哪一台主机发送数据,其余的所有主机都能收到(这就是所谓的共享式以太网)。因此,可能出现这样的情况,一台主机正在发送数据的时候,另一台主机也开始发送数据,或者两台及两台以上的主机同时开始发送数据,它们的数据信号就会在信道内碰撞在一起,互相干扰,使信号变成不能识别的垃圾。

以太网采用带冲突检测的载波侦听多路访问(carrier sense multiple access/collision detection,CSMA/CD)技术来解决共享信道内的冲突,它的详细工作过程将在后面的小节进行讨论。

Xerox 公司的以太网获得了极大的成功。1979 年,Xerox 与 DEC、Intel 共同起草了一份 10Mbps 以太网物理层和数据链路层的标准,称为 DIX(Digital、Intel、Xerox)标准。经过两次很小的修改以后,DIX 标准于 1983 年变成 IEEE 802.3 标准。

之后,以太网的标准继续发展(至今仍在发展),100Mbps、1000Mbps,甚至万兆的以太网版本相继出台,电缆技术也有了改进,交换技术和其他的技术也加入了进来。

## 3.1.1 CSMA/CD

带冲突检测的载波侦听多路访问(CSMA/CD)是半双工的以太网的工作方式,它应用于 OSI 参考模型的数据链路层,是一种常用的采用争用方法来决定对传输信道的访问权的协议。其中,三个关键术语的含义如下。

(1)载波侦听:发送结点在发送数据之前,必须侦听传输介质(信道)是否处于空闲状态。

(2)多路访问:具有两种含义,既表示多个结点可以同时访问信道,也表示一个结点发送的数据可以被多个结点所接收。

(3)冲突检测:发送结点在发出数据的同时,还必须监听信道,判断是否发生冲突。

**1. CSMA**

CSMA 技术,也为先听后说(LBT)。要传输数据的站点首先对传输信道上有无载波进行监听,以确定是否有别的站点在传输数据。如果信道空闲,该站点便可以传输数据;否则,该站点将避让一段时间后再进行尝试。这就需要有一种退避算法来决定避让的时间,常用的退避算法有非坚持、1-坚持和 P-坚持 3 种。

1)非坚持

该算法的规则如下。

(1)如果信道是空闲的,则可以立即发送。

(2)如果信道是忙的,则等待一个由概率分布决定的随机重发延迟后,再重复前一步骤。

(3)采用随机的重发延迟时间可以减少冲突继续发生的可能性。

非坚持算法的缺点是:由于大家都在延迟等待过程中,致使传输信道虽然可能处于空闲状态,却没有站点发送数据,使用率降低。

2)1-坚持

该算法的规则如下。

(1)如果信道是空闲的,则可以立即发送。

(2)如果信道是忙的,则继续监听,直至检测到信道空闲,然后立即发送。

(3)如果有冲突(在一段时间内没有收到肯定的回复),则等待一个随机时间,重复前面的两个步骤。

这种算法的优点是:只要信道空闲,站点就可以立即发送数据,避免了信道利用率的损失。其缺点是:假若有两个或两个以上的站点同时检测到信道空闲并发送数据,冲突就不可避免。

3)P-坚持

该算法的规则如下。

(1)首先监听总线,如果信道是空闲的,则以概率 P 进行发送,而以(1-P)的概率延迟一个时间单位。一个时间单位通常等于最大传输时延的 2 倍。

(2)延迟一个时间单位后,再重复前一步骤。

(3)如果信道是忙的,则继续监听,直至检测到信道空闲并重复第(1)步。

P-坚持算法是一种既能像非坚持算法那样减少冲突,又能像 1-坚持算法那样减少传输信道空闲时间的折中方案。该算法关键在于如何选择 P 的取值,才能使两方面保持平衡。

**2. CSMA/CD**

在 CSMA 中,由于信道传播时延的存在,总线上的站点可能没有监听到载波信号而发送数据,仍会导致冲突。由于 CSMA 没有冲突检测功能,即使冲突已经发生,站点仍然会将已被破坏的帧发送完,使数据的有效传输率降低。

一种 CSMA 的改进方案是,使发送站点在传输过程中仍继续监听信道,以检测是否发生冲突。如果发生冲突,信道上可以检测到超过发送站点本身发送的载波信号的幅度,由此判断出冲突的存在。当一个传输站点识别出一个冲突后,就立即停止发送,并向总线上发送一串拥塞信号,这个信号使得冲突的时间足够长,让其他的站点都能发现。其他站点收到拥塞信号后,都停止传输,并等待一个随机产生的时间间隙后重发。这样,信道容量就不会因为传送已受损的帧而浪费,可以提高信道的利用率。这就是带冲突检测的载波侦听多路访问。

为了检测冲突,还产生了以太网帧最小长度的限制。可以想象这样一种情况:一个短帧还没有到达电缆远端的时候,发送端就已经发送出了该帧的最后一位,并认为这个帧已被正确传输;但是,在电缆的远处,该帧却可能与另一帧发生了冲突,而它的发送端却毫不知情。为了避免这种情况发生,人们规定,一个帧的最小长度应当满足这样的要求:当这个帧的最后一位发出之前,第一位就能够到达最远端并将可能的冲突信号传送回来。对于一个最大长度为 2500 米、具有 4 个中继器的 10Mbps 以太网来说,信号的往返传播时延大约是 50 微秒,在传输速率为 10Mbps 的情况下,500 位是保证可以工作的最小帧长度。考虑到需要增加一点安全,该数字被增加到了 512 位,也就是 64 字节。这就是以太网最小帧的来历。

### 3.1.2 MAC 地址和以太网帧格式

**1. MAC 地址**

MAC(medium access control)地址是在 IEEE 802 标准中定义并规范的,凡是符合 IEEE 802 标准的网络接口卡(如以太网卡)都必须拥有一个 MAC 地址。

MAC 地址由 48bit 长的二进制数字组成,用 12 位的十六进制数字表示,分为 24 位的 OUI(organizationally unique identifier,组织唯一标识符)和 24 位的 EUI(extended unique identifier,扩展唯一标识符)两部分。IEEE RA(registration authority)是 MAC 地址的法定管理机构,负责分配 OUI;而组织将自行分配其 EUI。

MAC 地址固化在网卡的 ROM 中,每次启动时由计算机读取出来,因此也称为硬件地址(hardware address)。每块网卡的 MAC 地址是全球唯一的,也即全网唯一的。一台计算机可能有多个网卡,因此也可能同时具有多个 MAC 地址。

MAC 地址共分为三种,分别为单播 MAC 地址、组播 MAC 地址和广播 MAC 地址,如图 3-1 所示。

一个单播 MAC 地址标识了一块特定的网卡,该地址为全球唯一的硬件地址;一个组播 MAC 地址用来标识 LAN 上的一组网卡,一般作为协议报文的目的 MAC 地址标识某种协议报文;一个广播 MAC 地址用来标识 LAN 上的所有网卡。

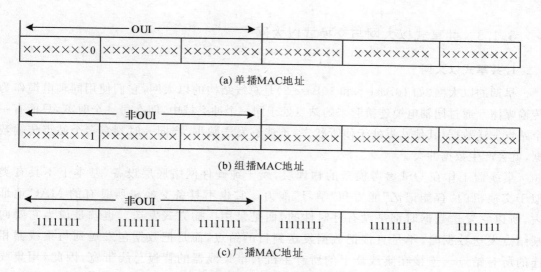

图 3-1　MAC 地址的分类及格式

### 2. 以太网帧格式

网络层的数据包被加上帧头和帧尾,就构成了可由数据链路层识别的以太网数据帧。虽然帧头和帧尾所用的字节数是固定不变的,但根据被封装数据包大小的不同,以太网数据帧的长度也随之变化,变化的范围是 64 字节~1518 字节(不包括 7 字节的前导码和 1 字节的帧起始定界符)。

以太网帧的格式有两个标准:一个是由 IEEE 802.3 定义的,称为 IEEE 802.3 格式;一个是由 Xerox 与 DEC、Intel 这三家公司联合定义的,称为 Ethernet II 格式。目前的网络设备都可以兼容这两种格式的帧,但 Ethernet II 格式的帧使用得更加广泛。通常,绝大部分的以太网帧使用的都是 Ethernet II 格式,而承载了某些特殊协议信息的以太网帧才使用 IEEE 802.3 格式。

以太网帧的 Ethernet II 格式如图 3-2 所示。

图 3-2　Ethernet II 标准的以太网帧格式

其中,各个字段的意义介绍如下。

(1)目的地址:接收端的 MAC 地址,长度为 6 字节。

(2)源地址:发送端的 MAC 地址,长度为 6 字节。

(3)类型:数据包的类型(即上层协议的类型)。例如:0x0806 表示 ARP 请求或应答,0x0800 表示 IP 协议。

(4)数据:被封装的数据包,长度为 46 字节~1500 字节。

(5)校验码:错误检验,长度为 4 字节。

Ethernet II 的主要特点是通过类型域标识了封装在帧里的上层数据所采用的协议,类型域是一个有效的指针,通过它,数据链路层可以承载多个上层协议。但是,Ethernet II 没有标识帧长度的字段。

◆ ### 3.1.3　共享式以太网与交换式以太网

#### 1. 共享式以太网

早期的以太网（如 10Base-5 和 10Base-2）是总线结构的以太网，它们使用同轴电缆作为传输媒体。通过同轴电缆连接起来的站点处于同一个冲突域中，即在每一个时刻，只能有一个站点发送数据，其他站点处于侦听状态，不能够发送数据，当同一时刻有多个站点传输数据，就会产生数据冲突。

集线器工作在 OSI 参考模型的物理层，属于纯硬件网络底层设备，基本上不具有类似于交换机的"智能记忆"能力和"学习"能力。它也不具备交换机所具有的 MAC 地址表，所以它发送数据时都是没有针对性的，而是采用广播方式发送。也就是说当它要向某结点发送数据时，不是直接把数据发送到目的结点，而是把数据包发送到与集线器相连的所有结点。连接在集线器上的所有主机共享集线器的背板总线带宽，因此，用集线器互连的主机都在同一个冲突域里，当一台主机发送数据时，其他主机都不能向网络发送数据。

集线器（Hub）与同轴电缆都是典型的共享式以太网所使用的设备，工作在 OSI 模型的物理层。集线器和同轴电缆所连接的设备位于一个冲突域中，域中的设备共享带宽，设备间利用 CSMA/CD 机制来检测及避免冲突，如图 3-3 所示。

在这种共享式以太同中，每个终端所使用的带宽大致相当于总线带宽/设备数量，所以接入的终端数量越多，每个终端获得的网络带宽越少。在图 3-3 所示网络中，如果集线器的带宽是 10Mbps，则每个终端所能使用的带宽约为 2.25Mbps；而且由于不可避免地会发生冲突导致重传，所以实际上每个终端所能使用的带宽还要更小一些。另外，共享式以太网中，当所连接的设备数量较少时，冲突较少发生，通信质量可以得到较好的保证；但是当设备数量增加到一定程度时，将导致冲突不断，网络的吞吐量受到严重响，数据可能频繁地由于冲突而被拒绝发送。

由于集线器与同轴电缆工作在物理层，一个终端发出的报文（包括单播、组播、广播等），其余终端都可以收到，这会导致如下两个问题。

（1）终端主机会收到大量的不属于自己的报文，它需要对这些报文进行过滤，从而影响了主机的处理性能。

（2）两个主机之间的通信数据会毫无保留地被第三方收到，造成一定的网络安全隐患。

#### 2. 交换式以太网

通过上面的学习可以知道，用中继器和集线器互连的以太网属于共享式的以太网，其扩展性能很差，因为共享式以太网网段上的设备越多，发生冲突的可能性就越大，因此无法应对大型网络环境。通常，解决共享式以太网存在的问题采用的是"分段"的方法。所谓分段就是将一个大型的以太网分割成两个或多个小型的以太网，每一段（分割后的每一个小以太网）使用 CSMA/CD 介质访问控制方法维持段内用户的通信。段与段之间通过一种交换设备可以将一段接收到的信息，经过简单的处理转发给另一段。通过分段，既可以保证部门内部信息不会流至其他部门，又可以保证部门之间的通信。以太网结点的减少使冲突和碰撞的几率更小，网络效率更高。并且，分段之后，各段可按需要选择自己的网络速率，组成性价比更高的网络。这样，交换式以太网出现了。

交换式以太网的出现有效地解决了共享式以太网的缺陷,它大大减小了冲突域的范围,增加了终端主机之间的带宽,过滤了一部分不需要转发的报文。

交换式以太网所使用的设备是网桥和二层交换机,如图 3-4 所示。

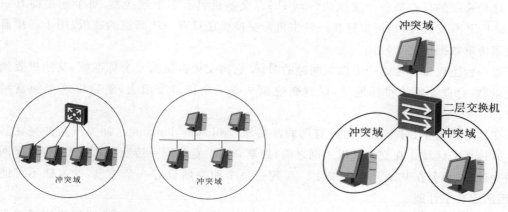

图 3-3　共享式以太网和冲突域　　　　　图 3-4　交换式以太网

网桥和交换机连接的每一个网段(每一个接口)都是一个独立的冲突域,因为在一个网段上发生冲突不会影响其他网段。通过增加网段数,减少了每个网段上的主机数,如果一个交换机接口只连接一台主机,则一个网段上就只有一台主机,从而消除了冲突。

网桥和交换机都工作在 OSI 参考模型的数据链路层,属于二层设备,这一点与中继器和集线器不同,中继器和集线器工作在物理层,处理的信息单元是比特流信号,而网桥和交换机处理的信息单元是数据链路层的数据帧。从功能上来说,第二层交换机与网桥相同,但交换机的吞吐率更高、接口密度更大、每个接口的成本更低更灵活,因此,第二层交换机已经取代了网桥,成为交换式以太网中的核心设备。

## ◆ 3.1.4 以太网技术的发展

最早期使用粗同轴电缆的以太网,也被称为 10BASE-5,其含义是:运行在 10Mbps 速率上,使用基带信令,并且所支持的分段长度可以达到 500 米。

后来产生了使用细同轴电缆的以太网,称为 10BASE-2。细同轴电缆比粗同轴电缆更容易弯曲,所使用的 T 型接头也更可靠易用,总体价值更低,也更容易安装。但是,细同轴电缆每一段的最大长度只有 185 米,而且每一段只能容纳 30 台机器。

对于这两种介质,监测电缆断裂、电缆超长、接头松动等故障成了大问题,虽然人们开发很多技术用于检测故障,但仍然会很不方便,这导致了另一种完全不同的连线模式,不再使用总线型的拓扑结构,而是星形的拓扑结构。所有的结点都由一条电缆接到一个中心集线器(Hub)上,通过中心集线器,所有的结点被连接到一起。通常,这里使用的电缆就是双绞线,因为办公楼里往往有大量这样的空闲双绞线可以利用。此时的以太网,也被称为10BASE-T,T 代表双绞线。

另外,还有 10BASE-F 的以太网,F 代表光纤。使用光纤作为传输介质成本很高,但这种以太网具有良好的抗噪声性能和安全性(可以防窃听),传输距离也很远(上千米),适用于楼与楼之间的连接,或者两个远距离的集线器之间的连接。

但是,随着以太网中接入的结点越来越多,流量也急速上升,最终 LAN 会饱和。冲突的次数会越来越多,以至于主机无法正常地发送帧。虽然可以通过提高速度解决问题,但也只是暂时解决,随着主机数量和通信量的增长,迟早还会达到饱和。所以,为了处理不断增长的负载,20世纪90年代初,交换机式以太网被设计出来。

这种系统的核心是一个交换机(switch)。交换机具有多个连接器,每个连接器有一个10BASE-T双绞线接口,可以连接一台主机。交换机还具有一块高速的底板,用于连接器之间高速传输数据。

当一台主机希望传送一个以太网帧的时候,它向交换机送出一个标准帧,交换机收到这个帧以后,会查看帧的目标地址,以判断应该从哪一个接口发出去,然后将这个帧复制到哪里。

在这种结构中,每个接口构成自己的冲突域(collision domain)。冲突域是冲突在其中发生并传播的区域。在交换式以太网之前,共享介质上竞争同一带宽的所有节点,属于同一个冲突域,冲突会在共享介质上发生。而现在每个冲突域只有一个结点,冲突就不可能发生,因而提高了性能。

当然这些网络结点仍然属于同一个广播域(broadcast domain)。接收同样广播消息的结点的集合称为一个广播域,在该集合中的任何一个节点传输一个广播帧,则所有其他能收到这个帧的节点都被认为是广播域的一部分。由于许多设备都极容易产生广播,如果不维护,就会消耗大量的带宽,降低网络的效率,而这个问题,则必须由更高层的设备(路由器)去解决。

随着网络的使用越来越广泛,网络上需要传输的数据越来越多,人们迫切需要一个更快速的LAN。于是IEEE在1992年重新召集802.3委员会,并于1995年3月推出了802.3u标准,即快速以太网(fast Ethernet)。它的设计思想非常简单,为了向后兼容以太网,保留了原来的帧格式、接口和过程规则,并和10BASE-T一样使用集线器和交换机作为连接设备,只是将位时间从100ns降低到10ns;传输介质除了三类双绞线和光纤之外,还增加了五类双绞线。

使用三类双绞线的快速以太网被称为100BASE-T4,使用五类双绞线的快速以太网被称为100BASE-TX,使用光纤的快速以太网则被称为100BASE-FX。

1998年6月IEEE又推出了千兆以太网(gigabit Ethernet)规范802.3z。802.3z委员会的目标与802.3u基本一致:使以太网再快十倍,并且仍然与现有的所有以太网标准保持向后兼容。

千兆以太网的所有配置都是点到点的,每根以太网电缆都恰好只能连接两个设备,而且千兆以太网支持两种不同的操作模式:全双工模式与半双工模式。"正常"的模式是全双工模式,它允许两个方向上的流量可以同时进行。这种配置下,所有的线路都具有缓存能力,每台计算机或者交换机在任何时候都可以自由地发送帧,不需要事先检测信道是否有别人正在使用。因为根本不可能发生竞争,冲突也就不存在了。

由于这里不会发生冲突,所以不需要CSMA/CD协议,因此,电缆的最大长度是由信号强度来决定的,而不是由突发性噪声在最差情况下传回到发送方所需的时间决定的。交换机可以自由地混合和匹配各种速度。

而另一种模式——半双工模式中(如果千兆以太网和集线器相连接,就会造成这种情况,但非常少见),一次只有一个方向的流量可以在电缆上传输,如果电缆两端的设备同时发送数据,仍然有可能产生冲突,所以还需要使用 CSMA/CD。因为现在一个最小的帧正在以 100 倍于早期以太网的速度进行传输,所以为了保证冲突能被检测到,最远传输距离也得按比例缩小 100 倍,即 25 米,这是不可能接受的。802.3z 委员会考虑到这一点,因此允许千兆以太网的收发设备对以太网帧进行扩展,以达到 512 字节的长度,方法是在普通帧后填充一些字节,或者将多个帧串在一起传输。由于这些功能是由硬件执行的,软件并不知情,所以现有的软件不需做任何改变。

千兆以太网既支持双绞线,也支持光纤。运行于双绞线上时,称为 1000BASE-T;运行于光纤上时,根据使用光纤的规格不同,有 1000BASE-SX(多模光纤,最大距离 550 米)和 1000BASE-LX(单模或者多模光纤,最大段距 500 米)两种。

以太网再发展就进入到万兆时代。

2007 年 7 月,IEEE 通过万兆以太网标准(802.3ae)。万兆以太网仍属于以太网家族,保持着与其他以太网技术的向后兼容性,不需要修改以太网的 MAC 子层协议或帧格式。万兆以太网技术非常适合于为企业和电信运营商网络建立交换机到交换机的连接(如在园区网中),或者用于交换机与服务器之间的互联(如在数据中心 IDC 中)。由于万兆以太网能够与 10M/100M 或千兆位以太网无缝集成在一起,因而符合当今网络使用的基本设计规则,得到了越来越广泛的应用。

2007 年,IEEE 又提出了 802.3ba 标准,目标是设计 40Gbps 或者 100Gbps 的以太网。

以太网技术已经发展了 30 多年,在发展过程中还没有出现真正有实力的竞争者,所以应该还会持续发展很多年。以太网之所以具有如此强大的生命力,与其简单性与灵活性是分不开的。在实践中简单性带来了可靠、廉价、易于维护等特性,在网络中增加新的设备也非常容易。

最后,以太网自身的发展速度也是十分显著的。速率提升了好几个数量级,交换机这样的设备也被引入进来,与此同时,上层软件却不需要变化,这些优势导致以太网大获成功。

## 3.2 交换机工作原理

交换机工作在数据链路层,能对数据帧进行相应的操作。以太网数据帧遵循 IEEE 803.3 格式,其中包含了目的 MAC 地址和源 MAC 地址。交换机根据源 MAC 地址进行地址学习和 MAC 地址表的构建,再根据目的 MAC 地址进行数据帧的转发与过滤。它的三项主要功能如下。

(1)MAC 地址学习。

(2)数据帧的转发/过滤决策。

(3)消除环路。

在本节的学习过程中,我们主要讲解交换机 MAC 地址学习和数据帧的转发/过滤决策的功能,消除环路的功能我们将在第 4 章中详细讲解。

◆ 3.2.1 MAC 地址学习

为了转发数据,以太网交换机需要维护 MAC 地址表。MAC 地址表的表项中包含了与本交换机相连的终端主机的 MAC 地址以及本交换机连接主机的端口等信息。

在交换机刚启动时,它的 MAC 地址表中没有表项,如图 3-5 所示。此时如果交换机的某个端口收到数据帧,它会把数据帧从接收端口之外的所有端口发送出去,称之为泛洪。这样,交换机就能确保网络中其他所有的终端主机都能收到此数据帧。但是,这种广播式转发的效率低下,占用了太多的网络带宽,并不是理想的转发方式。

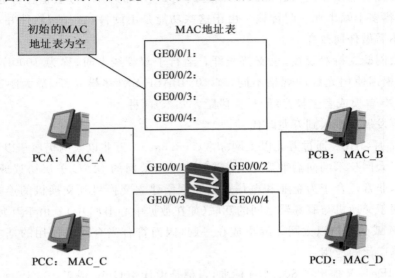

图 3-5　MAC 地址表初始状态

为了能够仅转发数据到目标主机,交换机需要知道终端主机的位置,也就是主机连接在交换机的哪个端口上。这就需要交换机进行 MAC 地址表的正确学习。

交换机通过记录端口接收数据帧的源 MAC 地址和端口的对应关系来进行 MAC 地址表学习,并把 MAC 地址表存放在 CAM(content addressable memory)中,如图 3-6 所示。

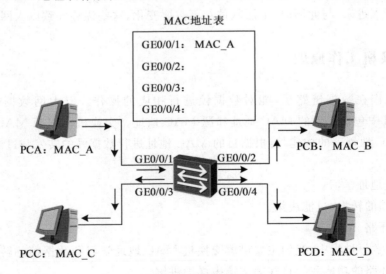

图 3-6　MAC 地址学习

在图 3-6 中,PCA 发出数据帧,其源地址是自己的物理地址 MAC_A,目的地址是 PCD 的物理地址 MAC_D。交换机在 GE0/0/1 端口收到该数据帧后,查看其中的源 MAC 地址,并将该地址与接收到此数据帧的端口关联起来添加到 MAC 地址表中,形成一条 MAC 地址表项。因为 MAC 地址表中没有 MAC_D 的相关记录,所以交换机把此数据帧从接收端口之外的所有端口发送出去。

交换机在学习 MAC 地址时,同时给每条表项设定一个老化时间,如果在老化时间到期之前一直没有刷新,则表项会清空。交换机的 MAC 地址表空间是有限的,设定表项老化时间有助于收回长久不用的 MAC 地址表空间。

同样,当网络中其他主机发出数据帧时,交换机就会记录其中的源 MAC 地址,并将其与接收到数据帧的端口相关联起来,形成 MAC 地址表项,当网络中所有主机的 MAC 地址在交换机中都有记录后,意味着 MAC 地址学习完成,也可以说交换机知道了所有主机的位置。如图 3-7 所示。

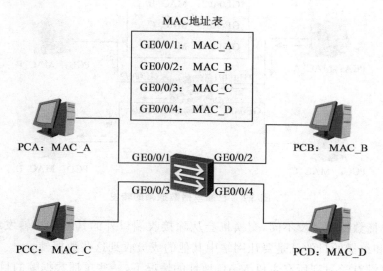

**图 3-7　完整的 MAC 地址表**

交换机在进行 MAC 地址学习时,应遵循以下原则。

(1)一个 MAC 地址只能被一个端口学习。

(2)一个端口可以学习多个 MAC 地址。

交换机进行 MAC 地址学习的目的是要知道主机所处的位置,所以只要有一个端口能够到达主机就可以,多个端口到达主机反而会造成带宽浪费,所以系统设定 MAC 地址只与一个端口关联。如果一台主机从一个端口转移到另一个端口,交换机在新的端口学习到了此主机的 MAC 地址,则会删除原有的表项。

一个端口上可以关联多个 MAC 地址。例如,端口连接到另一台交换机,交换机上连接多台主机,则此端口会关联多个 MAC 地址。

### ◆ 3.2.2　数据帧的转发/过滤决策

#### 1.数据帧的转发

MAC 地址表学习完成后,交换机根据 MAC 地址表项进行数据帧转发。在进行转发时,应遵循以下规则。

(1)对于已知单播数据帧(即帧目的 MAC 地址在交换机 MAC 地址表中有相应表项),则从帧目的 MAC 地址相对应的端口转发出去。

（2）对于未知单播数据帧（即帧目的 MAC 地址在交换机 MAC 地址表中无相应表项）、组播帧和广播帧，则从接收端口之外的所有端口转发出去。

在图 3-8 中，PCA 发出数据帧，其目的地址是 PCD 的地址 MAC_D。交换机在端口 GE0/0/1 收到该数据帧后，查看目的 MAC 地址，然后检索 MAC 地址表项，发现目的 MAC 地址 MAC_D 所对应的端口是 GE0/0/4，就把此数据帧从 GE0/0/4 端口转发出去，不在端口 GE0/0/2 和 GE0/0/3 转发，PCB 和 PCC 也不会收到目的是 PCD 的数据帧。

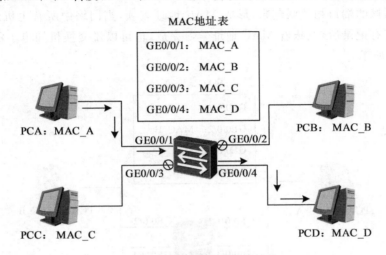

图 3-8　已知单播数据帧的转发

与已知单播数据帧转发不同，交换机会从除接收端口外的其他端口转发组播帧和广播帧，因为广播和组播的目的就是要让网络中其他的成员收到这些数据帧。

在交换机没有学习到所有主机 MAC 地址的情况下，一些单播数据帧的目的 MAC 地址在 MAC 地址表中没有相关表项，所以交换机也要把未知单播数据帧从所有其他端口转发出去，以使网络中的其他主机能收到。

在图 3-9 中，PCA 发出数据帧，其目的地址是 MAC_E。交换机在端口 GE0/0/1 收到数据帧后，检索 MAC 地址表项，发现没有关于 MAC_E 相应的表项，所以就把此数据帧从除端口 GE0/0/1 外的所有端口转发出去。

同理，如果 PCA 发出的是广播帧（目的 MAC 地址为 FF-FF-FF-FF-FF-FF）或组播帧，则交换机把此数据帧从除端口 GE0/0/1 外的其他端口转发出去。

**2. 数据帧的过滤**

为了杜绝不必要的帧转发，交换机对符合特定条件的帧进行过滤。无论是单播帧、组播帧还是广播帧，如果帧目的 MAC 地址在 MAC 地址表中表项存在，且表项所关联的端口与接收到帧的端口相同时，则交换机对此数据帧进行过滤，即不转发此数据帧。

如图 3-10 所示，PCA 发出数据帧，其目的地址是 MAC_C。交换机在 GE0/0/1 端口收到数据帧后，检索 MAC 地址表项，发现 MAC_C 所关联的端口也是 GE0/0/1，则交换机将该数据帧过滤。

通常，数据帧的过滤发生在一个端口学习到多个 MAC 地址的情况下。如图 3-10 所示，交换机的 GE0/0/1 端口连接一个 Hub，所以端口 GE0/0/1 上会同时学习到 PCA 和 PCC 的 MAC 地址。此时，PCA 和 PCC 之间进行数据通信时，尽管这些数据帧能够到达交换机的

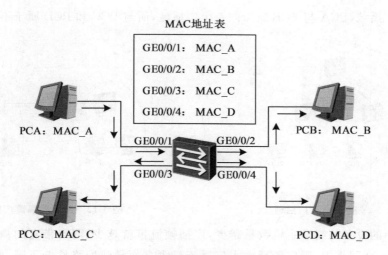

图 3-9　组播、广播和未知单播帧的转发

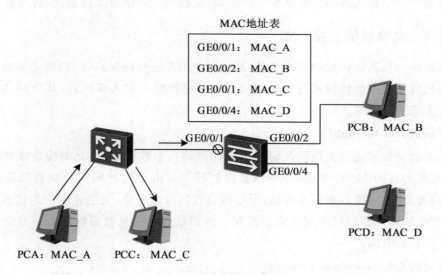

图 3-10　数据帧的过滤

GE0/0/1 端口,交换机也不会转发这些帧到其他端口,而是将其丢弃。

### 3.2.3　广播域

广播帧是指目的 MAC 地址为 FF-FF-FF-FF-FF-FF 的数据帧,它的目的是要让本地网络中的所有设备都能收到。二层交换机需要把广播帧从接收端口之外的端口转发出去,所以二层交换机不能够隔离广播。

广播域是指广播帧能够到达的范围。如图 3-11 所示,PCA 发出的广播帧,所有的设备与终端主机都能够收到,则所有的主机处于同一个广播域中。

路由器或三层交换机是工作在网络层的设备,对网络层信息进行操作。路由器或三层交换机收到广播帧后,对帧进行解封装,取出其中的 IP 数据包,然后根据 IP 数据包中的 IP 地址进行路由。所以,路由器或三层交换机不会转发广播帧,广播在三层端口上被隔离。

如图 3-12 所示,PCA 发出的广播帧,PCB 能够收到,但 PCC 和 PCD 收不到,因为路由器可以隔离广播域,PCA 与 PCB 属于同一个广播域,而与 PCC 和 PCD 属于不同的广播域。

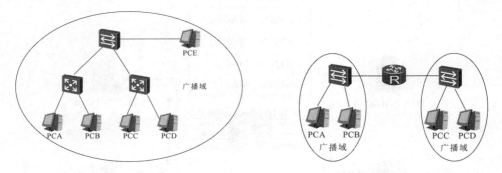

图 3-11　广播域　　　　　　　图 3-12　路由器隔离广播域

广播域中的设备与终端主机数量越少,广播帧流量就越少,网络带宽的消耗也就越少。所以,如果在一个网络中,因广播域太大广播流量太多而导致网络性能下降,则可以考虑在网络中使用三层交换机或路由器来缩小广播域,从而减少网络带宽的消耗,提高网络性能。

◆ **3.2.4　交换机的交换方式**

交换机作为数据链路层的网络设备,其主要作用是进行快速高效、准确无误地转发数据帧。交换机转发数据帧的模式有三种:直通式、存储转发式和无碎片式,其中存储转发式是交换机的主流交换方式。

**1. 直通式（cut through）**

采用直通交换方式的交换机在输入端口检测到一个数据帧时,立刻检查该数据帧的帧头,获取其中的目的 MAC 地址,并将该数据帧转发。由于这种模式只检查数据帧的帧头（通常只检查 14 个字节）,不需要存储,所以该方式具有延迟小,交换速度快的优点。其缺点是,冲突产生的碎片和出错的帧也将被转发。所谓延迟是指从数据帧进入一台交换机到离开交换机所花的时间。

**2. 存储转发式（store and forward）**

在存储转发模式中,交换机在转发数据帧之前必须完整地接收整个数据帧,读取目的和源 MAC 地址,执行循环冗余校验,与帧尾部的 4 字节校验码进行对比,如果结果不正确,则数据帧将被丢弃。这种交换方式保证了被转发的数据帧是正确有效的,但这种方式增加了延迟。

存储转发是计算机网络领域使用最为广泛的交换技术,虽然它在处理数据包时延迟时间比较长,但它可以对进入交换机的数据包进行错误检测,并且能支持不同速度的输入、输出端口间的数据交换。

支持不同速度端口的交换机必须使用存储转发方式,否则就不能保证高速端口和低速端口间的正确通信。例如,当需要把数据从 10Mbps 端口传送到 100Mbps 端口时,就必须缓存来自低速端口的数据包,然后再以 100Mbps 的速度进行发送。

**3. 无碎片式（fragment free）**

无碎片式交换方式介于前两种方式之间,交换机读取前 64 个字节后开始转发。冲突通常在前 64 个字节内发生,通过读取前 64 个字节,交换机能够过滤掉由于冲突而产生的帧碎片。不过出错的帧依然会被转发。

该交换方式的数据处理速度比存储转发方式快,比直通式慢,但由于能够避免残帧的转发,所以被广泛地应用于低档交换机中。

## 3.3 交换机配置基础

### ◆ 3.3.1 交换机端口的命名

交换机端口较多,为了较好地区分各个端口,需要对相应的端口命名。

非堆叠情况下,华为交换机采用"槽位号/子卡号/接口序号"的编号规则来定义物理接口。其中,槽位号表示当前交换机的槽位,取值为 0;子卡号表示业务接口板支持的子卡号;接口序号表示设备上各接口的编排顺序号。如图 3-13 所示为交换机端口的命名情况。

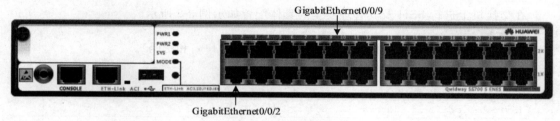

**图 3-13 交换机端口的命名**

### ◆ 3.3.2 交换机管理安全配置

交换机在网络中作为一个中枢设备,它与许多工作站、服务器、路由器相连。大量的业务数据也要通过交换机来进行传送转发。如果交换机的配置内容被攻击者修改,很可能造成网络工作异常甚至整体瘫痪,从而失去网络通信的能力。因此网络管理员往往要对交换机的管理进行安全配置,以保证其安全运行。

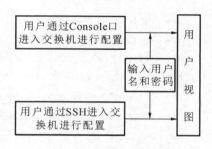

**图 3-14 交换机的安全管理结构**

常见的交换机管理安全结构如图 3-14 所示。

**1. Console 口管理安全配置**

Console 口管理安全是指:当用户从 Console 口进入交换机的用户模式时,需要检查用户名和密码或者只检查密码,以增强网络的安全性,具体配置如示例 3-1 所示。

 Console 口管理安全配置(要求检查用户名和密码)

```
[Switch] user-interface console 0
[Switch-ui-console0]authentication-modeaaa
[Switch-ui-console0]user privilege level 15
[Switch-ui-console0]quit
[Switch]aaa
[Switch-aaa]local-user admin password cipher admin@ 123
[Switch-aaa]local-user admin1234 privilege level 15
[Switch-aaa]local-user admin1234 service-type terminal
```

**2. SSH 及其管理安全配置**

企业园区网覆盖范围较大时,交换机会被分别放置在不同的地点,如果每次配置交换机都要到交换机所在的地点现场配置,管理员的工作量会很大。这时可以在交换机上进行 SSH 配置,以后再需要配置交换机时,管理员可以远程以 SSH 方式登录来进行配置。以 SSH 方式配置管理交换机是目前常用的一种管理方式,如图 3-15 所示。

图 3-15　SSH 方式管理交换机

在交换机上进行 SSH 及其管理安全的具体配置如示例 3-2 所示。

　　　　在交换机上配置 SSH(要求检查用户名和密码)。

```
// (1) 配置交换机管理 IP
[Switch]interfaceVlanif 1
[Switch-Vlanif1]ip address 192.168.1.1 24
[Switch-Vlanif1]quit
// (2) 生成本地密钥对
[Switch]rsa local-key-pair create
The key name will be:Switch_Host
The range of public key size is (512 ～ 2048).
NOTES: If the key modulus is greater than 512,
       it will take a few minutes.
Input the bits in the modulus[default =  512]:2048
Generating keys...
...............+ + +
....................+ + +
...............+ + + + + + +
..................+ + + + + + +
// (3)创建 SSH 用户,且认证方式为 Password
[Switch]aaa
[Switch-aaa]local-user sshuser password cipher admin@ 123
[Switch-aaa]local-user sshuser privilege level 15
[Switch-aaa]local-user sshuser service-type ssh
[Switch-aaa]quit
[Switch]ssh user sshuser authentication-type password
// (4)配置 VTY 用户界面
[SSH_Server] user-interface vty 0 14
[SSH_Server-ui-vty0-14] authentication-modeaaa
[SSH_Server-ui-vty0-14] protocol inboundssh
[SSH_Server-ui-vty0-14] quit
```

```
// (5) 开启 STelnet 服务功能
[Switch]stelnet server enable
// (6) 配置 SSH 用户 sshuser 的服务方式为 STelnet
[Switch]ssh user sshuser service-type stelnet
```

### ◆ 3.3.3 管理 MAC 地址表

在本章前面的部分,我们学习了交换机的 MAC 地址自学习过程,在这里我们将学习如何管理 MAC 地址表。

**1. 查看 MAC 地址表**

我们使用 display mac-address 命令可以观察 MAC 地址表里的信息,该命令的格式及应用如示例 3-3 所示。

 使用命令查看交换机的 MAC 地址表。

```
[Switch]display mac-address
MAC address table of slot 0:
-----------------------------------------
MAC Address     VLAN/        PEVLAN CEVLAN Port    Type      LSP/LSR-ID
                VSI/SI                                       MAC-Tunnel
-----------------------------------------

0050- 56c0- 0001 1      -        -        GE0/0/1    dynamic   0/-
5489- 9885- 30b2 1      -        -        GE0/0/2    dynamic   0/-
5489-9869-357f 1     -        -     GE0/0/3      dynamic   0/-
5489-9825-78e0 1     -        -     GE0/0/4      dynamic   0/-
5489-98a4-5caf 1     -        -     GE0/0/5      dynamic   0-
- - - - - - - - - - - - - - - - - - - - - - - - - - - - - - - - - -
Total matching items on slot 0 displayed=5
```

**2. 清空 MAC 地址表**

在比较大的网络中,交换机可能要学习上千个 MAC 地址。这些地址不可能完全都进入交换机的 MAC 地址表,因为交换机的 MAC 地址表受限于 CAM 的大小,所以那些不经常使用的 MAC 地址就会就会从交换机的 MAC 地址表里清除。

另外,连接在交换机上的主机可能会关机,也可能会被移动到别的地方,这些都会造成 MAC 地址表的改动。

交换机对 MAC 地址里的每条表项都设置一个计时器。如果一台主机 300 秒之内没有发送数据帧到达交换机,交换机的计时器就认为它超时,交换机会把超时的主机的 MAC 地址从 MAC 地址表里清除,以省出空间来存储别的 MAC 地址。

在系统视图下,使用如下命令立刻清除所有 MAC 地址表项。

**undo mac-address**

**3. 配置和删除静态的 MAC 地址映射**

设备通过源 MAC 地址学习自动建立 MAC 地址表时,无法区分合法用户和非法用户的报文,带来了安全隐患。如果非法用户将攻击报文的源 MAC 地址伪装成合法用户的 MAC

地址,并从设备的其他接口进入,设备就会学习到错误的 MAC 地址表项,于是将本应转发给合法用户的报文转发给非法用户。为了提高安全性,网络管理员可手动在 MAC 地址表中加入特定 MAC 地址表项,将用户设备与接口绑定,从而防止非法用户骗取数据。

静态 MAC 地址表项有如下特性。

(1)静态 MAC 地址表项不会老化,保存后设备重启不会消失,只能手动删除。

(2)静态 MAC 地址表项中指定的 VLAN 必须已经创建并且已经加入绑定的端口。

(3)静态 MAC 地址表项中指定的 MAC 地址,必须是单播 MAC 地址,不能是组播和广播 MAC 地址。

(4)静态 MAC 地址表项的优先级高于动态 MAC 地址表项,对静态 MAC 地址进行漂移的报文会被丢弃。

在系统视图下,使用如下命令在 MAC 地址表里添加一条静态 MAC 地址映射。

**mac-address static** *mac-address interface-type interface-number* **vlan** *vlan-id*

在该命令前加上"undo"可以从 MAC 地址表里删除我们配置的静态映射。

在 MAC 地址表里添加静态 MAC 地址映射的具体配置见示例 3-4。

**示例 3-4** 在 MAC 地址表里添加静态 MAC 地址映射。

```
[Switch]mac-address static 5489-98a4-5cafGigabitEthernet 0/0/5 vlan 1
[Switch]dis mac-address static
MAC address table of slot 0:
- - - - - - - - - - - - - - - - - - - - - - - - - - - - - - - - - - - -
MAC Address    VLAN/       PEVLAN CEVLAN Port    Type      LSP/LSR-ID
               VSI/SI                                      MAC-Tunnel
- - - - - - - - - - - - - - - - - - - - - - - - - - - - - - - - - - - -
5489-98a4-5caf 1           -      -      GE0/0/5  static    -
- - - - - - - - - - - - - - - - - - - - - - - - - - - - - - - - - - - -
Total matching items on slot 0 displayed=1
```

### 3.3.4　管理交换机的配置文件

配置文件是命令行的集合。用户将当前配置保存到配置文件中,以便设备重启后,这些配置能够继续生效。另外,通过配置文件,用户可以非常方便地查阅配置信息。

**1.保存配置文件**

用户通过命令行可以修改设备的当前配置,而这些配置是暂时的,如果要使当前配置在系统下次重启时仍然有效,在重启设备前,需要将当前配置保存到配置文件中。可以通过两种方法保存配置文件:自动保存配置和手动保存配置。

在系统试图下,使用如下命令配置系统定时保存配置。

**set save-configuration** [ **interval** *interval* | **cpu-limit** *cpu-usage* | **delay** *delay-interval* ]

在该命令中,参数 **interval** *interval* 用来指定定时保存配置时间间隔,为整数形式,取值范围是 30~43200,单位是分钟,默认值是 30 分钟;**cpu-limit** *cpu-usag* 用来指定定时自动保存时 CPU 占用率阈值,原来整数形式,取值范围是 1~60,默认值是 50;**delay** *delay-interval* 用来指定配置变更发生后,系统自动备份配置的延时时间,为整数形式,取值范围是 1~60,

单位是为分钟,默认值是 5 分钟,*delay-interval* 的取值必须小于 *interval* 的值。默认情况下,系统不启动定时保存配置的功能。

在用户视图下,使用如下命令手动保存当前配置。

**save** [ **all** ] [ *configuration-file* ]

在该命令中,使用参数 **all** 将会保存当前所有的配置至系统当前存储路径中;参数 *configuration-file* 用来指定配置文件的文件名,将当前配置保存到指定文件时,文件必须以".zip"或".cfg"作为扩展名。在第一次保存配置文件时,如果不指定可选参数 *configuration-file*,则设备将提示是否将文件名保存为"vrpcfg.zip"。"vrpcfg.zip"是系统默认的启动配置文件,初始状态是空配置。而且系统启动配置文件必须存放在存储设备的根目录下。

### 2. 配置文件的备份和恢复

对交换机做好相应的配置之后,网络管理员会把正确的配置从交换机上下载下来并保存在稳妥的地方,以防日后由于交换机出现故障而导致配置文件丢失的情况发生,有了保存的配置文件,直接上传到交换机上,就会避免重新配置的麻烦。也可以将配置文件上传到别的设备,来实现设备的批量配置。

交换机支持通过 FTP、TFTP、FTPS、SFTP 和 SCP 备份配置文件和恢复配置。其中,使用 FTP 和 TFTP 备份和恢复配置文件比较简单,但是存在安全风险。在安全要求比较高的场景中,建议使用 FTPS、SFTP 和 SCP 备份和恢复配置文件。以下仅以 FTP 作为例介绍配置文件的备份和恢复。

在使用 FTP 服务器上传和下载配置文件之前,要确定 FTP 服务器与交换机是互相 ping 通的,如图 3-16 所示。

GE0/0/1

管理接口Vlanifl
192.168.1.1/24

FTP Server
192.168.1.2/24

图 3-16　交换机配置文件维护示意图

交换机配置文件备份是将交换机的当前运行配置文件或启动配置文件保存到 FTP 服务器上进行备份。交换机配置文件恢复是从 FTP 服务器上下载以前备份的文件到交换机上,作为启动配置文件。配置过程如示例 3-5 和 3-6 所示。示例 3-5 中,在交换上使用 put 命令将配置文件上传至 FTP 服务器指定目录,并保存为 backup.cfg;示例 3-6 中,在交换上使用 get 命令将 FTP 服务器的指定目录上备份的文件下载到交换机,并保存为交换机的启动配置文件。

 **示例 3-5**　　　交换机配置文件备份。

```
<Switch>saveconfig.cfg                          //保存当前配置到文件 config.cfg
<Switch>startup saved- configurationconfig.cfg //设置下次启动使用的配置文件为
<Switch>ftp 192.168.1.2                          //在交换机上与 FTP 服务器建立连接
Trying 192.168.1.2 ...
```

```
Press CTRL+K to abort

Connected to 192.168.1.2.

220 http://www.aq817.cn

User(192.168.1.2:(none)):ftpuser

331 Password required forftpuser.

Enter password:

230 Userftpuser logged in.

[ftp]put flash:/config.cfg backup.cfg

200 Port command successful.

150 Opening data connection forbackup.cfg.

100%

226 File received ok

FTP: 1385 byte(s) sent in 0.140 second(s) 9.89Kbyte(s)/sec.

[ftp]getbackup.cfg flash:/config.cfg

Warning: The size of file flash:/config.cfg is as same as the remote one.Overwr

ite it? [Y/N]:y

200 Port command successful.

150 Opening data connection forbackup.cfg.

226 File sent ok

FTP: 1385 byte(s) received in 0.120 second(s) 11.54Kbyte(s)/sec.
```

**示例 3-6** 交换机配置文件恢复。

```
<Switch> ftp 192.168.1.2

Trying 192.168.1.2 ...

Press CTRL+ K to abort

Connected to 192.168.1.2.

220 http://www.aq817.cn

User(192.168.1.2:(none)):ftpuser

331 Password required forftpuser.

Enter password:

230 Userftpuser logged in.


[ftp]getbackup.cfg flash:/config.cfg

Warning: The size of file flash:/config.cfg is as same as the remote one.Overwr

ite it? [Y/N]:y

200 Port command successful.

150 Opening data connection forbackup.cfg.

226 File sent ok

FTP: 1385 byte(s) received in 0.120 second(s) 11.54Kbyte(s)/sec.
```

**本章小结**

本章首先讲述了以太网技术的基本原理和实现、共享式以太网和交换式以太网的区别，然后详细介绍了局域网中使用的交换技术，包括交换机的工作原理、交换方式以及如何使用华为交换机等内容。

以太网是现在主流的局域网技术，产生于 20 世纪 70 年代。早期的以太网使用同轴电缆这样的共享介质，采用 CSMA/CD 算法来解决对信道的争用和冲突的问题，随着人们对网络规模和速度要求的不断提升，以太网由最初的 10BASE-5 发展到了现在的 1000BASE-T，甚至达到了更高的速率。以太网以其易于实现、维护简单、组网灵活、成本低廉等特性，一直被广泛使用。

交换式以太网的核心设备是以太网交换机。交换机的主要功能有地址学习、数据帧的转发/过滤和消除环路。交换机的交换方式有三种：直通式、存储转发式和无碎片式。

对一台交换机的初始配置包括：配置主机名、管理 IP 地址、启动 SSH 服务、保存配置等。交换机的常用配置包括：管理安全配置，以及交换机配置文件的保存、备份和恢复等。

 **习题3**

1. 选择题

(1) PC 连接到第二层交换机端口时，冲突域为（　　　）。

A. 没有冲突域　　　　　　　　　　　B. 一个交换机端口

C. 一个 VLAN　　　　　　　　　　　D. 交换机上所有的端口

(2) 在第二层交换机中使用（　　）来转发帧。

A. 源 MAC 地址　　　B. 目标 MAC 地址　　C. 源交换机端口　　　D. IP 地址

(3) 下面选项中，（　　）不是交换机的主要功能。

A. 学习　　　　　　B. 避免冲突　　　　　C. 第 3 层交换机　　　D. 环路避免

(4) 一个单播帧进入交换机的某一端口，如果交换机在 MAC 地址表中查不到关于该帧的目的 MAC 地址的表项，那么交换机对该帧进行的转发操作是（　　　）。

A. 丢弃　　　　　　　　　　　　　　B. 泛洪

C. 点对点转发　　　　　　　　　　　D. 可能是点对点转发，也可能是丢弃

(5) 下面提示符中，（　　）表示交换机现在处于接口视图。

A. ＜Switch＞　　　　　　　　　　　B. [Switch-Vlanif10]

C. [Switch]　　　　　　　　　　　　D. [Switch-vlan10]

(6) 在第一次配置一台新交换机时，只能通过（　　）的方式进行。

A. 通过控制口连接进行配置　　　　　B. 通过 Telnet 连接进行配置

C. 通过 Web 连接进行配置　　　　　D. 通过 SNMP 连接进行配置

(7) 要在一个接口上配置 IP 地址和子网掩码,正确的命令是(　　　)。

A. [Switch-Vlanif10]ip address 192.168.1.1 24

B. [Switch]ip address 192.168.1.1 255.255.255.0

C. [Switch-Vlanif10]ip address 192.168.1.1 netmask 255.255.255.0

D. [Switch]ip address 192.168.1.1 255.255.255.0

(8) 应该为(　　　)接口配置 IP 地址,以便管理员可以通过网络连接交换机进行管理。

A. Fastethernet 0/1　B. Console　　　　C. Line vty 0　　　　D. Vlanif 1

**2. 问答题**

(1) 简述什么是冲突域,为什么需要分割冲突域?

(2) 什么是广播域?

(3) 以太网交换机是如何进行"地址学习"的?

(4) 假设有人询问 MAC 地址为 00-10-20-30-4f-5d 的主机的位置。如果已经知道该主机连接的交换机,可以使用什么命令来找到它?

(5) 交换机如何转发单播数据帧?

# 第**4**章　虚拟局域网技术

　　虚拟局域网技术（virtual local area network，VLAN）的出现，主要是为了解决交换机在进行局域网互联时无法限制广播的问题。VLAN 技术可以把一个物理局域网划分成多个虚拟局域网，每个 VLAN 就是一个广播域，VLAN 内的主机间通信就和在一个 LAN 内一样，而 VLAN 间的主机则不能直接互通，这样，广播数据帧就被限制在一个 VLAN 内。

　　VLAN 隔离了二层广播域，也隔离了各个 VLAN 之间的任何流量，分属于不同 VLAN 的用户需要使用路由进行通

信，通过路由将报文从一个 VLAN 转发到另一个 VLAN。不同 VLAN 间的路由可以通过路由器实现，也可以利用三层交换机实现。学习完本章，要达成以下目标。

- 了解 VLAN 技术产生的背景。
- 掌握 VLAN 的类型及其相关配置。
- 掌握 IEEE 802.1Q 的帧格式。
- 掌握交换机端口的链路类型及其相关配置。
- 掌握 VLAN 间的路由原理与配置。

## 4.1　VLAN 概述

### ◆ 4.1.1　VLAN 技术介绍

　　在交换式以太网出现后，同一台交换机的不同端口处于不同的冲突域，交换式以太网的效率大大提高。但是，在交换式以太网中，由于交换机的所有端口都处于一个广播域内，导致一台主机发出的广播帧，局域网中的其他的主机都可以收到。随着企业的发展及信息技术的普及，当网络上的主机越来越多时，由大量的广播报文所带来的带宽浪费、安全等问题变得越来越突出。

　　在图 4-1 中，4 台终端主机发出的广播帧在整个局域网中泛洪，假如每台主机的广播帧流量是 100Kbps，则 4 台主机的广播帧流量是 400kbps。如果链路是 100Mbps 带宽，则广播帧流量占用带宽达到 0.4％，如果网络内主机达到 400 台，则广播流量将达到 40Mbps，占用带宽达到 40％。网络上过多的广播流会造成网络的带宽资源被极大地浪费。另外，过多的广播流量会造成网络设备及主机的 CPU 负担过重，系统反应变慢甚至死机。因此，如何降低广播域的范围，提高局域网的性能，是急需解决的问题。

　　以太网处于 TCP/IP 协议栈的第二层，二层上的本地广播是不能被路由转发的，终端主

机发出的广播帧在路由器端口被终止,如图 4-2 所示。为了降低广播报文的影响,可以使用路由器来减少以太网上广播域的范围,从而提高网络的性能。

图 4-1　交换机无法隔离广播　　　　　　　图 4-2　路由器隔离广播

但是,使用路由器不能解决同一交换机下的用户隔离,而且路由器的价格比交换机要高,使用路由器提高了局域网的部署成本。另外,大部分中低端路由器使用软件转发数据包,转发性能不高,容易在网络中造成性能瓶颈。所以,在局域网中使用路由器来隔离广播域是一个高成本、低性能的方案。

VLAN 技术实现了在交换机上进行广播域的划分,解决了利用路由器划分广播域时所存在的诸如成本高、受物理位置限制等问题。

IEEE 协会于 1999 年颁布了用于标准化 VLAN 实现方案的 802.1Q 协议标准草案。VLAN 技术发展很快,目前世界上主要的网络设备生产厂商在他们的交换机设备中都实现了 VLAN 协议。

### ◆ 4.1.2　VLAN 的定义和用途

#### 1. VLAN 的定义

VLAN 提供一种可以将 LAN 分割成多个广播域的机制,其结果是创建了虚拟的 LAN (因此得名 VLAN)。VLAN 是不被物理网络分段或者传统的 LAN 限制的一组网络服务,它可以根据企业组织结构的需要,按照功能、部门、项目团队等将交换网络逻辑地分段而不管网络中用户的物理位置,所有在同一个 VLAN 里的主机都可以共享资源。

VLAN 能够提供全部传统的 LAN 所能够提供的特性,如可扩展性、安全性(VLAN 之间不通过路由不能互相访问)、网络的管理等。VLAN 之间通过三层设备(如路由器)可以互相访问,二层交换机不能让 VLAN 之间相互访问。

VLAN 技术将整个交换网络分为多个广播域。每一个 VLAN 是建立在一台或多台交换机上的一个广播域,被分配在一个 VLAN 里的主机通过交换机只能和本 VLAN 内的主机通信。VLAN 分割广播域如图 4-3 所示。

如果一个 VLAN 内的主机想要与另外一个 VLAN 内的主机通信,则必须通过一个三层设备才能实现。其原理与路由器连接不同的子网是一样的。

#### 2. VLAN 的用途

VLAN 的划分不受物理位置的限制。不在同一物理位置范围的主机可以属于同一个 VLAN;一个 VLAN 包含的用户可以连接在同一台交换机上,也可以跨越交换机。

在同一个 VLAN 中的工作站,不论它们实际与哪个交换机相连,它们之间的通信就好像在独立的交换机上一样。同一个 VLAN 中的广播只有 VLAN 中的成员才能收到,而不会传播到其他的 VLAN 中去,这样可以很好地控制不必要的广播报文的扩散,提高网络内带宽资源的利用率,也减少了主机接收这些不必要的广播所带来的资源浪费。

通过将企业网络划分为 VLAN 网段,可以强化网络管理和网络安全。在企业或者校园的园区网络中,由于地理位置和部门的不同,对网络中相应的数据和资源的权限要求也不相同,如财务部和人事部的数据就不允许其他部门的人员看到或者侦听截取到。在普通的二层交换机上无法实现广播帧的隔离,只要主机在同一个基于二层的网络内,数据、资源就有可能不安全。利用 VLAN 技术来限制不同工作组之间用户二层之间的通信,就可以很好地提高数据的安全性。

此外,VLAN 的划分可以依据网络用户的组织结构进行,形成一个个虚拟的工作组。这样,网络中的工作组就可以突破共享网络中地理位置的限制,而完全根据管理功能来划分了。这种基于工作流的分组模式,大大提高了网络的管理功能。

图 4-4 所示的就是使用 VLAN 构造的与物理位置无关的逻辑网络,该网络按照企业的组织结构划分了虚拟工作组。

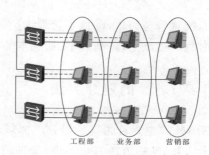

图 4-3　VLAN 分割广播域　　　　　图 4-4　与物理位置无关的 VLAN

若没有路由的话,不同 VLAN 之间不能相互通信,这样就增加了企业网络中不同部门之间的安全性。网络管理员可以通过配置 VLAN 之间的路由来全面管理企业内部不同管理单元之间的信息互访。

### 4.1.3　VLAN 的优点

VLAN 的优点在于,网络管理者可以在对网络的物理结构不做或者少做调整的前提下,对用户进行组织和优化。其具体优点分别介绍如下。

**1. 限制广播包**

根据交换机的转发原理,如果一个数据帧找不到应该从哪个端口转发出去,那么交换机就会将该数据帧向除接收端口以外的其他所有端口转发,即数据帧的泛洪。这样的结果极大地浪费了带宽,如果配置了 VLAN,当一个数据包不知道该如何转发时,交换机只会将此数据包发送到所有属于该 VLAN 的其他端口,而不是所有的交换机的端口。这样,就将数据包限制到了一个 VLAN 内,在一定程度上节省了带宽。

**2. 增进安全性**

由于配置了 VLAN 后,一个 VLAN 的数据包不会发送到另外一个 VLAN 中,因此,其他 VLAN 的用户在网络上是收不到任何该 VLAN 的数据包的,这样就确保了该 VLAN 的信息不会被其他 VLAN 内的人窃听,从而实现了信息的保密。

**3. 虚拟工作组**

虚拟工作组的目标是建立一个动态的组织环境。例如,在企业网中,同一个部门的终端就好像在同一个 LAN 上一样,很容易互相访问、交流信息,同时,所有的广播包也都限制在该 VLAN,而不影响到 VLAN 内的用户。如果一个用户从一个办公地点换到了另外一个办公地点,而他仍然在该部门,那么他的配置无须改变。而如果一个用户虽然办公地点没有变,但他换了一个部门,只需网络管理员配置相应的 VLAN 参数即可。当然,要实现这些变化,还需要包括数据管理服务器等方面的支持。

**4. 减少移动和改变的代价**

动态管理网络可以减少移动和改变网络的代价。也就是说,当一个用户从一个位置移动到另一个位置时,他的网络属性不需要重新配置,而是动态地完成网络管理,这种动态管理网络的方法给网络管理员和使用者都带来了极大的好处。一个用户,无论他在哪里,都能不做任何修改地接入网络,这种前景是非常美好的。当然,并不是所有的 VLAN 定义方法都能做到这一点。

目前,绝大多数以太网交换机都能够支持 VLAN。使用 VLAN 来构建局域网,组网方案灵活,配置管理简单,降低了管理维护的成本。同时,VLAN 可以减小广播域的范围,减少 LAN 内的广播流量,是高效率、低成本的方案。

## 4.2 VLAN 的划分方法

VLAN 的主要目的就是划分广播域,那么在建设网络时,如何划分这些广播域呢?目前,划分 VLAN 的方法有很多种,常见的包括:①基于端口的 VLAN;②基于 MAC 地址的 VLAN;③基于网络层的 VLAN;④基于 IP 子网的 VLAN。

不同的 VLAN 划分方法适用于不同的场合,下面我们来一一介绍。

### ◆ 4.2.1 基于端口的 VLAN

基于端口的 VLAN 是划分虚拟局域网最简单也是最有效的方法。这种划分 VLAN 的方法是根据以太网交换机的端口来划分,实际上就是交换机上某些端口的集合。网络管理员只需要管理和配置交换机上的端口,而不用管这些端口连接什么设备。如图 4-5 所示,交换机的 GE0/0/1 和 GE0/0/3 端口被划分到 VLAN10,而 GE0/0/2 和 GE0/0/4 端口划分到 VLAN20。这些属于同一 VLAN 的端口可以不连续,并且同属于一个 VLAN 的端口也可以跨越数个以太网交换机。

根据端口划分是目前划分 VLAN 的最广泛的方法,IEEE 802.1Q 规定了依据以太网交换机的端口来划分 VLAN 的国际标准。这种划分方法的优点是定义 VLAN 成员时非常简单,只要将所有的端口都定义一次就可以了。它的缺点是如果某 VLAN 的用户离开了原来的端口,在移到一个新的交换机的端口时,就必须重新定义。

由于在这种划分 VLAN 的方法中,端口属于哪一个 VLAN 是固定不变的(除非手工修改了端口的划分),也被称为静态 VLAN。后面我们将要介绍的三种划分 VLAN 的方法,则属于动态 VLAN,此时端口属于哪一个 VLAN 要根据所连接主机的配置来决定。

### ◆ 4.2.2 基于 MAC 地址的 VLAN

这种划分 VLAN 的方法是根据每个主机网卡的 MAC 地址来划分的,即每个 MAC 地

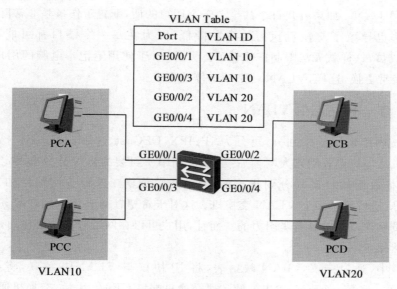

图 4-5　基于端口的 VLAN

址的主机都被固定地配置属于一个 VLAN。交换机维护一张 VLAN 映射表,这个表记录
MAC 地址和 VLAN 的对应关系。

　　在图 4-6 中,通过定义 VLAN 映射表,使 PCA 的 MAC 地址 MAC_A 和 PCC 的 MAC
地址 MAC_C 与 VLAN10 关联;使 PCB 的 MAC 地址 MAC_B 和 PCD 的 MAC 地址 MAC_
D 与 VLAN20 关联。这样,PCA 和 PCC 就处于同一个 VLAN,可以本地通信;而 PCB 和
PCD 处于另一个 VLAN,可以本地通信。

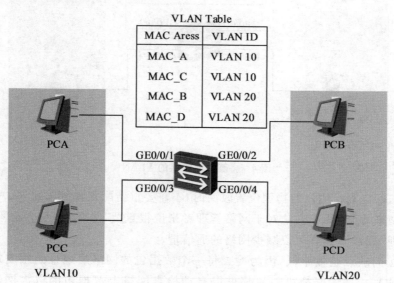

图 4-6　基于 MAC 地址的 VLAN

　　这种划分 VLAN 的方法的最大优点是:当用户物理位置移动时,即从一个交换机换到
其他的交换机时,VLAN 不用重新配置。所以,可以认为这种根据 MAC 地址的划分方法是
基于用户的 VLAN。这种方法的缺点是:初始化时,所有主机的 MAC 地址都必须进行记

录,然后划分 VLAN。如果有几百个甚至上千个用户的话,配置工作量是非常巨大的。而且
这种划分方法也导致了交换机执行效率的降低,因为在每一个端口都可能存在很多个
VLAN 组的成员,这样就无法限制广播包了。另外,对于使用笔记本电脑的用户来说,他们
的网卡可能经常更换,这样,VLAN 就必须不停地配置。

### 4.2.3 基于网络层的 VLAN

VLAN 按网络层协议来划分,可分为 IP、IPX、DECnet、AppleTalk、Banyan 等 VLAN
网络。交换机从端口接收到以太网帧后,会根据帧中所封装的协议类型来确定报文所属的
VLAN,然后将数据帧自动划分到指定的 VLAN 中传输。这种按网络层协议来组织的
VLAN,可使广播域跨越多个 VLAN 交换机。这对于希望针对具体应用和服务来组织用户
的网络管理员来说是非常具有吸引力的。而且,用户可以在网络内部自由移动,但其 VLAN
成员身份仍然保留不变。

在图 4-7 中,通过定义 VLAN 映射表,将 IP 协议与 VLAN10 关联,将 IPX 协议与
VLAN20 关联。这样,当 PCA 发出的帧到达交换机端口 GE0/0/1 后,交换机通过识别帧中
的协议类型,就将 PCA 划分到 VLAN10 中进行传输。PCA 与 PCC 都运行 IP 协议,则同属
于一个 VLAN,可以进行本地通信;PCB 与 PCD 都运行 IPX 协议,同属于另一个 VLAN,可
以进行本地通信。

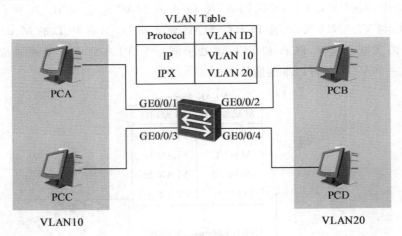

图 4-7 基于网络层的 VLAN

这种方法的优点是用户的物理位置改变时,不需要重新配置其所属的 VLAN,而且可以
根据协议类型来划分 VLAN,这对于网络管理者来说很重要,另外,这种方法不需要附加的
帧标签来识别 VLAN,这样可以减少网络的通信量。

这种方法的缺点是效率低,因为检查每一个数据包的网络层地址是很费时的(相对于
前面两种方法),一般的交换机芯片都可以自动检查网络上数据包的以太网帧头,但要芯
片能检查 IP 包头,需要更高的技术,同时也更费时。当然,这也与各个厂商的实现方法
有关。

### 4.2.4 基于 IP 子网的 VLAN

基于 IP 子网的 VLAN 是根据报文源 IP 地址及子网掩码作为依据来进行划分的。设

备从端口接收到报文后,根据报文中的源 IP 地址,找到与现有 VLAN 的对应关系,然后自动划分到指定 VLAN 中转发。此特性主要用于将指定网段或 IP 地址发出的数据在指定的 VLAN 中传送。

如图 4-8 所示,交换机根据 IP 子网划分 VLAN,使 VLAN10 对应网段 172.16.1.0/24,VLAN20 对应网段 172.16.2.0/24。端口 GE0/0/1 和 GE1/0/3 连接的工作站地址属于 172.16.1.0/24,因而将被划入 VLAN10;端口 GE0/0/2 和 GE0/0/4 连接的工作站地址属于 172.16.2.0/24,因而将被划入 VLAN20。

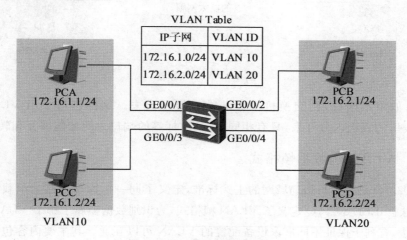

图 4-8　基于 IP 子网的 VLAN

这种 VLAN 划分方法管理配置灵活,网络用户自由移动位置而不需要重新配置主机或交换机,并且可以按照传输协议进行子网划分,从而实现针对具体应用服务来组织网络用户。但是,这种方法也有它不足的一面,因为为了判断用户属性,必须检查每一个数据包的网络层地址,这将耗费交换机不少的资源;并且同一个端口可能存在多个 VLAN 用户,这对广播的抑制效率有所下降。

通过上面的介绍可以看出,各种不同的划分 VLAN 的方法有各自的优缺点,网络管理者可以根据自己的实际需要进行选择。

## 4.3　VLAN 技术原理

以太网交换机根据 MAC 地址表来转发数据帧。MAC 地址表中包含了端口和端口所连接终端主机 MAC 地址的映射关系。交换机从端口接收到以太网帧后,通过查看 MAC 地址表来决定从哪一个端口转发出去。如果端口收到的是广播帧,则交换机把广播帧从除源端口外的所有端口转发出去。

在 VLAN 技术中,通过给以太网帧附加一个标签(tag)来标记这个以太网帧能够在哪个 VLAN 中传播。这样,交换机在转发数据帧时,不仅要查找 MAC 地址来决定转发到哪个端口,还要检查端口上的 VLAN 标签是否匹配。

在图 4-9 中,交换机给主机 PCA 和 PCC 发来的以太网帧附加了 VLAN10 的标签,给 PCB 和 PCD 发来的太网帧附加了 VLAN20 的标签,并在 MAC 地址表中增加了关于 VLAN 标签的记录。这样,交换机在进行 MAC 地址表查找转发操作时,会查看 VLAN 标

图 4-9　VLAN 标签

签是否匹配;如果不匹配,则交换机不会从端口转发出去。这样相当于用 VLAN 标签把
MAC 地址表里的表项区分开来,只有相同 VLAN 标签的端口之间才能够互相转发数据帧。

### ◆ 4.3.1　VLAN 的数据帧格式

IEEE 802.1Q 是虚拟桥接局域网的正式标准,定义了同一个物理链路上承载多个子网的
数据流的方法。IEEE 802.1Q 定义了 VLAN 帧格式,为识别数据帧属于哪个 VLAN 提供了一
个标准的方法,有利于保证不同厂家设备配置的 VLAN 可以互通。其主要内容包括如下三个
部分:①VLAN 的架构;②VLAN 中所提供的服务;③VLAN 实施中涉及的协议和算法。

IEEE 802.1Q 协议不仅规定 VLAN 中的 MAC 帧的格式,而且还制定了诸如数据帧发
送及校验、回路检测,对业务质量(QoS)参数的支持以及对网管系统的支持等方面的标准。

802.1Q 协议作为帧标记的标准方法,实际上是在以太网帧中插入一个 4 字节的
802.1Q标签,使其成为带有 VLAN 标签的帧,如图 4-10 所示。

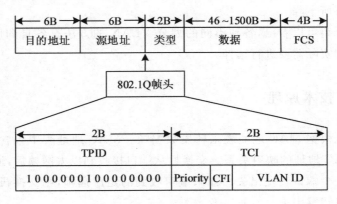

图 4-10　VLAN 帧格式

这 4 个字节的 802.1Q 标签头包含了 2 字节的标签协议标识 TPID(tag protocol
identifier),它的值是 0x8100,以及 2 字节的标签控制信息 TCI(tag control information)。

(1)TPID 是 IEEE 定义的新类型,表明这是一个加了 802.1Q 标签的数据帧。TPID 字
段具有固定值 0x8100。

(2)TCI 是标记控制信息字段,包括用户优先级(user priority)、规范格式指示器

（canonical format indicator）和 VLAN ID。

（3）Priority：这 3 位表示帧的优先级。一共有 8 种优先级，主要用于当交换机发生拥塞时，优先发送哪个数据包。

（4）Canonical Format Indicator（CFI）：这一位主要用于总线型的以太网与 FDDI、令牌环网交换数据时的帧格式。在以太网交换机中，规范格式指示器被设置为 0。由于兼容性，CFI 常用于以太网类网络和令牌环类网络之间。

（5）VLAN Identified（VLAN ID）：这是一个 12 位的域，表示 VLAN 的 ID，每个支持802.1Q 协议的主机发出来的数据包都会包含这个域，以指明自己属于哪一个 VLAN。该字段为 12 位，理论上支持 4096 个 VLAN 的识别。不过在 4096 个可能的 VLAN ID 中，VLAN ID 值为 0 时用于识别帧的优先级，值为 4095 时作为预留值，所以，VLAN 配置的最大可能值是 4094。

802.1Q 标签中的 4 字节是由支持 802.1Q 协议的设备新增加的，由于我们目前使用的计算机网卡多数并不支持 802.1Q，所以计算机发送出去的数据包的以太网帧头一般不包含这 4 字节，同时也无法识别这 4 个字节。

## ◆ 4.3.2 单交换机 VLAN 标签操作

交换机根据数据帧中的标签来判定数据帧属于哪一个 VLAN，那么标签是从哪里来的呢？VLAN 标签是由交换机端口在数据帧进入交换机时添加的。这样做的好处是，VLAN对终端主机是透明的，终端主机不需要知道网络中 VLAN 是如何划分的，也不需要识别带有 802.1Q 标签的以太网帧，所有的相关事情由交换机负责。

如图 4-11 所示，当终端主机发出的以太网帧到达交换机端口时，交换机根据相关的VLAN 配置给进入端口的帧附加相应的 802.1Q 标签。默认情况下，所附加标签中的VLAN ID 等于端口所属 VLAN 的 ID。端口所属的 VLAN 称为端口默认 VLAN，又称为PVID（Port VLAN ID）。

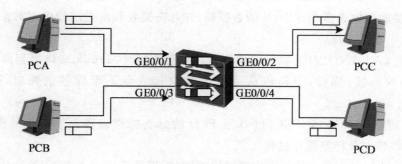

图 4-11　VLAN 标签的添加与剥离

同样，为保持 VLAN 技术对主机透明，交换机负责剥离端口的以太网帧的 802.1Q 标签。这样，对于终端主机来说，它发出和接收到的都是普通的以太网帧。

只允许默认 VLAN 的以太网帧通过的端口称为 Access 链路类型端口。Access 端口在收到以太网帧后打上 VLAN 标签，转发出端口时剥离 VLAN 标签，对终端主机透明，所以通常用来连接不需要识别 802.1Q 协议的设备，如终端主机、路由器等。

通常在单交换机 VLAN 环境中，所有端口都是 Access 链路类型端口。如图 4-11 所示，交换机连接有 4 台 PC 机,PC 机并不能识别带有 VLAN 标签的以太网帧。通过在交换机上设置与 PC 相连的端口属于 Access 链路类型端口,并指定端口属于哪一个 VLAN,使交换机能够根据端口进行 VLAN 划分,不同 VLAN 间的端口属于不同广播域,从而隔离广播。

◆ **4.3.3 跨交换机 VLAN 标签操作**

VLAN 技术很重要的功能是在网络中构建虚拟工作组,划分不同的用户到不同的工作组,同一工作组的用户也不必局限于某一固定的物理范围。通过在网络中实施跨交换机 VLAN,能够实现虚拟工作组。

VLAN 跨交换机时,需要交换机之间传递的以太网数据帧带有 802.1Q 标签。这样,数据帧所属的 VLAN 信息才不会丢失。

在图 4-12 中,PCA 和 PCB 所发出的数据帧到达 SwitchA 后,SwitchA 将这些数据帧分别打上 VLAN 10 和 VLAN20 的标签。SwitchA 的端口 GE0/0/3 负责对这些带 802.1Q 标签的数据帧进行转发,并不对其中的标签进行剥离。

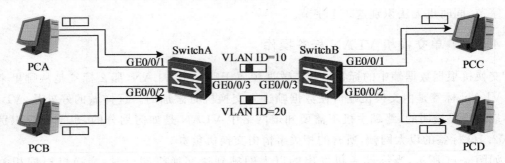

图 4-12 跨交换机 VLAN 标签操作

**1. Trunk 链路类型端口**

上述不对 VLAN 标签进行剥离操作的端口就是 Trunk 链路类型端口。Trunk 链路类型端口可以接收和发送多个 VLAN 的数据帧,并且在接收和发送过程中不对帧中的标签进行任何操作。

不过,默认 VLAN(PVID)帧是一个例外。在发送帧时,Trunk 端口要剥离默认 VLAN(PVID)帧中的标签;同样,交换机从 Trunk 端口接收到不带标签的帧时,要打上默认 VLAN 标签。

图 4-13 所示为 PCA 至 PCC、PCB 至 PCD 的标签操作流程。下面先分析从 PCA 到 PCC 的数据帧转发及标签操作过程。

(1)PCA 到 SwitchA。PCA 发出普通以太网帧,到达 SwitchA 的 GE0/0/1 端口。因为端口 GE0/0/1 被设置为 Access 端口,且其属于 VLAN10,也就是默认 VLAN 是 10,所以接收到的以太网帧被打上 VLAN10 标签,然后根据 MAC 地址表在交换机内部转发。

(2)SwitchA 到 SwitchB。SwitchA 的 GE0/0/3 端口被设置为 Trunk 端口,且 PVID 被配置为 20。所以,带有 VLAN10 标签的以太网帧能够在交换机内部转发到端口 GE0/0/3;且因为 PVID 是 20,与帧中的标签不同,所以交换机不对其进行标签剥离操作,只是从端口 GE0/0/3 转发出去。

(3)SwitchB 到 PCC。SwitchB 收到帧后,从帧中的标签得知它属于 VLAN10。因为端口设

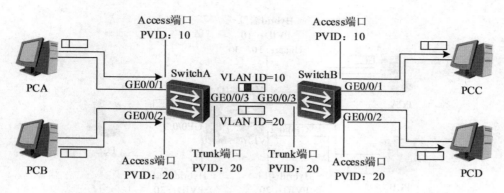

图 4-13　Trunk 链路类型端口

置为 Trunk 端口,且 PVID 被配置为 20,所以交换机并不对帧进行剥离标签操作,只是根据 MAC 地址表进行内部转发。因为此帧带有 VLAN10 标签,而端口 GE0/0/1 被设置为 Access 端口,且其属于 VLAN10,所以交换机将帧转发至端口 GE0/0/1,经剥离标签后到达 PCC。

下面再对 PCB 到 PCD 的数据帧转发及标签操作过程进行分析。

(1)PCB 到 SwitchA。PCB 发出普通以太网帧,到达 SwitchA 的 GE0/0/2 端口。因为端口 GE0/0/2 被设置为 Access 端口,且其属于 VLAN20,也就是默认 VLAN 是 20,所以接收到的以太网帧被打上 VLAN20 标签,然后在交换机内部转发。

(2)SwitchA 到 SwitchB。SwitchA 的 GE0/0/3 端口被设置为 Trunk 端口,且 PVID 被配置为 20。所以,带有 VLAN20 标签的以太网帧能够在交换机内部转发到端口 GE0/0/3;但因为 PVID 是 20,与帧中的标签相同,所以交换机对其进行标签剥离操作,去掉标签后从端口 GE0/0/3 转发出去。

(3)SwitchB 到 PCD。SwitchB 收到不带标签的以太网帧。因为端口设置为 Trunk 端口,PVID 被配置为 20,所以交换机对接收到的帧添加 VLAN20 的标签,再进行内部转发。因为此帧带有 VLAN20 标签,而端口 GE0/0/2 被设置为 Access 端口,且其属于 VLAN20,所以交换机将帧转发至端口 GE0/0/2,经剥离标签后到达 PCD。

Trunk 端口通常用于跨交换机 VLAN。通常在多交换机环境下,且需要配置跨交换机 VLAN 时,与 PC 相连的端口被设置为 Access 端口;交换机之间互连的端口被设置为 Trunk 端口。

**2. Hybrid 链路类型端口**

除了 Access 链路类型和 Trunk 链路类型端口外,交换机还支持第三种链路类型端口,称为 Hybrid 链路类型端口。Hybrid 端口可以接收和发送多个 VLAN 的数据帧,同时还能够指定对任何 VLAN 帧进行剥离标签操作。

当网络中大部分主机之间需要隔离,但这些隔离的主机又需要与另一台主机互通时,可以使用 Hybrid 端口。

图 4-14 所示为 PCA 到 PCC、PCB 到 PCC 的标签操作流程。下面分析从 PCA 到 PCC 的数据帧转发及标签操作过程。

(1)PCA 到 SwitchA。PCA 发出普通以太网帧,到达 SwitchA 的 GE0/0/1 端口。因为端口 GE0/0/1 被设置为 Hybrid 端口,且其默认 VLAN 是 10,所以接收到的以太网帧被打上 VLAN10 标签,然后根据 MAC 地址表在交换机内部转发。

(2)SwitchA 到 PCC。SwitchA 的 GE0/0/3 端口被设置为 Hybrid 端口,且允许

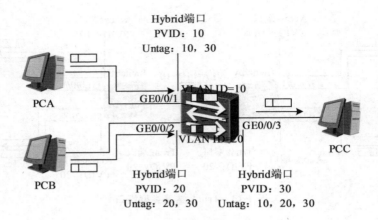

图 4-14　Hybrid 链路类型端口

VLAN10、VLAN20、VLAN30 的数据帧通过，但通过时要进行剥离标签操作（Untag：10，20，30）。所以，带有 VLAN10 标签的以太网帧能够被交换机从端口 GE0/0/3 转发出去，且被剥离标签。

（3）PCC 到 SwitchA。PCC 对收到的帧进行回应。PCC 发出的是普通以太网帧，到达交换机的 GE0/0/3 端口。因为端口 GE0/0/3 被设置为 Hybrid 端口，且其默认 VLAN 是 30，所以接收到的以太网帧被打上 VLAN30 标签，然后根据 MAC 地址表在交换机内部转发。

（4）SwitchA 到 PCA。SwitchA 的 GE0/0/1 端口被设置为 Hybrid 端口，且允许 VLAN10、VLAN30 的数据锁通过，但通过时要进行剥离标签操作（Untag：10，30）。所以，带有 VLAN30 标签的以太网帧能够被交换机从端口 GE0/0/1 转发出去，且被剥离标签。

这样，PCA 与 PCC 之间的主机能够通信。

同理，根据上述分析过程，可以分析 PCB 能够与 PCC 进行通信。

但 PCA 与 PCB 之间能否通信呢？答案是否定的。因为 PCA 发出的以太网帧到达连接 PCB 的端口时，端口上的设定（Untag：20，30）表明只对 VLAN20、VLAN30 的数据帧转发且剥离标签，而不允许 VLAN10 的帧通过，所以 PCA 与 PCB 不能互通。

## 4.4　VLAN 的配置

本节描述配置基于端口的 VLAN 所需要的交换机命令。基于端口划分 VLAN 是最简单，也是最常用的一种 VLAN 划分方式。它的划分思想就是通过把连接用户计算机的交换机端口指定到具体的 VLAN（是"交换机端口"与"VLAN"间的映射，不考虑用户计算机上任何配置）中来实现用户计算机的 VLAN 加入。

基于端口划分 VLAN 方式是一种静态 VLAN 划分方式，因为在这种划分方式中，只要把一个交换机端口划分到一个 VLAN 中，则所有连接在这个交换机端口的用户计算机都将成为该 VLAN 成员，也就是对具体的交换机端口来说，所连接的用户计算机是属于固定的 VLAN。

### ◆ 4.4.1　VLAN 的配置

基于端口划分 VLAN 主要包括以下三项配置任务。

（1）创建所需的 VLAN：如果 VLAN 已创建好，则此项可直接略过。

（2）配置端口类型：基于端口划分 VLAN 时可以加入 Access、Trunk 和 Hybrid 这三种二层以太网端口。但要注意的是，在华为交换机中，二层以太网端口默认情况下是 Hybrid 类型的，并且以不带标签的方式加入 VLAN1。

（3）把端口加入 VLAN 中：这是把用户计算机连接的交换机二层以太网端口加入用户所期望并且已创建好的 VLAN 中。

**1. 创建 VLAN**

首先，如果 VLAN 不存在，必须在交换机上创建它。然后，将交换机端口分配给 VLAN。在华为交换机上，可以创建的 VLAN ID 号的范围是 2～4094。默认情况下，VLAN 1 是交换机自动创建的，不可被删除，且所有的端口都属于 VLAN 1。

在系统视图下，配置 VLAN 并且进入 VLAN 视图的命令如下。

**vlan** *vlan-id*

如果要一次性创建多个 VLAN，可在系统视图下执行命令 **vlan batch** 批量创建 VLAN。该命令的使用如示例 4-1 所示。

**示例 4-1**　　使用 vlan batch 命令批量创建 VLAN。

```
[Switch]vlan batch20 30 40    //创建 3 个不连续的 VLAN：VLAN20、VLAN30、VLAN40
[Switch]vlan batch 11 to13    //创建 3 个不连续的 VLAN：VLAN11～VLAN13
```

**2. 配置端口类型并将端口加入到 VLAN 中**

创建了 VLAN 之后，VLAN 里并没有任何端口。因此，我们还需要将端口和对应的 VLAN 关联起来。

交换机的端口类型默认为 Hybrid，在接口视图下，使用如下命令可以将端口类型修改为 Access 或 Trunk 端口。

**port link-type** 〈 **access** | **trunk** 〉

对于 Access 端口，在接口视图下使用如下命令配置接口的默认 VLAN 并将接口加入到指定 VLAN。

**port default vlan** *vlan-id*

如果需要批量将端口加入到 VLAN，可以在 VLAN 视图下执行命令 **port** *interface-type* 〈*interface-number*1 [**to** *interface-number*2]〉向 VLAN 中添加一个或一组端口。

对于 Trunk 端口，在接口视图下分别使用如下命令配置端口的默认 VLAN 和端口所允许通过的 VLAN。

**portt runk pvid vlan** *vlan-id*
**port trunk allow-pass vlan** 〈 〈 *vlan-id*1 [ **to** *vlan-id*2 ] 〉 | **all** 〉

交换机的端口类型默认为 Hybrid，如果一个端口被配置为 Access 端口或 Trunk 端口，需要在接口视图下使用命令 **undo port link-type** 恢复接口默认的链路类型。默认情况下，所有 Hybrid 端口只允许 VLAN1 通过，在接口视图下分别使用如下命令配置 Hybrid 端口的默认 VLAN 和端口所允许通过的 VLAN，并指定是否剥离标签。

**port hybrid pvid vlan** *vlan-id*
**port hybrid** 〈 **tagged** | **untagged** 〉 **vlan** 〈 〈 *vlan-id*1 [ **to** *vlan-id*2 ] 〉 | **all** 〉

◆ **4.4.2　VLAN 配置示例**

#### 1. 配置 Access 和 Trunk 端口

图 4-15 所示为 VLAN 的基本配置示例。图中,PCA 和 PCC 同属于一个部门,PCB 和 PCD 同属于一个部门。为了阻断不同部门之间的二层通信,划分了两个 VLAN,分别为 VLAN10 和 VLAN20。

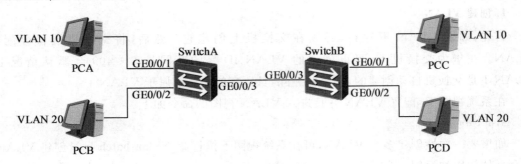

图 4-15　VLAN 配置示例图

根据本章 4.3 节的介绍已经知道,用户 PC 机连接的端口既可以是 Access 类型的,又可以是不带标签的 Hybrid 类型的;而交换机之间连接的端口类型可以是 Trunk 类型,又可以是带标签的 Hybrid 类型。本示例中交换机连接用户 PC 的端口采用 Access 类型,交换机之间连接的端口采用 Trunk 类型。在 SwitchA 上的配置步骤见示例 4-2。

**示例 4-2**　在 SwitchA 上配置基本 VLAN。

```
// (1) 创建 VLAN
[SwitchA]vlan batch 10 20
// (2) 配置连接 PC 的端口为 Access 类型,并加入相应的 VLAN
[SwitchA]interface GigabitEthernet 0/0/1
[SwitchA-GigabitEthernet0/0/1]port default vlan 10
[SwitchA-GigabitEthernet0/0/1]quit
[SwitchA]interface GigabitEthernet 0/0/2
[SwitchA-GigabitEthernet0/0/2]port link-type access
[SwitchA-GigabitEthernet0/0/2]port default vlan 20
[SwitchA-GigabitEthernet0/0/2]quit
// (3) 配置交换机之间互连的端口为 Trunk 类型,并设置允许通过的 VLAN
[SwitchA]interface GigabitEthernet 0/0/3
[SwitchA-GigabitEthernet0/0/3]port link-type trunk
[SwitchA-GigabitEthernet0/0/3]port trunk allow-pass vlan 10 20
[SwitchA-GigabitEthernet0/0/3]quit
```

SwitchB 配置与 SwitchA 类似,不再赘述。

配置完成后,使用 **display vlan** 命令查看接口和 VLAN 的对应关系,该命令的输出见示例 4-3。

**示例 4-3**　在 SwitchB 上使用 display vlan 命令输出结果。

```
[SwitchB]display vlan
The total number of vlans is:3
----------------------------------------
U: Up;          D: Down;          TG: Tagged;          UT: Untagged;
MP: Vlan- mapping;              ST: Vlan- stacking;
# : ProtocolTransparent- vlan;         * : Management- vlan;
----------------------------------------
VID Type    Ports
----------------------------------------
1    common  UT:GE0/0/3(U)    GE0/0/4(D)    GE0/0/5(D)    GE0/0/6(D)
             GE0/0/7(D)    GE0/0/8(D)    GE0/0/9(D)    GE0/0/10(D)
             GE0/0/11(D)   GE0/0/12(D)   GE0/0/13(D)   GE0/0/14(D)
             GE0/0/15(D)   GE0/0/16(D)   GE0/0/17(D)   GE0/0/18(D)
             GE0/0/19(D)   GE0/0/20(D)   GE0/0/21(D)   GE0/0/22(D)
         GE0/0/23(D)    GE0/0/24(D)
10   common  UT:GE0/0/1(U)
             TG:GE0/0/3(U)
20   common  UT:GE0/0/2(U)
             TG:GE0/0/3(U)
VID  Status  Property      MAC- LRN Statistics Description
----------------------------------------
1    enable  default      enable  disable    VLAN 0001
10   enable  default      enable  disable    VLAN 0010
20   enable  default      enable  disable    VLAN 0020
```

**2. 配置 Hybrid 端口**

图 4-16 所示为 VLAN 的 Hybrid 接口应用场景示例。图中,PCA 和 PCC 同属于一个部门,PCB 和 PCD 同属于一个部门,PCE 单独属于一个部门。网络管理员规划了三个 VLAN 使不同的部门在不同的 VLAN,分别为 VLAN10、VLAN20 和 VLAN30。现在需要使 VLAN10 和 VLAN20 之间不能互相通信,而 VLAN30 可以访问任意部门。

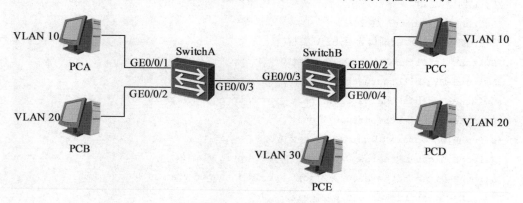

**图 4-16  Hybrid 接口应用示例图**

本示例中要求 VLAN10 中的 PCA 和 PCC 之间可以自由访问,VLAN20 中的 PCB 和

路由
交换技术

PCD 之间可以自由访问,而 VLAN10 和 VLAN20 之间不能互相访问。要实现此要求,可以使用 Access 和 Trunk 的配置方法,也可以仅使用 Hybrid 的配置方法。但是,本示例还要求实现 VLAN30 访问 VLAN10 和 VLAN20,如果 SwitchA 的 GE0/0/1 接口被设置为 Access 类型且属于 VLAN10,则不能被其他 VLAN 访问,这就要求交换机与 VLAN10 主机相连的端口同时要属于多个 VLAN,由于端口所连接的设备是 PC,不能识别带 VLAN Tag 的帧,故此时只能使用 Hybrid 类型的接口。同理,交换机与 VLAN20 和 VLAN30 主机相连的端口也只能使用 Hybrid 类型。交换机之间相连的端口可以使用 Trunk 类型也可以使用 Hybrid 类型,本示例使用 Hybrid 类型。

在 SwitchA 和 SwitchB 上配置 Hybrid 端口的步骤分别如示例 4-4 和示例 4-5 所示。

 在 SwitchA 上配置 Hybrid 端口。

```
// (1) 创建 VLAN
[SwitchA]vlan batch 10 20 30
// (2) 配置连接 PC 的端口为 Hybrid 类型
[SwitchA]interface GigabitEthernet 0/0/1
[SwitchA-GigabitEthernet0/0/1]port hybrid pvid vlan 10
[SwitchA-GigabitEthernet0/0/1]port hybrid untagged vlan 10 30
[SwitchA-GigabitEthernet0/0/1]quit
[SwitchA]interface GigabitEthernet 0/0/2
[SwitchA-GigabitEthernet0/0/2]port hybrid pvid vlan 20
[SwitchA-GigabitEthernet0/0/2]port hybrid untagged vlan 20 30
[SwitchA-GigabitEthernet0/0/2]quit
// (3) 配置交换机之间互连的端口为 Hybrid 类型
[SwitchA]interface GigabitEthernet 0/0/3
[SwitchA-GigabitEthernet0/0/3]port hybrid tagged vlan 10 20 30
[SwitchA-GigabitEthernet0/0/3]quit
```

 在 SwitchB 上配置 Hybrid 端口。

```
// (1) 创建 VLAN
[SwitchB]vlan batch 10 20 30
// (2) 配置连接 PC 的端口为 Hybrid 类型
[SwitchB]interface GigabitEthernet 0/0/1
[SwitchB-GigabitEthernet0/0/1]port hybrid pvid vlan 10
[SwitchB-GigabitEthernet0/0/1]port hybrid untagged vlan 10 30
[SwitchB-GigabitEthernet0/0/1]quit
[SwitchB]interface GigabitEthernet 0/0/2
[SwitchB-GigabitEthernet0/0/2]port hybrid pvid vlan 20
[SwitchB-GigabitEthernet0/0/2]port hybrid untagged vlan 20 30
[SwitchB-GigabitEthernet0/0/2]quit
[SwitchB]int g 0/0/4
[SwitchB-GigabitEthernet0/0/4]port hybrid pvid vlan 30
[SwitchB-GigabitEthernet0/0/4]port hybrid untagged vlan 10 20 30
```

```
[SwitchB-GigabitEthernet0/0/4]quit
// (3) 配置交换机之间互连的端口为 Hybrid 类型
[SwitchB]interface GigabitEthernet 0/0/3
[SwitchB-GigabitEthernet0/0/3]port hybrid tagged vlan 10 20 30
[SwitchB-GigabitEthernet0/0/3]quit
```

配置完成后,使用 ping 命令在 VLAN30 内的主机 PCE 上测试与不同部门内的各台主机的连通性,可以正常通信;在 VLAN10 内的主机 PCA 或 PCC 上测试与 VLAN20 内的主机 PCB 或 PCD 的连通性,无法通信,证明配置成功。

在交换机上可以定义多个 VLAN,每个 VLAN 都可以看成是一个广播域,通常情况下每个 VLAN 都会分配一个独立的 IP 网络,根据需要把相应主机所在的接口划入到指定的 VLAN 中,并配置相应的网络 IP 地址,VLAN 间通过路由来实现互相访问。这是较为常用的方法。但是相比于基于端口的 Hybrid 配置,三层路由方式则不够灵活,原因在于 VLAN 之间的访问控制要借助于路由设备来实现。而控制 VLAN 访问使用 Hybrid 接口则极大地简化了配置的复杂性:它仅需在端口上自主定义基于 VLAN Tag 的过滤规则,来决定指定的 VLAN 的二层帧是否允许发送;它是通过二层交换机来实现 VLAN 间的访问控制,既不需要每个 VLAN 定义单独的 IP 网段,更不需要在 VLAN 间引入路由设备,配置更为灵活方便。

## 4.5　VLAN 间路由

### ◆　4.5.1　VLAN 间路由概述

VLAN 是位于一台或多台交换机内的第二层网络,VLAN 之间是彼此孤立的,每个 VLAN 对应一个 IP 网段。VLAN 隔离广播域,不同的 VLAN 之间是二层隔离,即不同 VLAN 的主机发出的数据帧不能进入另外一个 VLAN。

但是,组建网络的最终目的是要实现网络的互联互通,划分 VLAN 的目的是隔离广播,并非是要不同 VLAN 内的主机彻底不能相互通信,所以,应有相应的解决方案来使不同 VLAN 之间能够通信。

VLAN 在 OSI 模型的第二层创建网络分段,并隔离数据流。VLAN 内的主机处在相同的广播域中,并且可以自由通信。如果想让主机在不同的 VLAN 之间通信,必须使用第三层的网络设备,传统上,这是路由器的功能。

如果有少量的 VLAN,可以使用独立的物理连接将交换机上的每个 VLAN 与路由器连接起来,如图 4-17 所示。这种方式的 VLAN 间路由的实现对路由器的端口数量要求较高,有多少个 VLAN 就需要路由器上有多少个端口,端口与 VLAN 之间一一对应。显然,如果交换机上 VLAN 数量较多时,路由器的端口数量较难满足要求。

为了避免物理端口的浪费,简化连接方式,可以使用 802.1Q 封装和子端口,通过一条物理链路实现 VLAN 间路由,如图 4-18 所示,这通常被称为单臂路由,因为路由器需要一个端口便可完成这种任务。

采用单臂路由方式进行 VLAN 间路由时,数据帧要在干道上往返发送,从而引入了一定的转发延迟;同时,路由器是软件转发 IP 报文的,如果 VLAN 间路由数据量较大,会消耗路由器大量的 CPU 和内存资源,造成转发性能的瓶颈。三层交换机通过内置的三层路由转发引擎在 VLAN 间进行路由转发,从而解决上述问题,如图 4-19 所示。

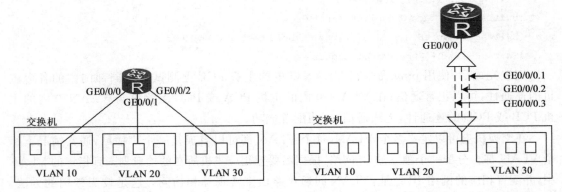

图 4-17　VLAN 间路由　　　　图 4-18　利用路由器子接口实现 VLAN 间路由

　　三层交换机将路由选择和交换功能放到一台设备中,在这种情况下,不需要外部路由器。为实现 VLAN 间路由,三层交换机为每个 VLAN 创建一个虚拟的三层 VLAN 接口(即 VLANIF 逻辑接口),这个接口像路由端口一样接收和转发 IP 报文。

### ◆　4.5.2　利用 802.1Q 和子端口实现 VLAN 间路由

　　交换机的端口链路类型有 Access 和 Trunk,其中:Access 链路仅允许一个 VLAN 的数据帧通过,而 Trunk 链路能够允许多个 VLAN 的数据帧通过。单臂路由正是利用 Trunk 链路允许多个 VLAN 帧通过而实现的。

　　图 4-20 显示了单臂路由中在路由器一端的子端口,GE 0/0/0 接口被划分为三个子接口,GE 0/0/0.1、GE 0/0/0.2、GE 0/0/0.3,每个子接口为一个单独的 VLAN 服务,并配置相应 VLAN 的标签值和相应 VLAN 网段的 IP 地址。为了成功实现 VLAN 间互通,VLAN 内主机的默认网关必须是对应子接口的 IP 地址。

　　示例 4-6 演示了如何配置单臂路由,在一台路由器的物理端口上划分子端口,封装 802.1Q 协议并配置 IP 地址,以实现 VLAN 间的路由。

**示例 4-6**　　在 Router 上配置子接口实现不同 VLAN 间的通信。

```
[Router]interface GigabitEthernet 0/0/0.1
[Router-GigabitEthernet0/0/0.1]dot1q termination vid 10
[Router-GigabitEthernet0/0/0.1]arp broadcast enable
[Router-GigabitEthernet0/0/0.1]ip address 192.168.1.1 24
[Router-GigabitEthernet0/0/0.1]quit
[Router]interface GigabitEthernet 0/0/0.2
[Router-GigabitEthernet0/0/0.2]dot1q termination vid 20
[Router-GigabitEthernet0/0/0.2]arp broadcast enable
[Router-GigabitEthernet0/0/0.2]ip address 192.168.2.1 24
[Router-GigabitEthernet0/0/0.2]quit
[Router]interface GigabitEthernet 0/0/0.3
[Router-GigabitEthernet0/0/0.3]dot1q termination vid 30
[Router-GigabitEthernet0/0/0.3]arp broadcast enable
```

```
[Router-GigabitEthernet0/0/0.3]ip address 192.168.3.1 24
[Router-GigabitEthernet0/0/0.3]quit
```

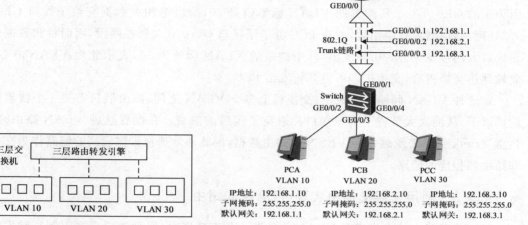

图 4-19  利用三层交换机实现 VLAN 间路由     图 4-20   利用路由器子端口实现不同 VLAN 间通信配置示例图

在示例 4-6 的配置中,使用命令 **dot1q termination vid** 命令配置子接口对一层 tag 报文的终结功能。即配置该命令后,路由器子接口在接收带有 VLAN tag 的报文时,将剥掉 tag 进行三层转发,在发送报文时,会将与该子接口对应 VLAN 的 VLAN tag 添加到报文中。使用 **arp broadcast enable** 命令开启子接口的 ARP 广播功能,如果不配置该命令,将会导致该子接口无法主动发送 ARP 广播报文,以及向外转发 IP 报文。

在这个示例中,与路由器相连的交换机上已经配置好了 VLAN10、VLAN20 和 VLAN30,向 VLAN 内添加了端口,并将与路由器相连的 GE0/0/1 端口设置成了 Trunk 端口,如示例 4-7 所示。

**示例 4-7**　在 Switch 上配置 VLAN。

```
[Switch]vlan batch 10 20 30
[Switch]interface GigabitEthernet 0/0/1
[Switch-GigabitEthernet0/0/1]port link-type trunk
[Switch-GigabitEthernet0/0/1]port trunk allow-pass vlan 10 20 30
[Switch-GigabitEthernet0/0/1]quit
[Switch]interface GigabitEthernet 0/0/2
[Switch-GigabitEthernet0/0/2]port link-type access
[Switch-GigabitEthernet0/0/2]port default vlan 10
[Switch-GigabitEthernet0/0/2]quit
[Switch]interface GigabitEthernet 0/0/3
[Switch-GigabitEthernet0/0/3]port link-type access
[Switch-GigabitEthernet0/0/3]port default vlan 20
[Switch-GigabitEthernet0/0/3]quit
[Switch]interface GigabitEthernet 0/0/4
[Switch-GigabitEthernet0/0/4]port link-type access
```

```
[Switch-GigabitEthernet0/0/4]port default vlan 30
[Switch-GigabitEthernet0/0/4]quit
```

在该示例中,当 PCB 向 PCC 发送 IP 包时,该 IP 包首先被封装成带有 VLAN 标签的以太帧,帧的 VLAN 标签值为 20,然后通过 Trunk 链路发送给路由器。路由器收到此帧后,因为子的 GE0/0/0.2 所配置的 VLAN 标签值是 20,所以把相关数据交给子接口 GE0/0/0.2 处理,路由器查找路由表,发现 PCC 处于子接口 G0/0/0.3 所在网段,因而将此数据包封装成以太网帧从 G0/0/0.3 发出,其中携带的 VLAN 标签为 30,表示此为 VLAN30 数据。此帧到达交换机后,交换机即可将其转发给 PCC。

在这种 VLAN 间路由方式下,交换机上多个 VLAN 之间,路由器只需要一个物理接口就可以了,从而大大节省了物理端口并避免了线缆的浪费。在配置这种 VLAN 路由时,要注意 Trunk 链路需承载所有 VLAN 间路由数据,因此通常选择带宽较高的链路作为交换机和路由器相连的链路。

### ◆ 4.5.3  利用三层交换机实现 VLAN 间路由

采用单臂路由的方式实现 VLAN 间的路由具有速度慢(受到端口带宽限制)、转发速率低(路由器采用软件转发,转发速率比采用硬件转发方式的交换机慢)的缺点,容易产生瓶颈,所以现在的网络中,一般都采用三层交换机,以三层交换的方式来实现 VLAN 间的路由。

三层交换机将二层交换机和路由器二者的优势有机而智能化地结合起来,它可以在各个层次提供线速转发性能。在一台三层交换机内,分别设置了交换机模块和路由器模块;而内置的路由模块与交换模块类似,也使用 ASIC 硬件处理路由。因此,与传统的路由器相比,三层交换机可以实现高速路由,并且路由与交换模块是汇聚链接的,由于是内部连接,可以确保相当大的带宽。

对于管理员来说,只需要为三层 VLANIF 接口配置相应的 IP 地址,即可实现 VLAN 间的路由功能。如图 4-21 所示,在该拓扑结构中,在交换机上分别划分 VLAN10 和 VLAN20,VLAN10 的工作站的 IP 地址为 192.168.1.10;VLAN20 的工作站的 IP 地址为 192.168.2.10。通过在三层交换机上创建各个 VLAN 的 VLANIF 接口并配置 IP 地址就可以实现不同 VLAN 间的通信了。

图 4-21 说明了如何将 IP 地址分配给名为 VLAN10 的 VLANIF 接口。

> **注意:**
> VLANIF 接口本身没有到外部的物理连接,为能够到达外部,VLAN 10 必须通过第二层端口或者 Trunk 链路。

配置 VLANIF 接口时,需要使用 **interface Vlanif** *vlan-id* 命令创建 VLANIF 接口,指定 VLANIF 接口所对应的 VLAN ID,并进入 VLANIF 接口视图,在接口视图下配置 IP 地址。示例 4-8 演示了如何在一台三层交换机上配置 VLAN10、VLAN20,将端口 GE0/0/10、GE0/0/11 划分到这两个 VLAN 中,并分别为这两个 VLAN 的 VLANIF 接口配置 IP 地址,实现 VLAN 间的路由。

**示例 4-8**     配置三层交换机实现 VLAN 间路由。

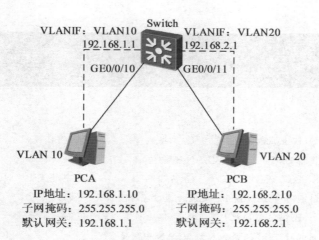

图 4-21　利用三层交换机实现 VLAN 间路由

```
[Switch]vlan batch 10 20
[Switch]interface GigabitEthernet 0/0/10
[Switch-GigabitEthernet0/0/10]port link-type access
[Switch-GigabitEthernet0/0/10]port default vlan 10
[Switch-GigabitEthernet0/0/10]quit
[Switch]interface GigabitEthernet 0/0/11
[Switch-GigabitEthernet0/0/11]port link-type access
[Switch-GigabitEthernet0/0/11]port default vlan 20
[Switch-GigabitEthernet0/0/11]quit
[Switch]interface Vlanif 10
[Switch-Vlanif10]ip address 192.168.1.1 24
[Switch-Vlanif10]quit
[Switch]interface Vlanif20
[Switch-Vlanif20]ip address 192.168.2.1 24
[Switch-Vlanif20]quit
```

 本章小结

　　本章主要介绍了有关 VLAN 的相关概念。VLAN 是不受物理区域和交换机限制的逻辑网络,它构成一个广播域,因此可以解决局域网内由于广播过多所带来的带宽利用率下降、安全性低等问题。VLAN 提供灵活并且安全的划分逻辑子网的方法,我们可以通过软件设置来修改 VLAN,而不需要改变物理的连接或者移动设备。

　　我们可以依据交换机的端口来定义 VLAN,手工将交换机的端口划分到不同的 VLAN中去,这些端口将保持在被分配的 VLAN 中,直至人工改变它。而动态 VLAN 则不同,端口属于哪一个 VLAN 不是管理员指定的,而是依据端口所连接主机的 MAC 地址、网络层协议或者 IP 子网来决定。

　　由于 VLAN 隔离了广播域,所以要实现 VLAN 之间的通信需要三层设备的支持。例如,通过路由器以单臂路由的方式实现,或者通过三层交换机以 VLANIF 接口的方式实现。

## 习题4

**1.选择题**

(1)VLAN 是（　　　）。

A.冲突域　　　　　　B.生成树域　　　　　C.广播域　　　　　　D.VTP 域

(2)交换机在 OSI 模型的（　　　）提供 VLAN 连接。

A.第 1 层　　　　　　B.第 2 层　　　　　　C.第 3 层　　　　　　D.第 4 层

(3)要在两个连接到不同 VLAN 的 PC 之间传递数据需要（　　　）。

A.第 2 交换机　　　　B.第 3 交换机　　　　C.中继　　　　　　　D.隧道

(4)下列交换机命令中，用于将端口加入到 VLAN 中的是（　　　）。

A. access vlan vlan-id　　　　　　　　B. port default vlan vlan-id

C. vlan vlan-id　　　　　　　　　　　D. set port vlan vlan-id

(5)802.1Q 中继最多可以支持（　　　）个 VLAN。

A. 256　　　　　　　B. 1024　　　　　　　C. 4096　　　　　　　D. 32768

(6)默认情况下，Trunk 链路支持（　　　）。

A.无　　　　　　　　B. VLAN 1　　　　　　C.所有活动 VLAN　　D.协商的 VLAN

(7)IEEE 802.1Q 协议给以太网帧打上 VLAN 标签的方式是（　　　）。

A.在以太网帧的前面插入 4 字节的 Tag

B.在以太网帧的尾部插入 4 字节的 Tag

C.在以太网帧的源地址和类型字段之间插入 4 字节的 Tag

D.在以太网帧的外部插入 4 字节的 Tag

(8)关于 VLANIF 接口的描述错误的是（　　　）。

A. VLANIF 接口是虚拟的逻辑端口

B. VLANIF 接口可以配置 IP 地址作为 VLAN 的网关

C. VLANIF 接口的数量不能修改

D. VLANIF 接口的数量是由管理员设定的

**2.问答题**

(1)什么是 VLAN,在什么情况下使用它?

(2)VLAN 有哪些定义方法?

(3)什么是 Trunk 链路?

(4)目前有哪些方法能够实现 VLAN 间的通信?

(5)在局域网内使用 VLAN 所带来的好处是什么?

# 第 **5** 章　生成树协议

当我们进行网络拓扑结构的设计和规划时,冗余常常是我们考虑的重要因素之一。冗余的重要性体现在它可以帮助我们避免网络出现单点故障,能够自动进行灾难恢复,最大限度地减少由于网络故障所带来的损失,提高网络的稳定性。然而,在交换网络中,我们在实现冗余的同时,几乎一定会出现环路,交换环路很容易引起广播风暴、多帧复制和MAC地址表不稳定等问题,这些问题同样可能导致网络不可用。

为了解决交换环路带来的问题,生成树协议可以逻辑地阻塞一些交换机的端口,使具有环路的网络在逻辑上变成树型网络结构;而链路聚合技术是将交换机的多个端口捆绑成一条高带宽链路,同时通过几个端口进行链路负载均衡,既实现了网络的高速性,也保证了链路的冗余性。

学习完本章,要达成以下目标。
- 了解在网络中实现冗余的重要性。
- 理解交换环路对网络的影响。
- 掌握生成树协议的工作原理。
- 掌握快速生成树协议和多生成树协议的基本原理。
- 掌握生成树协议的配置。

## 5.1　冗余和交换环路问题

### ◆ 5.1.1　冗余对于网络的重要意义

如今的企业,越来越依赖于计算机网络来组织和实施企业的生产活动。一旦网络出现故障,企业就会面临生产无法协调、不能按合同交付产品、客户满意度下降等损失。所以企业对网络的可靠性要求非常高。企业负责人希望网络能不间断地运转,如果一旦网络出现故障,也希望故障时间在一年内不超过几分钟。如此高可靠性要求,质量再好的网络产品也难以保证,所以既能容忍网络故障,又能够从故障中快速恢复的网络设计是必要的。冗余正好可以最大限度地满足这个要求。

冗余的目的是减少网络因单点故障引起的停机损耗,如图 5-1 所示。

在图 5-1 中,网段 A 和网段 B 之间只有一条链路连接,一旦线路出现问题,比如断路或者接头损坏,网段 A 和网段 B 之间就无法互相访问了,这种故障就是单点故障。

如图 5-2 所示,我们可以在网段 A 和网段 B 之间再添加一条链路和一台交换机,单点故障就可以被有效地避免,这就是冗余设计。

实际上,要在网络设计中实现冗余,主要的手段就是添加备份的链路和备份的设备。这会导致网络投入的成本偏高。但网络设备的故障率要远远低于线路的故障率,因此我们可以使用如图 5-3 所示的设计减少成本。不过该设计只能够避免线路故障问题,并不能够有效解决网络设备的单点故障问题。

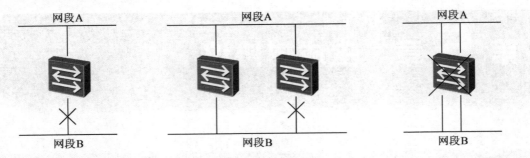

**图 5-1** 单点故障:网段 A 和 网段 B 之间无法互相访问  　　**图 5-2** 单点故障避免:网段 A 和 网段 B 之间可以互相访问  　　**图 5-3** 单点故障:交换机故障使 段 A 和网段 B 之间无法互相访问

综上所述,由于可以避免单点故障,使网络可以快速地实现灾难恢复,具有冗余性的设计对于网络的可靠性是极其重要的。

### ◆ 5.1.2　交换环路所带来的危害

在交换网络中,我们在实现冗余的同时,几乎一定会出现环路,交换环路很容易引起广播风暴、多帧复制和 MAC 地址表不稳定等问题,这些问题同样可能导致网络不可用。

#### 1. 广播风暴

广播风暴是网络设计者和管理者所要极力避免的灾难之一。它可以在短时间内无情地摧毁整个交换网络,使所有的交换机处于极端忙碌的状态。而交换机所做的工作,只是在转发广播,所有的正常的网络流量都将被堵塞。在用户的终端上,由于网卡在被迫不断处理大量的广播帧,终端会呈现网络传输速度极为缓慢或者根本不能连通的现象。

广播风暴的成因,除了个别网络终端发生故障,不断发送广播包这样的原因之外,交换环路的出现也是一个主要的原因。

图 5-4 所示为一个广播风暴,从这个拓扑图可以看出广播风暴是如何形成的。

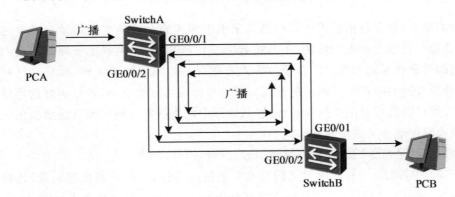

**图 5-4　广播风暴**

在交换网络里,不是所有的广播都是不正常的,有一些应用必须使用广播,如 ARP 解析,这是正常的广播。但是由于出现了交换环路,即使是正常的广播,也会威胁到整个网络。因为交换机处理广播的方式,是向交换机自己的所有端口(除了收到该广播帧的端口)发送该广播。在出现交换环路时,这种对广播帧的处理方式会导致广播风暴。

例如,在图 5-4 中,PCA 发出 ARP 广播解析 PCB 的 MAC 地址,这个广播会被 SwitchA 收到。

SwitchA 收到这个帧,查看目的 MAC 地址发现是一个广播帧,会向除了接收端口之外的所有端口进行转发,也就是向端口 GE0/0/1 和 GE0/0/2 进行转发。SwitchB 则会分别从端口 GE0/0/1 和 GE0/0/2 接收到这个广播帧的两个拷贝,它也会发现这是一个广播帧,需要向除了接收端口之外的所有端口进行转发。因此,SwitchB 从端口 GE0/0/1 接收到的广播帧会转发给端口 GE0/0/2 和 PCB;而从端口 GE0/0/2 接收到的广播帧会转发给端口 GE0/0/1 和 PCB。

这时,我们可以看到,虽然 PCB 已经收到了两个这个帧的拷贝,但广播的过程并没有停止。

SwitchB 从端口 GE0/0/1 和 GE0/0/2 转发出去的广播帧会再次被 SwitchA 收到,SwitchA 同样会把从端口 GE0/0/1 接收到的广播帧会转发给端口 GE0/0/2 和 PCA,而从端口 GE0/0/2 接收到的广播帧会转发给端口 GE0/0/1 和 PCA。

结果就是 SwitchB 再次收到了两个这个广播帧的拷贝,再次进行转发。这个过程将在 SwitchA 和 SwitchB 之间循环往复、永不停止。

**2. 多帧复制**

广播风暴不仅仅在交换机之间旋转,它还会向交换机的所有端口泛洪。也就是说,像 PCB 等所有这些接入网络的终端,在广播风暴每转到自己接入的网段时,就会收到一次广播包。随着广播风暴的旋转,主机会不断地收到相同的广播帧,如图 5-5 所示。

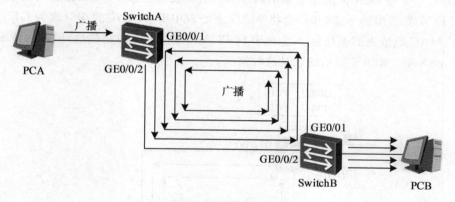

**图 5-5 多帧复制情况 1**

图 5-5 所示的情况就是多帧复制情况中的一种,这种复制是发生在广播风暴不断旋转时。同一个广播帧被反复在网段上传递,交换机就要拿出更多的时间处理这个不断复制的帧,从而使整个网络的性能急剧下降,甚至瘫痪。而主机也忙于处理这些相同的广播帧,因为它们在不断地被发送到主机的网络接口卡上,影响了主机的正常工作,在严重时甚至使主机死机。

多帧复制还有另外一种情况,如图 5-6 所示。

当 PCA 发送一个单播帧给 PCB 时,若 SwitchA 的 MAC 地址表中没有 PCB 的条目,则会把这个单播帧从端口 GE0/0/1 和 GE0/0/2 泛洪出去。因此,SwitchB 就会从端口 GE0/0/1 和 GE0/0/2 分别收到两个发给 PCB 的单播帧。如果 SwitchB 的 MAC 地址表中已经有了 PCB 的路由条目,它就会将这两个帧分别转发给 PCB,这样 PCB 就收到了同一个帧的两

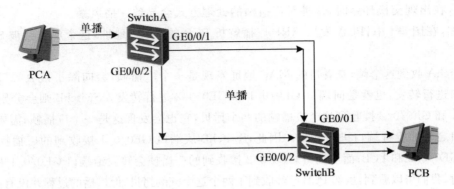

图 5-6　多帧复制情况 2

份拷贝,于是形成了多帧复制。

### 3. MAC 地址表不稳定

在前面的章节中,我们已经知道,交换机之所以比集线器速度快,就是因为交换机的内存里有一个 MAC 地址表。但是当发生广播风暴或多帧复制的时候,相同帧的拷贝会在交换机的不同端口上被接收,这样就会影响到 MAC 地址表的正常工作,从而削弱交换机的数据转发功能。

继续看图 5-6 的例子。当 SwitchB 从端口 GE0/0/1 收到 PCA 发送出的单播帧时,它会将端口 GE0/0/1 与 PCA 的对应关系写入 MAC 地址表;而当 SwitchB 随后又从端口 GE0/0/2 收到 PCA 发送出的单播帧时,会将 MAC 地址表中 PCA 对应的端口改为 GE0/0/2,这就造成了 MAC 地址表的不稳定。当 PCB 向 PCA 回复了一个单播帧后,同样的情况也会发生在 SwitchA 中。图 5-7 所示的就是这种情况。

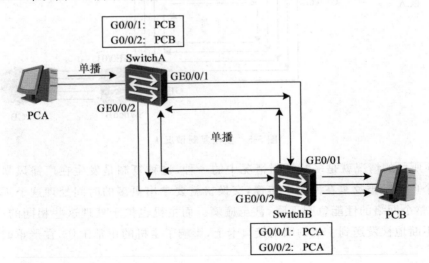

图 5-7　MAC 地址表不稳定

在图 5-7 中,SwitchB 的 MAC 地址表中关于 PCA 的条目会在端口 GE0/0/1 和 GE0/0/2 之间不断跳变;SwitchA 的 MAC 地址表中关于 PCB 的条目同样也会在端口 GE0/0/1 和 GE0/0/2 之间不断跳变,无法稳定下来。交换机不得不消耗更多的系统资源处理这些变化,从而影响了交换机交换数据帧的速度。

虽然冗余会带来如此复杂而严重的问题,但是我们可以通过在交换网络里使用生成树协议的办法来达到既实现网络的冗余设计,又避免环路的目的。

## 5.2 生成树协议

为了解决冗余链路引起的问题,IEEE 通过了 IEEE 802.1d 协议,即生成树协议(spanning-tree protocol,STP)。IEEE 802.1d 协议通过在交换机上运行一套复杂的生成树算法(spanning-tree algorithm,STA),把冗余端口置于"阻塞状态",使得网络中的计算机在通信时只有一条链路生效,而当这个链路出现故障时,STP 会重新计算出网络链路,将处于"阻塞状态"的端口重新打开,从而确保网络连接的稳定可靠。

### ◆ 5.2.1 STP 的原理

通过冗余的设计,可以尽可能地避免那些造成网络中断的故障,保证网络的可靠性。但是,实现冗余的设计也会出现交换环路,从而造成广播风暴。而且,由于交换机工作在 OSI 参考模型的数据链路层(二层),二层的帧头中没有类似三层(网络层)IP 包头中的 TTL 值(生存时间),所以广播帧将在环路中无休止地旋转下去,直到耗尽带宽和交换机资源,使网络瘫痪。

在交换网络中,环路往往并不是独立存在的,而是多个环路同时存在,如图 5-8 所示的情况。

从图 5-8 我们可以发现,交换网络中的交换设备越多,网络的拓扑结构越复杂,产生的环路也越多,环路之间的关系也越复杂。

STP 的主要思想就是当网络中存在环路时,逻辑地阻塞一些交换机的端口,使具有环路的网络在逻辑上变成树型网络结构。如图 5-9 和图 5-10 所示。

> **注意:**
>
> 在图 5-9 中,交换机的端口被逻辑地阻塞,所谓逻辑地阻塞是指在交换机的操作系统软件里不允许数据帧从该端口收发,该端口在物理上并没有被关闭,还是处于 up 状态,以备在出现物理故障时,该端口能够快速地切换为正常收发数据的端口,从而在保证了冗余的同时,又切断了环路。在逻辑地阻塞了交换机的端口之后,有环路的网络在逻辑上变成了图 5-10 所示的网络结构。

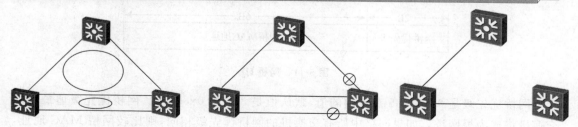

图 5-8 交换网络中的多个环路　　图 5-9 使用 STP 逻辑地阻塞交换机的端口　　图 5-10 无环路的树型结构

### ◆ 5.2.2 网桥协议数据单元

在 STP 的工作过程中,交换机之间通过交换网桥协议数据单元(bridge protocol data

unit,BPDU)来了解彼此的存在。STP 算法利用 BPDU 中的信息来消除冗余链路。BPDU 具有两种格式:一种是配置 BPDU,从指定端口发送到相应的交换机;另一种是拓扑改变通知 BPDU(topology change notifications BPDU,TCN BPDU),是由任意交换机在发现拓扑改变或者被通知有拓扑改变时,从它的根端口发出的帧,以通知根网桥。当交换机接收到 BPDU 时,利用接收到的信息计算自己的 BPDU,然后再转发。

交换机通过端口发送 BPDU,使用该端口的 MAC 地址作为源地址。交换机并不知道它周围的其他交换机,因此 BPDU 的目标地址是众所周知的 STP 组播地址 01-80-c2-00-00-00。

在 BPDU 中主要包括了 STP 版本、BPDU 的类型、根网桥 ID、路径开销、网桥 ID 和端口 ID 等内容。如表 5-1 所示为 BPDU 的格式。

表 5-1  BPDU 的格式

| 字　段 | 字 节 数 | 描　　述 |
|---|---|---|
| 协议标识符 | 2 | 协议标准。例如,值为 0x0000,表示协议为 IEEE 802.D 标准 |
| STP 版本 | 1 | 协议版本号,恒定为 0 |
| BPDU 类型 | 1 | BPDU 类型。例如,值为 0x00,表示 BPDU 的类型为配置 BPDU;值为 0x80,表示 BPDU 的类型为 TCN BPDU |
| 标识 | 1 | 标识位只有 0 和 7 使用。0 为拓扑改变标记;7 为拓扑改变确认标记 |
| 根网桥 ID | 8 | 根网桥的网桥 ID |
| 路径开销 | 4 | 交换机到达根网桥的路径开销 |
| 网桥 ID | 8 | 网桥的标识符,由优先级加 MAC 地址组成 |
| 端口 ID | 2 | 交换机发送 BPDU 的端口标识符 |
| 报文老化时间 | 2 | 从根网桥产生本 BPDU 起,该信息的生存时间 |
| 最大老化时间 | 2 | 保存 BPDU 的最长时间,默认为 20 秒 |
| Hello 时间 | 2 | 交换机发送 BPDU 的间隔时间,默认是 2 秒 |
| 转发延时 | 2 | 监听和学习状态的持续时间,默认是 15 秒 |

BPDU 中包括了 STP 的算法中使用的参数,主要有网桥 ID(bridge ID)、路径开销(path cost)和端口 ID(port ID)。

**1. 网桥 ID**

网桥 ID 共 8 个字节,有 2 字节的优先级和 6 字节网桥的 MAC 地址组成,如图 5-11 所示。

图 5-11  网桥 ID

网桥优先级是 0~65535 范围内的值,默认值是 32768(0x8000)。网桥优先级值最小的交换机将成为根网桥。如果网络中所有交换机的网桥优先级相同,则比较网桥 MAC 地址,具有最小 MAC 地址的交换机将成为根网桥。由于 MAC 地址的世界唯一性,在网桥 ID 中加入 MAC 地址就可以确保网桥 ID 的唯一性,也就意味着必然能够选举出根网桥。

**2. 路径开销**

STP 依赖于路径开销的概念,最短路径是建立在累计路径开销的基础之上的。要理解路径开销,我们要先了解什么是端口开销。

交换机上的每个端口都有端口开销,它的大小与端口的带宽成反比,如表 5-2 所示。

**表 5-2　VRP 中接口速率与 STP 端口开销值对应表**

| 链 路 带 宽 | 默认开销值 | 推荐取值范围 |
|---|---|---|
| 10Gbps 以上 | 1 | 1～2 |
| 10Gbps | 2 | 2～20 |
| 1Gbps | 20 | 2～200 |
| 100Mbps | 200 | 20～2000 |
| 10Mbps | 2 000 | 200～20000 |

路径开销就是两台交换机之间路径上一系列端口开销的和,它是对交换机之间接近程度的度量。

**3. 端口 ID**

端口 ID 用于区分描述交换机上不同的端口,共两个字节。端口 ID 的定义方法有多种,图 5-12 给出了其中两种常见的定义。第一种定义中,高 4 位是端口优先级,低 12 位是端口编号。第二种定义中,高 8 位是端口优先级,低 8 位是端口编号,端口优先级默认值是 128。

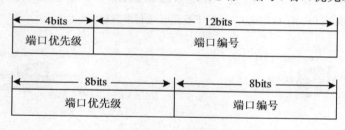

**图 5-12　端口 ID**

端口优先级值越小,则优先级越高。如果端口优先级的值相同,则编号越小,优先级越高。

## 5.2.3　STP 的算法

STP 要构造一个逻辑无环的拓扑结构,需要执行下面四个步骤。

**步骤 1**　选举一个根网桥(root bridge)。

**步骤 2**　在每个非根网桥上选举一个根端口(root port,RP)。

**步骤 3**　在每个网段上选举一个指定端口(designated port,DP)。

**步骤 4**　阻塞非根、非指定端口。

**1. 选举一个根网桥**

在树型结构中,一定是有一个根的。在 STP 里,也要确定一个根,即确定一台交换机作为根交换机,称之为根网桥。根网桥的作用就是作为一个生成树型结构的参考点,以决定在环路中哪个端口应该是转发状态,哪个端口应该是阻塞状态。

STP 算法的第一步,就是要确定哪台交换机是根网桥。确定根网桥的算法,是比较交换机之间的网桥 ID,具有最小网桥 ID 的交换机成为根网桥。网桥 ID 是由优先级加 MAC 地址组成。交换机的优先级可以是 0 ~ 65535 范围内的值。由于交换机默认的优先级是 32768,如果不使用命令改变优先级的话,所有交换机的优先级都是一样的。结果,在确定根网桥时,往往是比较交换机的 MAC 地址,MAC 地址最小的交换机就成为根网桥。在图 5-13 中,SwitchA 就是根网桥,因为它的 MAC 地址最小。如果想要人为地让某台交换机成为根网桥,那么需要改变交换机的优先级,优先级最小的交换机成为根网桥。

**2. 选举根端口**

每一台非根交换机上,都有一个端口成为根端口。根端口是该交换机到达根网桥路径开销最小的端口。

根端口的选举,首先比较端口去往根网桥的路径开销,最小的路径开销所在的端口即为根端口;如果一台非根交换机上多个端口去往根网桥的路径开销相同,则比较端口上行交换机的网桥 ID,上行交换机网桥 ID 较小的端口为根端口;如果上行交换机的网桥 ID 也相同,再比较上行交换机的端口 ID,上行交换机端口 ID 较小的端口为根端口。

在图 5-13 中,所有的链路都是 1Gbps 以太网线,那么 SwitchB 的端口 GE0/0/1 和端口 GE0/0/2 的端口开销都是 20,但是端口 GE0/0/1 到达根网桥的路径开销是 20,而端口 GE0/0/2 到达根网桥的路径开销是 40,所以端口 GE0/0/1 是根端口。同理,SwitchC 的 GE0/0/2 端口是根端口,而 GE0/0/1 端口不是。如图 5-14 所示。

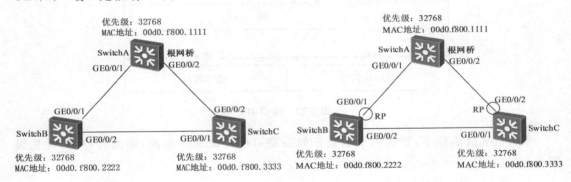

图 5-13  STP 选举根网桥          图 5-14  STP 选举根端口

如果我们将这个拓扑结构稍做变化,将 SwitchA 与 SwitchC 之间的以太网线换成 100Mbps 的,那么根端口就不同了。SwitchC 的 GE0/0/2 端口路径开销变成了 200,而 GE0/0/1 端口的路径开销还是 40,端口 GE0/0/1 变成了根端口。

**3. 选举指定端口**

所谓指定端口,就是连接在某个网段上的一个桥接端口,该端口距离根网桥最近,它通过该网段既向根网桥发送流量,也从根网桥接收流量。桥接网络中的每个网段都必须有一个指定端口。

指定端口的选举,首先比较该网段连接端口所属交换机的根路径开销,越小越优先;如果根路径开销相同,则比较所连接端口所属交换机的网桥 ID 号,越小越优先;如果根路径开销相同,所属交换机的网桥 ID 号也相同,则比较所连接的端口的端口 ID 号,越小越优先。根网桥上的每个活动端口都是指定端口,因为它的每个端口都具有最小的路径开销。

如图 5-15 所示,根网桥上的活动端口 GE0/0/1 和 GE0/0/2 由于根路径开销为 0,都当选为指定端口;而 SwitchB 和 SwitchC 之间的网段情况复杂一些,该网段上两个端口的根路径开销都是 40,那么就需要比较所在交换机的网桥 ID 了。SwitchB 和 SwitchC 的网桥优先级相同,但 SwitchB 的 MAC 地址更小,所以 SwitchB 的 GE0/0/2 端口会被选举为该网段的指定端口。

STP 的计算过程到这里就结束了。这时,只有 SwitchC 上的 GE0/0/1 端口既不是根端口,也不是指定端口。

**4. 阻塞非根、非指定端口**

在网桥已经确定了根端口、指定端口和非根非指定端口之后,STP 就开始创建一个无环拓扑了。

为了创建一个无环拓扑,STP 配置根端口和指定端口转发流量,然后阻塞非根和非指定端口,形成逻辑上无环路的拓扑结构,最终的结果如图 5-16 所示。

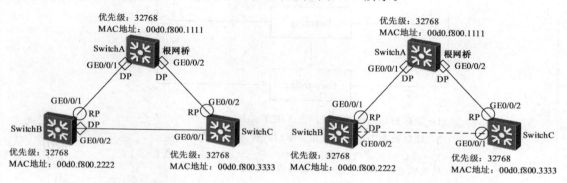

图 5-15  STP 选举指定端口 　　　　　图 5-16  STP 生成的无环路拓扑

此时,SwitchB 和 SwitchC 之间的链路为备份链路,当 SwitchA 和 SwitchB、SwitchA 和 SwitchC 之间的主链路正常时,这条链路处于逻辑断开状态,这样就将交换环路变成了逻辑上的无环拓扑。只有当主链路出现故障时,才会启用备份链路,以保证网络的连通性。

◆ **5.2.4  STP 的端口状态**

当运行 STP 的交换机启动后,其所有的端口都要经过一定的端口状态变化过程。在这个过程中,STP 要通过交换机间互相传递 BPDU 决定网桥的角色(如根网桥、非根网桥)、端口的角色(如根端口、指定端口、非指定端口)以及端口的状态。

运行 STP 协议的设备上端口状态如表 5-3 所示。

表 5-3  STP 端口状态

| 端口状态 | 目　　　的 | 描　　　述 |
|---|---|---|
| Disabled<br>未启用状态 | 端口不仅不处理 BPDU 报文,也不转发用户流量 | 端口状态为 Down |
| Blocking<br>阻塞状态 | 端口不转发用户流量,不学习 MAC 地址表,接收并处理 BPDU 报文,但是不发送 BPDU 报文 | 阻塞端口的最终状态 |
| Listening<br>监听状态 | 端口不转发用户流量,不学习 MAC 地址表,只参与生成树计算,接收并发送 BPDU 报文 | 过渡状态 |
| Learning<br>学习状态 | 端口不转发用户流量,但是学习 MAC 地址表,参与生成树计算,接收并发送 BPDU 报文 | 过渡状态,增加 Learning 状态防止临时环路 |
| Forwarding<br>转发状态 | 端口转发用户流量,学习 MAC 地址表,参与生成树计算,接收并发送 BPDU 报文 | 只有根端口或指定端口才能进入 Forwarding 状态 |

STP 的端口可能处于阻塞、监听、学习和转发四种状态之一,如图 5-17 所示。

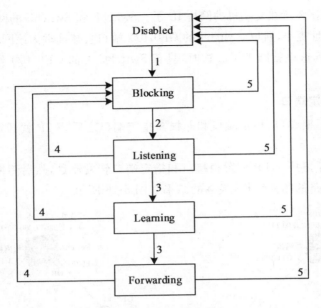

1—端口初始化或者使能，进入阻塞状态；

2—端口被选为根端口或指定端口，进入监听状态；

3—端口的临时状态停留到，进入下一状态(学习状态或者
转发状态)，端口被选为根端口或指定端口；

4—端口不再是根端口、指定端口或者指定状态，进入阻塞状态；

5—端口被禁用或者链路失效。

**图 5-17  STP 端口的状态变化**

阻塞的状态并不是物理地使端口关闭,而是逻辑地使端口处于不收发数据帧的状态。但是,有一种数据帧即使是阻塞状态的端口也是允许通过的,那就是 BPDU。交换机依靠 BPDU 互相学习信息,阻塞的端口必须允许这种数据帧通过,所以可以看出阻塞的端口实际上还是激活的。

当网络中的交换机刚刚启动的时候,所有的端口都处于阻塞状态,这种状态要维持 20 秒钟的时间。这是为了防止在启动过程中产生交换环路。

然后,端口会由阻塞状态变为监听状态,交换机开始互相学习 BPDU 里的信息。这个状态要维持 15 秒钟,以便交换机可以学习到网络里所有其他交换机的信息。在这个状态中,交换机不能转发数据帧,也不能进行 MAC 地址与端口的映射,MAC 地址的学习是不可能的。

接着,端口进入学习状态。在这个状态中,交换机对学习到的其他交换机的信息进行处理,开始计算 STP。在这个状态中,已经开始允许交换机学习 MAC 地址,进行 MAC 地址与端口的映射,但是交换机还是不能转发数据帧。这个状态也要维持 15 秒,以便网络中所有的交换机都可以计算完毕。

当学习状态结束时,交换机已经完成了 STP 的计算,所有应该进入转发状态的端口转变为转发状态,应该进入阻塞状态的端口进入阻塞状态,网络达到收敛状态,交换机开始正常工作。STP 的 BPDU 仍然会定时(默认每隔 2 秒)从各个交换机的指定端口发出,以维护链路的状态。

综上所述,我们可以看出,阻塞状态和转发状态是 STP 的一般状态,监听状态和学习状态是 STP 的过渡状态。并且,STP 的总延时在 50 秒左右,当网络出现故障时,发现该故障的交换机会向根交换机发送 BPDU,根交换机会向其他交换机发出 BPDU 通告该故障,所有收到该 BPDU 的交换机会把自己的端口全部设置为阻塞状态,然后重复上述过程,直到收敛。

◆ 5.2.5 STP 拓扑变更

如果一个交换网络中的所有交换机端口都处于阻塞状态或者转发状态时,这个交换网络就达到了收敛。转发端口发送并且接收通信数据和 BPDU,阻塞端口仅接收 BPDU。

当网络拓扑变更时,交换机必须重新计算 STP,端口的状态会发生改变,这样会中断用户通信,直至计算出一个重新收敛的 STP 拓扑。新生成的拓扑可能会与原先的网络拓扑存在一定的差异。但是,在交换机上,指导报文转发的是 MAC 地址表,默认的动态表项的生存时间是 300 秒。此时,数据转发如果仍然按照原有的 MAC 地址表,会导致数据转发错误。为防止拓扑变更情况下的数据发送错误,STP 中定义了拓扑改变消息泛洪机制,当网络拓扑发生变化的时候,除了在整个网络泛洪拓扑改变消息外,同时修改 MAC 地址表的生存时间为一个较短的数值,等网络拓扑结构稳定之后,再恢复 MAC 地址表的生存期。STP 规定这个较短的 MAC 地址表的生存时间使用交换机的 Forward Delay 参数,默认为 15 秒。

发生变化的交换机会在它的根端口上每隔 hello time 时间就发送拓扑改变通知 BPDU(TCN BPDU),直到生成树上游的指定网桥邻居确认了该 TCN 为止。当根网桥收到该 TCN BPDU 后,会发送设置了 TC 位的 BPDU 即拓扑改变配置 BPDU,通知整个生成树拓扑结构发生了变化。图 5-18 展现了这个过程。下游交换机发现了拓扑变更后,会逐级向上汇报直至根网桥收到这个消息,然后根网桥再向全网内的所有交换机通知拓扑的变更,图中的编号标识了各类消息发送的顺序。

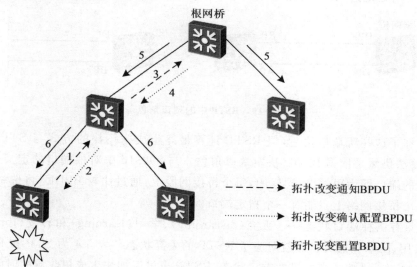

图 5-18 STP 拓扑变更

所有的下游交换机得到拓扑改变的通知后,会把它们的地址表老化计时器从默认值(300 秒)降为转发延时(默认为 15 秒),从而让不活动的 MAC 地址比正常情况下更快地从地址表中更新掉。

当拓扑发生变化时,新的配置消息要经过一定的时延才能传播到整个网络,这个时延就是 15 秒的转发延时。在所有网桥收到这个变化的消息之前,若旧拓扑结构中处于转发的端口还没有发现自己应该在新的拓扑中停止转发,则可能存在临时环路。为了解决临时环路的问题,生成树采用的是定时器策略,即在端口从阻塞状态到转发状态中间加上一个只学习

MAC 地址但不参与转发的中间状态——学习状态,两次状态切换的时间长度都是转发延时,这样就可以保证在拓扑变更的时候不会产生临时环路。但是,这个看似良好的解决方案实际上带来的却是至少两倍转发延时的收敛时间。

## 5.3 快速生成树协议

为了解决 STP 收敛速度慢的缺陷,IEEE 推出了 802.1w 标准,作为对 802.1d 标准的补充。在 IEEE 802.1w 标准中定义了快速生成树协议(rapid spanning tree protocol,RSTP)。

RSTP 是对 STP 的改进和补充,它保留了 STP 大部分的术语和参数,只是针对交换机的端口角色、端口状态和收敛性做了一些修订。

### ◆ 5.3.1 RSTP 的端口角色和端口状态

RSTP 在物理拓扑变化或者配置参数发生变化时,显著地减少了网络拓扑的重新收敛时间。除了根端口和指定端口外,RSTP 定义了两种新增加的端口角色——替代端口(alternate port,AP)和备份(backup port,BP),这两种新增的端口用于取代阻塞端口。替代端口为当前的根端口到根网桥的连接提供了替代路径,而备份端口则提供了到达同段网络的备份路径,是对一个网段的冗余连接。在根端口或指定端口失效的情况下,替换端口或备份端口就会无时延地进入转发状态。图 5-19 所示的是各个端口的角色示意图。

图 5-19 RSTP 中的端口角色

虽然增加了这些新端口角色,但 RSTP 计算最终生成树拓扑的方式与 STP 还是相同的,生成树算法仍然是依据 BPDU 决定端口角色。与 802.1d 中对根端口的定义一样,到达根网桥最近的端口即为根端口,同样的,每个桥接网段上,通过比较 BPDU,将选举出谁是指定端口。一个桥接网络上只能有一个指定端口。

RSTP 只有三种端口状态——丢弃(discarding)、学习(learning)和转发(forwarding)。STP 中的禁用、阻塞和监听状态就对应了 RSTP 的丢弃状态。表 5-4 为 STP 和 RSTP 的端口状态的比较。通过缩减交换机的端口状态,RSTP 也可以加快生成树收敛的时间。

表 5-4 RSTP 端口状态

| STP 端口状态 | RSTP 端口状态 | 在活动的拓扑中是否包含此状态 |
|---|---|---|
| 禁用状态 | 丢弃状态 | 否 |
| 阻塞状态 | | 否 |
| 监听状态 | | 否 |
| 学习状态 | 学习状态 | 否 |
| 转发状态 | 转发状态 | 是 |

在稳定的网络中,根端口和指定端口处于转发状态,而替代端口和备份端口则处于丢弃状态。

### ◆ 5.3.2 RSTP 中的 BPDU

RSTP 使用 802.1d 的 BPDU 格式,以向后兼容。然而,RSTP 使用了消息类型字段中一些以前未使用的位。发送交换机端口通过其 RSTP 角色和状态标识自己。

在 802.1d 中,BPDU 基本上都来自根网桥,其他交换机沿生成树向下中继。而在 RSTP 中,无论是否收到根网桥的 BPDU,交换机所有端口都每隔 Hello 时间发送一条 BPDU。这样,网络中的任何交换机都主动地维护网络拓扑。交换机还期望从邻居那里定期地收到 BPDU,如果连续 3 次没有收到 BPDU,将认为邻居交换机出现了故障,所有与前往该邻居的端口相关的信息都将被删除。这意味着交换机能够在 3 个 Hello 时间间隔内检测到邻居故障(默认 6 秒),而 802.1d 为最长寿命定时器(默认为 20 秒)。

RSTP 能够区分自己的 BPDU 和 802.1d BPDU,因此可以与使用 802.1d 的交换机共存。每个端口都根据收到的 STP BPDU 运行,例如,收到 802.1d BPDU 后,端口将根据 802.1d 的规则运行。

### ◆ 5.3.3 RSTP 的收敛特性

RSTP 可以主动地将端口立即转变为转发状态,而无须通过调整计时器的方式去缩短收敛时间。为了能够达到这种目的,我们引入了两个新的变量:边缘端口(edge port)和链路类型(link type)。

边缘端口是指连接终端的端口。由于连接端工作站(而不是另一台交换机)是不可能导致交换环路的,因此这类端口就没有必要经过监听和学习状态,从而可以直接转变为转发状态。一旦边缘端口收到了 BPDU,它将立刻失去边缘端口状态,变为普通的 RSTP 端口。

链路类型是根据端口的双工模式来确定的。全双工端口被认为是点到点类型的链路,而半双工端口被认为是共享型链路。在点到点链路上,不采用定时器过期的策略,而是通过与邻接交换机快速握手来确定端口的状态。以提议和同意的方式在两台交换机之间交换 BPDU。一台交换机提议自己的端口成为指定端口,如果另一台交换机同意,它将使用同意消息进行响应。

RSTP 处理网络收敛时,通过点到点链路传播握手消息。交换机需要做出 STP 决策时,将与最近的邻居握手,该握手成功后,下一台交换机再进行握手,这种过程不断重复,直到到达网络边缘。

在 RSTP 中,仅在非边缘端口进入转发状态时才检测拓扑变更。802.1w 中拓扑变更通知与 802.1d 中的不同,它可以大大减少数据通信中断。在 802.1d 中,交换机检测到端口状态发生变化时,它通过发送拓扑变更通知(TCN)BPDU 来告诉根网桥,然后根网桥发送 TCN 消息给其他交换机,而在 RSTP 中,当检测到拓扑变更后,交换机向网络中的其他交换机传播变更消息,让它们也能更正桥接表,这大大减少了在拓扑变更中丢失 MAC 地址的情况。

## 5.4 多生成树协议

### ◆ 5.4.1 MSTP 产生背景

STP 使用生成树算法,能够在交换网络中避免环路造成的故障,并实现冗余备份的功能。RSTP 则进一步提高了交换网络拓扑变化时的收敛速度。然而当前的交换网络往往工作在多 VLAN 的环境下,在 Trunk 链路上,同时存在多个 VLAN,每个 VLAN 实质上是一个独立的二层交换网络。为了给所有的 VLAN 提供环路避免和冗余备份功能,就必须为所有的 VLAN 都提供生成树计算。

STP 和 RSTP 使用统一的生成树,也就是在网络中只会产生一棵用于消除环路的生成树,所有的 VLAN 共享一棵生成树,其拓扑结构也是一致的。因此在一条 Trunk 链路上,所有的 VLAN 要么全部处于转发状态,要么全部处于阻塞状态,如图 5-20 所示。

在图 5-20 所示的情况下,SwitchB 到 SwitchA 的端口被阻塞,则从 PCA 或 PCB 到 Server 的所有数据都要经过 SwitchB 至 SwitchC 至 SwitchA 的路径传递。SwitchA 和 SwitchB 的带宽完全浪费了。

为了克服单生成树协议的缺陷,支持 VLAN 的多生成树协议出现了,IEEE 于 2002 年发布的 802.1s 标准定义了 MSTP(multiple spanning tree protocol,多生成树协议)。MSTP 兼容 STP 和 RSTP,既可以快速收敛,又能使不同 VLAN 的流量沿各自的路径转发,从而为冗余链路提供了更好的负载分担机制。

MSTP 定义了"实例"的概念,所谓实例就是多个 VLAN 的一个集合。STP/RSTP 是基于端口的,而 MSTP 是基于实例的。通过 MSTP,可以在网络中定义多个生成树实例(multiple spanning tree instance,MSTI),每个实例对应多个 VLAN 并维护自己的独立生成树。这样既避免了为每个 VLAN 维护一棵生成树的巨大资源消耗,又可以使不同的 VLAN 具有完全不同的生成树拓扑,从而实现 VLAN 级负载均衡。

在图 5-21 中,有 VLAN10、VLAN20、VLAN30 和 VLAN40,采用 MSTP 则可以将 VLAN10、VLAN20 放入到一个实例中,把 VLAN30、VLAN40 放入到另一个实例中,每个实例对应一棵生成树。SwitchA 和 SwitchB 之间的链路在实例 1 中是连通的,而在实例 2 中是阻塞的,所以 PCA 到 Server 的数据流就经过 SwitchB 至 SwitchA 之间的链路传递。同理,SwitchC 和 SwitchA 之间的链路在实例 2 中是连通的,而在实例 1 中是阻塞的,所以 PCD 到 Server 的数据流就经过 SwitchC 至 SwitchA 之间的链路传递。这样既减少了 BPDU 的通信量和交换机上的资源消耗,也实现了不同 VLAN 的数据流有不同的转发路径。

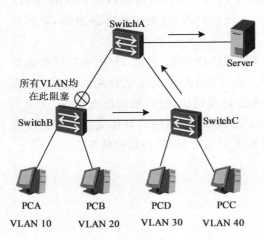

图 5-20　STP/RSTP 的不足

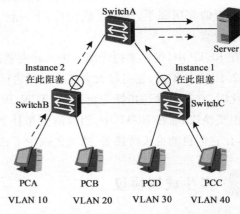

Instance 1:VLAN10和VLAN20　Instance 2:VLAN30和VLAN40

图 5-21　MSTP 实现负载均衡

相对于之前介绍的各种生成树协议,MSTP 的优势非常明显。它具有 VLAN 认知能

力,可以实现负载均衡,可以实现类似于 RSTP 的端口状态快速切换,可以捆绑多个 VLAN
到一个实例中以降低资源占用率。MSTP 可以很好地向下兼容 STP/RSTP 协议,并且
MSTP 是 IEEE 标准协议,现在基本上各个网络厂商的交换机产品均能够支持 MSTP。

### ◆ 5.4.2 MSTP 基本概念

因为在 MSTP 网络中可以有多棵生成树实例(MSTI),就涉及生成树实例的划分及各
生成树实例之间的关系等问题,所以与单生成树的 STP 和 RSTP 在许多方面存在不同。本
节具体介绍 MSTP 所涉及的一些基本概念。

#### 1. MSTP 网络的层次结构

MSTP 不仅涉及多个 MSTI,而且还可划分多个 MST 域(MSTRegion,也称为 MST 区
域)。总的来说,一个 MSTP 网络可以包含一个或多个 MST 域,而每个 MST 域中又可包含
一个或多个 MSTI。组成每个 MSTI 的是其中运行 STP/RSTP/MSTP 的交换设备,是这些
交换设备经 MSTP 协议计算后形成的树状网络。

如图 5-22 所示的 MSTP 网络中划分了 3 个 MST 区域,每个区域中又包括了 3 个
MSTI。

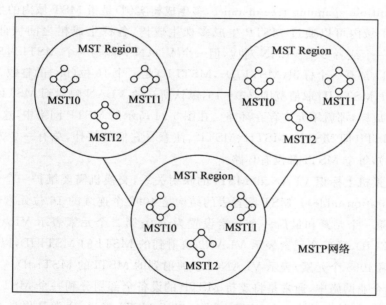

图 5-22 MSTP 网络示例

#### 2. MST 域

MST 域(multiple spanning tree region,多生成树域)是由交换网络中的多台交换设备
以及它们之间的网段所构成。同一个 MST 域的设备具有下列特点:①都启动了 MSTP;②
具有相同的域名;③具有相同的 VLAN 到生成树实例映射配置;④具有相同的 MSTP 修订
级别配置。

一个 MSTP 网络可以存在多个 MST 域,各 MST 域之间在物理上直接或间接相连。用
户可以通过 MSTP 配置命令把多台交换设备划分在同一个 MST 域内。

图 5-23 所示的 MST 域 R0 中是由交换机 SwitchA、SwitchB、SwitchC 和 SwitchD 构

成,域中有 3 个 MSTI,即 MSTI0、MSTI1 和 MSTI2。

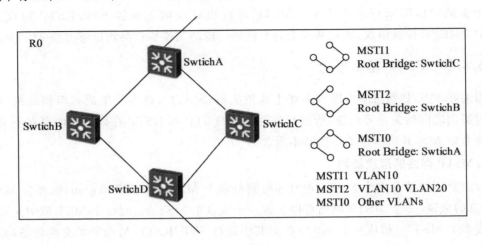

图 5-23　MST 域

### 3. MSTI

MSTI(multiple spanning tree instance,多生成树实例)是指 MST 域内的生成树。

一个 MST 域内可以通过 MSTP 生成多棵生成树,各棵生成树之间彼此独立。一个 MSTI 可以与一个或者多个 VLAN 对应,但一个 VLAN 只能与一个 MSTI 对应。

每个 MSTI 都有一个标识(MSTI ID),MSTI ID 是一个 16 位(bit)的整数。华为设备支持 16 个 MSTI,MSTI ID 取值范围是 0~15,默认所有的 VLAN 映射到 MSTI0。

既然是生成树,那就不允许存在环路。在图 5-24 所示的 MSTP 网络中,这个 MST 域中包括了 3 个 MSTI(即 MSTI0、MSTI1、MSTI2,注意看它们的拓扑,总有一个方向的交换机连接是断开的),每个 MSTI 都没有环路。

为了在交换机上标识 VLAN 和 MSTI 的映射关系,交换机需要维护一个 MST 配置表(MST configuration table)。MST 配置表的结构是 4096 个连续的 16 位元素组,代表 4096 个 VLAN,将第一个元素和最后一个元素设置为全 0;第二个元素表示 VLAN1 映射到的 MSTI 的 MSTI ID,第三个元素表示 VLAN2 映射到的 MSTI 的 MSTI ID,以此类推,倒数第二个元素(第 4095 个元素)表示 VLAN4094 映射到的 MSTI 的 MSTI ID。

在一般的企业网络中,通常是将支持 MSTP 的设备全部划分到一个 MST 域中,而将不支持 MSTP 的设备划分到另一个 MST 域中。对于 MSTI 来说,通常是将具有相同转发路径的 VLAN 映射到一个 MSTI 中,以形成一棵独立的生成树。

### 4. IST、CST 和 CIST

IST(internal spanning tree,内部生成树)是各个 MST 域内部的一棵生成树,是仅针对具体的 MST 域来计算的。但它是一个特殊的 MSTI,其 MSTI ID 为 0,即 IST 通常称为 MSTI0。每个 MST 域中只有一个 IST,包括对应 MST 域中所有互联的交换机。

在如图 5-24 所示的 MSTP 网络中(包括了多个 MST 域)每个 MST 域内部用细线连接的各交换机就构成了对应 MST 域中的 IST。

CST(common spanning tree,公共生成树)是连接整个 MSTP 网络内所有 MST 域的一棵单生成树,是针对整个 MSTP 网络来计算的。如果把每个 MST 域看成是一台"交换机",

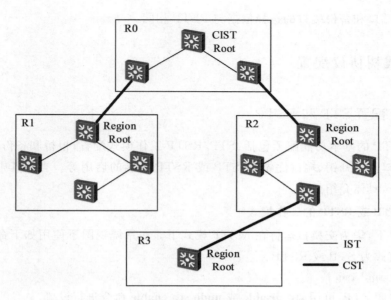

图 5-24　MSTP 网络中的 IST、CST 和 CIST

每个 MST 域看成是 CST 的一个节点,则 CST 就是这些节点"交换机"通过 STP 或者 RSTP 协议计算生成的一棵生成树,即每个 MSTP 网络中只有一个 CST。在图 5-24 中用于连接各个 MST 域的粗线条连接就构成了 CST。

　　CIST(common and internal spanning tree,公共和内部生成树)是通过 STP 或 RSTP 协议计算生成的,连接整个 MSTP 网络内所有交换机的单生成树,由 IST 和 CST 共同构成。

> **注意:**
> 　　上面介绍的 CST 是连接交换网络中所有 MST 域的单生成树,而此处的 CIST 则是连接交换网络内的所有交换机的单生成树。即每个 MSTP 网络中也只有一个 CIST。

　　交换网络中的所有 MST 域的 IST 和 CST 一起构成一棵完整的生成树,也就是这里的 CIST。在图 5-24 中,R0、R1、R2 和 R3 四个 MST 区域中的 IST,再加上 MST 域间的 CST 就是整个交换网络的 CIST 了。

### ◆ 5.4.3　MSTP 的基本计算过程

　　在 MSTP 中,每个 MSTI 的基本计算过程也就是 RSTP 的计算过程,只是在术语上有些差别。本节介绍非 0 的 MSTI 的相关计算,对于 MSTI0 的计算过程,有兴趣的读者可以自行学习。

　　(1)计算过程首先选择此 MSTI 的 MST 区域根交换机(region root),相当于 RSTP 中的根交换机。选举的依据是各交换机配置在该 MSTI 中的网桥 ID,如同 RSTP,此网桥 ID 由交换机优先级和 MAC 地址两部分组成,数值越小越优先。

　　(2)为此 MSTI 的非根交换机选举一个根端口,根端口为该交换机提供到达此 MSTI 的根交换机的最优路径。选举的依据为内部根路径开销,表示一台交换机到达相关根交换机的 MST 区域的内部开销,如果多个端口提供的路径开销相同,则按顺序比较上行交换机网桥 ID、所连接上行交换机端口的端口 ID 及接收端口的端口 ID 来选举最优路径。

　　(3)每个网段的指定端口为所连接网段提供到达相关 MSTI 的根交换机的最优路径。

(4)替换端口和备份端口的选择依据与 RSTP 相同。

## 5.5 生成树协议配置

### ◆ 5.5.1 配置 STP 和 RSTP

STP/RSTP 的基本功能配置包括:STP/RSTP 工作模式配置;根桥和备份桥配置;桥优先级配置;端口路径开销、端口优先级、STP 或 RSTP 功能的启用等。当然其中大部分是可选的配置任务,具体介绍如下。

**1. 配置 STP 或 RSTP 的工作模式**

默认情况下,华为交换机运行在 MSTP 模式下。在系统视图下使用如下命令配置交换机的生成树模式为 STP 或 RSTP。

**stp mode**〈 **stp** | **rstp** 〉

如果要关闭 STP,可用 **stp disable** 或 **undo stp enable** 命令进行设置。

**2. 配置根桥或备份根桥**

默认情况下,所有交换机的优先级是相同的。此时,STP 只能根据 MAC 地址选择根桥,MAC 地址最小的桥为根桥。但实际上,这个 MAC 地址最小的桥并不一定就是最佳的根桥。可以在系统视图下通过如下命令来配置根桥或备份根桥。

**stp root**〈 **primary** | **secondary** 〉

在该命令中,如果选择二选一选项 **primary**,则配置当前设备为根桥;如果选择二选一选项 **secondary**,则配置当前设备为备份根桥。如果配置当前设备为根桥后,则该设备 BID 中的优先级值自动为 0,并且不能更改;如果配置当前设备为备份根桥后,则该设备 BID 中的优先级值自动为 4096,并且也不能更改。默认情况下,交换设备不作为任何生成树的根桥或备份根桥,可用 **undo stp root** 命令取消当前交换设备为指定生成树的根桥或备份根桥资格。

**3. 配置桥优先级**

配置交换机的桥的优先级关系着到底哪个交换机成为整个网络的根网桥,同时也关系到整个网络的拓扑结构。通常情况下应当把核心交换机的优先级设置得高一些(数值小),使核心交换机成为根网桥,这样有利于整个网络的稳定。

通过配置网桥的优先级来指定根桥。优先级越小,则该网桥就越有可能成为根桥。其配置命令如下。

**stp priority** *priority*

在该命令中,参数 *priority* 的取值范围是 0~61440,步长为 4096,即仅可以配置 16 个优先级取值,如 0、4096、8192 等,不能随便设置。优先级值越小,则优先级越高,越能成为根桥或备份根桥。默认情况下,交换设备的桥优先级值为 32768,可用 **undo stp priority** 命令恢复交换机的桥优先级为默认值。

> **注意:**
> 如果已经通过执行命令 **stp root primary** 或命令 **stp root secondary** 指定当前设备为根桥或备份根桥,若要改变当前设备的优先级,则需要执行命令 **undo stp root** 去使能根桥或者备份根桥功能,然后执行本命令配置新的优先级数值。

**4. 配置交换机端口的路径开销**

交换机的每个活动端口的根路径开销为 BPDU 沿途经过的累加开销。交换机收到 BPDU 后，将接收端口的端口开销加到 BPDU 中的根路径开销中。端口路径开销与端口的带宽成反比。

要配置交换机端口的路径开销，可在接口视图下使用如下配置命令。

**stp cost** *cost*

在该命令中，参数 *cost* 的取值范围根据所采用的计算方法的不同而不同。使用华为的私有计算方法时参数 *cost* 的取值范围是 1～200000；使用 IEEE 802.1d 标准方法时参数 *cost* 的取值范围是 1～65535；使用 IEEE 802.1t 标准方法时参数 cost 的取值范围是 1～200000000。

要配置端口路径开销默认值的计算方法，可在系统视图下使用如下命令。

**stp pathcost-standard** { **dotld**-1998 | **dotlt** | **legacy** }

在该命令中，选项 **dotld**-1998 表示采用 IEEE 802.1d 标准计算方法；**dotlt** 表示采用 IEEE 802.1t 标准计算方法；**legacy** 表示采用华为的私有计算方法。默认情况下，路径开销默认值的计算方法为 IEEE 802.1t(dotlt)标准方法，可用 **undo stp pathcost-standard** 命令恢复路径开销默认值，采用默认计算方法。并且同一网络内所有交换设备的端口路径开销应使用相同的计算方法。

**5. 配置端口优先级**

配置端口的优先级可以参与指定端口的选举。在接口视图下使用如下命令来配置端口优先级。

**stp port priority** *port-priority*

在该命令中，参数 *port-priority* 的取值范围为 0～240，步长为 16，不能随便设置，且优先级值越小，优先级越高，越能成为指定端口。默认情况下，端口的优先级取值是 128，可用 **undo stp port priority** 命令恢复当前接口的优先级为默认值。

**6. 配置边缘端口**

与 RSTP 相关的配置还有边缘端口。在 RSTP 中，如果某一个指定端口位于整个网络的边缘，即不再与其他交换设备连接，而是直接与终端设备直连，这种端口称为边缘端口。边缘端口不接收处理配置 BPDU 报文，不参与 RSTP 运算，可以由 Disable 直接转到 Forwarding 状态，且不经历时延，就像在端口上将 RSTP 禁用。

在接口视图下，使用如下命令可以将端口配置为 RSTP 边缘端口。

**stp edged-port enable**

**7. 查看生成树配置**

配置完成后可以使用以下命令查看交换机上运行的生成树实例状态，以检查配置是否正确。

**displaystp** [ **brief** ]

也可以用下面的命令显示交换机某个具体端口的生成树信息。

**displaystp interface** *interface-type interface-num* [ **brief** ]

◆ 5.5.2　RSTP 生成树配置示例

下面是一个生成树的配置示例。在图 5-25 所示的拓扑图中配置 RSTP 防止环路及实

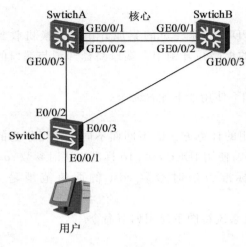

**图 5-25　RSTP 配置示例图**

现链路冗余。交换机 SwitchA 和 SwitchB 是核心交换机,之间通过两条并行链路互联备份;SwitchC 是接入交换机,接入用户连接到 SwitchC 的 E0/0/1 端口上。很显然,为了提高网络的性能,应该使交换机 SwitchA 位于转发路径的中心位置(即生成树的根),同时为了增加可靠性,应该使 SwitchB 作为根的备份。

为了使网络能够满足设计需求,需要在 SwitchA、SwitchB 和 SwitchC 上配置生成树工作在 RSTP 模式,并配置 SwitchA 为根桥,SwitchB 为备份根桥。由于 SwitchC 的 E0/0/1 端口与用户相连,设置该端口为边缘端口,以使其在网络拓扑变化时,能够无延时地从阻塞状态迁移到转发状态。在 SwitchA、SwitchB 和 SwitchC 上的配置命令如示例 5-1 所示。

**示例 5-1** 　在 SwitchA、SwitchB 和 SwitchC 上配置 RSTP。

```
// (1) 在 SwitchA 上配置生成树工作在 RSTP 模式,并将其配置为根桥

[SwitchA]stp mode rstp

[SwitchA]stp root primary

// (2) 在 SwitchB 上配置生成树工作在 RSTP 模式,并将其配置为备份根桥

[SwitchB]stp mode rstp

[SwitchB]stp root secondary

// (3) 在 SwitchC 上配置生成树工作在 RSTP 模式,并将其 E0/0/1 端配置为边缘端口

[SwitchC]stp mode rstp

[SwitchC]interface Ethernet 0/0/1

[SwitchC-Ethernet0/0/1]stp edged-port enable

[SwitchC-Ethernet0/0/1]quit
```

配置完成后,使用 **display stp brief** 命令查看交换机中生成树的运行状态,查看结果如示例 5-2 至示例 5-4 所示。

**示例 5-2** 　SwitchA 的生成树状态。

```
[SwitchA]display stp brief
```

| MSTID | Port | Role | STP State | Protection |
|---|---|---|---|---|
| 0 | GigabitEthernet0/0/1 | DESI | FORWARDING | NONE |
| 0 | GigabitEthernet0/0/2 | DESI | FORWARDING | NONE |
| 0 | GigabitEthernet0/0/3 | DESI | FORWARDING | NONE |

**示例 5-3** 　SwitchB 的生成树状态。

```
[SwitchB]display stp brief
```

| MSTID | Port | Role | STP State | Protection |
|---|---|---|---|---|
| 0 | GigabitEthernet0/0/1 | ROOT | FORWARDING | NONE |
| 0 | GigabitEthernet0/0/2 | ALTE | DISCARDING | NONE |
| 0 | GigabitEthernet0/0/3 | DESI | FORWARDING | NONE |

SwitchC 的生成树状态。

```
[SwitchC]display stp brief
MSTID   Port                      Role    STP State        Protection
   0    Ethernet0/0/1             DESI    FORWARDING       NONE
   0    Ethernet0/0/2             ROOT    FORWARDING       NONE
   0    Ethernet0/0/3             ALTE    DISCARDING       NONE
```

从以上输出结果可以看出,将 SwitchA 配置为根桥后,与 SwitchB、SwitchC 相连的 GE0/0/1、GE0/0/2 和 GE0/0/3 端口在生成树计算中被选举为指定端口;SwitchB 的 GE0/0/1 端口被选举为根端口、GE0/0/2 被选举 Alternate 端口、GE0/0/3 端口被选举为指定端口;SwitchC 的 E0/0/1 端口被选举为指定端口、E0/0/2 被选举根端口、E0/0/3 端口被选举为 Alternate 端口。根端口和指定端口处于 Forwarding 状态,Alternate 端口处于 Discarding 状态。

通过以上的查看操作就可以验证配置是正确的。

配置完成后,还可以使用 **display stp** 命令查看交换机中生成树运行状态的详细信息,如示例 5-5 所示。

在 SwitchC 上使用 **display stp** 命令查看生成树状态的详细信息。

```
[SwitchC]display stp
-------[CIST Global Info][Mode RSTP]-------
CIST Bridge          :32768.4c1f-cc33-67c5
Config Times         :Hello 2s MaxAge 20s FwDly 15s MaxHop 20
Active Times         :Hello 2s MaxAge 20s FwDly 15s MaxHop 20
CIST Root/ERPC     :0    .4c1f-ccbe-54d2 / 200000
CIST RegRoot/IRPC  :32768.4c1f-cc33-67c5 / 0
CIST RootPortId      :128.2
BPDU-Protection      :Disabled
TC or TCN received   :24
TC count per hello    :0
STP Converge Mode    :Normal
Time since last TC     :0 days 0h:30m:53s
Number of TC         :16
Last TC occurred     :Ethernet0/0/2
----[Port1(Ethernet0/0/1)][FORWARDING]----
Port Protocol        :Enabled
Port Role            :Designated Port
Port Priority          :128
Port Cost(Dot1T )      :Config= auto / Active= 200000
Designated Bridge/Port   :32768.4c1f-cc33-67c5 / 128.1
Port Edged          :Config=enabled / Active=enabled
Point- to- point        :Config=auto / Active=true
Transit Limit         :147 packets/hello-time
Protection Type       :None
```

```
Port STP Mode          :RSTP
Port Protocol Type     :Config=auto / Active=dot1s
BPDU Encapsulation     :Config=stp / Active=stp
PortTimes              :Hello 2s MaxAge 20s FwDly 15s RemHop 20
TC or TCN send         :0
TC or TCN received     :0
BPDU Sent              :882
        TCN：0，Config：0，RST：882，MST：0
BPDU Received          :0
        TCN：0，Config：0，RST：0，MST：0
......
```

### ◆ 5.5.3 MSTP 配置

MSTP 可以把一个交换网络划分成多个域,每个域内形成多棵生成树,生成树之间彼此独立,实现不同 VLAN 流量的分离,达到网络负载均衡的目的。

通过给交换设备配置 MSTP 的工作模式、配置域并激活后,启动 MSTP,MSTP 便开始进行生成树计算,将网络修剪成树状,破除环路。但是,如果需要人为干预生成树计算的结果,还可以进行如下配置:手动配置指定根桥和备份根桥设备,配置交换设备在指定生成树实例中的优先级数值,配置端口在指定生成树实例中的路径开销数值,配置端口在指定生成树实例中的优先级数值。具体配置任务如下。

**1. 配置 MSTP 工作模式**

默认情况下,华为交换机运行在 MSTP 模式,如果运行在其他生成树模式下,可以在系统视图下使用如下命令配置交换机的生成树模式为 MSTP 模式。

**stp mode mstp**

执行本命令后,在交换设备所有启用生成树协议的端口中,除了与 STP 交换设备直接相连的端口工作在 STP 模式下,其他端口都工作在 MSTP 模式下,即向外发送 MST BPDU 报文。

**2. 配置并激活 MST 域**

在使用了 MSTP 的网络中,必须在区域中的每台交换机上手工配置 MST 属性。定义 MST 域的配置命令依次如下。

**第1步** 在系统视图下,使用如下命令进入 MST 域视图。

**stp region-configuration**

**第2步** 在 MST 域视图下,使用如下命令配置 MST 域名。

**region-name** *name*

**第3步** 在 MST 域视图下,使用如下命令配置多生成树实例和 VLAN 的映射关系。

**instance** *instance-id* **vlan** { *vlan-id*1 [**to** *vlan-id*2]}

**第4步** 在 MST 域视图下,使用如下命令配置 MST 域的修订级别。

**revision-level** *level*

在该命令中,参数 *level* 的取值范围为 0～65535 的整数。默认情况下,MSTP 域的

MSTP 修订级别为 0。当设备所在域的 MSTP 修订级别不为 0,则需要执行本操作。

**第5步** 为了使以上 MST 域名、VLAN 映射表和 MSTP 修订级别配置生效,必须在 MST 域视图下执行如下命令。

> active region-configuration

如果不执行本操作,以上配置的域名、VLAN 映射表和 MSTP 修订级别无法生效。如果在启动 MSTP 特性后又修改了交换设备的 MST 域相关参数,可以通过执行本命令激活 MST 域,使修改后的参数生效。

只要两台交换设备的 MST 域名、多生成树实例和 VLAN 的映射关系、MST 域的修订级别这三个参数配置相同,这两台交换设备才属于同一个 MST 域。

默认情况下,MST 域名为交换设备主控板的 MAC 地址,MSTP 修订级别取值为 0,所有 VLAN 均映射到 CIST 上。可用 **undo stp region-configuration** 命令将 MST 域配置恢复为默认值。

**3. 配置 MSTP 根桥和备份根桥**

在系统视图下,使用如下命令配置当前设备为指定 MSTI 的根桥或备份根桥。

> **stp** [**instance** *instance-id*] *root* {**primary** | **secondary**}

在该命令中,可选参数 *instance-id* 用来指定 MSTI 的编号,如果不指定此可选参数,则将作为 CIST 的根桥或备份根桥设备。配置为根桥后该设备优先级 BID 值自动为 0,配置为备份根桥后该设备优先级 BID 值自动为 4096,且都不能更改。

默认情况下,交换设备不作为任何生成树的根桥和备份根桥,可用 **undo stp root** 命令取消当前设备作为指定 MSTI 的根桥或备份根桥的资格。

**4. 配置交换机在指定 MSTI 中的优先级**

在系统视图下,使用如下命令配置当前设备在指定 MSTI 中的桥优先级。

> **stp** [**instance** *instance-id*] **priority** *priority*

在该命令中,可选参数 *instance-id* 用来指定 MSTI 的编号,如果不指定此可选参数,则将配置当前设备在 CIST 中的桥优先级;参数 *priority* 用来指定当前设备的桥优先级。

## ◆ 5.5.4 MSTP 生成树配置示例

下面以图 5-26 为例介绍 MSTP 的配置,SwitchC 作为一台汇聚层的交换机,汇聚了 VLAN10、VLAN20、VLAN30、和 VLAN40 的流量,现在需要将 VLAN 的流量进行分流后进入冗余的核心层,以达到负载均衡和冗余链路的作用。

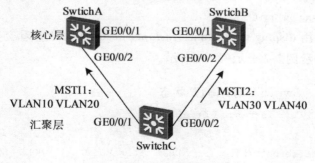

图 5-26  MSTP 配置示例图

在 SwitchA、SwitchB 和 SwitchC 上有关 MSTP 的配置内容如示例 5-6 所示,其中创建 VLAN 并配置 Trunk 端口的步骤省略。

**示例 5-6**　　在 SwitchA、SwitchB 和 SwitchC 上配置 MSTP。

```
// (1) 在 SwitchA 上配置并激活 MST 域,将其配置为 MSTI1 的根桥、MSTI2 的备份根桥
[SwitchA]stp mode mstp
[SwitchA]stp region-configuration
[SwitchA-mst-region]region-name RG1
[SwitchA-mst-region]instance 1 vlan 10 20
[SwitchA-mst-region]instance 2 vlan 30 40
[SwitchA-mst-region]revision-level 3
[SwitchA-mst-region]active region-configuration
[SwitchA-mst-region]quit
[SwitchA]stp instance 1 root primary
[SwitchA]stp instance 2 root secondary
// (2) 在 SwitchB 上配置并激活 MST 域,将其配置为 MSTI2 的根桥、MSTI1 的备份根桥
[SwitchB]stp mode mstp
[SwitchB]stp region-configuration
[SwitchB-mst-region]region-name RG1
[SwitchB-mst-region]instance 1 vlan 10 20
[SwitchB-mst-region]instance 2 vlan 30 40
[SwitchB-mst-region]revision-level 3
[SwitchB-mst-region]active region-configuration
[SwitchB-mst-region]quit
[SwitchB]stp instance 2 root primary
[SwitchB]stp instance 1 root secondary
// (3) 在 SwitchC 上配置并激活 MST 域
[SwitchC]stp mode mstp
[SwitchC]stp region-configuration
[SwitchC-mst-region]region-name RG1
[SwitchC-mst-region]instance 1 vlan 10 20
[SwitchC-mst-region]instance 2 vlan 30 40
[SwitchC-mst-region]revision-level 3
[SwitchC-mst-region]active region-configuration
[SwitchC-mst-region]quit
```

配置完成后,使用 **display stp instance** *instance-id* **brief** 命令查看交换机中 MSTP 的运行状态,查看结果如示例 5-7 至示例 5-9 所示。

**示例 5-7**　　SwitchA 的 MSTP 状态。

```
[SwitchA]display stp instance 1 brief
MSTID  Port                    Role   STP State      Protection
   1   GigabitEthernet0/0/1    DESI   FORWARDING     NONE
   1   GigabitEthernet0/0/2    DESI   FORWARDING     NONE
```

```
[SwitchA]display stp instance 2 brief
MSTID    Port                        Role    STP State        Protection
   2     GigabitEthernet0/0/1        ROOT    FORWARDING       NONE
   2     GigabitEthernet0/0/2        DESI    FORWARDING       NONE
```

**示例 5-8**　SwitchB 的 MSTP 状态。

```
[SwitchB]display stp instance 1 brief
MSTID    Port                        Role    STP State        Protection
   1     GigabitEthernet0/0/1        ROOT    FORWARDING       NONE
   1     GigabitEthernet0/0/2        DESI    FORWARDING       NONE
[SwitchB]display stp instance 2 brief
MSTID    Port                        Role    STP State        Protection
   2     GigabitEthernet0/0/1        DESI    FORWARDING       NONE
   2     GigabitEthernet0/0/2        DESI    FORWARDING       NONE
```

**示例 5-9**　SwitchC 的 MSTP 状态。

```
[SwitchC]display stp instance 1 brief
MSTID    Port                        Role    STP State        Protection
   1     GigabitEthernet0/0/1        ROOT    FORWARDING       NONE
   1     GigabitEthernet0/0/2        ALTE    DISCARDING       NONE
[SwitchC]display stp instance 2 brief
MSTID    Port                        Role    STP State        Protection
   2     GigabitEthernet0/0/1        ALTE    DISCARDING       NONE
   2     GigabitEthernet0/0/2        ROOT    FORWARDING       NONE
```

 **本章小结**

　　本章主要介绍了在交换网络中环路存在带来的危害，例如会产生广播风暴、多帧复制和 MAC 地址表抖动等问题。但为了增加网络的可靠性和容错性能，冗余链路又是必需的，此时，可以采用生成树协议来解决这个矛盾。

　　生成树协议通过逻辑上阻塞一些冗余端口来消除环路，将物理环路改变为逻辑上无环路的拓扑，而一旦活动链路故障，被阻塞的端口能够立即启用，以达到冗余备份的目的。

　　IEEE 802.1d 生成树标准中，一个交换网络达到 STP 收敛需要 50 秒的时间，这在很多情况下是不能忍受的，因此 IEEE 又制订了 802.1w 快速生成树协议，将收敛速度缩短到 1 秒。

　　STP 和 RSTP 使用统一的生成树，也就是在网络中只会产生一棵用于消除环路的生成树，所有的 VLAN 共享一棵生成树，为了克服单生成树协议的缺陷，IEEE 802.1s 定义了 MSTP。MSTP 是基于实例的，所谓实例就是多个 VLAN 的一个集合。

　　本章还详细介绍了各种生成树协议的配置方法。

## 习题5

### 1.选择题

(1)下列选项中最好地描述了桥接环路的是(　　)。

A.在交换机之间为实现冗余而形成的环路

B.由生成树协议生成的环路

C.在交换机之间形成的环路,帧沿环路无休止地传输下去

D.帧在源和目的地之间的往返路径

(2)以下哪种技术不可以用来避免交换网络中的环路的是(　　)。

A.STP　　　　　　B.RSTP　　　　　C.MSTP　　　　　D.ACL

(3)下面参数中用于选举根网桥的是(　　)。

A.根路径成本　　　B.路径成本　　　C.网桥优先级　　　D.BPDU 修订号

(4)RSTP 基于(　　)标准。

A.802.1q　　　　　B.802.1d　　　　　C.802.1w　　　　　D.802.1s

(5)如果网络中所有交换机都使用默认的 STP 值,下面选项中正确的是(　　)。

A.根网桥将为 MAC 地址最低的交换机　　B.根网桥将为 MAC 地址最高的交换机

C.一台或多台交换机的网桥优先级为 4096　　D.网络中没有辅助根网桥

(6)下面选项中,导致 RSTP 认为端口是点到点的是(　　)。

A.端口速度　　　　B.端口介质　　　C.端口双工　　　　D.端口优先级

(7)交换机从两个不同的端口收到 BPDU,则其会按照(　　)的顺序来比较 BPDU,从而决定哪个端口是根端口。

A.根桥 ID、根路径开销、指定桥 ID、指定端口 ID

B.根桥 ID、指定桥 ID、根路径开销、指定端口 ID

C.根桥 ID、指定桥 ID、指定端口 ID、根路径开销

D.根路径开销、根桥 ID、指定桥 ID、指定端口 ID

### 2.问答题

(1)根据表 5-5 中的信息,下面哪台交换机将成为根网桥?如果根网桥出现故障,哪台交换机将成为辅助根网桥?

表 5-5　题(1)表

| 交换机名 | 网桥优先级 | MAC 地址 | 端口开销 |
| --- | --- | --- | --- |
| SwitchA | 32768 | 00-d0-10-35-26-a0 | 均为 20 |
| Switch B | 32768 | 00-d0-10-35-25-a0 | 均为 2 |
| SwitchC | 32767 | 00-d0-10-35-27-a0 | 均为 20 |
| Switch D | 32769 | 00-d0-10-35-25-a1 | 均为 20 |

(2)什么情况导致 STP 拓扑发生变化?这种变化对 STP 和网络有什么影响?

(3)根网桥已经在网络中选举出来。假定安装的新交换机与现有根网桥相比,有更低的网桥 ID。将发生什么情况?

(4)假设交换机从两个端口接收到配置 BPDU,这两个端口被分配给同一个 VLAN,每个 BPDU 都指出 Switch A 为根网桥。这台交换机可以将这两个端口都用做根端口吗?为什么?

(5)要定义 MST 域,必须配置哪三个参数?

# 第6章 以太网链路聚合

随着网络规模的不断扩大,用户对骨干链路的带宽和可靠性提出越来越高的要求。在传统技术中,常采用更换高速率的端口板或更换支持高速率端口板设备的方式来增加带宽,但这种方案需要付出高额的费用,而且不够灵活。以太网链路聚合技术可以在不进行硬件升级的条件下,将交换机的多个端口捆绑成一条高带宽链路,同时通过几个端口进行链路负载均衡,既实现了网络的高速性,也保证了链路的冗余性。

本章介绍了以太网链路聚合的作用、链路聚合中负载分担的原理,以及如何在交换机上配置和维护以太网链路聚合。

学习完本章,要达成以下目标。
- 了解以太网链路聚合的作用。
- 理解以太网链路聚合的工作原理。
- 掌握以太网链路聚合的基本配置。

## 6.1 以太网链路聚合概述

链路聚合(link aggregation)又称端口聚合,在华为 S 系列交换机中称为 Eth-Trunk,是指将一组相同类型的物理以太网端口捆绑在一起形成一个逻辑上的聚合端口(即 Eth-Trunk 端口)。该技术可以避免链路出现拥塞现象,也可以防止由于单条链路转发速率过低而出现的丢帧现象。使用链路聚合服务的上层实体把同一聚合组内的多条物理链路视为一条逻辑链路,数据通过聚合端口进行传输,如图 6-1 所示。

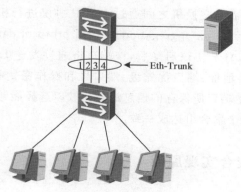

图 6-1 链路聚合示意图

◆　6.1.1　链路聚合的优点

链路聚合是以太网交换机实现的一种非常重要的高可靠性技术,在网络建设不增加更多成本的前提下,既实现了网络的高速性,也保证了链路的冗余性。链路聚合具有以下优点。

**1. 增加链路带宽**

通过把数据流分散到聚合组中各个成员端口,实现端口间的流量负载分担,从而有效地增加了交换机间的链路带宽。如图 6-1 所示,将 4 条 100Mb/s 的快速以太网链路聚合成一条高速链路,这条链路在全双工模式下可以达到 800Mbps 的带宽,这样就可以保证两台交换机之间不会出现带宽的瓶颈。另外,由于服务器的数据流量较大,可以将两条 100Mb/s 的链路聚合成为一条高速链路。

**2. 提高链路的可靠性**

聚合端口可以实时地监控同一聚合组内各个成员端口的状态,从而实现成员端口之间彼此动态备份。在聚合链路中,只要还存在正常工作的成员链路,整个传输链路就不会失效。例如,在图 6-1 中,如果链路 1 和链路 2 先后出现故障,它们的数据流量会被迅速转移到另外两条链路上,并继续保持负载均衡,因而两台交换机之间的连接不会中断。

链路聚合技术与生成树协议并不冲突,生成树协议会把链路聚合后的高速链路当成单个逻辑链路进行生成树的建立。例如,在图 6-1 中,链路 1、2、3、4 聚合之后,就产生了一个聚合端口 Eth-Trunk 端口,这个 Eth-Trunk 端口在生成树协议的工作中,是作为单条链路进行生成树计算的。

在实际应用中,并非捆绑的链路越多越好,华为 S 系列交换机最多允许 8 个端口进行聚合,这是由于捆绑端口的数目越多,其消耗掉的交换机端口数目就越多,另外,捆绑过多的链路容易给服务器带来难以承担的重荷。

◆　6.1.2　IEEE 802.3ad

现在主要的链路聚合标准有 IEEE 802.3ad 的链路汇聚控制协议(link aggregation control protocol,LACP)和 Cisco 公司的端口汇聚协议(port aggregation protocol,PAGP),其中 PAGP 只支持在 Cisco 公司的产品上,而大部分厂家均支持 LACP,因此在本书中主要介绍 LACP 的配置技术。

在链路聚合的过程中需要交换机之间通过 LACP 协议进行相互协商,LACP 协议通过链路汇聚控制协议数据单元(link aggregation control protocol data unit,LACPDU)与对端交互信息。当某端口的 LACP 协议启动后,该端口将通过发送 LACPDU 向对端通告自己的系统优先级、系统 MAC 地址、端口优先级、端口号和操作密钥等信息。对端接收到这些信息后,将这些信息与其他端口所保存的信息进行比较以选择能够聚合的端口,从而使双方可以对端口加入或退出某个聚合组达成一致。

## 6.2　以太网链路聚合实现原理

目前华为 S 系列交换机上支持手工负载分担 Eth-Trunk 链路和 LACP Eth-Trunk 链路

两种聚合模式。在 CSS 集群场景中支持 Eth-Trunk 端口本地流量优先转发,还支持跨设备的链路聚合 E-Trunk。

### ◆ 6.2.1 手工模式链路聚合

根据是否启用链路聚合控制协议 LACP,链路聚合分为手工模式和 LACP 模式。手工模式下,Eth-Trunk 的建立、成员端口的加入由手工配置,没有链路聚合控制协议 LACP 的参与。当需要在两个直连设备之间提供一个较大的链路带宽而设备又不支持 LACP 协议时,可以使用手工模式。手工模式可以实现增加带宽、提高可靠性和负载分担的目的。

如图 6-2 所示,在 SwitchA 与 SwitchB 之间创建 Eth-Trunk,手工模式下三条活动链路都参与数据转发并分担流量。当一条链路故障时,故障链路无法转发数据,链路聚合组自动在剩余的两条活动链路中分担流量。

手工负载分担模式通常用于设备不支持 LACP 协议的情况下。

### ◆ 6.2.2 LACP 模式链路聚合

作为链路聚合技术,手工模式 Eth-Trunk 可以完成多个物理端口聚合成一个 Eth-Trunk 端口来提高带宽,同时能够检测到同一聚合组内的成员链路有断路等有限故障,但是无法检测到链路层故障、链路错连等故障。

为了提高 Eth-Trunk 的容错性,并且能提供备份功能,保证成员链路的高可靠性,研究人员研发出了链路聚合控制协议 LACP,LACP 模式就是采用 LACP 的一种链路聚合模式。LACP 为交换数据的设备提供一种标准的协商方式,以供设备根据自身配置自动形成聚合链路并启动聚合链路收发数据。聚合链路形成以后,LACP 负责维护链路状态,在聚合条件发生变化时,自动调整或解散链路聚合。

如图 6-3 所示,在 SwitchA 与 SwitchB 之间创建 Eth-Trunk,需要将 SwitchA 上的三个接口与 SwitchB 捆绑成一个 Eth-Trunk。由于错将 SwitchA 上的一个接口与 SwitchC 相连,这将会导致 SwitchA 向 SwitchB 传输数据时可能会将本应该发到 SwitchB 的数据发送到 SwitchC 上,而手工模式的 Eth-Trunk 不能及时检测到此故障。

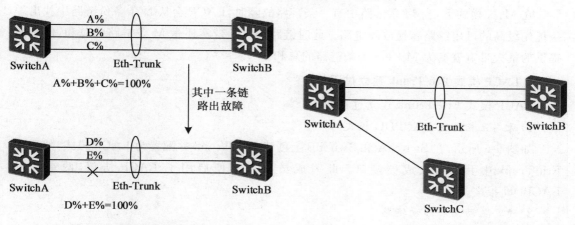

图 6-2　手工模式链路聚合　　　　　　　图 6-3　Eth-Trunk 错连示意图

如果在 SwitchA 和 SwitchB 上都启用 LACP 协议,经过协商后,Eth-Trunk 就会选择正确连接的链路作为活动链路来转发数据,从而使 SwitchA 发送的数据能够正确到达 SwitchB。

## 6.2.3 LACP 模式实现原理

基于 IEEE 802.3ad 标准的 LACP 是一种实现链路动态聚合与解聚合的协议。LACP 通过链路聚合控制协议数据单元 LACPDU(link aggregation control protocol data unit)与对端交互信息。

在 LACP 模式的 Eth-Trunk 中加入成员接口后,这些接口将通过发送 LACPDU 向对端通告自己的系统优先级、MAC 地址、接口优先级、接口号和操作 Key 等信息。对端接收到这些信息后,将这些信息与自身接口所保存的信息进行比较,用于选择能够聚合的接口,双方对哪些接口能够成为活动接口达成一致,确定活动链路。

**1. 系统 LACP 优先级**

系统 LACP 优先级是为了区分两端设备优先级的高低而配置的参数。LACP 模式下,两端设备所选择的活动接口必须保持一致,否则链路聚合组就无法建立。此时可以使其中一端具有更高的优先级,另一端根据高优先级的一端来选择活动接口即可。系统 LACP 优先级的值越小则 LACP 优先级越高。

**2. 接口 LACP 优先级**

接口 LACP 优先级是为了区别同一个 Eth-Trunk 中的不同接口被选为活动接口的优先程度,优先级高的接口将优先被选为活动接口。接口 LACP 优先级值越小,优先级越高。

**3. 成员接口间 M∶N 备份**

LACP 模式链路聚合由 LACP 确定聚合组中的活动和非活动链路,又称为 M∶N 模式,即 M 条活动链路与 N 条备份链路的模式。这种模式提供了更高的链路可靠性,并且可以在 M 条链路中实现不同方式的负载均衡。

如图 6-4 所示,两台设备间有 M+N 条链路(M 的值为 2,N 的值为 1),在聚合链路上转发流量时在两条链路上负载分担,即活动链路,不在另外的 1 条链路转发流量,这 1 条链路提供备份功能,即备份链路。此时链路的实际带宽为两条链路的总和,但是能提供的最大带宽为三条链路。

在 M∶N 模式下,当 M 条链路中有一条链路故障时,LACP 会从 N 条备份链路中找出一条优先级高的可用链路替换故障链路。此时链路的实际带宽还是 M 条链路的总和,但是能提供的最大带宽就变为 M+N−1 条链路的总和。

**4. LACP 模式 Eth-Trunk 建立过程**

LACP 模式 Eth-Trunk 建立过程如下。

1)两端互相发送 LACPDU 报文

如图 6-5 所示,在 SwitchA 和 SwitchB 上创建 Eth-Trunk 并配置为 LACP 模式,然后向 Eth-Trunk 中手工加入成员接口。此时成员接口上便启用了 LACP 协议,两端互发 LACPDU 报文。

2)确定主动端和活动链路

如图 6-6 所示,两端设备均会收到对端发来的 LACPDU 报文。以 SwitchB 为例,当 SwitchB 收到 SwitchA 发送的报文时,SwitchB 会查看并记录对端信息,然后比较系统的优先级字段,如果 SwitchA 的系统优先级高于本端的系统优先级,则确定 SwitchA 为 LACP

主动端。如果 SwitchA 和 SwitchB 的系统优先级相同,比较两端设备的 MAC 地址,确定 MAC 地址小的一端为 LACP 主动端。

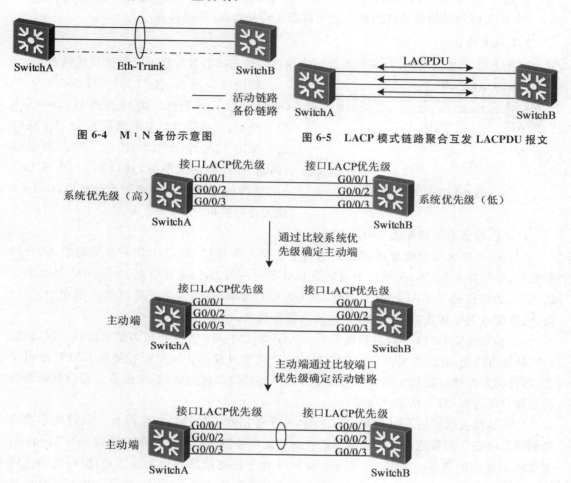

图 6-4　M∶N 备份示意图

图 6-5　LACP 模式链路聚合互发 LACPDU 报文

图 6-6　LACP 模式确定主动端和活动链路的过程

选出主动端后,两端都会以主动端的接口优先级来选择活动接口。如果主动端的接口优先级都相同,则选择接口编号比较小的为活动接口。两端设备选择了一致的活动接口,活动链路组便可以建立起来,从这些活动链路中以负载分担的方式转发数据。

3)活动链路与非活动链路切换

LACP 模式链路聚合组两端设备中任何一端检测到以下事件,都会触发聚合组的链路切换。

(1)链路 Down 事件。

(2)以太网 OAM 检测到链路失效。

(3)LACP 协议发现链路故障。

(4)接口不可用。

(5)在使能了 LACP 抢占功能的前提下,更改备份接口的优先级高于当前活动接口的优先级。

当满足上述切换条件其中之一时,按照如下步骤进行切换。

（1）关闭故障链路。

（2）从 N 条备份链路中选择优先级最高的链路接替活动链路中的故障链路。

（3）优先级最高的备份链路转为活动状态并转发数据，完成切换。

**5. LACP 抢占**

使能 LACP 抢占功能后，聚合组会始终保持高优先级的接口作为活动接口的状态。

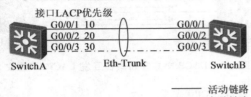

图 6-7　LACP 抢占场景

如图 6-7 所示，接口 G0/0/1、G0/0/2 和 G0/0/3 为 Eth-Trunk 的成员接口，SwitchA 为主动端，活动接口数上限阈值为 2，三个接口的 LACP 优先级分别为 10、20、30。当通过 LACP 协议协商完毕后，接口 G0/0/1 和 G0/0/2 因为优先级较高被选作活动接口，G0/0/3 成为备份接口。

以下两种情况需要使能 LACP 的抢占功能。

（1）G0/0/1 接口出现故障而后又恢复了正常。当接口 G0/0/1 出现故障时被 G0/0/3 所取代，如果在 Eth-Trunk 接口下未使能 LACP 抢占功能，则故障恢复时 G0/0/1 将处于备份状态；如果使能了 LACP 抢占功能，当 G0/0/1 故障恢复时，由于接口优先级比 G0/0/3 高，将重新成为活动接口，G0/0/3 再次成为备份接口。

（2）如果希望 G0/0/3 接口替换 G0/0/1、G0/0/2 中的一个接口成为活动接口，可以使能 LACP 抢占功能，并配置 G0/0/3 的接口 LACP 优先级较高。如果没有使能 LACP 抢占功能，即使将备份接口的优先级调整为高于当前活动接口的优先级，系统也不会进行重新选择活动接口的过程，且不切换活动接口。

LACP 抢占延时是 LACP 抢占发生时，处于备用状态的链路将会等待一段时间后再切换到转发状态。配置抢占延时是为了避免由于某些链路状态频繁变化而导致 Eth-Trunk 数据传输不稳定的情况。如图 6-7 所示，G0/0/1 由于链路故障切换为非活动接口，此后该链路又恢复了正常。若系统使能了 LACP 抢占功能并配置了抢占延时，G0/0/1 重新切换回活动状态就需要经过抢占延时的时间。

#### ◆ 6.2.4　链路聚合的负载分担

链路聚合会根据报文中的 MAC 地址或 IP 地址进行负载分担，即把流量平均分配到端口通道的成员链路中去。目前华为 S 系列交换所支持的普通负载分担方式如下。

（1）目的 IP 地址（dst-ip）：从报文的目的 IP 地址、出端口的 TCP/UDP 端口号中分别选择指定位的 3 位数值进行异或运算，根据运算结果选择聚合端口中的出接口。

（2）目的 MAC 地址（dst-mac）：从报文的目的 MAC 地址、VLAN ID、以太网类型及入端口信息中分别选择指定位的 3 位数值进行异或运算，根据运算结果选择聚合端口中的出接口。

（3）源 IP 地址（src-ip）：从报文的源 IP 地址、入端口的 TCP/UDP 端口号中分别选择指定位的 3 位数值进行异或运算，根据运算结果选择聚合端口中的出接口。

（4）源 MAC 地址（src-mac）：从报文的源 MAC 地址、VLAN ID、以太网类型及入端口信息中分别选择指定位的 3 位数值进行异或运算，根据运算结果选择聚合端口中的出接口。

(5)源 IP 地址与目的 IP 地址(src-dst-ip):对报文的目的 IP 地址、源 IP 地址两种负载分担模式的运算结果进行异或运算,根据运算结果选择聚合端口中的出接口。在特定交换机上,若不清楚是采用基于源 IP 地址进行负载分担还是基于目的 IP 地址进行负载分担更适合时,可以采用这种结合源和目的 IP 地址进行负载分担的转发方式。

(6)源 MAC 地址与目的 MAC 地址(src-dst-mac):从报文的目的 MAC 地址、源 MAC 地址、VLAN ID、以太网类型及入端口信息中分别选择指定位的 3 位数值进行异或运算,根据运算结果选择聚合端口中的出接口。在特定交换机上,若不清楚是采用基于源 MAC 地址进行负载分担还是基于目的 MAC 地址进行负载分担更适合时,可以采用这种结合源和目的 MAC 地址进行负载分担的转发方式。

在实际应用中,应根据不同的网络环境设置合适的流量分配方式,以便能把流量均匀地分配到各个链路上,充分利用网络的带宽。

在图 6-8 中,两台交换机之间设置了链路聚合,服务器的 MAC 地址只有一个。为了让客户主机与服务器的通信流量能被多条链路分担,连接服务的交换机应当设置为根据目的 MAC 进行负载分担,而连接客户主机的交换机应当设置为根据源 MAC 地址进行负载分担。

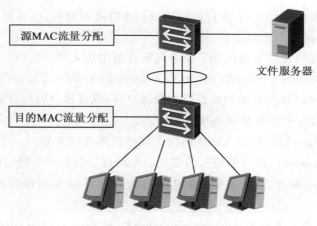

图 6-8　链路聚合的负载分担

> 注意:
> 不同型号的交换机支持的负载分担算法类型也不尽相同,配置前需要查看该型号交换机的配置手册。

## 6.3　以太网链路聚合的基本配置

### ◆ 6.3.1　配置手工模式链路聚合

手工模式链路聚合的优点是没有聚合协议报文占用带宽,对双方的聚合协议没有兼容性要求,通常应用在小型局域网中。配置手工模式链路聚合的步骤如下。

**1. 创建链路聚合组**

在系统视图下，使用如下命令创建链路聚合组。

**interface eth-trunk** *trunk-id*

在该命令中，参数 *trunk-id* 用来指定所创建的 Eth-Trunk 接口编号，不同系列产品的取值有所不同。可用 **undo interface eth-trunk** *trunk-id* 命令来删除所创建的 Eth-Trunk 接口，但在删除 Eth-Trunk 时，Eth-Trunk 接口中不能有成员接口。

**2. 配置链路聚合模式为手工模式**

在 Eth-Trunk 接口视图下，使用如下命令配置链路聚合模式为手工模式。

**mode manual load-balance**

手工模式下，Eth-Trunk 的建立、成员接口的加入完全由手工来配置。所有活动链路都参与数据的转发，平均分担流量。手工模式通常应用在对端设备不支持 LACP 协议的情况下。

默认情况下，Eth-Trunk 的工作模式为手工模式。

配置时需要保证本端和对端的聚合模式一致。即如果本端配置为手工模式，那么对端设备也必须要配置为手工模式。

**3. 将成员接口加入聚合组**

向聚合组中加入成员接口可基于 Eth-Trunk 接口视图配置，也可基于成员接口视图配置，用户根据需要选择其一即可。

在 Eth-Trunk 接口视图下使用如下命令向聚合组中加入成员接口。

**trunkport** *interface-type* 〈 *interface-number*1 [ **to** *interface-number*2 ] 〉 &<1-8>

在 Eth-Trunk 接口视图下添加成员以太网接口时，成员接口的部分属性必须是默认值，否则将无法加入。命令中的参数和选项说明如下。

（1）*interface-type*：指定要加入的成员以太网接口的接口类型。

（2）*interface-number*1：指定要加入的成员以太网接口的第一个接口的编号。

（3）*interface-number*2：可选参数，指定要加入的成员以太网接口的最后一个接口的编号。

（4）&<1-8>：表示前面的〈*interface-number*1 [**to** *interface-number*2]〉参数最多可有 8 个，因为每个 Eth-Trunk 接口下最多可以加入 8 个成员接口。但不同类型的接口不能加入同一个 Eth-Trunk 接口中。

默认情况下，Eth-Trunk 接口没有加入任何成员接口。可用 **undo trunkport** *interface-type* 〈 *interface-number*1 [ **to** *interface-number*2 ] 〉 &<1-8>命令在 Eth-Trunk 接口视图下删除指定的成员接口。

在成员接口视图下使用如下命令向聚合组中加入成员接口。

**eth-trunk** *trunk-id*

默认情况下，当前接口不属于任何 Eth-Trunk，可使用 undo eth-trunk 命令将当前接口从指定的 Eth-Trunk 中删除。

将成员接口加入 Eth-Trunk 后，需要注意以下问题。

（1）一个以太网接口只能加入到一个 Eth-Trunk 接口，如果需要加入其他 Eth-Trunk 接口，必须先退出原来的 Eth-Trunk 接口。

（2）当成员接口加入 Eth-Trunk 后,学习 MAC 地址或 ARP 地址时是按照 Eth-Trunk 来学习的,而不是按照成员接口来学习。

（3）删除聚合组时需要先删除聚合组中的成员接口。

**4.（可选）配置活动接口数阈值**

为保证 Eth-Trunk 接口的状态和带宽,可以设置活动接口数的阈值,以减小成员链路的状态变化带来的影响。设置活动接口数下限阈值是为了保证最小带宽,当前活动链路数目小于下限阈值时,Eth-Trunk 接口的状态转为 Down。

活动接口数上限阈值不适用于手工模式。

在 Eth-Trunk 接口视图下使用如下命令设置活动接口数下限阈值。

**least active-linknumber** *link-number*

在该命令中,参数 *link-number* 用来指定链路聚合活动接口数下限阈值。默认情况下,活动接口数下限阈值为 1。

本端和对端设备的活动接口数下限阈值可以不同。如果下限阈值不同,以下限阈值数值较大的一端为准。

**5.（可选）配置负载分担方式**

Eth-Trunk 的负载分担是逐流进行的,逐流负载分担能保证包的顺序,保证了同一数据流的帧在同一条物理链路转发。而不同数据流在不同的物理链路上转发从而实现分担负载。

可以配置普通负载分担模式,基于报文的 IP 地址或 MAC 地址来分担负载;对于 L2 报文、IP 报文和 MPLS 报文还可以配置增强型的负载分担模式。

在 Eth-Trunk 接口视图下使用如下命令配置普通负载分担方式。

**load-balance** { **dst-ip** | **dst-mac** | **src-ip** | **src-mac** | **src-dst-ip** | **src-dst-mac** }

默认情况下,交换机上 Eth-Trunk 接口的负载分担模式为 src-dst-ip。

由于负载分担只对出方向的流量有效,因此链路两端接口的负载分担模式可以不一致,两端互不影响。

### ◆ 6.3.2 配置 LACP 模式链路聚合

LACP 模式链路聚合与手工模式链路聚合相比,最大的优势就是既可以实现负载分担,又可以同时实现链路备份。配置 LACP 模式链路聚合的步骤如下。

**1.创建链路聚合组**

这一步与手工模式链路聚合配置中的第一项配置任务一样。每个链路聚合组唯一对应一个逻辑接口,即 Eth-Trunk 接口。配置 LACP 模式链路聚合时也首先要创建这样一个 Eth-Trunk 接口。

**2.配置链路聚合模式为 LACP 模式**

在 Eth-Trunk 接口视图下,使用如下命令配置链聚合模式为 LACP 模式。

**mode lacp**

LACP 模式下,同样需要手工创建 Eth-Trunk,手工加入 Eth-Trunk 成员接口,但活动接口的选择是由 LACP 协商确定的,配置相对灵活。改变 Eth-Trunk 工作模式前应确保该

Eth-Trunk 中没有加入任何成员接口,否则无法更改 Eth-Trunk 的工作模式。

**3.将成员接口加入聚合组**

向聚合组中加入成员接口可基于 Eth-Trunk 接口视图配置,也可基于成员接口视图配置,用户根据需要选择其一即可。

**4.(可选)配置活动接口数阈值**

在 LACP 模式的链路聚合中可以设置以下两个阈值。

(1)活动接口数下限阈值:设置活动接口数下限阈值是为了保证最小带宽,当前活动链路数目小于下限阈值时,Eth-Trunk 接口的状态转为 Down。

(2)活动接口数上限阈值:设置活动接口数上限阈值的目的是在保证带宽的情况下提高网络的可靠性。当前活动链路数目达到上限阈值时,再向 Eth-Trunk 中添加成员接口,不会增加 Eth-Trunk 活动接口的数目,超过上限阈值的链路状态将被设置为 Down。

在 Eth-Trunk 接口视图下使用如下命令设置活动接口数上限阈值。

**max active-linknumber** *link-number*

在该命令中,参数 *link-number* 用来指定链路聚合活动接口数的上限阈值,取值范围为 1~8 的整数。本端和对端设备的活动接口数上限阈值可以不同。如果上限阈值不同,以上限阈值数值较小的一端为准。

手工模式链路聚合中,各链路都是用来进行负载分担的,没有备份链路,因此手工模式链路聚合中不配置活动接口数上限阈值。

**5.(可选)配置负载分担方式**

默认情况下,Eth-Trunk 的负载分担是逐流进行的,以保证包的正确顺序,即保证了同一数据流的帧在同一条物理链路转发,而不同数据流在不同的物理链路上转发从而实现负载分担。

华为 S 系统交换机都可以配置普通负载分担模式,即基于报文的 IP 地址或 MAC 地址来负载分担。

**6.(可选)配置系统 LACP 优先级**

系统 LACP 优先级是为了区分链路聚合两端设备优先级的高低而配置的参数。在 LACP 模式下,两端设备所选择的活动接口必须保持一致,否则链路聚合组就无法建立。而要想使两端活动接口保持一致,可以使其中一端具有更高的优先级,另一端根据高优先级的一端来选择活动接口即可。

在系统视图下使用如下命令设置系统 LACP 优先级。

**lacp priority** *priority*

在该命令中,参数 *priority* 用来指定当前设备的系统 LACP 优先级,取值范围为 0~65535 的整数,值越小优先级越高。在两端设备中选择系统 LACP 优先级值较小的一端作为主动端,如果系统 LACP 优先级相同则选择 MAC 地址较小的一端作为主动端。

**7.(可选)配置接口 LACP 优先级**

LACP 模式下可以通过配置接口 LACP 优先级来区分不同接口被选为活动接口的优先程度,优先级高的接口将优先被选为活动接口。

键入要配置接口 LACP 优先级的成员接口,进入接口视图,使用如下命令配置接口 LACP 优先级。

**lacp priority** *priority*

在该命令中,参数 *priority* 用来指定当前成员接口的 LACP 优先级,取值范围为 0~65535 的整数,值越小优先级越高,优先级高的将被选作活动接口。

### 8.(可选)配置 LACP 抢占

在 LACP 模式下,当活动链路中出现故障链路时系统会从备用链路中选择优先级最高的链路替代故障链路。如果被替代的故障链路恢复了正常,而且该链路的优先级又高于替代自己的链路,这时如果使能了 LACP 优先级抢占功能,高优先级链路会抢占低优先级链路,回切到活动状态,否则,系统不会重新选择活动接口,故障恢复后的链路将作为备用链路。在进行优先级抢占时,系统将根据主动端接口的优先级进行抢占。

在 Eth-Trunk 接口视图下,使用如下命令使能 LACP 抢占功能。

**lacp preempt enable**

默认情况下,LACP 抢占功能处于禁止状态。如果使能了 LACP 抢占功能,可使用 undo lacp preempt enable 命令禁止 LACP 抢占功能。

在这里还涉及一个概念即抢占延时,也就是抢占等待时间,是指在 LACP 模式的 Eth-Trunk 中非活动接口切换为活动接口需要等待的时间。

在 Eth-Trunk 接口视图下,使用如下命令配置 LACP 抢占延时。

**lacp preempt delay** *delay-time*

在该命令中,参数 *delay-time* 用来指定当前 Eth-Trunk 接口的 LACP 抢占延时,取值范围为 10~180 的整数秒。默认情况下,LACP 抢占延时为 30s。

配置抢占延时可以避免由于某些链路状态频繁变化而导致 Eth-Trunk 数据传输不稳定的情况。

### 9.(可选)配置接收 LACP 报文超时时间

如果对端链路聚合组的某个成员端口发生自环或其他故障,而本端 Eth-Trunk 接口不能及时感知对端成员端口状态的变化,就会导致本端转发数据时仍按照本端链路组中活动接口进行负载分担,造成发生故障链路上数据流量的丢失。配置接口接收 LACP 报文的超时时间后,如果本端成员端口在设置的超时时间内未收到对端发送的 LACP 协议报文,则认为对端不可达,本端成员端口状态立即变为 Down,不再转发数据。

在 Eth-Trunk 接口视图下,使用如下命令配置接收 LACP 报文超时时间。

**lacp timeout 〈 fast | slow 〉**

默认情况下,Eth-Trunk 接口接收报文的超时时间是 90 秒。配置此命令后,本端将接收报文的超时时间通过 LACP 报文通知对端。配置为 fast,对端发送 LACP 报文的周期为 1 秒。配置为 slow,对端发送 LACP 报文的周期为 30 秒。LACP 协议报文的超时时间为 LACP 报文发送周期的 3 倍,即:配置为 fast,接收 LACP 协议报文的超时时间为 3 秒;配置为 slow,接收 LACP 协议报文的超时时间为 90 秒。

两端配置的超时时间可以不一致。但为了便于维护,建议用户配置一致的 LACP 协议报文超时时间。

## 6.4 以太网链路聚合配置示例

### ◆ 6.4.1 手工模式链路聚合配置示例

本示例的网络拓扑如图 6-9 所示,SwitchA 和 SwitchB 通过以太网链路分别连接 VLAN100 和 VLAN200,且 SwitchA 和 SwitchB 之间有较大的数据流量。现希望 SwitchA 和 SwitchB 之间能够提供较大的链路带宽使相同 VLAN 间互相通信。同时用户也希望能够提供一定的冗余度,保证数据传输和链路的可靠性。

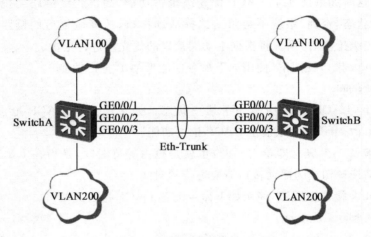

图 6-9 手工模式链路聚合配置示例拓扑图

本示例并没有要求提供链路备份功能,所以可以用手工模式链路聚合方式来进行配置。在配置链路聚合之前,需要将 3 个成员接口(GE0/0/1~0/0/3)恢复为默认配置。另外,最好将这些成员接口从默认的 VLAN1 退出或关闭,避免出现广播风暴。在本示例中 SwitchA 和 SwitchB 的配置是对称的,所以下面仅以 SwitchA 为例介绍具体的配置步骤,如示例 6-1 所示。

 **示例 6-1** 在 SwitchA 上配置手工模式链路聚合。

```
// (1) 创建 Eth-Trunk 接口,指定手工模式,并加入成员接口
[SwitchA] interface eth-trunk 1
[SwitchA-Eth-Trunk1] trunkport gigabitethernet 0/0/1 to 0/0/3
[SwitchA-Eth-Trunk1] quit
// (2) 配置 Eth-Trunk1 的负载分担方式
[SwitchA] interface eth-trunk 1
[SwitchA-Eth-Trunk1] load-balance src-dst-mac
[SwitchA-Eth-Trunk1] quit
// (3) 配置 Eth-Trunk1 接口为 Trunk 类型,并允许 VLAN100 和 VLAN200 通过
[SwitchA] interface eth-trunk 1
[SwitchA-Eth-Trunk1] port link-type trunk
[SwitchA-Eth-Trunk1] port trunk allow-pass vlan 100 200
```

```
[SwitchA-Eth-Trunk1] quit
```

SwitchB 的配置与 SwitchA 相同,不再赘述。

配置完成后,在 SwitchA 上执行 display eth-trunk 1 命令,检查 Eth-Trunk 是否创建成功,及成员接口是否正确加入。查看结果如示例 6-2 所示。

**示例 6-2** 执行 display eth-trunk 1 命令查看结果。

```
[SwitchA] display eth-trunk 1
Eth-Trunk1's state information is:
WorkingMode: NORMAL                Hash arithmetic: According to SA-XOR-DA
Least Active-linknumber: 1         Max Bandwidth-affected-linknumber: 8
Operate status: up                Number Of Up Port In Trunk: 3
--------------------------------------
PortName        Status      Weight
GigabitEthernet0/0/1              Up            1
GigabitEthernet0/0/2              Up            1
GigabitEthernet0/0/3              Up            1
```

从以上信息看出 Eth-Trunk 1 中包含三个成员接口 GigabitEthernet0/0/1、GigabitEthernet0/0/2 和 GigabitEthernet0/0/3,成员接口的状态都为 Up。Eth-Trunk 1 的"Operate status"为 Up。

### 6.4.2 LACP 模式链路聚合配置示例

本示例的网络拓扑如图 6-10 所示,在两台交换机上配置 LACP 模式链路聚合组,要求具有两条负载分担的活动链路、一条冗余备份链路,当活动链路出现故障时,备份链路替代故障链路,保持数据传输的可靠性。

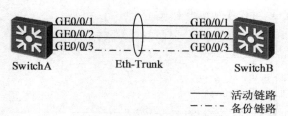

图 6-10 **LACP 模式链路聚合配置示例拓扑图**

本示例要求提供链路备份功能,所以只能采用 LACP 模式链路聚合方式来进行配置。在 SwitchA 和 SwitchB 上的具体配置步骤分别如示例 6-3 和示例 6-4 所示。

**示例 6-3** 在 SwitchA 上配置 LACP 模式链路聚合。

```
// (1) 创建 Eth-Trunk1 并配置为 LACP 模式
[SwitchA] interface eth-trunk 1
[SwitchA-Eth-Trunk1] mode lacp
[SwitchA-Eth-Trunk1] quit
// (2) 将成员接口加入 Eth-Trunk
[SwitchA] interface gigabitethernet 0/0/1
```

```
[SwitchA-GigabitEthernet0/0/1] eth-trunk 1
[SwitchA-GigabitEthernet0/0/1] quit
[SwitchA] interface gigabitethernet 0/0/2
[SwitchA-GigabitEthernet0/0/2] eth-trunk 1
[SwitchA-GigabitEthernet0/0/2] quit
[SwitchA] interface gigabitethernet 0/0/3
[SwitchA-GigabitEthernet0/0/3] eth-trunk 1
[SwitchA-GigabitEthernet0/0/3] quit
```
// (3) 配置系统优先级为 100,使其成为 LACP 主动端
```
[SwitchA] lacp priority 100
```
// (4) 配置活动接口上限阈值为 2
```
[SwitchA] interface eth-trunk 1
[SwitchA-Eth-Trunk1] max active-linknumber 2
[SwitchA-Eth-Trunk1] quit
```
// (5) 配置接口优先级确定活动链路
```
[SwitchA] interface gigabitethernet 0/0/1
[SwitchA-GigabitEthernet0/0/1] lacp priority 100
[SwitchA-GigabitEthernet0/0/1] quit
[SwitchA] interface gigabitethernet 0/0/2
[SwitchA-GigabitEthernet0/0/2] lacp priority 100
[SwitchA-GigabitEthernet0/0/2] quit
```

在 SwitchA 上配置系统 LACP 优先级的值为 100,使其成为 LACP 主动端。SwitchB 上可不用配置系统优先级,因为默认系统 LACP 优先级的值为 32768。

**示例 6-4**　在 SwitchB 上配置 LACP 模式链路聚合。

// (1) 创建 Eth-Trunk1 并配置为 LACP 模式
```
[SwitchB] interface eth-trunk 1
[SwitchB-Eth-Trunk1] mode lacp
[SwitchB-Eth-Trunk1] quit
```
// (2) 将成员接口加入 Eth-Trunk
```
[SwitchB] interface gigabitethernet 0/0/1
[SwitchB-GigabitEthernet0/0/1] eth-trunk 1
[SwitchB-GigabitEthernet0/0/1] quit
[SwitchB] interface gigabitethernet 0/0/2
[SwitchB-GigabitEthernet0/0/2] eth-trunk 1
[SwitchB-GigabitEthernet0/0/2] quit
[SwitchB] interface gigabitethernet 0/0/3
[SwitchB-GigabitEthernet0/0/3] eth-trunk 1
[SwitchB-GigabitEthernet0/0/3] quit
```

配置完成后,在 SwitchA 上执行 display eth-trunk 1 命令,检查 Eth-Trunk 是否创建成功,及成员接口是否正确加入。查看结果如示例 6-5 所示。

示例 6-5

执行 display eth-trunk 1 命令查看结果。

```
[SwitchA] display eth-trunk 1
Eth-Trunk1's state information is:
Local:
LAG ID: 1                          WorkingMode: LACP
Preempt Delay: Disabled            Hash arithmetic: According toSIP-XOR-DIP
System Priority: 100               System ID: 00e0-fca8-0417
Least Active-linknumber: 1         Max Active-linknumber: 2
Operate status: up                 Number Of Up Port In Trunk: 2
- - - - - - - - - - - - - - - - - - - - - - - - - - - - - - - - - - - - -
ActorPortName        Status    PortType PortPri   PortNo PortKey   PortState    Weight
GigabitEthernet0/0/1 Selected  1GE      100       6145   2865      11111100     1
GigabitEthernet0/0/2 Selected  1GE      100       6146   2865      11111100     1
GigabitEthernet0/0/3 Unselect  1GE      32768     6147   2865      11100000     1
Partner:
- - - - - - - - - - - - - - - - - - - - - - - - - - - - - - - - - - - - -
ActorPortName        SysPri    SystemID      PortPri  PortNo   PortKey    PortState
GigabitEthernet0/0/1 32768     00e0- fca6- 7f85  32768    6145     2609       11111100
GigabitEthernet0/0/2 32768     00e0- fca6- 7f85  32768    6146     2609       11111100
GigabitEthernet0/0/3 32768     00e0-fca6-7f85   32768    6147 2609       11110000
```

通过以上显示信息可以看到，SwitchA 的系统优先级为 100，高于 SwitchB 的系统优先级。Eth-Trunk 的成员接口中 GigabitEthernet0/0/1、GigabitEthernet0/0/2 成为活动接口，处于"Selected"状态，接口 GigabitEthernet0/0/3 处于"Unselect"状态，同时实现 M 条链路的负载分担和 N 条链路的冗余备份功能。

## 本章小结

链路聚合（link aggregation）在华为 S 系列交换机中称之为 Eth-Trunk，是将一组相同类型的物理以太网接口捆绑在一起的逻辑接口，即 Eth-Trunk 接口，是用来增加带宽的一种方法。

Eth-Trunk 接口与物理以太网接口一样，也可以配置成 Access、Hybrid、Trunk 或 Tunnel 端口类型，指导它加入一个或多个 VLAN 中。

华为 S 系列交换机支持手工和静态 LACP 两种链路聚合模式，可将两个或两个以上物理接口捆绑成一个 Eth-Trunk 接口。当聚合链路中一条链路发生故障时，故障链路上的流量还会自动分担到其他链路上，从而保证了业务传输不被中断。

本章主要介绍了链路聚合的基本原理以及华为 S 系列交换机上两种链路聚合方式的配置与管理方法。

## 习题6

### 1.选择题

(1)关于链路聚合技术,下面描述不正确的是(　　)。

A.链路聚合技术可以用在两台路由器之间

B.链路聚合技术可以用在两台交换机之间

C.链路聚合技术可以用在一台交换机和一台服务器之间

D.链路聚合技术不可以用在一台交换机和一台路由器之间

(2)下面选项中不是链路聚合的优点的是(　　)。

A.增加链路带宽　　　　　　　　　B.提供链路可靠性

C.减少维护工作量　　　　　　　　D.提供链路备份

(3)如果两台交换机之间需要使用链路聚合,但其中一台交换机不支持LACP协议,则需要使用的聚合方式是(　　)。

A.LACP 模式聚合　　　　　　　　B.手工模式聚合

C.协议聚合　　　　　　　　　　　D.动态聚合

(4)在交换机上创建聚合端口的配置命令为(　　)。

A.[Switch]eth-trunk 1

B.[Switch]interface Eth-Trunk 1

C.[SwitchB-GigabitEthernet0/0/1]eth-trunk 1

D.[SwitchA-Eth-Trunk1]trunkport gigabitethernet 0/0/1

(5)在交换机上配置系统 LACP 优先级的命令为(　　)。

A.[Switch]lacp priority 100

B.[Switch-Eth-Trunk1]lacp priority 100

C.[SwitchB-GigabitEthernet0/0/1]lacp priority 100

D.[Switch]lacp e-trunk priority 100

(6)将交换机的端口加入到聚合端口的命令是(　　)。

A.[Switch]eth-trunk 1

B.[Switch]interface Eth-Trunk 1

C.[SwitchB-Eth-Trunk1]eth-trunk 1

D.[SwitchA-Eth-Trunk1]trunkport gigabitethernet 0/0/1

(7)假设某台设备上的端口均为 GE 口,如果需要绑定出一个最大带宽可达 3.5G 的 Eth-Trunk 端口,那么至少需要将(　　)个端口加入进这个 Eth-Trunk 端口。

A.2　　　　　　　B.3　　　　　　　C.4　　　　　　　D.5

(8)下面技术中,可以提供更高的带宽和链路冗余的是(　　)。

A.生成树协议　　　B.虚拟局域网　　　C.链路聚合　　　D.动态路由

(9)IEEE 制定的实现以太网链路聚合使用的标准是(　　)。

A.802.1D　　　　　B.802.1Q　　　　　C.802.3ad　　　　　D.802.3Z

(10)下面方法中,不是有效的链路聚合技术的负载均衡方法是(　　)。

A.源 MAC 地址　　　　　　　　　B.源和目的 MAC 地址

C.源和目的 IP 地址　　　　　　　D.IP 优先级

# 第 **7** 章　IP 路由技术

路由技术就是通过路由器将数据包从一个网段传递到另一个网段的技术。路由是指导路由器进行数据报文发送的路径信息。每条路由都包含有目的地址、下一跳、出接口、到目的地的代价等要素，路由器根据自己的路由表对 IP 报文进行转发操作。

每一台路由器都有路由表，路由表的来源主要有直连路由、静态路由和动态路由。直连路由无须配置，是路由器自动获得其直连网段的路由，静态路由

是由管理员手动配置在路由器的路由表里的路由，动态路由则是路由器通过路由协议自动学习到的路由。在 IP 路由技术中，有很多动态路由协议，它们的原理、工作方式和适用范围各不相同。

学习完本章，应达成以下目标。
- 掌握路由器的作用及路由转发原理。
- 掌握路由表的构成及含义。
- 掌握静态路由的原理及配置方法。
- 能够利用浮动路由实现路由备份。
- 理解路由协议的种类和特点。

## 7.1　IP 路由技术原理

路由器提供了将异构网络互联起来的机制，实现将一个数据包从一个网络发送到另一个网络。路由就是指导 IP 数据包发送的路径信息。

在互联网中进行路由选择要使用路由器，路由器只是根据所收到的数据包头的目的地址选择一个合适的路径，将数据包传送到下一跳路由器，路径上最后的路由器负责将数据包交送给目的主机。数据包在网络上的传输是通过多台路由器一站一站地接力传送的，每台路由器只负责将数据包在本站通过最优的路径转发。当然有时候由于一些路由策略的实施，数据包通过的路径并不一定是最优的。

路由器的特点是逐跳转发。在图 7-1 所示的网络中，RouterA 收到 PCA 发往 PCB 的数据包后，将数据包转发给 RouterB，RouterA 并不负责指导 RouterB 如何转发数据包。所以，RouterB 必须自己将数据包发送给 RouterC，RouterC 再转发给 RouterD，依此类推。这就是路由逐跳性，即路由只指导本地转发行为，不会影响其他设备转发行为，设备之间的转发是相互独立的。

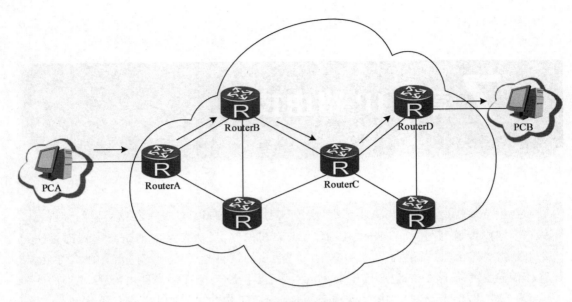

图 7-1 路由报文示意图

◆ 7.1.1 路由的基本过程

图 7-2 所示的是一种最简单的网络拓扑,它所表现的是连接在同一台路由器上的两个网段。下面我们以这个拓扑图为例,讲解数据包的路由过程。

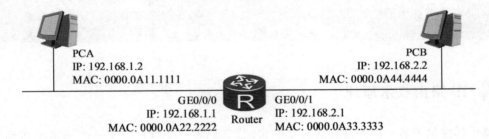

图 7-2 连接在同一台路由器上的两个网段

假设 PCA(其 IP 地址是 192.168.1.2)要发一个数据包(为了下文表述方便,我们称该数据包为数据包 A)到 PCB(其 IP 地址是 192.168.2.2)。由于这两台主机分别属于网段192.168.1.0 和网段 192.168.2.0,它们之间的通信必须通过路由器才能实现。

以下是数据包 A 的路由过程。

**1. 在 PCA 上的封装过程**

首先,在 PCA 的应用层上向 PCB 发出一个数据流,该数据流在 PCA 的传输层上被分成了数据段。然后这些数据段从传输层向下进入到网络层,准备在这里封装成为数据包。在这里,我们只描述其中一个数据包——数据包 A 的路由过程,其他数据包的路由过程与之相同。

在网络层上,将数据段封装成为数据包的一个主要工作,就是为数据段加上 IP 包头,而IP 包头中主要的一部分,就是源 IP 地址和目的 IP 地址。数据包 A 的源 IP 地址和目的 IP地址分别是 PCA 和 PCB 的 IP 地址。

在网络层封装完成后,PCA 将数据包向下送到数据链路层进行数据帧的封装。在数据链路层要为数据包 A 封装上帧头和尾部的校验码,而帧头中主要的一部分就是源 MAC 地址和目的 MAC 地址。在这里,被封装后的数据包 A 变成数据帧 A。

那么,数据帧 A 的源 MAC 地址和目的 MAC 地址是什么呢?源 MAC 地址当然还是 PCA 的 MAC 地址,但是目的 MAC 地址并不是 PCB 的 MAC 地址,而是路由器的 GE0/0/0 接口的 MAC 地址,这是为什么呢?

原因在于,PCA 和 PCB 不在同一个 IP 网段,它们之间的通信必须经过路由器。当 PCA 发现数据包 A 的目的 IP 地址不在本地时,它会把该数据包发送到默认的网关,由默认网关把这个数据包转发到它的目的 IP 网段。在这里,PCA 的默认网关就是路由器的 GE0/0/0 接口。

在 PCA 上默认网关 IP 地址的配置如图 7-3 所示,PCA 可以通过 ARP 地址解析得到自己的默认网关的 MAC 地址,并将它缓存起来以备使用。一旦出现数据包的目的 IP 地址不在本网段的情况,就以默认网关的 MAC 地址作为目的 MAC 地址封装数据帧,将该数据帧发往默认网关(具有路由功能的设备),由网关负责寻找目的 IP 地址所对应的 MAC 地址或可以到达目的网段的下一个网关的 MAC 地址。

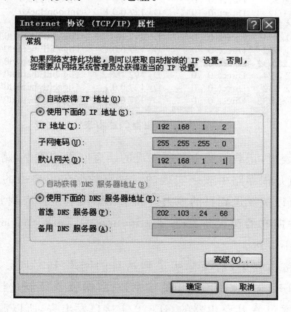

图 7-3　在 PCA 上配置默认网关

从图 7-3 中我们可以看出,PCA 上配置的默认网关的 IP 地址是路由器上 GE0/0/0 接口的 IP 地址。至此,我们在 PCA 上得到一个封装完整的数据帧 A,它所携带的地址信息如图 7-4 所示。PCA 将这个数据帧 A 放到物理层,发送给目的 MAC 地址所标明的设备——默认网关。

**2. 路由器的工作过程**

当数据帧到达路由器的 GE0/0/0 接口之后,首先被存放在接口的缓存里进行校验,以确定数据帧在传输过程中没有损坏,然后路由器会把数据帧 A 的帧头和尾部校验码拆掉,取出其中的数据包 A。

图 7-4    数据帧 A 所携带的地址信息(此图省略了帧头和 IP 包头的其他部分)

路由器将数据包 A 的包头送往路由处理器,路由处理器会读取其中的目的 IP 地址,然后在自己的路由表中查找是否存在该 IP 地址所在网段的路由。图 7-5 所示的是路由器的路由表。

```
[Router]display ip routing-table
Route Flags: R - relay, D - download to fib
------------------------------------------------------------
Routing Tables: Public
        Destinations : 10       Routes : 10

Destination/Mask     Proto  Pre  Cost     Flags NextHop      Interface

        127.0.0.0/8       Direct 0    0         D   127.0.0.1      InLoopBack0
        127.0.0.1/32      Direct 0    0         D   127.0.0.1      InLoopBack0
127.255.255.255/32 Direct 0    0         D   127.0.0.1      InLoopBack0
    192.168.1.0/24    Direct 0    0         D   192.168.1.1    GigabitEthernet0/0/0
    192.168.1.1/32    Direct 0    0         D   127.0.0.1      GigabitEthernet0/0/0
192.168.1.255/32   Direct 0    0         D   127.0.0.1      GigabitEthernet0/0/0
    192.168.2.0/24    Direct 0    0         D   192.168.2.1    GigabitEthernet0/0/1  ←
    192.168.2.1/32    Direct 0    0         D   127.0.0.1      GigabitEthernet0/0/1
192.168.2.255/32   Direct 0    0         D   127.0.0.1      GigabitEthernet0/0/1
```

图 7-5    路由器的路由表

在路由器的路由表里,记载了路由器所知道的所有网段的路由,路由器之所以能够把数据包传递到目的地,就是依靠路由表来实现的。只有数据包想要去的目的网段存在于路由表中,这个数据包才可以被发送到目的地去。如果在路由表里没有找到相关的路由,路由器会丢弃这个数据包,并向它的源设备发送"destination network unavailable"的 ICMP 消息,通知该设备目的网络不可达。

在图 7-5 所示的路由表中,箭头标明了到达目的网络 192.168.2.0 要通过路由器的 GE0/0/1 接口,路由处理器根据路由表中的信息,对数据包 A 重新进行帧的封装。

由于这次是把数据包 A 从路由器的 GE0/0/1 接口发出去,所以源 MAC 地址是该接口的 MAC 地址,目的 MAC 地址则是 PCB 的 MAC 地址,这个地址是路由器由 ARP 协议解析得来的。

路由器又重新建立了数据帧 B,其包含的地址信息如图 7-6 所示。路由器将数据帧 B 从 GE0/0/1 接口发送给 PCB。

### 3. 在 PCB 上的拆封过程

数据帧 B 到达 PCB 后,PCB 首先核对帧头的目的 MAC 地址与自己的 MAC 地址是否一致,如果不一致 PCB 就会把该帧丢弃。核对无误之后,PCB 会检查帧尾的校验码,看数据帧是否损坏。证明数据是完整的之后,PCB 会拆掉帧的封装,把其中的数据包 A 取出,向上送给网络层处理。

图 7-6　数据帧 B 所携带的地址信息（此图省略了帧头和 IP 包头的其他部分）

网络层核对目的 IP 地址无误后会拆掉 IP 包头，将数据段向上送给传输层处理。至此，数据包 A 的路由过程结束。PCB 会在传输层按顺序将数据段重组成数据流。

PCB 向 PCA 发送数据包的路由过程和以上过程类似，只不过源地址和目的地址与上面的过程正好相反。

由此我们可以看出，数据在从一台主机传向另一台主机时，数据包本身没有变化，源 IP 地址和目的 IP 地址也没有变化，路由器就是依靠识别数据包中的 IP 地址来确定数据包的路由的，而 MAC 地址却在每经过一台路由器时都发生变化。

### ◆ 7.1.2　路由表

路由器转发数据包的关键是路由表，路由表的构成如表 7-1 所示。每个路由器中都保存着一张路由表，表中每条路由项都指明数据到某个网段应通过路由器的哪个物理接口发送，然后就可以到达该路径的下一跳路由器，或者不再经过别的路由器而传送到直接相连的网络中的目的主机。

表 7-1　路由表的构成

| 目的地址/网络掩码 | 下一跳地址 | 出　接　口 | 度 量 值 |
|---|---|---|---|
| 10.0.0.0/24 | 10.0.0.1 | GE0/0/1 | 0 |
| 20.0.0.0/24 | 20.0.0.1 | GE0/0/2 | 0 |
| 30.0.0.0/24 | 20.0.0.1 | GE0/0/2 | 2 |
| 40.0.0.0/24 | 20.0.0.1 | GE0/0/2 | 3 |
| 0.0.0.0/0 | 50.0.0.1 | S0/0/1/0 | 10 |

如果数据包是可以被路由的，那么路由器将会检查路由表获得一个正确的路径。如果数据包的目标地址不能匹配到任何一条路由表项，那么数据包将被丢弃，同时一个"目标不可达"的 ICMP 消息将会被发送给源地址。在数据库中的每个路由表项包含了下列要素。

● 目标地址：这是路由器可以到达的网络地址，路由器可能会有多条路径到达同一目的地址，但在路由表中只会存在到达这一地址的最佳路径。

● 出接口：指明 IP 包将从该路由器的哪个接口转发。

● 下一跳地址：更接近目的网络的下一台路由器的地址。如果只配置了出接口，下一跳地址是出接口的 IP 地址。

● 度量值：说明 IP 包到达目标需要花费的代价。其主要作用是当网络中存在到达目的网络的多条路径时，路由器可依据度量值来选择一条最优的路径发送 IP 报文，从而保证 IP 报文能更好更快地到达目的地。

根据掩码长度的不同，可以把路由表中的路由表项分为以下几个类型。

（1）主机路由：掩码长度是 32 位的路由，表明此路由匹配单一 IP 地址。

（2）子网路由：掩码长度小于 32 位但大于 0 位的路由，表明此路由匹配一个子网。

（3）默认路由：掩码长度为 0 位的路由，表明此路由匹配全部 IP 地址。

当路由表中存在多个路由表项可以同时匹配目的 IP 地址时，路由查找进程会选择其中掩码长度最长的路由项进行转发，称为最长匹配原则。

## ◆ 7.1.3 路由器根据路由表转发数据包

路由器是通过匹配路由表里的路由项来实现数据包的转发。如图 7-7 所示，这是一个简单的网络，图中给出了每台路由器需要的路由表项。路由表的网络栏列出了路由器可达的网络地址，指向目标网络的指针在下一跳栏中。

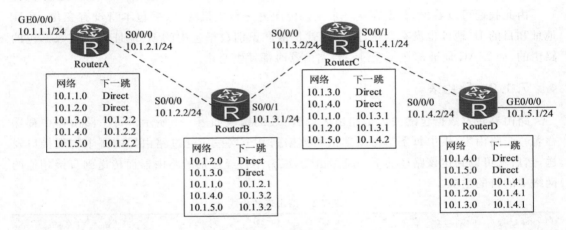

图 7-7　路由表

在图 7-7 中，如果 RouterA 收到一个源地址为 10.1.1.100、目标地址为 10.1.5.30 的数据包，路由表查询的结果是：目标地址的最优匹配是子网 10.1.5.0，可以从 S0/0/0 接口出站经下一跳地址 10.1.2.2 去往目的地。数据包被发送给 RouterB，RouterB 查找自己的路由表后发现数据包应该从 S0/0/1 接口出站经下一跳地址 10.1.3.2 去往目标网络。此过程一直持续到数据包到达 RouterD。当 RouterD 在接口 S0/0/0 接收到数据包时，RouterD 通过查找路由表，发现目的地是连接在 GE0/0/0 接口的一个直连网络。最终结束路由选择过程，数据包被传递给以太网链路上的主机 10.1.5.30。

上面说明的路由选择过程是假设路由器可以将下一跳地址同它的接口进行匹配。例如，RouterB 必须知道通过接口 S0/0/1 可以到达 RouterC 的地址 10.1.3.2。首先 RouterB 从分配给接口 S0/0/1 的 IP 地址和子网掩码可以知道子网 10.1.3.0 直接连接在接口 S0/0/1 上；那么 RouterB 就可以知道 10.1.3.2 是子网 10.1.3.0 的成员，而且一定被连接到该子网上。

为了正确地进行数据包交换，每台路由器都必须保持信息的一致性和准确性。例如，在图 7-7 中，RouterB 的路由表中丢失了关于网络 10.1.1.0 的表项。从 10.1.1.100 到 10.1.5.30 的数据包将被传递，但是当 10.1.5.30 向 10.1.1.100 回复数据包时，数据包从 RouterD 到 RouterC 再到 RouterB。RouterB 查找路由表后发现没有关于子网 10.1.1.0 的路由表项，因此丢弃此数据包，同时 RouterB 向主机 10.1.5.30 发送目标网络不可达的

ICMP 信息。

### ◆ 7.1.4 路由表的来源

路由表的来源主要有如下三种。

**1. 直连路由**

直连路由不需要配置，当接口配置了 IP 地址并且状态正常时，由路由进程自动生成。其特点是开销小，配置简单，无须人工维护，但只能发现本路由器接口所属网段的路由。

**2. 手工配置的静态路由**

由管理员手动配置的路由称为静态路由。通过静态路由的配置可建立一个互通的网络，但这种配置的问题在于：当一个网络发生故障后，静态路由不会自动修正，必须由管理员修改配置。静态路由无开销，配置简单，适合简单拓扑结构的网络。

**3. 动态路由协议发现的路由**

当网络拓扑结构十分复杂时，手动配置静态路由的工作量大而且容易出现错误，这时就可以用动态路由协议（如 RIP、OSPF 等），让其自动发现和修改路由，避免人工维护。但动态路由协议开销大，配置复杂。

## 7.2 直连路由

直连路由是指路由器接口直接相连的网段的路由。直连路由不需要特别地配置，只需要在路由器的接口上配置 IP 地址即可。路由器会根据接口的状态决定是否使用此路由。如果路由器接口的物理层和链路层状态均为 UP，路由器即认为接口工作正常，该接口所属网段的路由就可生效并以直连路由出现在路由表中；如果接口状态为 DOWN，路由器就认为接口工作不正常，不能通过该接口到达其地址所属网段，因此该接口所属网段的路由也就不能以直连路由出现在路由表中。

图 7-8 所示的是基本的局域网间路由。其中路由器的 3 个接口分别连接 3 个局域网网段，只需要在路由器上为其 3 个接口配置 IP 地址，就可为 10.1.1.0/24、10.1.2.0/24 和 10.1.3.0/24 网段提供路由服务。

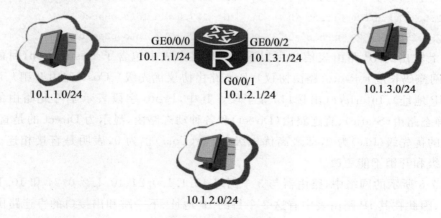

图 7-8　局域网间路由

在路由器上配置接口 IP 地址及查看路由表的过程如示例 7-1 所示。

**示例 7-1** 直连路由。

```
// (1) 配置路由器接口 IP 地址
[Router]interface GigabitEthernet 0/0/0
[Router-GigabitEthernet0/0/0]ip address 10.1.1.1 24
[Router-GigabitEthernet0/0/0]quit
[Router]interface GigabitEthernet 0/0/1
[Router-GigabitEthernet0/0/1]ip address 10.1.2.1 24
[Router-GigabitEthernet0/0/1]quit
[Router]interface GigabitEthernet 0/0/2
[Router-GigabitEthernet0/0/2]ip address 10.1.3.1 24
[Router-GigabitEthernet0/0/2]quit
// (2) 查看路由表中的直连路由
[Router]display ip routing-table
Route Flags: R-relay,D-download to fib
----------------------------------------
Routing Tables: Public
        Destinations : 13      Routes : 13
Destination/Mask    Proto  Pre Cost Flags NextHop    Interface
10.1.1.0/24         Direct 0    0     D   10.1.1.1  GigabitEthernet0/0/0
      10.1.1.1/32   Direct 0    0     D   127.0.0.1 GigabitEthernet0/0/0
    10.1.1.255/32   Direct 0    0     D   127.0.0.1 GigabitEthernet0/0/0
10.1.2.0/24         Direct 0    0     D   10.1.2.1  GigabitEthernet0/0/1
      10.1.2.1/32   Direct 0    0     D   127.0.0.1 GigabitEthernet0/0/1
    10.1.2.255/32   Direct 0    0     D   127.0.0.1 GigabitEthernet0/0/1
10.1.3.0/24         Direct 0    0     D   10.1.3.1  GigabitEthernet0/0/2
      10.1.3.1/32   Direct 0    0     D   127.0.0.1 GigabitEthernet0/0/2
    10.1.3.255/32   Direct 0    0     D   127.0.0.1 GigabitEthernet0/0/2
      127.0.0.0/8   Direct 0    0     D   127.0.0.1 InLoopBack0
      127.0.0.1/32  Direct 0    0     D   127.0.0.1 InLoopBack0
127.255.255.255/32  Direct 0    0     D   127.0.0.1 InLoopBack0
255.255.255.255/32  Direct 0    0     D   127.0.0.1 InLoopBack0
```

从以上输出的 IP 路由表信息可以看出，IP 路由表中包含了 Destination（目的网络）、Mask（子网掩码长度）、Proto（路由协议）、Pre（路由协议优先级）、Cost（路由开销）、NextHop（下一跳 IP 地址）、Interface（出接口）等字段。其中，Proto 字段表示学习此路由的路由协议，包括静态路由（Static）、直连路由（Direct）和各种动态路由，显示为 Direct 的是直连路由。直连路由的优先级（Pre）为 0，即最高优先级；开销（Cost）也为 0，表明是直接相连。直连路由的优先级和开销不能更改。

在图 7-8 所示的网络中，路由器与 3 个网络 10.1.1.0/24、10.1.2.0/24 和 10.1.3.0/24 直接相连，因此在其 IP 路由表中有这 3 个目的 IP 地址、下一跳和出接口的直连路由。

## 7.3 静态路由

### ◆ 7.3.1 静态路由及配置

#### 1. 静态路由概述

静态路由是由网络管理员手动配置在路由器的路由表中的路由。在早期的网络中,网络规模不大,路由器的数量很少,路由表也相应较小,通常采用手动的方法对每台路由器的路由表进行配置,即静态路由。这种方法适合于在规模较小、路由表也相对简单的网络中使用。它较简单,容易实现,沿用了很长一段时间。

但随着网络规模的增长,在大规模网络中路由器的数量很多,路由表的表项较多,较为复杂。在这样的网络中对路由表进行手动配置,除了配置复杂外,还有一个更明显的问题就是不能适应网络拓扑结构的变化。对大规模网络而言,如果网络拓扑结构改变或网络链路发生故障,那么路由器上指导数据转发的路由表就应该相应变化。如果还采用静态路由,用手动的方法配置及修改路由表,对管理员会形成很大的压力。

但在小规模的网络中,静态路由也有它的一些优点。

(1)手动配置,可以精确控制路由选择,改进网络的性能。

(2)不需要动态路由协议参与,这将会减少路由器的开销,为重要的应用保证带宽。

#### 2. 静态路由配置

静态路由的配置在系统视图下进行,其命令如下。

**ip route-static** *network* 〔*mask* ｜ *mask-length*〕｛ *ip-address* ｜ *interface-id* ｝〔 **preference** *preference-value* 〕

其中各参数介绍如表 7-2 所示。

表 7-2 ip route-static 命令参数

| 参　　数 | 描　　述 |
| --- | --- |
| network | 目标网络地址 |
| mask | 目的 IP 地址掩码 |
| mask-length | 掩码长度,取值范围为 0～32 |
| ip-address | 下一跳 IP 地址 |
| interface-id | 本路由器的出站接口号 |
| preference-value | 指定静态路由的优先级,取值范围 1～255,默认值为 60 |

在配置静态路由时,可以指定出接口,也可指定下一跳。一般情况下,配置静态路由时都会指定路由的下一跳,系统会根据下一跳地址查找到出接口。但如果在某些情况下无法知道下一跳地址(如拨号线路在拨通前是可能不知道对方甚至自己的 IP 地址的),则必须指定出接口。另外,如果出接口是广播类型接口(如以太网接口,VLAN 接口等),则不能指定出接口,必须指定下一跳地址。

#### 3. 静态路由配置示例

实施静态路由选择的过程有如下三个步骤。

**步骤 1** 为网络中的每个数据链路确定子网或网络地址。

**步骤 2** 为每台路由器标识所有非直连的数据链路。

**步骤 3** 为每台路由器写出关于每个非直连数据链路的路由语句。

下面以图 7-9 为例,具体分析静态路由的配置过程。在图 7-9 中,PC 与 Server 之间有 4 台路由器,通过配置静态路由,使 PC 能够与 Server 通信。

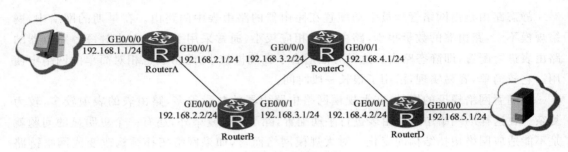

图 7-9 静态路由配置示例拓扑图

图 7-9 中共有五个网络,地址分别为:192.168.1.0/24、192.168.2.0/24、192.168.3.0/24、192.168.4.0/24 和 192.168.5.0/24。

为了在 RouterA 上配置静态路由,应标识出该路由器上的非直连的网络。这些非直连的网络为:192.168.3.0/24、192.168.4.0/24、192.168.5.0/24。

在 RouterA 上配置这些非直连的网络的路由,具体命令如示例 7-2 所示,其中配置主机名、接口 IP 地址等步骤省略。

 在 RouterA 上配置静态路由。

```
[RouterA]ip route-static 192.168.3.0 24 192.168.2.2
[RouterA]ip route-static 192.168.4.0 24 192.168.2.2
[RouterA]ip route-static 192.168.5.0 24 192.168.2.2
```

对于其他路由器也采用同样步骤来配置静态路由,如示例 7-3 所示。

**示例 7-3** 在 RouterB、RouterC 和 RouterD 上配置静态路由。

```
[RouterB]ip route-static 192.168.1.0 24 192.168.2.1
[RouterB]ip route-static 192.168.4.0 24 192.168.3.2
[RouterB]ip route-static 192.168.5.0 24 192.168.3.2
[RouterC]ip route-static 192.168.1.0 24 192.168.3.1
[RouterC]ip route-static 192.168.2.0 24 192.168.3.1
[RouterC]ip route-static 192.168.5.0 24 192.168.4.2
[RouterD]ip route-static 192.168.1.0 24 192.168.4.1
[RouterD]ip route-static 192.168.2.0 24 192.168.4.1
[RouterD]ip route-static 192.168.3.0 24 192.168.4.1
```

配置好静态路由后,可以在各路由器上执行 display ip routing-table 命令查看 IP 路由表,以验证配置结果。示例 7-4 所示的仅是 RouterA 上的 IP 路由表输出,从中可以看出,在 IP 路由表中已经有三条静态路由,其他均为直连路由。

示例 7-4
RouterA 上 display ip routing-table 命令输出结果。

```
[RouterA]display ip routing-table
Route Flags: R-relay,D-download to fib
----------------------------------------
Routing Tables: Public
         Destinations : 13       Routes : 13
Destination/Mask    Proto   Pre Cost Flags NextHop      Interface
      127.0.0.0/8   Direct  0   0     D    127.0.0.1    InLoopBack0
      127.0.0.1/32  Direct  0   0     D    127.0.0.1    InLoopBack0
127.255.255.255/32  Direct  0   0     D    127.0.0.1    InLoopBack0
    192.168.1.0/24  Direct  0   0     D    192.168.1.1  GigabitEthernet0/0/0
    192.168.1.1/32  Direct  0   0     D    127.0.0.1    GigabitEthernet0/0/0
  192.168.1.255/32  Direct  0   0     D    127.0.0.1    GigabitEthernet0/0/0
    192.168.2.0/24  Direct  0   0     D    192.168.2.1  GigabitEthernet0/0/1
    192.168.2.1/32  Direct  0   0     D    127.0.0.1    GigabitEthernet0/0/1
  192.168.2.255/32  Direct  0   0 D   127.0.0.1    GigabitEthernet0/0/1
    192.168.3.0/24  Static  60  0     RD   192.168.2.2  GigabitEthernet0/0/1
    192.168.4.0/24  Static  60  0     RD   192.168.2.2  GigabitEthernet0/0/1
    192.168.5.0/24  Static  60  0     RD   192.168.2.2  GigabitEthernet0/0/1
255.255.255.255/32  Direct  0   0     D    127.0.0.1    InLoopBack0
```

可以用 ping 或者 tracert 命令验证 PC 和 Server 之间的连通性，利用 tracert 命令验证的结果如示例 7-5 所示。

示例 7-5
利用 tracert 命令验证 PC 和 Server 之间的连通性。

```
PC> tracert 192.168.5.100

traceroute to 192.168.5.100,8 hops max
（ICMP）,press Ctrl+ C to stop
1  192.168.1.1   31 ms  16 ms   < 1 ms
2  192.168.2.2   31 ms  16 ms  15 ms
3  192.168.3.2   47 ms  16 ms  31 ms
4  192.168.4.2   31 ms  32 ms  31 ms
5  192.168.5.100   31 ms   31 ms   32 ms
```

◆ **7.3.2  默认路由**

默认路由也称为缺省路由，指的是路由表中未直接列出目标网络的路由选择项，它用于在不明确的情况下指明数据包的下一跳的方向。在路由表中，默认路由以到网络 0.0.0.0/0 的路由形式出现，用 0.0.0.0 作为目的网络号，用 0.0.0.0 作为子网掩码。每个 IP 地址与子网掩码 0.0.0.0 进行二进制"与"操作后的结果都得 0，与目的网络号 0.0.0.0 相同，因此用 0.0.0.0/0 作为目的网络的路由记录符合所有的网络。路由器如果配置了默认路由，则所有未明确指明目标网络的数据包都按默认路由进行转发。

默认路由一般使用在 stub 网络中（又称末端网络），stub 网络是只有一条出口路径的网络，如图 7-10 所示。使用默认路由来发送那些目标网络没有包含在路由表中的数据包。

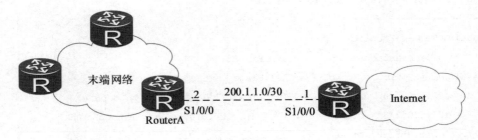

图 7-10    末端网络与默认路由

在路由器上合理配置默认路由能够减少路由表中路由表项数量，节省路由表空间，加快路由匹配速度。默认路由可以手动配置，也可以由某些动态路由协议生成，如 OSPF、IS-IS 和 RIP 等。

静态路由的配置在系统视图下进行，命令如下。

**ip route-static** 0.0.0.0 { 0.0.0.0 | 0 } { *ip-address* | *interface-id* } [ **preference** *preference-value* ]

在如图 7-10 所示的网络中，RouterA 连接了一个末端网络，末端网络中的流量都通过 RouterA 到达 Internet，RouterA 是一个边缘路由器。在 RouterA 上可以采用如下两种方法配置默认路由：

[RouterA]ip route-static 0.0.0.0 0 Serial1/0/0

或者

[RouterA]ip route-static 0.0.0.0 0 200.1.1.1

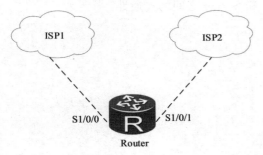

图 7-11    路由备份

### 7.3.3    浮动静态路由

浮动静态路由不同于其他路由，它仅仅会在首选路由发生故障的时候出现。浮动静态路由主要考虑链路的冗余性能。

在图 7-11 中，某企业网络使用一台出口路由器连接到不同的 ISP。如果想实现负载均衡，则可配置两条默认路由，下一跳指向两个不同的接口，配置如示例 7-6 所示。

 配置静态路由实现负载均衡。

[Router]ip route-static 0.0.0.0 0.0.0.0 Serial1/0/0

[Router]ip route-static 0.0.0.0 0.0.0.0 Serial1/0/1

[Router]display ip routing-table

Route Flags: R-relay,D-download to fib

------------------------------------

Routing Tables: Public

```
        Destinations : 13        Routes : 14
Destination/Mask    Proto   Pre  Cost      Flags NextHop          Interface
   0.0.0.0/0        Static  60   0          D   200.1.1.100       Serial1/0/0
                    Static  60   0          D   100.1.1.100       Serial1/0/1
      100.1.1.0/24  Direct  0    0          D   100.1.1.100       Serial1/0/1
   ......
```

配置完成后,网络内访问 ISP 的数据报文被路由器从两个接口 S1/0/0 和 S1/0/1 转发到 ISP,这样可以提高路由器到 ISP 的链路带宽利用率。

通常,负载均衡应用在几条链路带宽相同或相近的场合,但如果链路间的带宽不同,则可以使用路由备份的方式。例如,在图 7-11 所示的网络中,假设路由器通过 S1/0/1 接口到达 ISP 的链路是一条带宽很低的拨号链路,我们就需要让这条链路作为备份链路,只有主链路出现故障时才启用该链路。

要实现路由备份,则需要浮动静态路由。在图 7-11 所示的网络中,通过配置浮动静态路由,可以让路由器通过 S1/0/0 接口到达 ISP 的链路为主链路,而通过 S1/0/1 接口到达 ISP 的链路为备份链路,具体配置如示例 7-7 所示。

**示例 7-7** 配置浮动静态路由。

```
[Router]ip route-static 0.0.0.0 0.0.0.0 Serial1/0/0
[Router]ip route-static 0.0.0.0 0.0.0.0 Serial1/0/1 preference 80
```

在示例 7-6 中,从备份链路到达 ISP 的静态路由后面跟了 preference 80,把该路由的优先级设置为 80,默认情况下静态路由的优先级为 60,该值越大则优先级越低。当到达相同的网络存在两条路径时,路由器将会选择优先级值较低的路径。

当主链路正常时,路由器通过 S1/0/0 接口到达 ISP;当主链路出现故障时,路由器 S1/0/0 接口的状态为 down,路由器会把到达 ISP 的路由切换到优先级为 80 的备份链路,如示例 7-8 所示。

**示例 7-8** 浮动静态路由在路由表中的表现。

```
// (1) 主链路正常时的路由表
[Router]display ip routing-table
Route Flags: R-relay,D-download to fib
---------------------------------------
Routing Tables: Public
        Destinations : 13        Routes : 13
Destination/Mask    Proto   Pre  Cost      Flags NextHop          Interface
0.0.0.0/0           Static  60   0          D   200.1.1.100       Serial1/0/0
100.1.1.0/24        Direct  0    0          D   100.1.1.100       Serial1/0/1
......
// (2) 主链路出现故障后的路由表
[Router]display ip routing-table
Route Flags: R-relay,D-download to fib
-------------------------------------------------
Routing Tables: Public
```

```
        Destinations : 9          Routes : 9
Destination/Mask    Proto    Pre  Cost     Flags NextHop         Interface
     0.0.0.0/0      Static   80   0        D     100.1.1.100     Serial1/0/1
     100.1.1.0/24   Direct   0    0        D     100.1.1.100     Serial1/0/1
     ……
```

◆ 7.3.4　静态黑洞路由的应用

在配置静态路由时，对应接口可以配置为 NULL 0。NULL 接口是一个特别的接口，无法在 NULL 接口上配置 IP 地址，否则路由器会提示配置非法。一个没有 IP 地址的接口能够做什么用呢？此接口单独使用没有意义，但是在一些网络中正确使用能够避免路由环路。

图 7-12 所示为一种常见的网络规划方案。RouterD 作为汇聚层设备，下面连接有很多台接入层路由器：RouterA、RouterB、RouterC 等。接入层路由器上都配置有默认路由，指向 RouterD；相应地，RouterD 上配置有目的地址为 10.0.0.0/24、10.0.1.0/24、10.0.2.0/24 的静态路由，回指到 RouterA、RouterB、RouterC 等；同时为了节省路由表空间，RouterD 上配置有一条默认路由指向 RouterE。由于这些接入层路由器所连接的网段是连续的，可以聚合成一条 10.0.0.0/16 的路由，于是在 RouterE 上配置到 10.0.0.0/16 的路由，指向 RouterD。

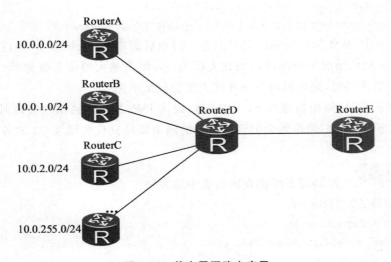

图 7-12　静态黑洞路由应用

上述网络在正常情况下可以很好地运行，但如果出现如下意外情况，就会产生路由环路。假设 RouterC 到 RouterD 之间的链路由于故障中断，那么在 RouterD 上去往 10.0.2.0/24 的指向 RouterC 的路由就会失效。此时，如果 RouterA 所连接网络中的一个用户发送一个目的地址为 10.0.2.11 的报文，则 RouterA 将此报文发送到 RouterD，由于 RouterD 上去往 10.0.2.0/24 的路由失效，所以选择默认路由，将报文发送给 RouterE，RouterE 查询路由表后发现该路由匹配 10.0.0.0/16，于是又将报文发送给 RouterD。同理，RouterD 会再次将报文发送给 RouterE，此时，在 RouterD 和 RouterE 之间就会产生路由环路。

解决上述问题的最佳方案就是在 RouterD 上配置一条黑洞路由，配置命令如下：

```
[Router]ip route-static 10.0.0.0 255.255.0.0 null 0
```

这样,如果再发生上述情况,RouterD 就会查找路由表,并将报文发送到 NULL 接口 (实际上就是丢弃报文),从而避免环路的产生。

**路由协议基础**

◆ **7.4.1 路由协议概述**

路由协议是用来计算、维护路由信息的协议。路由协议通常采用一定的算法来产生路由,并有一定的方法确定路由的有效性来维护路由。

使用路由协议后,各路由器间会通过相互连接的网络,动态地相互交换所知道的路由信息。通过这种机制,网络上的路由器会知道网络中其他网段的信息,动态地生成、维护相应的路由表。如果到目的网络有多条路径,而且其中的一个路由器由于故障而无法工作时,到远程网络的路由可以自动重新配置。

如图 7-13 所示,为了从网段 192.168.1.0 到达 192.168.2.0,可以在 RouterA 上配置静态路由指向 RouterD,通过 RouterD 最后到达 192.168.2.0。如果 RouterD 出现了故障,就必须由网络管理员手动修改路由表,由 RouterB 到达 192.168.2.0 网段,以此来保证网络畅通。如果运行了路由协议,情况就不一样了,当 RouterD 出现故障后,路由器之间会通过动态路由协议来自动发现另外一条到达目的网络的路径,并修改路由表,保证网络畅通。

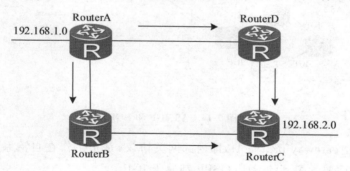

图 7-13 路由协议自动发现路径

使用路由协议后,路由表的维护不再是由网络管理员手动进行,而是由路由协议来自动管理。采用路由协议管理路由表在大规模的网络中是十分有效的,它可以大大减少管理员的工作量。由于每台路由器上的路由表都是由路由协议通过互相交换路由信息自动生成的,管理员就不需要去维护每台路由器上的路由表,而只需要在路由器上配置路由协议。另外,采用路由协议后,网络对拓扑结构变化的响应速度会大大提高。无论是网络正常的增减,还是异常的网络链路损坏,相邻的路由器都会检测到它的变化,会把网络拓扑的变化通知给网络中的其他路由器,使它们的路由表也产生相应的变化。这样的过程比手动对路由的修改要快得多、准确得多。

由于路由协议的这些特点,在当今的网络中,动态路由是组建网络的主要选择方案。在路由器少于 10 台的网络中,可能会采用静态路由,如果网络规模进一步增大,人们一定会采用路由协议来管理路由表。

### 7.4.2 自治系统、IGP 和 EGP

互联网是由世界上许多个电信运营商的网络互联起来组成的,这些电信运营商所服务的范围一般是一个国家或地区,它们各自可能使用不同的动态路由协议,或者在一个电信运营商内部的不同地区之间,也可能使用不同的动态路由协议。为了让这些使用不同路由协议的网络内部及网络之间可以正常地工作,也为了使这些分属于不同机构的网络边界不至于混乱,互联网的管理者使用了自治系统。

所谓自治系统(autonomous system,AS)就是处在一个统一管理的域下的一组网络的集合。在一般情况下,从协议的方面来看,我们可以把运行同一种路由协议的网络看成是一个AS;从地理区域方面来看,一个电信运营商或者具有大规模网络的企业也可以被分配一个或者多个 AS,如图 7-14 所示。

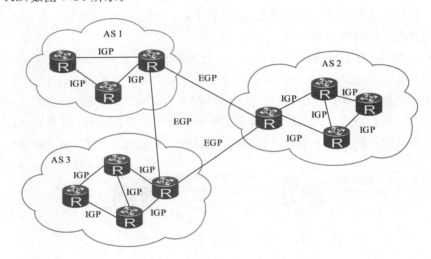

图 7-14　AS、IGP 和 EGP

IGP(interior gateway protocol),即内部网关协议,是指工作在自治系统内部的动态路由协议。我们后面要学习到的 RIP、OSPF 都属于 IGP。

EGP(exterior gateway protocol),即外部网关协议,是指在自治系统之间负责路由的路由协议,如 BGP 协议。各个运行不同 IGP 协议的自治系统就是由 EGP 连接起来的。

### 7.4.3 邻居关系

邻居关系对于运行动态路由协议的路由器来说,是至关重要的。

如图 7-15 所示,在使用动态路由协议(如 OSPF 路由协议或者 EIGRP 路由协议)的网络里,RouterA 必须先与自己的邻居 RouterB 建立起邻居关系,然后,RouterA 才会把自己所知道的路由或者拓扑链路信息告诉给 RouterB。

路由器之间想要建立和维持邻居关系,互相之间也需要周期性地保持联系,这就是路由器之间为什么会周期性地发送一些 Hello 包的原因。

一旦在路由协议所规定的时间里(这个时间一般是 Hello 包发送周期的 3 倍或 4 倍),路由器没有收到某个邻居的 Hello 包,它就会认为那个邻居已经出故障了,从而开始一个触发的路由收敛过程,并且发出消息把这一事件告诉其他的邻居路由器。

链路状态路由协议和混合型路由协议都使用 Hello 包维持邻居关系。

### ◆ 7.4.4 路由优先级

我们在使用路由协议的时候,经常遇到这样的情况,一台路由器上,可能会启用两种或者多种路由协议。由于每种路由协议计算路由的算法都不一样,可能会出现如图 7-16 所示的情况。

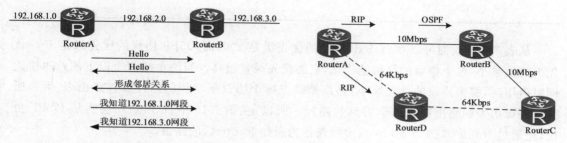

图 7-15  路由器之间的邻居关系  　　　图 7-16  RIP 协议和 OSPF 协议选择的最佳路由不同

在图 7-16 中,四台路由器上都启用了两种路由协议 RIP 和 OSPF。从 RouterA 到 RouterC 有两条路径,一条是通过 RouterD 到达 RouterC 的 64kbps 串行链路,一条是通过 RouterB 到达 RouterC 的 10Mbps 以太线。RIP 计算路由的时候使用的是到达目的网段的路径上所经过的路由器的数量,图 7-16 中两条路径各经过了一台路由器,所以它认为 64kbps 串行链路的路径和 10Mbps 以太线的路径都是最佳的;OSPF 计算路由的时候使用路径的带宽来计算,所以它认为 10Mbps 以太线的路径是最佳的。那么 RouterA 在这个时候应该听谁的呢? 我们必须有一种方法来让路由器自动选择听从其中的一种路由协议所学习到的路由。

路由优先级(preference)代表了路由协议的可信度。

在计算路由信息的时候,因为不同路由协议所考虑的因素不同,所计算出的路径也可能会不同。具体表现就是到相同的目的地址,不同的路由协议(包括静态路由)所生成路由的下一跳可能会不同。在这种情况下,路由器会选择具有较高优先级(数值越小优先级越高)的路由协议发现的路由为最优路由,并将其加入到路由表中。

每种路由协议都有一个被规定好的用来判断路由协议优先级的值,不同厂家的路由器对于各种路由协议优先级的规定各不相同。华为路由器的默认优先级如表 7-3 所示。

表 7-3  路由协议及默认的路由优先级

| 路 由 协 议 | 默认的路由优先级 |
|---|---|
| DIRECT | 0 |
| OSPF | 10 |
| IS-IS | 15 |
| STATIC | 60 |
| RIP | 100 |
| OSPF ASE | 150 |

续表

| 路 由 协 议 | 默认的路由优先级 |
|---|---|
| OSPF NSSA | 150 |
| IBGP | 255 |
| EBGP | 255 |
| UNKNOWN | 255 |

从表 7-3 中我们可以看出,RIP 协议的优先级是 100,而 OSPF 协议的优先级是 15。优先级的值越小,这个协议的算法越优化,它的优先级就越高。当两个或两个以上的路由协议同时启用时,哪个协议的优先级小,路由器就把哪个协议所学到的路径放进路由表,而不听从优先级值大的路由协议所学习到的路径。所以,在图 7-16 中,RouterA 会听从 OSPF 协议,把通过 RouterB 的 10Mbps 以太线路作为通往 RouterC 的路由。

### ◆ 7.4.5　路径决策、度量值、收敛和负载均衡

所有的路由协议都是围绕着一种算法来构建的。通常,一种算法是一个逐步解决问题的过程。一种路由算法至少应指明以下内容。

(1)向其他路由器传送网络可达性信息的过程。

(2)从其他路由器接收可达信息的过程。

(3)基于现有的可达信息决策最优路由的过程以及在路由表中记录这些信息的过程。

(4)响应、修正和通告网络中拓扑变化的过程。

对所有的路由选择协议来说,它们共同的问题是路径决策、度量值、收敛和负载均衡。

**1. 路径决策**

在网络中,如果路由器有一个接口连接到一个网络中,那么这个接口必须具有一个属于该网络的地址,这个地址就是可达信息的起始点。

图 7-17 给出了一个包含 3 台路由器的网络。RouterA 知道有 192.168.1.0、192.168.2.0 和 192.168.3.0 这 3 个网络存在,因为 RouterA 有接口连接到这些网络上,并且配置了相应地址和子网掩码,同样,RouterB 和 RouterC 也知道各自直连网络的存在。由于每个接口都实现了所连接网络的数据链路层和物理层协议,因此路由器也知道网络的状态(工作正常"up"或发生故障"down")。

下面我们以 RouterA 为例,了解路由器之间进行信息共享的过程。

**步骤 1**　RouterA 检查自己的 IP 和子网掩码,然后推导出与自身直接的网络是 192.168.1.0、192.168.2.0 和 192.168.3.0。

**步骤 2**　RouterA 将这些网络连同某种标记一起保存到路由表中,其中标记指明了网络是直连网络。

**步骤 3**　RouterA 向数据包中加入以下信息:"我的直连网络是 192.168.1.0、192.168.2.0 和 192.168.3.0。"

**步骤 4**　RouterA 向 RouterB 和 RouterC 发送这些路由信息数据包的拷贝,或者

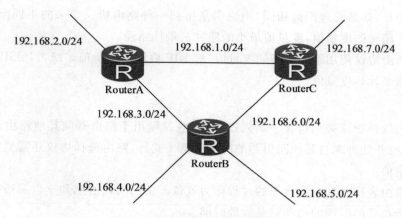

**图 7-17　路由器共享路由信息**

称为路由更新报文。

　　RouterB 和 RouterC 执行与 RouterA 完全相同的步骤,并且也向 RouterA 发送带有与它们直连的网络的更新报文。RouterA 将接收到的信息连同发送路由器的源地址一起写入路由表。现在 RouterA 知道了所有的网络,而且还知道连接这些网络的路由器的地址。

　　这个过程看似很简单,其实通过路由协议实现起来非常复杂,具体分析如下。

　　(1)RouterA 将来自 RouterB 和 RouterC 的更新信息保存到路由表之后,它应该用这些信息做什么? 例如,RouterA 是否应该将 RouterC 的数据包信息传递给 RouterB?

　　(2)如果 RouterA 没有转发这些更新消息,那么就不能完成信息共享。例如,如果 RouterB 和 RouterC 之间的链路不存在,那么这两台路由器就无法知道对方的网络。因此 RouterA 必须转发那些更新信息,但是这样做又产生了新的问题。

　　(3)如果 RouterA 从 RouterB 和 RouterC 那里知道网络 192.168.4.0,那么为了到达该网络应该使用哪一台路由器呢? 它们都是合法的吗? 谁是最优路径呢?

　　(4)什么机制可以确保所有的路由器能接收到所有的路由信息,而且这种机制还可以阻止更新数据包在网络中无休止地循环下去呢?

　　(5)如果路由器共享某个直连网络(192.168.1.0、192.168.3.0 和 192.168.6.0),那么路由器是否仍旧应该通告这些网络呢?

　　正是这些问题造成了路由协议的复杂性,每种路由协议都必须解决这些问题。这些问题在后面章节的学习中会变得逐渐清晰。

　　**2. 度量值**

　　在网络中,为了保证网络的稳定性和畅通,通常会连接很多的冗余链路。这样,当一条链路出现故障时,还可以有其他路径把数据包传递到目的地。当使用路由协议来学习路由时,若有多条路径可以到达相同的目的网络,路由器需要一种机制来计算最佳路径,这就用到了度量值。

　　所谓度量值,就是路由协议根据自己的路由算法计算出来的一条路径的优先级。当有多条路径可以到达同一个的目的网络时,度量值最小的路径是最佳路径,应该进入路由表。

　　当路由器学习到到达同一个目的网络的多条路径时,它会先比较它们的管理距离。如果管理距离不同,则说明这些路径是由不同的路由协议学来的,路由器会认为管理距离小的路径是最佳路径;如果管理距离相同,则说明是由同一种路由协议学来的不同路径,路由器就会比较这些路径的度量值,度量值最小的路径是最佳路径。

不同的路由协议使用不同类型的度量值,如 RIP 协议的度量值是跳数,OSPF 协议则使用路径的带宽来计算度量值。

**3. 收敛**

动态路由选择协议必须包含一系列过程,这些过程用于路由器向其他路由器通告本地直连网络,接收并处理来自其他路由器的同类信息。此外,路由选择协议还需要定义决策最优路径的度量值。

使所有路由表都达到一致状态的过程称为收敛。全网实现信息共享以及所有路由器计算最优路径所花费的时间的总和就是收敛时间。

在任何路由协议中收敛时间都是一个重要的因素,在网络拓扑发生变化之后,一个网络收敛速度越快,说明路由选择协议越好。

**4. 负载均衡**

为了有效地使用带宽,负载均衡作为一种手段,将流量分配到相同目标网络的多条路径上。在图 7-17 中,所有的网络都存在两条可达路径。如果网络 192.168.2.0 上的设备向 192.168.6.0 上的设备发送一组数据流包,RouterA 可以经过 RouterB 或 RouterC 发送这些数据包。在这两种情况下,到目的网络的距离都是 1 跳。如果在一条路径上发送所有的数据包,将不能最有效地利用可用带宽,因此应该执行负载均衡交替使用两条路径。负载均衡可以是等代价或不等代价,基于数据包或基于源/目的地址的。

◆ **7.4.6  路由协议的分类**

路由协议的分类有很多的参考因素,从而就会有不同的分类标准,下面我们介绍三种主要的分类。

**1. 按运行的区域范围分类**

根据路由协议是否运行在同一个自治系统内部,我们把路由协议分为以下两类。

(1)IGP:内部网关协议,用来在同一个自治系统内部交换路由信息。例如,RIP、OSPF 和 EIGRP 等都属于 IGP。

(2)EGP:外部网关协议,用来在不同的自治系统之间交换路由信息。

**2. 按路由学习的算法分类**

根据路由器学习路由和维护路由表的算法,我们把路由协议大体上分为以下三类。

(1)距离矢量路由协议:根据距离矢量算法,确定网络中节点的方向与距离。属于距离矢量类型的路由协议有 RIPv1、RIPv2 等路由协议。

(2)链路状态路由协议:根据链路状态算法,计算生成网络的拓扑。属于链路状态类型的路由协议有 OSPF、IS-IS 等路由协议。

(3)混合型路由协议:既具有距离矢量路由协议的特点,又具有链路状态路由协议的特点。混合型路由协议的代表是 EIGRP 协议,它是 Cisco 公司自己开发的路由协议。

**3. 按能否学习到子网分类**

按能否学习到子网可以把路由协议分为有类路由协议和无类路由协议两种。

1）有类路由协议

有类路由协议不支持可变长子网掩码，不能从邻居那里学习到子网，所以关于子网的路由在被学到时都会被自动变成子网的主类网，如图 7-18 所示。

RouterA 在学到自己直连的网段时可以认出子网，而在从 RouterB 和 RouterC 那里学习到 3.1.0.0/16 和 4.1.0.0/16 两个子网时就自动把它们变成了主类网 3.0.0.0 和 4.0.0.0。同样，RouterB 和 RouterC 也把从别的路由器那里学来的子网变成了主类网。

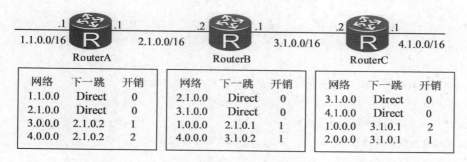

图 7-18　有类的路由协议学习不到子网

2）无类路由协议

无类路由协议支持可变长子网掩码，能够从邻居那里学习到子网，所以关于子网的路由在被学到时不会被变成子网的主类网，而是以子网的形式进入路由表。如图 7-19 所示，所有运行无类路由协议的路由器都可以学习到子网。

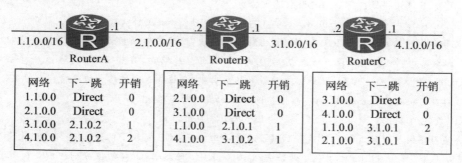

图 7-19　无类的路由协议可以学习到子网

 **本章小结**

本章介绍了 IP 路由技术的基础知识，具体如下。

（1）路由的基本概念，路由器是如何进行路径选择的。

（2）路由表的组成、来源以及路由器根据路由表转发数据包的过程。

（3）路由器的相关知识，包括路由器的组成、启动过程以及路由器的基本配置。

（4）静态路由、默认路由、浮动静态路由以及静态黑洞路由的原理与配置。

（5）动态路由协议的基础知识。

## 习题7

**1. 选择题**

(1) 运行在自治系统之间的路由选择协议是(　　)。

A. RIP　　　　　　　B. OSPF　　　　　　C. EIGRP　　　　　　D. BGP

(2) 在路由表中 0.0.0.0 代表(　　)。

A. 静态路由　　　　B. 动态路由　　　　C. 默认路由　　　　D. RIP 路由

(3) 路由器是根据(　　)来进行选路和转发数据包的?

A. 访问控制列表　　B. MAC 地址表　　　C. 路由表　　　　　D. ARP 缓存表

(4) 当路由器接收到的数据的 IP 地址在路由表中找不到对应路由时,会进行(　　)操作。

A. 丢弃数据　　　　B. 分片数据　　　　C. 转发数据　　　　D. 泛洪数据

(5) 关于路由来源,以下说法不正确的是(　　)。

A. 设备自动发现的直连路由　　　　　B. 手工配置的静态路由

C. 路由协议发现的路由　　　　　　　D. 以上都不是

(6) 静态路由协议默认的优先级是(　　)。

A. 0　　　　　　　　B. 10　　　　　　　C. 60　　　　　　　D. 150

(7) 下面命令中用来在华为路由器上配置静态路由的是(　　)。

A. ip route　　　　　B. ip routing　　　　C. ip route-static　　D. ip address

(8) 以下 4 条路由都以静态路由的形式存在于某路由的 IP 路由表中,那么该路由器对于目的 IP 地址为 8.1.1.1 的 IP 报文将根据(　　)路由来进行转发。

A. 0.0.0.0/0　　　　B. 8.0.0.0/8　　　　C. 8.1.0.0/16　　　　D. 18.0.0.0/16

(9) 某台路由器同时运行了 RIP 和 OSPF 两种路由协议,这两种路由协议都发现了一条去往 10.0.0.0/8 的路由,该路由器还自动发现了一条去往 10.0.0.0/8 的直连路由,另外还手工配置了一条去往 10.0.0.0/8 的路由。那么默认情况下,去往 10.0.0.0/8 的路由中,会被加入到该路由的路由表中的是(　　)。

A. 路由器自动发现的直连路由　　　　B. 手动配置的静态路由

C. RIP 发现的路由　　　　　　　　　D. OSPF 发现的路由

(10) 某台路由器同时运行了 RIP 和 OSPF 两种路由协议,RIP 发现了两条去往 10.0.0.0/8 的路由,Cost 的值分别为 5 和 7;OSPF 也发现了两条去往 10.0.0.0/8 的路由,Cost 的值分别为 100 和 101;那么默认情况下,去往 10.0.0.0/8 的路由中,会被加入到该路由的路由表中的是(　　)。

A. 10.0.0.0/8(RIP,Cost 为 5)　　　　B. 10.0.0.0/8(RIP,Cost 为 7)

C. 10.0.0.0/8(OSPF,Cost 为 100)　　D. 10.0.0.0/8(OSPF,Cost 为 101)

**2. 问答题**

(1) 简述路由表的产生方式。

(2) 静态路由和动态路由各自的特点是什么?

(3) 路由表中需要保存哪些信息?

(4) 什么是浮动静态路由?

(5) 什么是路由选择协议?

(6) 为什么路由选择协议要使用度量?

# 第8章 RIP 路由协议

动态路由协议能够自动发现和计算路由,并在网络拓扑发生变化时自动更新路由表,无须人工维护。最早的动态路由协议是 RIP 协议,属于距离矢量路由协议。该协议原理简单,配置容易,但无法避免路由环路。

学习完本章,要达成以下目标。

●理解距离矢量路由协议的原理。

●理解距离矢量路由协议的路由学习过程。

●了解距离矢量路由协议的路由环路产生原因。

●了解 RIP 路由协议的特点。

●掌握 RIP 路由信息的生成和维护。

●掌握路由环路的避免方法。

●掌握 RIP 路由协议的相关配置。

## 8.1 距离矢量路由协议原理

大多数路由选择协议都属于如下两类的其中之一:距离矢量路由协议和链路状态路由选择协议。这里首先对距离矢量路由协议的基础内容进行分析,在下一章中将讨论链路状态路由选择协议。

距离矢量名称的由来是因为路由是以矢量(距离,方向)的方式被通告出去的,其中距离是根据度量定义的,方向是根据下一条路由器定义的。运行距离矢量路由协议的路由器不知道整个网络的拓扑结构,每台路由器通过从邻居传递过来的路由表学习路由。因为每台路由器在信息上都依赖于邻居,而邻居又从它们的邻居那里学习路由,依此类推。所以距离矢量路由选择有时又被认为是"依照传闻进行路由选择"。

距离矢量路由协议包括 RIPv1、RIPv2 等。

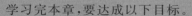

### ◆ 8.1.1 距离矢量路由协议通用属性

典型的距离矢量路由选择协议通常会使用一个路由选择算法,算法中路由器通过广播整个路由表,定期地向所有邻居发送路由更新信息。

**1.定期更新**

定期更新(periodic updates)意味着每经过特定的时间周期就要发送更新信息。这个时间周期从 10s(AppleTalk 的 RTMP)到 90s(Cisco 的 IGRP)。这里有争议的是如果更新信息发送过于频繁可能会引起拥塞;但如果更新信息发送不频繁,收敛时间可能长得不能被接受。

**2. 邻居**

在路由器上下文中,邻居(neighbours)通常意味着共享相同数据链路的路由器或某种更高层的逻辑邻接关系。距离矢量路由选择协议向邻居发送更新信息,并依靠邻居再向它的邻居传递更新信息。

**3. 广播更新**

当路由器首次在网络上被激活时,路由器怎样寻找其他路由器呢？它将如何宣布自己的存在呢？这里有几种方法可以采用。最简单的方法是向广播地址发送(在 IP 网络中,广播地址是 255.255.255.255)更新信息,称为广播更新(broadcast updates)。使用相同路由选择协议的邻居将会接收广播数据包并采取相应的动作,不关心路由更新信息的主机和其他设备则丢弃该数据包。

**4. 全路由表更新**

大多数距离矢量路由选择协议使用非常简单的方式告诉邻居它所知道的一切,该方式就是广播它的整个路由表,但后面我们会讨论几个特例。邻居在收到这些更新信息之后,它们会收集自己需要的信息,而丢弃其他信息。

◆　**8.1.2　距离矢量路由协议路由学习过程**

为了维持所学路由的正确性及与邻居的一致性,运行距离矢量路由协议的路由器之间要周期性地向邻居传递自己的整个路由表,如图 8-1 所示,周期性传递的路由表被封装在路由更新包中。路由器就是依靠定期传递路由更新包来学习路由和维护路由的正确性。

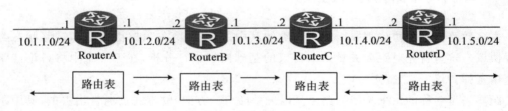

图 8-1　邻居之间周期性传递路由更新包

下面以图 8-2、图 8-3 为例,来说明运行距离矢量路由协议的路由器是如何通过交换路由更新包来学习路由的。

图 8-2　运行 RIP 协议的路由器的路由表初始状态

如图 8-2 所示,在路由协议刚刚开始运行时,路由器之间还没有开始互相发送路由更新包。

这时,路由器所具有的唯一信息就是它们的直连网络。因为直连网络的管理距离是 0,所以作为绝对的最佳路由直连网络是可以直接进入路由表的。路由表标识了这些网络,并且指明它们没有经过下一跳的路由器,是直接连接到路由器上的。为简单起见,图中的路由度量值使用跳数(到达目的地所经过的路由器的数量)来计算。由于是直连的网段,所以跳数是 0。

从图 8-2 中我们还可以看出,路由表中的条目是由目的网络、到达目的网络的下一跳地址、到达目的网络的跳数这些主要部分组成的。

路由器学到了自己直连的网段之后,就会向自己的邻居发送路由更新包。在路由更新包中,包含着发送的路由信息。这样路由器就学到了邻居的路由,如图 8-3 所示。

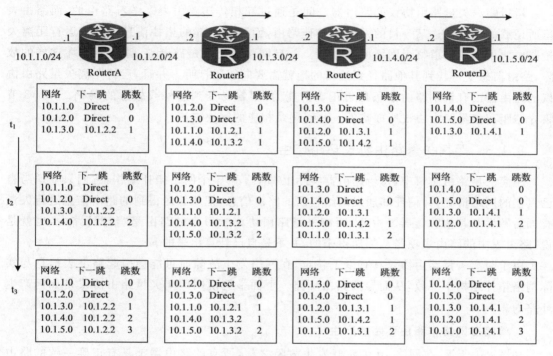

图 8-3　距离矢量路由协议逐跳收敛

在 t1 时刻,路由器接收并处理第一个更新信息。RouterA 从 RouterB 发送来的更新信息里发现路由 B 能够到达网络 10.1.2.0 和 10.1.3.0,由于到达这两个网段需要经过 RouterB,所以这两条路由的度量值是 1 跳。RouterA 收到 RouterB 的更新信息后,检查自己的路由表。路由表中显示网络 10.1.2.0 已知,且跳数为 0,小于 RouterB 通告的跳数,因此 RouterA 忽略此信息。

由于网络 10.1.3.0 对 RouterA 来说是新信息,所以 RouterA 将其写入到路由表中。更新数据包的的源地址是 RouterB 的接口地址(10.1.2.2),因此该地址连同跳数一起也被保存到路由表中。

> **注意:**
> 在 t1 时刻,其他路由器也执行了类似的操作。例如,RouterC 忽略了来自 RouterB 关于 10.1.3.0 的信息以及来自 RouterD 关于 10.1.4.0 的信息,但是保存了以下信息:经过 RouterB 的接口地址 10.1.3.1 可以到达网络 10.1.2.0 以及经过 RouterD 的接口地址 10.1.4.2 可以到达网络 10.1.5.0,并且 RouterC 到达这两个网络的距离都为 1 跳。

在 t2 时刻,随着更新周期再次到期,另一组更新消息被广播。RouterB 发送了更新的路由表;RouterA 再次将 RouterB 通告的路由信息与自己的路由表比较。像上次一样,RouterA 又一次丢弃了关于 10.1.2.0 的信息。由于网络 10.1.3.0 已知且跳数没有发生变化,所以该信息也被丢弃。唯有 10.1.4.0 被作为新的信息写入路由表中。

在 t3 时刻,网络已收敛。每台路由器都已经知道了每个网络以及到达每个网络的下一跳路由器的地址和距离跳数。

由以上分析可以看出,运行距离矢量路由协议的路由器是依靠和邻居之间周期性地交换路由表,从而一步一步学习到达远端的路由。

运行距离矢量路由协议的路由器之间是通过互相传递路由表来学习路由的,而路由表里所记载的只有到达某一目的网络的最佳路由,而不是全部的拓扑信息,因此,运行距离矢量路由协议的不知道整个网络的拓扑图。一旦网络中出现链路断路、路由器损坏这样的故障,路由器想要再找到其他路径到达目的地就需要向邻居打听。并且,运行距离矢量路由协议的路由器没有辨别路由信息是否正确的能力,很容易受到意外或故意的误导。8.1.3 节将介绍距离矢量路由协议所面临的一些问题及相应的解决方法。

### ◆ 8.1.3 距离矢量路由协议环路产生

距离矢量路由协议中,每台路由器实际上都不了解整个网络拓扑结构,它们只知道与自己直连的网络情况,并信任邻居发送给自己的路由信息,把从邻居得到的路由信息进行矢量叠加后转发给其他的邻居。由此,距离矢量路由协议学习到的路由是"传闻"路由,也就是说,路由表中的路由表项是从邻居得来的,并不是自己计算出来的。

由于距离矢量路由协议具有以上特点,在网络发生故障时可能会引起路由表信息与实际网络拓扑结构不一致,从而导致路由环路。下面举例说明距离矢量路由协议是如何产生环路的。

**1. 单路径网络中路由环路的产生**

如图 8-4 所示,在网络 10.1.4.0 发生故障之前,所有的路由器都具有正确一致的路由表,网络是收敛的。RouterC 与网络 10.1.4.0 直连,所以 RouterC 的路由表中表项 10.1.4.0 的跳数是 0;RouterB 通过 RouterC 学习到达 10.1.4.0 网段的路由,其跳数为 1,下一跳为 10.1.3.2。RouterA 通过 RouterB 学习到达 10.1.4.0 网段的路由,所以跳数为 2。

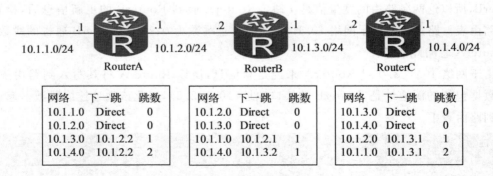

图 8-4    单路径网络中路由环路产生过程 1

如图 8-5 所示,当网络 10.1.4.0 发生故障,直连 RouterC 最先收到故障信息,RouterC

把网络 10.1.4.0 从路由表中删除,并等待更新周期到来后发送路由更新给相邻路由器。根据距离矢量路由协议的工作原理,所有路由器都要周期性地发送路由更新信息。所以,在 RouterC 的更新周期到来之前,若 RouterB 的路由更新周期到来,RouterB 会发送路由更新,更新中包含了自己的所有路由。

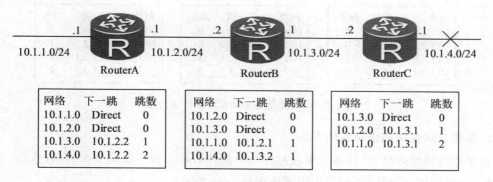

图 8-5  单路径网络中路由环路产生过程 2

RouterC 收到 RouterB 发来的路由更新后,发现路由更新中有 10.1.4.0 网段的路由,而自己的路由表中没有关于 10.1.4.0 网段的路由,就把这条路由表项添加路由表中,并修改下一跳为 10.1.3.1,跳数为 2。这样,RouterC 就记录了一条错误路由,如图 8-6 所示。

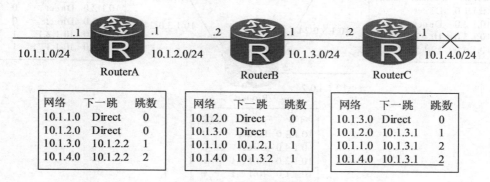

图 8-6  单路径网络中路由环路产生过程 3

这样,RouterB 认为通过 RouterC 可以去往网络 10.1.4.0,RouterC 认为通过 RouterB 可以去往网络 10.1.4.0。如果此时有目标地址为 10.1.4.3 的数据包到达 RouterB,RouterB 查询路由表,将数据包转发给 RouterC。RouterC 查询路由表又将数据包转发给 RouterB,RouterB 再转回给 RouterC,一直无穷尽地进行下去,因而导致路由环路发生。

由于没有采取任何防止路由错误的手段,错误的路由在网络里产生了。但是灾难还远没有结束,如图 8-7 所示。

当网络中的路由器下一次周期性地向邻居发送路由更新包时,RouterB 又会看见 RouterC 发给它的路由更新包里包含着关于 10.1.4.0 网段的路由,跳数是 2。RouterB 会把自己的这条路由的跳数改成 3,然后通过路由更新包告诉 RouterA,RouterA 会把自己的这条路由的跳数改成 4。

由于路由器之间还在周期性地不断地互相发送路由更新包,有关错误路由的跳数还将要继续增加下去,这种情况就称为计数到无穷大,因为到达 10.1.4.0 的跳数会持续增加到无穷大,网络中关于故障网络的路由将无法收敛。

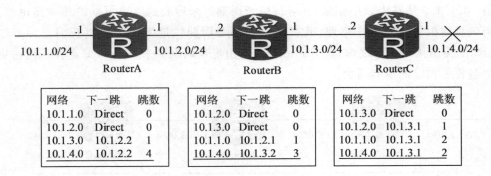

图 8-7　单路径网络中路由环路产生过程 4

**2. 多路径网络中路由环路的产生**

在多路径网络环境中,环路的生成过程与单路径有所不同。如图 8-8 所示,这是一个环形网络,已经收敛,各路由器的路由表项均正确。

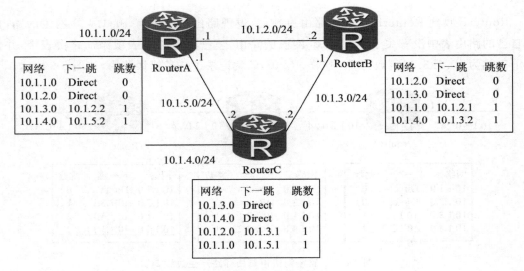

图 8-8　多路径网络中路由环路产生过程 1

若因为某种原因,网络 10.1.4.0 发生故障,RouterC 会向邻居 RouterA 和 RouterB 发送更新消息,告知 RouterA 和 RouterB 网络 10.1.4.0 经由 RouterC 不再可达。但是,假设 RouterB 已经收到 RouterC 的更新,而在 RouterC 的这个路由更新到达 RouterA 之前,RouterA 的更新周期恰巧到来,RouterA 会向 RouterB 发送路由更新,其中含有关于 10.1.4.0 网段的路由,跳数是 2。RouterB 收到 RouterC 的路由更新后已经将到达 10.1.4.0 网段路由标记为不可达,所以收到 RouterA 的路由更新后,会向自己的路由表中加入关于 10.1.4.0 的路由表项,下一跳指向 RouterA,跳数为 2,如图 8-9 所示。

在 RouterB 的更新周期到来后,RouterB 会向 RouterC 发送路由更新,RouterC 据此更新自己的路由表,修改关于 10.1.4.0 的路由表项,下一跳指向 RouterB,跳数为 3,如图 8-10 所示。至此路由环路形成。

同样,RouterC 也会向 RouterA 发送路由更新,RouterA 更新自己的路由表项 10.1.4.0,下一跳指向 RouterC,跳数为 4。如此反复,每台路由器中路由表项 10.1.4.0 的跳数不断

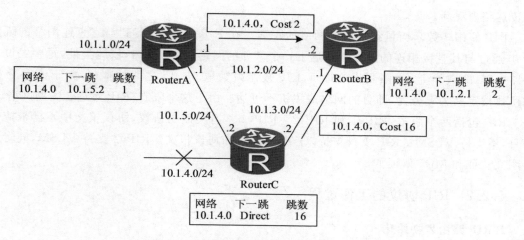

图 8-9　多路径网络中路由环路产生过程 2

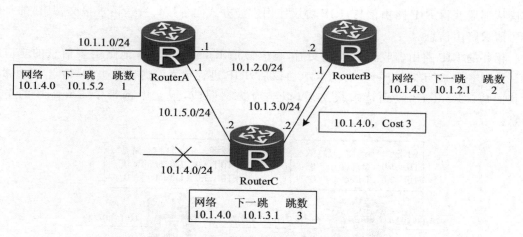

图 8-10　多路径网络中路由环路产生过程 3

增大,网络无法收敛。

　　由于协议算法的限制,距离矢量路由协议会产生路由环路。为了避免环路,具体的路由协议会有一些相应的特性来减少产生路由环路的机会。具体的环路避免措施我们将在下面进行详细介绍。

## 8.2　RIP 协议

### ◆　8.2.1　RIP 路由协议概述

　　RIP 是一种较为简单的内部网关协议,基于距离矢量算法,主要应用于规模较小的网络中,比如校园网以及结构较简单的地区性网络。由于 RIP 的实现较为简单,在配置和维护方面也远比 OSPF 和 IS-IS 容易,因此在实际组网中有广泛的应用。

　　RIP 协议的处理是通过 UDP 520 端口来操作的。所有的 RIP 消息都被封装在 UDP 报文中,源和目的端口字段被设置为 520。RIP 定义了两种报文类型:请求报文(request message)和响应报文(response message)。请求报文用来向邻居请求路由信息,响应报文用来传送路由更新。

　　RIP 使用跳数来衡量到达目的网络的距离。在 RIP 中,路由器到与它直连网络的跳数为 0,通过与其直接相连的路由器到达下一个紧邻的网络的跳数为 1,依此类推,每多经过一台路由器,跳数加 1。为限制收敛时间,RIP 规定跳数取 0～15 之间的整数,大于或等于 16 的跳数被定义为无穷大,即目的网络或主机不可达。由于这个限制,RIP 不适合大型网络。

　　RIP 包括两个版本:RIPv1 和 RIPv2。RIPv1 是有类路由协议,协议报文中不携带掩码信息,不支持 VLSM。RIPv1 只支持以广播方式发布协议报文。RIPv2 支持 VLSM,同时支持明文认证和 MD5 认证。

### ◆ 8.2.2　RIP 协议的工作过程

#### 1. RIP 路由表初始化

　　在未启动 RIP 的初始状态下,路由表中仅包含本路由器的直连路由。RIP 启动后,为了尽快从邻居获得 RIP 路由信息,RIP 协议使用广播方式向各接口发送请求报文,其目的是向邻居请求路由信息。

　　相邻的 RIP 路由器收到请求报文后,响应该请求,回送包含本地路由表信息的响应报文。如图 8-11 所示,RouterA 启动 RIP 协议后,RIP 进程负责发送请求报文,请求 RIP 邻居对其回应。RouterB 收到请求报文后,以响应报文回应,报文中携带了 RouterB 的全部信息。

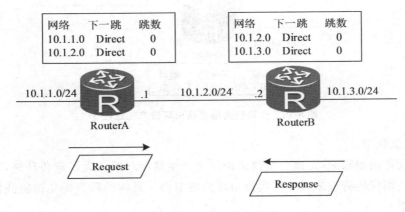

图 8-11　RIP 路由表初始化

#### 2. RIP 路由表更新

　　当 RIP 路由器收到其他路由器发出的 RIP 路由更新报文时,它将开始处理附加在更新报文中的路由更新信息,并更新本地路由表。路由表的更新原则如下。

　　(1) 对于本地路由表中不存在的路由项,路由器则将新的路由连同通告路由器的地址(作为路由的下一跳地址)一起加入到自己的路由表中,这里通告路由器的地址可以从更新数据报的源地址字段读取。

　　(2)对于本地路由表中已有的路由项,如果新的路由项拥有更小的跳数,则更新该路由项。

　　(3)对于本地路由表中已有的路由项,如果新的路由项拥有相同或更大的跳数,RIP 路由器将判断这条更新与已有的路由项是否来自相同的 RIP 邻居：如果是则该路由将被接受，然后路由器更新自己的路由表；否则这条路由将被忽略。

图 8-12 所示的是这个过程的流程图，从中可以清晰地看到 RIP 路由协议接收更新路由的判断过程。

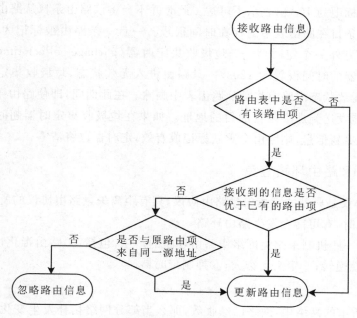

**图 8-12　RIP 路由表更新**

### 3. RIP 路由表的维护

RIP 路由信息的维护是由定时器来完成的。RIP 协议定义了以下四个重要的定时器。

（1）更新定时器（update timer）：定义了发送路由更新的时间间隔。默认值为 30s。

（2）无效定时器（age timer）：定义了路由失效的时间。RIP 设备如果在老化时间内没有收到邻居发来的路由更新报文，则认为该路由不可达。默认值为 180s。

（3）垃圾收集定时器（garbage-collect timer）：定义了一条路由从度量值变为 16 开始，直到它从路由表里被删除所经过的时间。如果在垃圾收集时间内不可达路由没有收到来自同一邻居的更新，则该路由将被从 RIP 路由表中彻底删除。默认值为 120s。

（4）抑制定时器（suppress timer）：当 RIP 设备收到对端的路由更新，其 cost 为 16，对应路由进入抑制状态，并启动抑制定时器。为了防止路由振荡，在抑制定时器超时之前，即使再收到对端路由 cost 小于 16 的更新，也不接受。当抑制定时器超时后，就重新允许接受对端发送的路由更新报文。

在一个稳定工作的 RIP 网络中，所有启用了 RIP 路由协议的路由器接口将周期性地发送全部路由更新。这个周期性发送路由更新的时间由更新定时器（update timer）所控制，更新定时器超时的时间是 30s。

在比较大的基于 RIP 的网络中，所有路由器同时发出更新信息会产生非常大的流量，甚至会对正常的数据传输产生影响。因此，路由器和路由器交错进行更新会更理想一些，所以，每一次更新定时器被复位，一个小的随机变量（典型值在 5s 以内）都会附加到时钟上，让不同 RIP 路由器的更新周期在 25s～35s 之间变化。

路由器成功建立一条 RIP 路由条目后，将为它加上一个 180s 的无效定时器（age timer），也就是 6 倍的更新定时器时间。当路由器再次收到同一条路由信息的更新后，无效定时器将被重置为初始值 180s；如果在 180s 到期后还未收到针对该路由信息的更新，则该路由的度量将被标记为 16 跳，表示不可达。此时并不会将该路由条目从路由表中删除。

无效的路由条目在路由表中的存在时间很短。一旦一条路由被标记为不可达，RIP 路由器会立即启动另外一个定时器——垃圾收集定时器（garbage-collect timer）。RFC 1058 规定将这个定时器的时间设置为 120s，一旦路由进入无效状态，垃圾收集定时器就开始计时，超时后处于无效状态的路由将被从路由表中删除。在此期间，即使路由条目保持在路由表中，报文也不能发送到那个条目的目的地址。如果在垃圾收集定时器超时之前路由器收到了这条路由的更新信息，则路由会重新标记成有效，定时器也将清零。

## ◆ 8.2.3　RIP 路由环路避免

由于 RIP 协议是典型的距离矢量路由协议，具有距离矢量路由协议的所有特点。所以，当网络发生故障时，有可能会发生路由环路。

RIP 设计了一些机制来避免网络中路由环路的产生，包括：①路由毒化；②水平分隔；③触发更新；④毒性逆转；⑤定义无穷大；⑥抑制定时器。

### 1. 路由毒化

在图 8-13 所示的网络中，网络已经收敛，那么当部分网络拓扑发生变化时，它怎样处理重新收敛的问题呢？例如，RouterC 的直连网络 10.1.4.0 发生故障，RouterA 和 RouterB 路由表里，关于发生故障的 10.1.4.0 网段的路由依然存在。路由协议需要一种方法，使得当 RouterC 发现自己直连的网络发生故障时，可以通知自己的邻居该网段已经不可用，这就是路由毒化。

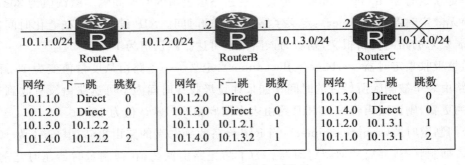

图 8-13　RIP 网络发生故障

所谓路由毒化就是路由器主动把路由表中发生故障的路由项以度量值无穷大（即值为 16）的形式通告给 RIP 邻居，以使邻居能够及时得知网络发生故障。在图 8-13 所示的网络中，当 RouterC 发现 10.1.4.0 网络出现故障时，它会首先给自己"下毒"，标记该路由的跳数为无穷大（即值为 16），即不可达。然后 RouterC 会在下一个更新周期中，向邻居路由器通告该不可达路由信息。如此网络 10.1.4.0 不可达的信息会向全网扩散，如图 8-14 所示。

通过路由毒化机制，RIP 协议能够保证与故障网络直连的路由器产生正确的路由信息。

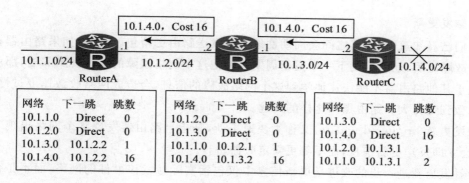

图 8-14　路由毒化

**2. 水平分隔**

分析距离矢量路由协议中产生路由环路的原因,最重要的一条就是路由器将从某个邻居学习到的路由信息又告诉了这个邻居。

水平分隔是在距离矢量路由协议中最常用的避免环路发生的解决方案之一。水平分隔的思想就是 RIP 路由器从某个接口学习到的路由,不会再从该接口发回给邻居路由器。

在图 8-15 所示的网络中,RouterC 把它的直连路由通告给 RouterB,RouterB 从接口 S1/0/1 收到了 RouterC 发送过来的路由更新,并学习到了关于 10.1.4.0 网络的路由项。在接口上应用水平分隔后,RouterB 在接口 S1/0/1 上发送路由更新时,就不能包含关于 10.1.4.0 网络的路由项。

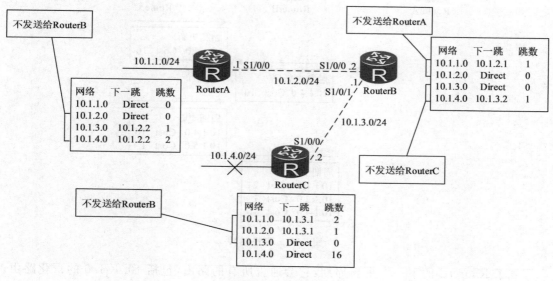

图 8-15　水平分隔

当网络 10.1.4.0 发生故障时,假如 RouterC 并没有发送路由更新给 RouterB,而是 RouterB 发送路由更新给 RouterC,此时由于启用了水平分隔,RouterB 所发的路由更新中不会包含关于 10.1.4.0 网络的路由项。这样,RouterC 就不会错误地从 RouterB 学习到关于 10.1.4.0 网络的路由项,从而避免了路由环路的产生。

### 3. 触发更新

我们已经知道,路由器之间会周期性地互相发送路由更新包。但是,如果路由器在发现了网络故障之后,还要等到下一个更新周期才能把这个网络故障的信息发给邻居,那就太慢了。由于其他路由器不能快速地学到这个网络故障的信息,会造成网络收敛速度过慢,从而引起计数到无穷大和路由黑洞这样的问题。

触发更新(triggered update)又称为快速更新,是指当路由器发现某个网络出现了故障时,它会立即发送更新信息,而不等更新定时器超时。

对触发更新进一步的改进是更新信息中仅包括实际触发该事件的网络,而不是包括整个路由表。触发更新技术减少了网络收敛时间和对网络带宽的影响。

### 4. 毒性逆转

毒性逆转是指,当路由器学习到一条毒化路由(度量值为16)时,对这条路由忽略水平分隔的规则,并通告毒化的路由。

在图 8-16 所示的网络中,RouterC 失去了到网段 10.1.4.0 的连接,它会立即发送一个触发的部分更新,仅包含变化的信息,也就是 10.1.4.0 的毒化路由。

RouterB 会响应这个更新,修改自己的路由表,并立即回送包含 10.1.4.0、度量值为 16 的路由更新,这就是毒性逆转。

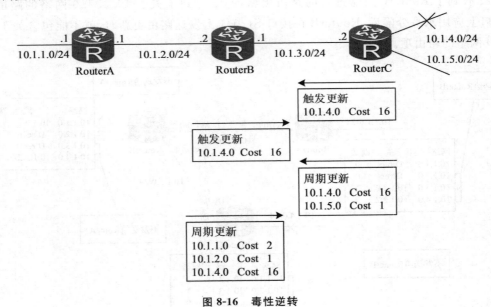

图 8-16 毒性逆转

到了 RouterC 的下一个更新周期,它会通告所有的路由,包括 10.1.4.0 的毒化路由。同样的,在 RouterB 到达下一个更新周期时,也会通告包括 10.1.4.0 的毒性逆转路由在内的所有路由。

RouterC 通告的毒化路由不被认为是毒性逆转路由,因为它本来就应当通告这条路由,而 RouterB 通告的路由则被认为是毒性逆转路由,因为它把这条路由又通告给了 RouterC。

### 5. 定义无穷大

通过前面对路由环路的分析我们知道,如果网络中产生路由环路,会导致计数到无穷大的情况发生,即路由器中错误路由项的跳数持续增加到无穷大,网络无法收敛。减轻计数到无穷大影响的方法就是定义无穷大。大多数距离矢量协议定义无穷大为 16 跳。在图 8-17 中,随着更新消息在路由器中转圈,到 10.1.4.0 的跳数最终会增加到 16。那时网络 10.1. 4.0 将被认为不可达。

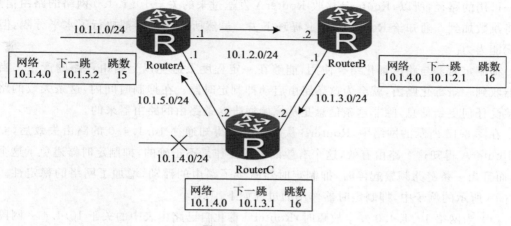

图 8-17　定义无穷大

通过定义无穷大,距离矢量路由协议可以解决发生路由环路时跳数无限增大的问题,同时也校正了错误的路由信息。但是,在最大值达到之前,路由环路还是存在的。也就是说,定义无穷大只是一种补救措施,只能减少路由环路存在的时间,并不能避免环路的产生。

**6. 抑制定时器**

水平分隔法切断了邻居路由器之间的环路,但是它不能割断网络中的环路。如图 8-18 所示,其中还是 10.1.4.0 发生故障。RouterC 向 RouterA 和 RouterB 发送了相应的更新信息。于是 RouterB 将经过 RouterD 到达 10.1.4.0 网络的路由标记为不可达,而此时 RouterA 正在向 RouterB 通告到达 10.1.4.0 的次最优路径,距离为 2 跳;因此 RouterB 在路由表中记录下此路由,跳数为 2。

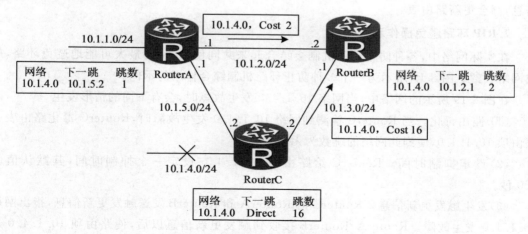

图 8-18　水平分隔无法阻止网络中的环路

RouterB 现在又通知 RouterC 它有另一条路由可以到达 10.1.4.0。于是 RouterC 也记录下这个路由,并通知 RouterA 它有一条可以到达 10.1.4.0 的路由且距离为 3 跳。RouterA 从 RouterC 学习到该路由,将跳数加到 4,然后又将更新后的关于 10.1.4.0 网段的路由通告给 RouterB。

虽然通过 RouterA 到网络 10.1.4.0 的路径在不断加长,但是对于 RouterB 来说,它是唯一可用的路径,所以,RouterB 接收 RouterA 发送过来的关于 10.1.4.0 网络的路由信息,并将跳数加到 5 通知给 RouterC,如此循环下去。虽然所有路由器都执行了水平分隔,但对此无能为力。

抑制定时器与路由毒化结合使用,能够在一定程度上避免以上路由环路的产生。当路由器收到一条毒化路由,就会为这条路由启动抑制定时器。在抑制时间内,这条失效的路由不接受任何更新信息,除非这条信息是从原始通告这条路由的路由器来的。

在图 8-18 所示的网络中,RouterB 从 RouterC 得知通往 10.1.4.0 的路由失效后,立即从 RouterA 得知这个路由有效,这个有效的信息往往是不正确的,抑制定时器避免了这个问题,而且当一条链路频繁起停时,抑制定时器减少了路由的浮动,增加了网络的稳定性。在图 8-18 所示的例子中,抑制定时器作用的过程如下。

(1) 当网络 10.1.4.0 发生故障时,RouterC 毒化自己路由表中的关于 10.1.4.0 网段的路由项,使其跳数为无穷大(即值为 16),已表明网络 10.1.4.0 不可达。同时给关于 10.1.4.0 网段的路由项设定抑制定时器。在更新周期到来后,发送路由更新给 RouterA 和 RouterB。

(2)RouterB 收到 RouterC 发来的路由更新后,更新自己的关于 10.1.4.0 网段的路由项,使其跳数为无穷大(即值为 16),同时为该路由表项启动抑制定时器,在抑制定时器超时之前的任何时刻,如果从同一邻居(RouterC)接收到关于 10.1.4.0 网段的可达更新信息,RouterB 就将关于 10.1.4.0 网段的路由项标识为可达,并删除抑制定时器。

(3)在抑制定时器超时之前的任何时刻,如果 RouterB 从其他邻居(如 RouterA)接收到关于 10.1.4.0 网段的可达更新信息,就会忽略此更新信息,不更新路由表。

(4)抑制定时器超时后,路由器如果收到任何邻居发送来的有关网络 10.1.4.0 的更新信息,都会更新路由表。

**7. RIP 环路避免操作示例**

在实际网络中,各种防止环路机制会结合起来共同使用,从而最大可能地避免环路,加快网络收敛。图 8-19 所示为一个多种防止环路机制综合作用的示例。

在图 8-19 所示的网络中,当网络 10.1.4.0 发生故障时,会有下面的情形发生。

(1) 路由毒化。当 RouterC 检测到网络 10.1.4.0 发生故障时,RouterC 毒化路由表中路由项 10.1.4.0,使到此网络的跳数为无穷大。

(2)设定抑制时间。RouterC 给路由项 10.1.4.0 设定一个抑制时间,其默认值为 120 秒。

(3)发生触发更新信息。RouterC 向 RouterA 和 RouterB 发送触发更新信息,指出网络 10.1.4.0 发生故障。RouterA、RouterB 接收到触发更新信息以后,使路由项 10.1.4.0 进入抑制状态,在抑制状态下不接收来自其他路由器的相关更新。然后,RouterA 和 RouterB 也向其他接口发送网络 10.1.4.0 故障的触发更新信息。

至此,全网所有路由器的路由表中,表项 10.1.4.0 的度量值均为无穷大,并且进入抑制

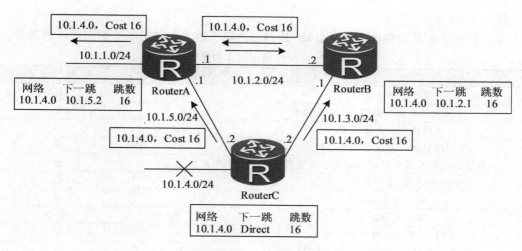

图 8-19  RIP 环路避免操作示例

状态,路由器会丢弃目的地为网络 10.1.4.0 的数据包。

网络 10.1.4.0 恢复正常后,RouterC 解除抑制时间,同时用触发更新向 RouterA 和 RouterB 传播该网络的路由信息。RouterA、RouterB 也解除抑制时间,路由表恢复正常。

## 8.3  RIPv1 与 RIPv2

RIPv1(版本 1)是一个有类路由协议,使用广播的方式发送路由更新,而且不支持 VLSM,不支持认证。因为它的路由更新信息中不携带子网掩码,因此在交换子网路由信息时,有时会发生错误。

如图 8-20 所示,RouterA 发送了路由 10.0.0.0 给 RouterB,因为路由无掩码信息,且 10.0.0.0 是一个 A 类地址,所以 RouterB 收到后,会给此路由器加默认掩码。也就是说,RouterB 的路由表中路由项目的地址/掩码是 10.0.0.0/8,这样就造成了错误的路由信息。

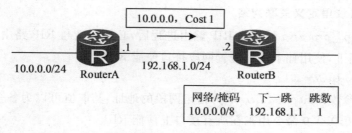

图 8-20  RIPv1 报文不携带掩码

RIPv2(版本 2)没有完全更改版本 1 的内容,只是增加了一些高级功能,这些新特性使得 RIPv2 可以将更多的信息加入路由更新中。

RIPv2 是一种无类别路由协议,与 RIPv1 相比,它具有以下优势。

(1)报文中携带掩码信息,支持 VLSM 和 CIDR。

(2)RIPv2 并不像 RIPv1 一样使用广播发送更新报文,它使用组播地址 224.0.0.9(代表所有的 RIPv2 路由器)进行路由更新。

(3)支持对协议报文进行认证,可以使用明码或者 MD5 加密的密码验证,以增加网络的安全性。

表 8-1 中对 RIP 的特性进行了总结,其中也比较了版本 1 和版本 2 的一些不同之处。

**表 8-1  RIPv1 与 RIPv2 特性比较**

| 特　　性 | RIPv1 | RIPv2 |
|---|---|---|
| 采用跳数为度量值 | 是 | 是 |
| 15 是最大的有效度量值,16 为无穷大 | 是 | 是 |
| 默认 30s 更新周期 | 是 | 是 |
| 周期性更新时发送全部路由信息 | 是 | 是 |
| 拓扑改变时发送只针对变化的触发更新 | 是 | 是 |
| 使用路由毒化、水平分割、毒性逆转 | 是 | 是 |
| 使用抑制定时器 | 是 | 是 |
| 发送更新的方式 | 广播 | 组播 |
| 使用 UDP 520 端口发送报文 | 是 | 是 |
| 更新中携带子网掩码,支持 VLSM | 否 | 是 |
| 支持认证 | 否 | 是 |

## 8.4　RIP 协议配置

### ◆ 8.4.1　配置 RIP

**1. 开启 RIP 进程**

路由器要运行 RIP 协议,首先要创建 RIP 路由进程。在系统视图下,使用如下命令使能指定的 RIP 进程,并进入 RIP 视图。

**rip**[*process-id*]

在该命令中,参数 *process-id* 为可选参数,用来指定 RIP 进程号,取值范围为 1~65535,默认值为 1。

**2. 在 RIP 协议里定义关联网络**

使用命令 **rip**［*process-id*］使能 RIP 路由进程后,必须定义与 RIP 路由进程相关联的网络。在 RIP 视图下,使用如下命令配置网段接口使能 RIP。

**network** *network-address*

该命令中,参数 *network-address* 为指定网段的地址,其取值可以为各个接口的 IP 网络地址。network 0.0.0.0 命令用来在所有接口上使能 RIP。

network 命令实际上有两层含义,一方面用来定义本机上哪些直连路由被 RIP 进程加入到 RIP 路由表中;另一方面用来指定哪些接口能够收发 RIP 协议报文。

**3. 配置 RIP 版本号**

默认情况下,华为路由器上启用 RIP 路由协议后就可以接收 RIPv1 和 RIPv2 的数据包,但是只发送 RIPv1 的更新数据包。如果要指定 RIP 协议的版本,只需要在 RIP 视图下使用如下命令。

**version**｛1｜2｝

另外,也可以在接口视图下指定接口所运行的 RIP 版本和形式,配置命令如下。

```
version 〈 1 | 2 [broadcast | multicast ]〉
```

如果接口配置为 RIPv2 版本,还可以选择发送 RIP 协议报文的方式:**broadcast**(广播方式)或 **multicast**(组播方式)。默认情况下,接口的 RIP 版本配置是继承全局的 RIP 版本配置。当接口中配置的 RIP 版本与全局配置的 RIP 版本不同时,则该接口以本地接口配置的 RIP 版本为准。

**4. 配置水平分隔**

在 RIP 路由协议中默认是打开水平分隔的,如果需要关闭,则可以在接口视图下使用如下命令。

```
undo rip split-horizon
```

该命令用来关闭接口上的水平分隔功能。相应的,**rip split-horizon** 命令用于打开水平分隔。

**5. 配置单播更新和静默接口**

如果希望 RIP 路由器的某个接口仅仅学习 RIP 路由,而不进行 RIP 路由通告,可以配置 RIP 静默接口来实现。在 RIP 视图下,配置静默接口的命令如下。

```
silent-interface 〈 all | interface-id 〉
```

该命令可以抑制所有(选择 all 参数)接口或者指定(选择 *interface-id* 参数)RIP 路由接口,使其只接收 RIP 报文,用来更新自己的路由表,而不发送 RIP 报文。

该命令可与单播更新命令协同使用,使抑制的接口仍可向指定的邻居路由器发布路由。

在 RIP 视图下,配置单播更新的命令如下。

```
peer ip-address
```

**6. 配置 RIPv2 的路由聚合**

使用路由聚合可以大大减少路由表的规模。另外,通过对路由进行聚合,隐藏一些具体的路由,可以减少路由震荡对网络带来的影响。

RIP 支持两种路由聚合方式:自动路由聚合和手动路由聚合。自动路由聚合只能聚合成对应的主类网段,是在系统视图下全局使能的;而手动路由聚合可以是超网路由,是在 RIP 路由器具体接口下配置的。RIPv1 仅支持自动路由聚合,但自动路由聚合功能不可关闭,也就是不可配置;而 RIPv2 同时支持自动路由聚合和手动路由聚合,且可关闭自动路由聚合功能,以便子网路由向外发布。自动聚合的路由优先级低于手动指定聚合的路由优先级。

在 RIP 视图下,使用如下命令配置 RIPv2 的自动路由聚合功能。

```
summary [always]
```

使能 RIPv2 的自动路由聚合功能后,聚合后的路由使用自然掩码的路由形式发布。如果选择可选项 **always**,无论水平分隔功能是否配置均使能;如果不选择此可选项,则在配置水平分隔或毒性逆转的情况下,这种有类聚合功能将失效。默认情况下,RIPv2 启用自动路由聚合功能,可用 **undo summary** 命令取消自动路由聚合功能。

在接口视图下,使用如下命令配置 RIPv2 的手动路由聚合功能。

```
ripsummary-address ip-address mask
```

在该命令中,参数指定聚合路由的网络 IP 地址和子网掩码,当然必须与本地接口上所连接的网段对应。可以是对应的主类网段,也可以是超网。可以使用 **undo rip summary-address** *ip-address mask* 命令删除对应的手动聚合路由。

**7. 配置 RIPv2 认证**

在安全性要求较高的网络中,可以通过配置 RIPv2 认证来提高 RIP 网络的安全性。RIPv2 支持两种认证方式:明文认证和 MD5 密文认证。其中,明文认证使用未加密的认证字段随报文一同发送,其安全性比 MD5 认证要低。

RIPv2 认证需要在具体的 RIP 路由器接口上配置,在接口视图下,具体的配置命令如下。

- **rip authentication-mode simple** { **plain** *plain-text* | [ **cipher** ] *password-key* }
- **rip authentication-mode md**5 **usual**{ **plain** *plain-text* | [ **cipher** ] *password-key* }
- **rip authentication-mode md**5 **nonstandard** { **keychain** *keychain-name* | { **plain** *plain-text* | [ **cipher** ] *password-key* } *key-id* }

这三条命令中的选项和参数如表 8-2 所示。

表 8-2　三条配置命令的选项和参数

| 参　数 | 参　数　说　明 |
| --- | --- |
| **simple** | 指定使用明文认证方式 |
| **md**5 | 指定使用 MD5 认证方式 |
| **usual** | 表示 MD5 认证方式使用通用报文格式(IETF 标准) |
| **nonstandard** | 表示 MD5 认证方式使用非标准报文格式 |
| **plain** *plain-text* | 多选一参数,指定明文认证密码,可以为字母或数字,区分大小写,不支持空格 |
| [ **cipher** ] *password-key* | 多选一参数,指定密文显示的认证密码,可以为字母或数字,区分大小写,不支持空格 |
| **keychain** *keychain-name* | 多选一参数,指定使用密钥链认证方式,对应的密钥链必须已配置,密钥链名称为 1~47 个字符,不区分大小写,不支持空格 |
| *key-id* | 指定 MD5 密文认证标识符。整数形式,取值范围是 1~255 |

Simple 和 MD5 认证存在安全风险,推荐使用 HMAC-SHA256 密文认证方式。在接口视图下,配置 HMAC-SHA256 密文认证方式的命令如下。

**rip authentication-mode hmac-sha**256 { **plain** *plain-text* | [ **cipher** ] *password-key* } *key-id*

◆ **8.4.2　RIP 配置示例**

如图 8-21 所示,这是一个由三台路由器组成的简单网络,下面我们就具体分析一下在这三台路由器上实现 RIP 网络的过程。

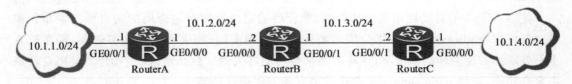

图 8-21　RIP 配置示例拓扑图

**1. 基本配置**

在 RouterA、RouterB 和 RouterC 上配置 RIP 的步骤如示例 8-1 所示,其中配置主机名、接口 IP 地址等步骤省略。

**示例 8-1** 　　在路由器上启用 RIP。

```
// (1) 在 RouterA 上配置 RIP
[RouterA]rip
[RouterA-rip-1]network 10.0.0.0
[RouterA-rip-1]quit
// (2) 在 RouterB 上配置 RIP
[RouterB]rip
[RouterB-rip-1]network 10.0.0.0
[RouterB-rip-1]quit
// (3) 在 RouterC 上配置 RIP
[RouterC]rip
[RouterC-rip-1]network 10.0.0.0
[RouterC-rip-1]quit
```

RouterA、RouterB 和 RouterC 上启用了 RIP 后就会在关联接口上发送路由更新,这些更新内容可以在用户视图下使用 debugging rip 命令查看。其中,RouterB 上的路由更新如示例 8-2 所示。

**示例 8-2** 　　在 RouterB 上的路由更新内容。

```
<RouterB>terminal debugging
<RouterB>debugging rip 1 packet
Feb 12 2019 09:45:18.648.1-08:00 RouterB RIP/7/DBG: 6: 13465:
RIP 1: Receive response from 10.1.3.2 on GigabitEthernet0/0/1
Feb 12 2019 09:45:18.648.2-08:00 RouterB RIP/7/DBG: 6: 13476:
Packet: Version 1,Cmd response,Length 24
Feb 12 2019 09:45:18.648.3-08:00 RouterB RIP/7/DBG: 6: 13527: Dest 10.1.4.0,Cost 1
Feb 12 2019 09:45:27.698.1-08:00 RouterB RIP/7/DBG: 6: 13456:
RIP 1: Sending response on interface GigabitEthernet0/0/1 from 10.1.3.1 to 255.255.255.255
Feb 12 2019 09:45:27.698.2-08:00 RouterB RIP/7/DBG: 6: 13476:
Packet: Version 1,Cmd response,Length 44
Feb 12 2019 09:45:27.698.3-08:00 RouterB RIP/7/DBG: 6: 13527: Dest 10.1.1.0,Cost 2
Feb 12 2019 09:45:27.698.4-08:00 RouterB RIP/7/DBG: 6: 13527: Dest 10.1.2.0,Cost 1
Feb 12 2019 09:45:29.478.1-08:00 RouterB RIP/7/DBG: 6: 13465:
RIP 1: Receive response from 10.1.2.1 on GigabitEthernet0/0/0
Feb 12 2019 09:45:29.478.2-08:00 RouterB RIP/7/DBG: 6: 13476:
Packet: Version 1,Cmd response,Length 24
Feb 12 2019 09:45:29.478.3-08:00 RouterB RIP/7/DBG: 6: 13527: Dest 10.1.1.0,Cost 1
Feb 12 2019 09:45:31.698.1-08:00 RouterB RIP/7/DBG: 6: 13456:
RIP 1: Sending response on interface GigabitEthernet0/0/0 from 10.1.2.2 to 255.255.255.255
Feb 12 2019 09:45:31.698.2-08:00 RouterB RIP/7/DBG: 6: 13476:
```

```
Packet: Version 1,Cmd response,Length 44
Feb 12 2019 09:45:31.698.3-08:00 RouterB RIP/7/DBG: 6: 13527: Dest 10.1.3.0,Cost 1
Feb 12 2019 09:45:31.698.4-08:00 RouterB RIP/7/DBG: 6: 13527: Dest 10.1.4.0,Cost 2
```

从示例 8-2 可以看出,当更新定时器超时后,路由器就会发送 RIP 更新报文,发送方式是广播,然后将更新定时器重置。每台路由都将自己的直连路由以跳数 1 从每个 RIP 的关联接口发送出去,而且遵循水平分隔的原则。

等到 RIP 网络收敛后,各个路由器都能够学习到正确的路由,路由表如示例 8-3 所示。

**示例 8-3** RouterA、RouterB 和 RouterC 的路由表。

```
// (1) RouterA 的路由表
[RouterA]display ip routing-table
Route Flags: R-relay,D-download to fib
- - - - - - - - - - - - - - - - - - - - - - - - - - - - - - - - - - - - - - - - -
Routing Tables: Public
        Destinations : 12      Routes : 12
Destination/Mask     Proto   Pre  Cost  Flags NextHop     Interface
      10.1.1.0/24    Direct  0    0       D   10.1.1.1    GigabitEthernet0/0/1
      10.1.1.1/32    Direct  0    0       D   127.0.0.1   GigabitEthernet0/0/1
    10.1.1.255/32    Direct  0    0       D   127.0.0.1   GigabitEthernet0/0/1
      10.1.2.0/24    Direct  0    0       D   10.1.2.1    GigabitEthernet0/0/0
      10.1.2.1/32    Direct  0    0       D   127.0.0.1   GigabitEthernet0/0/0
    10.1.2.255/32    Direct  0    0       D   127.0.0.1   GigabitEthernet0/0/0
      10.1.3.0/24    RIP     100  1       D   10.1.2.2    GigabitEthernet0/0/0
      10.1.4.0/24    RIP     100  2       D   10.1.2.2    GigabitEthernet0/0/0
     127.0.0.0/8     Direct  0    0       D   127.0.0.1   InLoopBack0
     127.0.0.1/32    Direct  0    0       D   127.0.0.1   InLoopBack0
127.255.255.255/32   Direct  0    0       D   127.0.0.1   InLoopBack0
255.255.255.255/32   Direct  0    0       D   127.0.0.1   InLoopBack0
// (2) RouterB 的路由表
[RouterB]display ip routing-table
Route Flags: R-relay,D-download to fib
- - - - - - - - - - - - - - - - - - - - - - - - - - - - - - - - - - - - - - - - -
Routing Tables: Public
        Destinations: 12      Routes : 12
Destination/Mask     Proto   Pre  Cost  Flags NextHop     Interface
      10.1.1.0/24    RIP     100  1       D   10.1.2.1    GigabitEthernet0/0/0
      10.1.2.0/24    Direct  0    0       D   10.1.2.2    GigabitEthernet0/0/0
      10.1.2.2/32    Direct  0    0       D   127.0.0.1   GigabitEthernet0/0/0
    10.1.2.255/32    Direct  0    0       D   127.0.0.1   GigabitEthernet0/0/0
      10.1.3.0/24    Direct  0    0       D   10.1.3.1    GigabitEthernet0/0/1
      10.1.3.1/32    Direct  0    0       D   127.0.0.1   GigabitEthernet0/0/1
    10.1.3.255/32    Direct  0    0       D   127.0.0.1   GigabitEthernet0/0/1
      10.1.4.0/24    RIP     100  1       D   10.1.3.2    GigabitEthernet0/0/1
```

```
        127.0.0.0/8      Direct  0    0    D   127.0.0.1    InLoopBack0
        127.0.0.1/32     Direct  0    0    D   127.0.0.1    InLoopBack0
127.255.255.255/32       Direct  0    0    D   127.0.0.1    InLoopBack0
```

// (3) RouterC 的路由表

[RouterC]display ip routing-table

Route Flags: R-relay, D-download to fib

- - - - - - - - - - - - - - - - - - - - - - - - - - - - - - - - - - - - - -

Routing Tables: Public

              Destinations : 12       Routes : 12

| Destination/Mask | Proto | Pre | Cost | Flags | NextHop | Interface |
|---|---|---|---|---|---|---|
| 10.1.1.0/24 | RIP | 100 | 2 | D | 10.1.3.1 | GigabitEthernet0/0/1 |
| 10.1.2.0/24 | RIP | 100 | 1 | D | 10.1.3.1 | GigabitEthernet0/0/1 |
| 10.1.3.0/24 | Direct | 0 | 0 | D | 10.1.3.2 | GigabitEthernet0/0/1 |
| 10.1.3.2/32 | Direct | 0 | 0 | D | 127.0.0.1 | GigabitEthernet0/0/1 |
| 10.1.3.255/32 | Direct | 0 | 0 | D | 127.0.0.1 | GigabitEthernet0/0/1 |
| 10.1.4.0/24 | Direct | 0 | 0 | D | 10.1.4.1 | GigabitEthernet0/0/0 |
| 10.1.4.1/32 | Direct | 0 | 0 | D | 127.0.0.1 | GigabitEthernet0/0/0 |
| 10.1.4.255/32 | Direct | 0 | 0 | D | 127.0.0.1 | GigabitEthernet0/0/0 |
| 127.0.0.0/8 | Direct | 0 | 0 | D | 127.0.0.1 | InLoopBack0 |
| 127.0.0.1/32 | Direct | 0 | 0 | D | 127.0.0.1 | InLoopBack0 |
| 127.255.255.255/32 | Direct | 0 | 0 | D | 127.0.0.1 | InLoopBack0 |
| 255.255.255.255/32 | Direct | 0 | 0 | D | 127.0.0.1 | InLoopBack0 |

**2. 水平分隔**

RIP 网络收敛后,在水平分隔的作用下,RouterB 向外广播的路由更新内容如示例 8-2 所示。如果在 RouterB 的两个接口上关闭了水平分隔,如示例 8-4 所示,它发出的路由更新内容就会成为示例 8-5 中所示的情况。

**示例 8-4**    在 RouterB 上关闭水平分隔。

```
[RouterB]interface GigabitEthernet 0/0/0
[RouterB-GigabitEthernet0/0/0]undo rip split-horizon
[RouterB-GigabitEthernet0/0/0]quit
[RouterB]interface GigabitEthernet 0/0/1
[RouterB-GigabitEthernet0/0/1]undo rip split-horizon
[RouterB-GigabitEthernet0/0/1]quit
```

**示例 8-5**    关闭水平分隔后 RouterB 的路由更新内容。

```
<RouterB>debugging rip 1 packet
Feb 12 2019 10:43:51.688.1-08:00 RouterB RIP/7/DBG: 6: 13465:
RIP 1: Receive response from 10.1.3.2 on GigabitEthernet0/0/1
Feb 12 2019 10:43:51.688.2-08:00 RouterB RIP/7/DBG: 6: 13476:
Packet: Version 1, Cmd response, Length 24
Feb 12 2019 10:43:51.688.3-08:00 RouterB RIP/7/DBG: 6: 13527:
Dest 10.1.4.0, Cost 1
```

```
Feb 12 2019 10:43:56.158.1-08:00 RouterB RIP/7/DBG: 6: 13456:
RIP 1: Sending response on interface GigabitEthernet0/0/0 from 10.1.2.2 to 255.255.255.
255
Feb 12 2019 10:43:56.158.2-08:00 RouterB RIP/7/DBG: 6: 13476:
Packet: Version 1,Cmd response,Length 84
Feb 12 2019 10:43:56.158.3-08:00 RouterB RIP/7/DBG: 6: 13527: Dest 10.1.1.0,Cost 2
Feb 12 2019 10:43:56.158.4-08:00 RouterB RIP/7/DBG: 6: 13527: Dest 10.1.2.0,Cost 1
Feb 12 2019 10:43:56.158.5-08:00 RouterB RIP/7/DBG: 6: 13527: Dest 10.1.3.0,Cost 1
Feb 12 2019 10:43:56.158.6-08:00 RouterB RIP/7/DBG: 6: 13527: Dest 10.1.4.0,Cost 2
Feb 12 2019 10:43:58.818.1-08:00 RouterB RIP/7/DBG: 6: 13465:
RIP 1: Receive response from 10.1.2.1 on GigabitEthernet0/0/0
Feb 12 2019 10:43:58.818.2-08:00 RouterB RIP/7/DBG: 6: 13476:
Packet: Version 1,Cmd response,Length 24
Feb 12 2019 10:43:58.818.3-08:00 RouterB RIP/7/DBG: 6: 13527: Dest 10.1.1.0,Cost 1
Feb 12 2019 10:44:00.178.1-08:00 RouterB RIP/7/DBG: 6: 13456:
RIP 1: Sending response on interface GigabitEthernet0/0/1 from 10.1.3.1 to 255.255.255.
255
Feb 12 2019 10:44:00.178.2-08:00 RouterB RIP/7/DBG: 6: 13476:
Packet: Version 1,Cmd response,Length 84
Feb 12 2019 10:44:00.178.3-08:00 RouterB RIP/7/DBG: 6: 13527: Dest 10.1.1.0,Cost 2
Feb 12 2019 10:44:00.178.4-08:00 RouterB RIP/7/DBG: 6: 13527: Dest 10.1.2.0,Cost 1
Feb 12 2019 10:44:00.178.5-08:00 RouterB RIP/7/DBG: 6: 13527: Dest 10.1.3.0,Cost 1
Feb 12 2019 10:44:00.178.6-08:00RouterB RIP/7/DBG: 6: 13527: Dest 10.1.4.0,Cost 2
```

对比之后可以发现,关闭了水平分隔之后,RouterB 会在接口 GE0/0/0 和 GE0/0/1 通告全部的 4 条路由信息,而在水平分隔的作用下,10.1.1.0/24 和 10.1.2.0/24 不会从接口 GE0/0/0 通告出去,而 10.1.3.0/24 和 10.1.4.0/24 不会从接口 GE0/0/1 通告出去。

**3. 路由毒化**

如果在 RouterC 上将 GE0/0/0 接口关闭,相当于 10.1.4.0/24 网络故障,那么 RouterC 就会把这条路由从自己的路由表中删除,然后触发一条相应的毒化路由更新,如示例 8-6 所示。

 **示例 8-6**    RouterC 触发的毒化路由更新。

```
<RouterC>terminal debugging
<RouterC>debugging rip 1 packet
<RouterC>system
[RouterC]interface GigabitEthernet0/0/0
[RouterC-GigabitEthernet0/0/0]shutdown
Feb 12 2019 15:09:01.464.6-08:00 RouterC RIP/7/DBG: 6: 13527: Dest 10.1.4.0,Cost 16
Feb 12 2019 15:09:02.434.1-08:00 RouterC RIP/7/DBG: 6: 13465:
RIP 1: Receive response from 10.1.3.1 on GigabitEthernet0/0/1
Feb 12 2019 15:09:02.434.2-08:00 RouterC RIP/7/DBG: 6: 13476:
Packet: Version 1,Cmd response,Length 104
```

```
Feb 12 2019 15:09:02.434.3-08:00 RouterC RIP/7/DBG: 6: 13527: Dest 10.1.1.0,Cost 2
Feb 12 2019 15:09:02.434.4-08:00 RouterC RIP/7/DBG: 6: 13527: Dest 10.1.2.0,Cost 1
Feb 12 2019 15:09:02.434.5-08:00 RouterC RIP/7/DBG: 6: 13527: Dest 10.1.3.0,Cost 1
Feb 12 2019 15:09:02.434.6-08:00 RouterC RIP/7/DBG: 6: 13527: Dest 10.1.4.0,Cost 2
Feb 12 2019 15:09:02.434.7-08:00 RouterC RIP/7/DBG: 6: 13527: Dest 10.0.0.0,Cost 1
```

RouterC 发现 GE0/0/0 接口 down 了以后，RIP 进程会立即行动将路由 10.1.4.0 取消，并发送触发更新，这个更新只有一条内容，就是路由 10.1.4.0，度量值为 16。RouterB 收到这条毒化路由后，会更新自己的路由表，将 10.1.4.0/24 路由表项从路由表中删除，如示例 8-7 所示。

**示例 8-7** RouterB 收到毒化路由后的路由表。

```
[RouterB]display ip routing-table
Route Flags: R-relay,D-download to fib
----------------------------------------
Routing Tables: Public
         Destinations : 12      Routes : 12
Destination/Mask    Proto  Pre  Cost  Flags NextHop     Interface
      10.1.1.0/24   RIP    100  1       D   10.1.2.1    GigabitEthernet0/0/0
      10.1.2.0/24   Direct 0    0       D   10.1.2.2    GigabitEthernet0/0/0
      10.1.2.2/32   Direct 0    0       D   127.0.0.1   GigabitEthernet0/0/0
    10.1.2.255/32   Direct 0    0       D   127.0.0.1   GigabitEthernet0/0/0
      10.1.3.0/24   Direct 0    0       D   10.1.3.1    GigabitEthernet0/0/1
      10.1.3.1/32   Direct 0    0       D   127.0.0.1   GigabitEthernet0/0/1
    10.1.3.255/32   Direct 0    0       D   127.0.0.1   GigabitEthernet0/0/1
     127.0.0.0/8    Direct 0    0       D   127.0.0.1   InLoopBack0
     127.0.0.1/32   Direct 0    0       D   127.0.0.1   InLoopBack0
127.255.255.255/32  Direct 0    0       D   127.0.0.1   InLoopBack0
```

**4. RIPv2**

如果我们指定 RouterB 上使用的是 RIP 版本 2 时，那么它将只发送和接收 RIPv2 的更新报文，RouterA 和 RouterC 发送的 RIPv1 报文将被它忽略，如示例 8-8 所示。

因此，在垃圾收集定时器超时后，RouterB 的路由表中将不再存在到达网段 10.1.1.0/24 和 10.1.4.0/24 的路由，如示例 8-9 所示。

**示例 8-8** RIPv2 只接收和发送版本 2 的更新报文。

```
// (1) 在 RouterB 上配置 RIPv2
[RouterB]rip
[RouterB-rip-1]version 2
[RouterB-rip-1]quit
// (2) 在 RouterB 上观察 RIPv2 路由器与 RIPv1 路由器的通信情况
<RouterB>terminal debugging
<RouterB>debugging rip 1 packet
Feb 12 2019 15:39:29.444.1-08:00 RouterB RIP/7/DBG: 6: 13465:
```

```
RIP 1: Receive response from 10.1.2.1 on GigabitEthernet0/0/0

Feb 12 2019 15:39:29.444.2-08:00 RouterB RIP/7/DBG: 6: 13476:

Packet: Version 1,Cmd response,Length 24

Feb 12 2019 15:39:29.444.3-08:00 RouterB RIP/7/DBG: 6: 13527: Dest 10.1.1.0,Cost 1

Feb 12 2019 15:39:29.444.4-08:00 RouterB RIP/7/DBG: 6: 2688:

RIP 1: Ignoring packet.This version is not configured.

Feb 12 2019 15:39:34.144.1-08:00 RouterB RIP/7/DBG: 6: 13465:

RIP1: Receive response from 10.1.3:2 on GigabitEthernet0/0/1

Feb 12 2019 15:39:34.144.2-08:00 RouterB RIP/7/DBG: 6: 13476:

Packet: Version 1,Cmd response,Length 24

Feb 12 2019 15:39:34.144.3-08:00 RouterB RIP/7/DBG: 6: 13527: Dest 10.1.4.0,Cost 1

Feb 12 2019 15:39:34.144.4-08:00 RouterB RIP/7/DBG: 6: 2688:

RIP 1: Ignoring packet.This version is not configured.

Feb 12 2019 15:39:36.114.1-08:00 RouterB RIP/7/DBG: 6: 13456:

RIP 1: Sending response on interface GigabitEthernet0/0/0 from 10.1.2.2 to 224.0.0.9

Feb 12 2019 15:39:36.114.2-08:00 RouterB RIP/7/DBG: 6: 13476:

Packet: Version 2,Cmd response,Length 84

Feb 12 2019 15:39:36.114.3-08:00 RouterB RIP/7/DBG: 6: 13546:

Dest 10.1.2.0/24,Nexthop 0.0.0.0,Cost 1,   Tag 0

Dest 10.1.3.0/24,Nexthop 0.0.0.0,Cost 1,   Tag 0

Dest 10.1.4.0/24,Nexthop 0.0.0.0,Cost 16,Tag 0

Dest 10.0.0.0/8,   Nexthop 0.0.0.0,Cost 16,Tag 0
```

可以发现，RouterB 配置了 RIP 版本 2 之后，发送报文的格式发生了变化，更新的方式也变成了组播，目的地址是 224.0.0.9，并且不再接收 RouterA 和 RouterC 发出的版本 1 的更新报文，原因是版本不匹配。

**示例 8-9**    配置 RIPv2 的 RouterB 的路由表。

```
[RouterB]display ip routing-table
Route Flags: R-relay,D-download to fib
- - - - - - - - - - - - - - - - - - - - - - - - - - - - - - - - - - - - -
Routing Tables: Public
        Destinations : 12      Routes : 12
Destination/Mask     Proto   Pre  Cost Flags NextHop      Interface
      10.1.2.0/24    Direct  0    0     D    10.1.2.2     GigabitEthernet0/0/0
      10.1.2.2/32    Direct  0    0     D    127.0.0.1    GigabitEthernet0/0/0
    10.1.2.255/32    Direct  0    0     D    127.0.0.1    GigabitEthernet0/0/0
      10.1.3.0/24    Direct  0    0     D    10.1.3.1     GigabitEthernet0/0/1
      10.1.3.1/32    Direct  0    0     D    127.0.0.1    GigabitEthernet0/0/1
    10.1.3.255/32    Direct  0    0     D    127.0.0.1    GigabitEthernet0/0/1
     127.0.0.0/8     Direct  0    0     D    127.0.0.1    InLoopBack0
     127.0.0.1/32    Direct  0    0     D    127.0.0.1    InLoopBack0
127.255.255.255/32   Direct  0    0     D    127.0.0.1    InLoopBack0
```

此时，RouterA 和 RouterC 虽然仍能接收 RouterB 发出的 RIPv2 的更新报文，但是由于

RouterB 不能再传递 RouterA 和 RouterC 的路由,所以它们的路由表最终变成示例 8-10 和示例 8-11 所显示的情况。

示例 8-10　　　RouterB 为 RIPv2 时 RouterA 的路由表。

```
[RouterA]display ip routing-table
Route Flags: R-relay,D-download to fib
----------------------------------------
Routing Tables: Public
         Destinations : 12       Routes : 12
Destination/Mask    Proto   Pre  Cost Flags NextHop     Interface
      10.1.1.0/24   Direct  0    0      D   10.1.1.1    GigabitEthernet0/0/1
      10.1.1.1/32   Direct  0    0      D   127.0.0.1   GigabitEthernet0/0/1
    10.1.1.255/32   Direct  0    0      D   127.0.0.1   GigabitEthernet0/0/1
      10.1.2.0/24   Direct  0    0      D   10.1.2.1    GigabitEthernet0/0/0
      10.1.2.1/32   Direct  0    0      D   127.0.0.1   GigabitEthernet0/0/0
    10.1.2.255/32   Direct  0    0      D   127.0.0.1   GigabitEthernet0/0/0
      10.1.3.0/24   RIP     100  1      D   10.1.2.2    GigabitEthernet0/0/0
     127.0.0.0/8    Direct  0    0      D   127.0.0.1   InLoopBack0
     127.0.0.1/32   Direct  0    0      D   127.0.0.1   InLoopBack0
127.255.255.255/32  Direct  0    0      D   127.0.0.1   InLoopBack0
255.255.255.255/32  Direct  0    0      D   127.0.0.1   InLoopBack0
```

示例 8-11　　　RouterB 为 RIPv2 时 RouterC 的路由表。

```
[RouterC]display ip routing-table
Route Flags: R-relay,D-download to fib
----------------------------------------
Routing Tables: Public
         Destinations : 12       Routes : 12
Destination/Mask    Proto   Pre  Cost Flags NextHop     Interface
      10.1.2.0/24   RIP     100  1      D   10.1.3.1    GigabitEthernet0/0/1
      10.1.3.0/24   Direct  0    0      D   10.1.3.2    GigabitEthernet0/0/1
      10.1.3.2/32   Direct  0    0      D   127.0.0.1   GigabitEthernet0/0/1
    10.1.3.255/32   Direct  0    0      D   127.0.0.1   GigabitEthernet0/0/1
      10.1.4.0/24   Direct  0    0      D   10.1.4.1    GigabitEthernet0/0/0
      10.1.4.1/32   Direct  0    0      D   127.0.0.1   GigabitEthernet0/0/0
    10.1.4.255/32   Direct  0    0      D   127.0.0.1   GigabitEthernet0/0/0
     127.0.0.0/8    Direct  0    0      D   127.0.0.1   InLoopBack0
     127.0.0.1/32   Direct  0    0      D   127.0.0.1   InLoopBack0
127.255.255.255/32  Direct  0    0      D   127.0.0.1   InLoopBack0
255.255.255.255/32  Direct  0    0      D   127.0.0.1   InLoopBack0
```

### 8.4.3　配置单播更新和静默接口

在如图 8-22 所示的网络中,RouterA、RouterB 和 RouterC 这三台路由器连接在一个广播网上。在 RouterA、RouterB 和 RouterC 上配置 RIPv2,如示例 8-12 所示。默认情况下, 每台路由器都会发出组播的更新报文,并且这些更新报文都能够被其他的路由器所接收。 现在要求实现 RouterA 发出的更新报文只能被 RouterB 所接收,而不能被 RouterC 所接收。

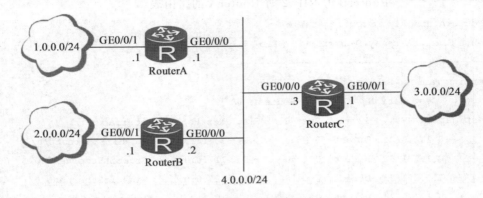

图 8-22　配置单播更新和静默接口拓扑

示例 8-12　　在 RouterA、RouterB 和 RouterC 上配置 RIPv2。

```
[RouterA]rip 10
[RouterA-rip-10]version 2
[RouterA-rip-10]network 1.0.0.0
[RouterA-rip-10]network 4.0.0.0
[RouterA-rip-10]quit
[RouterB]rip 10
[RouterB-rip-10]version 2
[RouterB-rip-10]network 2.0.0.0
[RouterB-rip-10]network 4.0.0.0
[RouterB-rip-10]quit
[RouterC]rip 10
[RouterC-rip-10]version 2
[RouterC-rip-10]network 3.0.0.0
[RouterC-rip-10]network 4.0.0.0
[RouterC-rip-10]quit
```

在图 8-22 所示的拓扑图中,在 RouterA 的 GE0/0/0 接口上配置静默接口后,这个接口 不再发出路由更新报文,但仍可以接收路由更新报文,因此 RouterA 可以学习到全部的 RIP 路由,而 RouterB 和 RouterC 将不能学习到 1.0.0.0/8 网段的路由。具体情况如示例 8-13 至示例 8-15 所示。

示例 8-13　　在 RouterA 上配置静默接口。

```
[RouterA]rip 10
[RouterA-rip-10]silent-interface GigabitEthernet 0/0/0
[RouterA-rip-10]quit
```

示例 8-14　　在 RouterA 上配置静默接口后 RouterA 的路由表。

```
[RouterA]display ip routing-table
Route Flags: R-relay,D-download to fib
-----------------------------------------
Routing Tables: Public
         Destinations : 12        Routes : 12
Destination/Mask    Proto   Pre  Cost  Flags  NextHop        Interface
        1.0.0.0/24  Direct  0    0      D     1.0.0.1        GigabitEthernet0/0/1
        1.0.0.1/32  Direct  0    0      D     127.0.0.1      GigabitEthernet0/0/1
      1.0.0.255/32  Direct  0    0      D     127.0.0.1      GigabitEthernet0/0/1
        2.0.0.0/24  RIP     100  1      D     4.0.0.2        GigabitEthernet0/0/0
        3.0.0.0/24  RIP     100  1      D     4.0.0.3        GigabitEthernet0/0/0
        4.0.0.0/24  Direct  0    0      D     4.0.0.1        GigabitEthernet0/0/0
        4.0.0.1/32  Direct  0    0      D     127.0.0.1      GigabitEthernet0/0/0
      4.0.0.255/32  Direct  0    0      D     127.0.0.1      GigabitEthernet0/0/0
      127.0.0.0/8   Direct  0    0      D     127.0.0.1      InLoopBack0
      127.0.0.1/32  Direct  0    0      D     127.0.0.1      InLoopBack0
127.255.255.255/32  Direct  0    0      D     127.0.0.1      InLoopBack0
255.255.255.255/32  Direct  0    0      D     127.0.0.1      InLoopBack0
```

示例 8-15　在 RouterA 上配置静默接口后 RouterB 和 RouterC 的路由表。

// (1) 在 RouterA 上配置静默接口后 RouterB 的路由表

```
[RouterB]display ip routing- table
Route Flags: R- relay,D- download to fib
-----------------------------------------
Routing Tables: Public
         Destinations : 12        Routes : 12
Destination/Mask    Proto   Pre  Cost  Flags  NextHop        Interface
        2.0.0.0/24  Direct  0    0      D     2.0.0.1        GigabitEthernet0/0/1
        2.0.0.1/32  Direct  0    0      D     127.0.0.1      GigabitEthernet0/0/1
      2.0.0.255/32  Direct  0    0      D     127.0.0.1      GigabitEthernet0/0/1
        3.0.0.0/24  RIP     100  1      D     4.0.0.3        GigabitEthernet0/0/0
        4.0.0.0/24  Direct  0    0      D     4.0.0.2        GigabitEthernet0/0/0
        4.0.0.2/32  Direct  0    0      D     127.0.0.1      GigabitEthernet0/0/0
      4.0.0.255/32  Direct  0    0      D     127.0.0.1      GigabitEthernet0/0/0
      127.0.0.0/8   Direct  0    0      D     127.0.0.1      InLoopBack0
      127.0.0.1/32  Direct  0    0      D     127.0.0.1      InLoopBack0
127.255.255.255/32  Direct  0    0      D     127.0.0.1      InLoopBack0
255.255.255.255/32  Direct  0    0      D     127.0.0.1      InLoopBack0
```

// (2) 在 RouterA 上配置静默接口后 RouterB 的路由表

```
[RouterC]display ip routing-table
Route Flags: R-relay,D-download to fib
-----------------------------------------
Routing Tables: Public
```

```
                Destinations : 11        Routes : 11
Destination/Mask     Proto   Pre  Cost   Flags NextHop    Interface
      2.0.0.0/24     RIP     100  1        D   4.0.0.2    GigabitEthernet0/0/0
      3.0.0.0/24     Direct  0    0        D   3.0.0.1    GigabitEthernet0/0/1
      3.0.0.1/32     Direct  0    0        D   127.0.0.1  GigabitEthernet0/0/1
    3.0.0.255/32     Direct  0    0        D   127.0.0.1  GigabitEthernet0/0/1
      4.0.0.0/24     Direct  0    0        D   4.0.0.3    GigabitEthernet0/0/0
      4.0.0.3/32     Direct  0    0        D   127.0.0.1  GigabitEthernet0/0/0
    4.0.0.255/32     Direct  0    0        D   127.0.0.1  GigabitEthernet0/0/0
    127.0.0.0/8      Direct  0    0        D   127.0.0.1  InLoopBack0
    127.0.0.1/32     Direct  0    0        D   127.0.0.1  InLoopBack0
127.255.255.255/32   Direct  0    0        D   127.0.0.1  InLoopBack0
255.255.255.255/32   Direct  0    0        D   127.0.0.1  InLoopBack0
```

在 RouterA 上配置了静默接口后，RouterB 和 RouterC 无法收到路由 1.0.0.0/8 的更新。此时，如果继续在 RouterA 上配置单播更新，指定将路由更新发送给地址 4.0.0.2/8，如示例 8-16 所示，那么 RouterA 虽然不再发送广播更新，但会单播给 RouterB 发送更新，因此 RouterB 将能够学习到路由 1.0.0.0/8，而 RouterC 仍然无法学习到，如示例 8-17 所示。

**示例 8-16** 在 RouterA 上配置单播更新。

```
[RouterA]rip 10
[RouterA-rip-10]peer4.0.0.2
[RouterA-rip-10]quit
```

**示例 8-17** 在 RouterA 上配置单播更新后 RouterB 和 RouterC 的路由表。

```
// (1) 在 RouterA 上配置静默接口和单播更新后 RouterB 的路由表
[RouterB]display ip routing-table
Route Flags: R-relay,D-download to fib
------------------------------------------
Routing Tables: Public
                Destinations : 12        Routes : 12
Destination/Mask     Proto   Pre  Cost   Flags NextHop    Interface
      1.0.0.0/24     RIP     100  1        D   4.0.0.1    GigabitEthernet0/0/0
      2.0.0.0/24     Direct  0    0        D   2.0.0.1    GigabitEthernet0/0/1
      2.0.0.1/32     Direct  0    0        D   127.0.0.1  GigabitEthernet0/0/1
    2.0.0.255/32     Direct  0    0        D   127.0.0.1  GigabitEthernet0/0/1
      3.0.0.0/24     RIP     100  1        D   4.0.0.3    GigabitEthernet0/0/0
      4.0.0.0/24     Direct  0    0        D   4.0.0.2    GigabitEthernet0/0/0
      4.0.0.2/32     Direct  0    0        D   127.0.0.1  GigabitEthernet0/0/0
    4.0.0.255/32     Direct  0    0        D   127.0.0.1  GigabitEthernet0/0/0
    127.0.0.0/8      Direct  0    0        D   127.0.0.1  InLoopBack0
    127.0.0.1/32     Direct  0    0        D   127.0.0.1  InLoopBack0
127.255.255.255/32   Direct  0    0        D   127.0.0.1  InLoopBack0
255.255.255.255/32   Direct  0    0        D   127.0.0.1  InLoopBack0
```

// (2) 在 RouterA 上配置静默接口和单播更新后 RouterC 的路由表

```
[RouterC]display ip routing-table
Route Flags: R-relay,D-download to fib
-----------------------------------------
Routing Tables: Public
        Destinations : 11        Routes : 11
Destination/Mask    Proto   Pre  Cost  Flags NextHop       Interface
       2.0.0.0/24   RIP     100  1       D   4.0.0.2       GigabitEthernet0/0/0
       3.0.0.0/24   Direct  0    0       D   3.0.0.1       GigabitEthernet0/0/1
       3.0.0.1/32   Direct  0    0       D   127.0.0.1     GigabitEthernet0/0/1
     3.0.0.255/32   Direct  0    0       D   127.0.0.1     GigabitEthernet0/0/1
       4.0.0.0/24   Direct  0    0       D   4.0.0.3       GigabitEthernet0/0/0
       4.0.0.3/32   Direct  0    0       D   127.0.0.1     GigabitEthernet0/0/0
     4.0.0.255/32   Direct  0    0       D   127.0.0.1     GigabitEthernet0/0/0
     127.0.0.0/8    Direct  0    0       D   127.0.0.1     InLoopBack0
     127.0.0.1/32   Direct  0    0       D   127.0.0.1     InLoopBack0
127.255.255.255/32  Direct  0    0       D   127.0.0.1     InLoopBack0
255.255.255.255/32  Direct  0    0       D   127.0.0.1     InLoopBack0
```

此时观察 RouterA 发出的更新报文就会发现,它不在 GE0/0/0 接口发送广播更新了,而是使用单播给 4.0.0.2 发送更新,如示例 8-18 所示。

**示例 8-18**　配置单播更新后 RouterA 发送更新报文的情况。

```
<RouterA>terminal debugging
<RouterA>debugging rip 10 packet GigabitEthernet 0/0/0
Feb 12 2019 17:13:18.894.1-08:00 RouterA RIP/7/DBG: 6: 13456:
RIP 10: Sending response on interface GigabitEthernet0/0/0 from 4.0.0.1 to 4.0.0.2
Feb 12 2019 17:13:18.894.2-08:00 RouterA RIP/7/DBG: 6: 13476:
Packet: Version 2,Cmd response,Length 24
Feb 12 2019 17:13:18.894.3-08:00 RouterA RIP/7/DBG: 6: 13546:
Dest 1.0.0.0/24,Nexthop 0.0.0.0,Cost 1,Tag 0
Feb 12 2019 17:13:42.664.1-08:00 RouterA RIP/7/DBG: 6: 13465:
RIP 10: Receive response from 4.0.0.3 on GigabitEthernet0/0/0
Feb 12 2019 17:13:42.664.2-08:00 RouterA RIP/7/DBG: 6: 13476:
Packet: Version 2,Cmd response,Length 24
Feb 12 2019 17:13:42.664.3-08:00 RouterA RIP/7/DBG: 6: 13546:
Dest 3.0.0.0/24,Nexthop 0.0.0.0,Cost 1,Tag 0
Feb 12 2019 17:13:44.494.1-08:00 RouterA RIP/7/DBG: 6: 13465:
RIP 10: Receive response from 4.0.0.2 on GigabitEthernet0/0/0
Feb 12 2019 17:13:44.494.2-08:00 RouterA RIP/7/DBG: 6: 13476:
Packet: Version 2,Cmd response,Length 24
Feb 12 2019 17:13:44.494.3-08:00 RouterA RIP/7/DBG: 6: 13546:
Dest 2.0.0.0/24,Nexthop 0.0.0.0,Cost 1,Tag 0
```

## 8.5　RIP 的检验与排错

可以在路由器上使用一些命令进行 RIP 的检验与排错。

### ◆ 8.5.1　使用 display 命令检验 RIP 的配置

对一个路由协议进行排错，最重要的命令就是 display ip routing-table。这个命令显示路由器的 IP 路由表内容，包括当前用于转发数据包的所有路由，通过查看路由表，可以知道路由协议是否正常工作。

除此之外，还可以使用 display rip 命令，该命令的作用是能够看到路由器上运行的 RIP 路由选择协议，以及该协议的一些特性，如示例 8-19 所示。

**示例 8-19**　display rip 命令的输出结果。

```
[Router]display rip
Public VPN-instance
    RIP process : 1
        RIP version    : 2
        Preference     : 100
        Checkzero      : Enabled
        Default-cost   : 0
        Summary        : Enabled
        Host-route     : Enabled
        Maximum number of balanced paths : 8
        Update time    : 30 sec            Age time : 180 sec
        Garbage-collect time : 120 sec
        Graceful restart   : Disabled
        BFD            : Disabled
        Silent-interfaces : None
        Default-route : Disabled
        Verify-source : Enabled
        Networks :
        10.0.0.0
        Configured peers   : None
        Number of routes in database : 3
        Number of interfaces enabled : 2
        Triggered updates sent    : 13
        Number of route changes   : 7
        Number of replies to queries : 3
        Number of routes in ADV DB   : 2
    Total count for 1 process :
        Number of routes in database : 3
        Number of interfaces enabled : 2
```

```
Number of routes sendable in a periodic update : 6
Number of routes sent in last periodic update : 4
```

如示例 8-19 所示,利用 display rip 命令输出的信息告诉我们路由器运行的路由协议是 RIPv2,进程号为 1,更新定时器为 30s,无效定时器为 180s,垃圾收集定时器为 120s,关联网络是 10.0.0.0。

◆ **8.5.2 使用 debugging 命令进行排错**

在上一节的例子中,已经看到大量 debugging rip 的结果。debugging 命令是一个调试排错命令,它具有很多选项,RIP 只是其中之一。debugging 命令的作用是让路由器执行以下动作。

(1)监视内部过程(如 RIP 发送和接收的更新)。

(2)当某些进程发生一些事件后,产生日志信息。

(3)持续产生日志信息,直到用 undo debugging 命令关闭。

当发现路由协议不能正常工作时,可以用 debugging 命令观察它的内部工作过程,以便发现存在的问题。例如,是否正确地发送了路由更新、能否接收到路由更新等,然后找出原因。

调试排错结束后,应当关闭 debugging。由于 debugging 命令非常消耗路由器资源,在一个生产性网络中要尽量少使用,并且一定要及时关闭。关闭 debugging 可以使用相同的 debugging 命令和参数,前面加上 undo 即可。例如,要关闭 debugging rip,可以用 undo debugging rip;或者也可以使用 undo debugging debug all 命令关闭所有正在进行中的 debugging 命令。

## 本章小结

本章针对距离矢量路由协议进行了详细的介绍,包括距离矢量路由协议学习路由的方法和距离矢量路由协议保证路由表正确性的方法,主要讲解了 RIP 路由协议的特性、路由更新过程及配置方法,最后讲解了检查 RIP 路由协议的配置和路由表正确性的命令。

## 习题8

1. 选择题

(1)RIP 使用(　　)来承载。

A. TCP,179　　　　　　　　　　　　　B. UDP,179

C. TCP,520　　　　　　　　　　　　　D. UDP,520

(2)RIP 路由协议依据(　　)判断最优路由。

A. 带宽　　　　　　B. 跳数　　　　　　C. 路径开销　　　　　　D. 延迟时间

(3)RIP 网络的最大跳数是(　　)。

A. 24　　　　　　　　B. 18　　　　　　　　C. 15　　　　　　　　D. 没有限制

(4)以下关于 RIPv1 和 RIPv2 的描述是正确的是(　　　)。

A. RIPv1 是无类路由,RIPv2 使用 VLSM

B. RIPv2 是默认的,RIPv1 必须配置

C. RIPv2 可以识别子网,RIPv1 是有类路由协议

D. RIPv1 使用跳数作为度量值,RIPv2 则是使用跳数和路径开销作为度量值

(5)如果要对 RIP 进行调试排除,应该使用的命令是(　　　)。

A. <Router> debugging rip 1

B. [Router]display rip

C. [Router]display rip 1

D. [Router]debugging rip 1

(6)RIP 路由器不会把从某台邻居路由器处学来的路由信息再发回给它,这种行为被称为(　　　)。

A. 水平分隔　　　　B. 触发更新　　　　C. 毒性逆转　　　　D. 抑制

## 2. 问答题

(1)RIP 协议中,更新定时器、无效定时器和垃圾收集定时器的作用分别是什么?

(2)为什么会发生计数到无穷大的情况?

(3)总结一下,防止路由环路的技术有哪些?

(4)RIPv1 和 RIPv2 的区别有哪些?

(5)配置 RIP 时的 network 命令作用有哪些?

(6)默认情况下,RIP 路由器是如何工作的?

# 第 9 章 OSPF 路由协议

由于距离矢量路由协议存在的无法避免的缺陷,所以在网络规划时,其多用于构建中小型网络。但随着网络规模的日益扩大,一些小型企业网的规模几乎等同于十几年前的中型企业网,并且对于网络的安全性和可靠性提出了更高的要求。RIP 路由协议显然已经不能完全满足这样的需求。

在这种背景下,链路状态路由协议

OSPF 以其众多的优势脱颖而出。它解决了很多距离矢量路由协议无法解决的问题,因而得到了广泛应用。学习完本章,要达成以下目标。

- 理解 OSPF 报头及各种报文格式。
- 掌握 OSPF 路由协议工作原理。
- 掌握 OSPF 路由协议特性。
- 能够配置 OSPF 路由协议。

## 9.1 链路状态路由协议概述

当在比较大型的网络中运行时,距离矢量路由协议就暴露出了它的缺陷。比如,运行距离矢量路由协议的路由器由于不能了解整个网络的拓扑,只能周期性地向自己的邻居路由器发送路由更新包,这种操作增加了整个网络的负担。距离矢量路由协议在处理网络故障时,其收敛速率也极其缓慢,通常要耗时 4～8 分钟甚至更长,这对于大型网络或电信级骨干网来说是不能忍受的。另外,距离矢量路由协议的最大度量值的限制也使该协议无法在大型网络里使用。所以,在大型网络里,我们需要使用一种比距离矢量路由协议更加高效,对网络带宽的影响更小的动态路由协议,这种协议就是链路状态路由协议。

链路状态路由协议有以下几种:①IP 开放式最短路径优先(OSPF);②CLNS 或 IP ISO 的中间系统到中间系统(IS-IS);③DEC 的 DNA 阶段 5;④Novell 的 NetWare 链路服务协议(NLSP)。

在本章中,我们只学习 OSPF 路由协议。

### 9.1.1 链路状态路由协议原理

链路状态路由协议使用由 Dijkstra 发明的、被称为最短路径优先(shortest path first,SPF)的算法来寻找到达目的地的最佳路径。距离矢量路由协议依赖来自其相邻路由器的关于远端路由的传闻,而链路状态路由协议将学习网络的完整拓扑,即哪些路由器连接到哪些网络。

运行链路状态路由协议的路由器，在互相学习路由之前，会首先向邻居路由器学习整个网络的拓扑结构，在自己的内存中建立一个拓扑表（或称链路状态数据库），然后使用 SPF 算法，从自己的拓扑表中计算出路由。SPF 算法会把网络拓扑转变为最短路径优先树，然后从该树型结构中找出到达每一个网段的最短路径，该路径就是路由；同时，该树型结构还保证了所计算出的路由不会存在路由环路。SPF 算法计算路由的依据是带宽，每条链路根据其带宽都有相应的开销（cost）。开销越小该链路的带宽越大，则该链路越优。

运行链路状态路由协议的路由器虽然在开始学习路由时先要学习整个网络的拓扑，学习路由的速率可能会比运行距离矢量路由协议的路由器慢一点，但是一旦路由学习完毕，路由器之间就不再需要周期性地互相传递路由表了，因为整个网络的拓扑路由器都知道，不需要使用周期性的路由更新包来维持路由表的正确性，从而节省了网络的带宽。

而当网络拓扑出现改变时（如在网络中加入了新的路由器或网络发生了故障），路由器也不需要把自己的整个路由表发送给邻居路由器，只需要发出一个包含有出现拓扑改变网段信息的触发更新包。收到这个更新包的路由器会把该信息添加进拓扑表里，并且从拓扑表中计算出新的路由。由于运行链路状态路由协议的路由器都维护一个相同的拓扑表，而路由是路由器自己从这张表中计算出来的，所有运行链路状态路由协议的路由器都能自己保证路由的正确性，不需要使用额外的措施保证它。运行链路状态路由协议的网络在出现故障时收敛是很快的。

由于链路状态路由协议不必周期性地传递路由更新包，所以它不能像距离矢量路由协议一样用路由更新包来维持邻居关系。链路状态路由协议使用专门的 Hello 包来维持邻居关系。运行链路状态路由协议的路由器周期性地向相邻的路由器发送 Hello 包，它们通过 Hello 包中的信息互相认识对方并且形成邻居关系。只有在形成邻居关系之后，路由器才可能学习网络拓扑。

## ◆ 9.1.2 链路状态路由协议的优缺点

链路状态路由协议与距离矢量路由协议可以从如下三个方面进行比较。

### 1. 对整个网络拓扑的了解

运行距离矢量路由协议的路由器都是从自己的邻居路由器处得到邻居的整个路由表，然后学习其中的路由信息，再把自己的路由表发给所有的邻居路由器。在这个过程中，路由器虽然可以学习到路由，但是路由器并不了解整个网络的拓扑。

运行链路状态路由协议的路由器首先会向邻居路由器学习整个网络的拓扑，建立拓扑表，然后使用 SPF 算法从该拓扑表中自己计算出路由。由于对整个网络拓扑的了解，链路状态路由协议具有很多距离矢量路由协议所不具备的优点。

### 2. 计算路由的算法

距离矢量路由协议的算法（也被称为 Bellman-Ford 算法或 Ford-Fulkerson 算法），只能够使路由器知道一个网段在网络中的哪个方向，有多远，而不能知道该网段的具体位置，从而使路由器无法了解网络的拓扑。

链路状态路由协议的算法需要链路状态数据库的支持。链路状态路由协议使用 SPF 算法，根据链路状态数据库来计算路由。

**3. 路由更新**

由于距离矢量路由协议不能了解网络拓扑,运行该协议的路由器必须周期性地向邻居路由器发送路由更新包,其中包括自己的整个路由表。距离矢量路由协议只能以这种方式保证路由表的正确性和实时性。运行距离矢量路由协议的路由器无法告诉邻居路由器哪一条特定的链路发生故障,因为它们都不知道整个网络的拓扑。

由于在链路状态路由协议刚刚开始工作时,所有运行链路状态路由协议的路由器都学习了整个网络的拓扑,并且从中计算出了路由,所以运行链路状态路由协议的路由器不必周期性地向邻居路由器传递路由更新包。它只需要在网络发生故障时发出触发更新包,告诉其他路由器在网络的哪个位置发生了故障即可。而网络中的路由器会依据拓扑表重新计算该链路相关的路由。链路状态路由协议的路由更新是触发更新。

通过上述链路状态路由协议与距离矢量路由协议的比较,我们可以得出链路状态路由协议具有如下优点。

(1)快速收敛。由于链路状态路由协议对整个网络拓扑十分了解,当发生网络故障时,察觉到该故障的路由器将该故障向网络中其他路由器通告。接收到链路状态通告的路由器除了继续传递该通告外,还会根据自己的拓扑表重新计算关于故障网段的路由。该重新计算的过程相当迅速,整个网络会在极短的时间里收敛。

(2)路由更新的操作更有效率。由于链路状态路由协议在刚刚开始工作的时候,路由器就已经学习了整个网络的拓扑,并且根据网络拓扑计算出了路由表,如果网络的拓扑不发生改变,这些路由器的路由表中的路由条目一定是正确的。所有运行链路状态路由协议的路由器之间不必周期性地传递路由更新包来保证路由表的正确性,它们只需要在网络拓扑发生改变的时候,发送触发更新包来通知其他路由器网络中具体哪里发生了变化,而不要传递整个路由表。接收到该信息的路由器会根据自己的拓扑表计算出网络中变化部分的路由。这种触发的更新,由于不必周期性地传递整个路由表,使路由更新的处理变得更加有效。

但是,链路状态路由协议也有不足之处,具体如下。

由于链路状态路由协议要求路由器首先学习拓扑表,然后从中计算出路由,所以运行链路状态路由协议的路由器被要求有更大的内存和更强计算能力的处理器。

同时,由于链路状态路由协议刚刚开始工作的时候,路由器之间要首先形成邻居关系,并且学习网络拓扑,所以路由器在网络刚开始工作的时候不能进行数据包的路由操作,必须等到拓扑表建立起来并且从中计算出路由后,路由器才能进行数据包的路由操作,这个过程需要一定的时间。

另外,因为链路状态的路由协议要求在网络中划分区域,并且对每个区域的路由进行汇总,从而达到减少路由表的路由条目、减小路由操作延时的目的,所以链路状态路由协议要求在网络中进行体系化编址,对 IP 子网的分配位置和分配顺序要求极为严格。

虽然链路状态路由协议有上述这些缺点,但相对于它所带来的好处,这些不足是可以接受的。链路状态路由协议特别适合在大规模的网络或电信级骨干网上使用。

## 9.2　OSPF 路由协议基础

开放最短路径优先(open shortest path first,OSPF)协议是由 Internet 工程任务组

(Internet engineering task force，IETF)开发的路由选择协议，用来代替存在一些问题的RIP 协议。现在，OSPF 协议是 IETF 组织建议使用的内部网关协议。OSPF 协议是一个链路状态协议，正如它的名字所描述的那样，OSPF 使用的最短路径优先(SPF)算法，而且是开放的。这里所说的开放是指它不属于任何厂商和组织所私有。

像所有的链路状态路由协议一样，OSPF 协议和距离矢量路由协议相比，一个主要的改善在于它能快速收敛，这使得 OSPF 协议可以支持更大型的网络，并且不容易受到有害路由选择信息的影响。

OSPF 路由协议的操作过程简要概括如下。

(1)宣告 OSPF 的路由器从所有启动 OSPF 协议的接口上发出 Hello 数据包。如果两台路由器共享一条公共数据链路，并且能够互相成功协商它们各自 Hello 数据包中所指定的某些参数，那么它们就成了邻居(neighbor)。

(2)邻接关系是在一些邻居路由器之间构成的，可以看成是一条点到点的虚链路。OSPF 协议定义了一些网络类型和一些路由器类型的邻接关系。邻接关系的建立是由交换Hello 信息的路由器类型和交换 Hello 信息的网络类型决定的。

(3)每一台路由器都会在所有形成邻接关系的邻居之间发送链路状态通告(link state advertisement，LSA)。LSA 描述了路由器所有的链路、接口、路由器的邻居以及链路状态信息。这些链路可以是一个末端网络(stub network，指没有与其他路由器相连的网络)的链路、到其他 OSPF 路由器的链路、到其他区域网络的链路，或是到外部网络(从其他的路由选择进程学习到的网络)的链路。由于这些链路状态信息的多样性，OSPF 协议定义了许多LSA 类型。

(4)每一台收到从邻居路由器发出的 LSA 的路由器都会把这些 LSA 记录在它的链路状态数据库当中，并且发送一份 LSA 的拷贝给该路由器的其他所有邻居。

(5)通过 LSA 泛洪扩散到整个区域，所有的路由器都会形成同样的链路状态数据库(link state dataBase，LSDB)。

(6)当这些路由器的数据库完全相同时，每一台路由器都将以其自身为根，使用 SPF 算法来计算一个无环路的拓扑图，以描述它所知道的到达每一个目的地的最短路径。这个拓扑图就是 SPF 算法树。

(7)每一台路由器都将从 SPF 算法树中构建出自己的路由表。

当所有的链路状态信息泛洪到区域内的所有路由器上，并且邻居检验到它们的链路状态数据库也相同，从而成功地创建了路由表时，OSPF 协议就变成了一个"安静"的协议。邻居之间交换的 Hello 数据包称为 keepalive，并且每隔 30min 重传一次 LSA。如果网络拓扑稳定，那么网络中将不会有什么活动发生。

## ◆ 9.2.1 OSPF 路由协议术语

在 OSPF 路由协议中有一些术语，理解这些术语有利于我们学习 OSPF 路由协议。图9-1 描述了这些术语。

下面对这些术语进行详细介绍。

● 链路：运行 OSPF 路由协议的路由器所连接的网络线路或路由器接口称为链路。OSPF 路由器由邻居处得到关于链路的信息，并且将该信息继续向其他邻居传递。

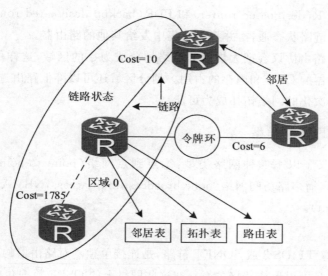

图 9-1　OSPF 术语

● 链路状态：用来描述路由器接口及其与邻居路由器的关系，所有链路状态信息构成链路状态数据库。

● 路由器 ID(Router ID)：路由器 ID 是一个用来标识此路由器的 IP 地址。路由器通过使用所有被配置的环回接口中最高的 IP 地址来指定此路由器 ID。如果没有带 IP 地址的环回接口被配置，OSPF 将选择所有激活的物理接口中最高的 IP 地址为其 Router ID。

● 邻居：邻居可以是两台或更多的路由器，这些路由器都由某个接口连接到一个公共的网络上，如两台连接在一个点到点串行链路上的路由器，或者多台连接到一个广播型链路上的路由器。

● 邻接：邻接是两台 OSPF 路由器之间的关系，这两台路由器允许直接交换路由更新数据。OSPF 路由器只与建立了邻接关系的邻居直接共享路由信息。不是所有的邻居都可以建立邻接关系，这取决于网络的类型和路由器上的配置。

● Hello 协议：OSPF 的 Hello 协议可以动态发现邻居，并维护邻居关系。

● 邻居表：运行 OSPF 路由协议的路由器会维护三张表，邻居表是其中的第一张表。凡是路由器认为与自己有邻居关系的路由器，都会出现在这张表中。只有形成了邻居表，路由器才可能向其他路由器学习网络拓扑。

● 拓扑表：当路由器建立了邻居表以后，运行 OSPF 路由协议的路由器会互相通告自己所知道的网络拓扑从而建立拓扑表。在同一个区域，所有的路由器应该形成相同的拓扑表。拓扑表也被称为链路状态数据库(link state database,LSDB)。

● 路由表：当完整的拓扑表建立起来之后，运行 OSPF 路由协议的路由器会按照链路的带宽不同，使用 SPF 算法从拓扑表中计算出路由，记入路由表。

● LSA 和 LSU：链路状态通告(link-state advertisement,LSA)是一个 OSPF 的数据包，它包含有在 OSPF 路由器中共享的链路状态和路由信息，它必须封装在链路状态更新包(link-state update,LSA)中在网络上传递，一个 LSU 可以包含多个 LSA。有多种不同类型的 LSA 数据包，OSPF 路由器将只与建立了邻接关系的路由器交换 LSA 数据包。

● DR 和 BDR：当几台路由器工作在同一网段上时，为了减少网络中路由信息的交换数量,OSPF 定义了 DR(designated router)和 BDR(backup designated router)。DR 和 BDR 负责收集网络中的链路状态通告,并将它们集中发给其他的路由器。

● 区域:OSPF 路由协议会把大规模的网络划分成为小的区域,这样可以有效地减少路由选择协议对路由器的 CPU 和内存的占用。划分区域还可以降低路由选择协议的通信量,这使得构建一个层次化的网络拓扑成为可能。

## ◆ 9.2.2 OSPF 网络类型

OSPF 协议定义了以下四种网络类型:①点到点网络(point-to-point);②广播型网络(broadcast);③非广播多路访问网络(none broadcast multiaccess,NBMA);④点到多点网络(point-to-multipoint)。

### 1. 点到点网络

点到点网络,像 T1、DS-3 或 SONET 链路,是连接单独一对路由器的网络。在点对点网络上的有效邻居总是可以形成邻接关系。在这些网络上的 OSPF 数据包的目的地址总是保留的 D 类地址 224.0.0.5,这个组播地址称为 ALLSPFRouters。

### 2. 广播型网络

广播型网络,如以太网、令牌环网和 FDDI 等,也可以更准确地定义为广播型多址网络,以便区别于 NBMA 网络。广播型网络是多址的网络,因而它们可以连接多于两台的设备。在广播型网络上的 OSPF 路由器会选举一台指定路由器(DR)和备份指定路由器(BDR),如 9.2.4 小节"DR 与 BDR 的选举"中的相关介绍。Hello 数据包像所有始发于 DR 和 BDR 的 OSPF 数据包一样,以组播方式发送到 ALLSPFRouters(224.0.0.5)。其他所有的既不是 DR 又不是 BDR 的路由器都将以组播方式发送链路状态更新数据包和链路状态确认数据包到组播地址 224.0.0.6,这个组播地址称为 ALLDRouters。

### 3. 非广播多路访问网络

非广播多路访问网络,如 X.25、帧中继和 ATM 等,可以连接两台以上的路由器,但是它们没有广播数据包的能力。一台在 NBMA 网络上的路由器发送的数据包将不能被其他与之相连的路由器收到。因此,在这些网络上的路由器需要通过相应的配置来获得它们的邻居。在 NBMA 网络上的 OSPF 路由器需要选举 DR 和 BDR,并且所有的 OSPF 数据包都是单播的。

### 4. 点到多点网络

点到多点网络是 NBMA 网络的一个特殊配置,可以看成是一群点到点链路的集合。在这些网络上的 OSPF 路由器不需要选举 DR 和 BDR,OSPF 数据包以单播方式发送给每一个已知的邻居。

## ◆ 9.2.3 邻居和邻接关系

在发送任何 LSA 通告之前,OSPF 路由器都必须首先发现它们的邻居路由器并建立邻接关系。邻居之间建立关联关系的最终目的是为了形成邻居之间的邻接关系,以相互传送路由选择信息。

要成功建立一个邻接关系,通常需要经过邻居路由器发现、双向通信、数据库同步和完全邻接这四个阶段，如图 9-2 所示。

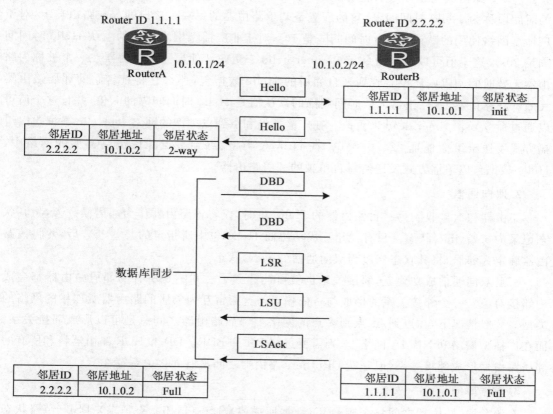

图 9-2　OSPF 协议邻居和邻接关系的建立过程

### 1. 邻居发现

OSPF 路由器周期性地从其启动 OSPF 协议的每一个接口发送 Hello 包，以寻找邻居。Hello 包中携带有一些参数，如始发路由器的 Router ID、始发路由器接口的区域 ID、始发路由器接口的地址掩码、选定的 DR 路由器、路由器优先级等信息。Hello 数据包是用来建立和维护邻接关系的。为了形成一种邻接关系，Hello 数据包携带的参数必须和它的邻居保持一致。

如图 9-2 所示，当两台路由器共享一条公共数据链路，并且相互成功协商它们各自Hello 包中所指定的某些参数时，它们就能成为邻居。

一台路由器可以有很多邻居，也可以同时成为几台其他路由器的邻居。邻居状态和维护邻居路由器的一些必要信息都被记录在一张邻居表内。为了跟踪和识别每台邻居路由器，OSPF 协议定义了 Router ID，Router ID 是在 OSPF 区域内唯一标识一台路由器的 IP 地址。路由器通过下面的方法得到它们的 Router ID。

（1）如果使用 router-id 命令手工配置 Router ID，就使用手工配置的 Router ID。

（2）如果没有手工配置的 Router ID，路由器就选取它所有环回接口上数值最高的 IP 地址作为 Router ID。

（3）如果路由器上没有配置 IP 地址的环回接口，那么路由器将选取它所有物理接口上数值最高的 IP 地址作为 Router ID。用作 Router ID 的接口不一定非要运行 OSPF 协议。

OSPF 路由器周期性地从启动 OSPF 协议的每一个接口发送 Hello 数据包。该周期性的时间段称为 Hello 时间间隔,它的配置是基于路由器的每一个接口的。在路由器上,对于广播型网络使用的默认 Hello 时间间隔是 10s,对于非广播型网络使用的默认 Hello 时间间隔是 30s。这个值可以通过命令 ospf timer hello 来更改。如果一台路由器在一个被称为路由器无效时间间隔内还没有收到来自邻居的 Hello 数据包,那么它将宣告它的邻居路由器无效。在路由器上,路由器无效时间间隔的默认值是 Hello 时间间隔的 4 倍,并且这个值可以通过命令 ospf timer dead 来更改。在广播类型和点到点类型的网络中,Hello 数据包以组播方式发送给组播地址 224.0.0.5。在 NBMA 类型、点到多点和虚链路类型的网络中,Hello 数据包以单播方式发送给每台单独的邻居路由器。

### 2. 双向通信

路由器初次接收到另一台路由器的 Hello 包时,仅将该路由器作为邻居候选人,将其状态记录为初始(init)状态。只有在相互成功协商 Hello 包中所指定的某些参数后,才将该路由器确定为邻居,将其状态修改为双向通信(2-way)状态。

一旦双向通信成功建立,邻接关系也就可能建立了。并不是所有的邻居路由器都会成为邻接对象。一个邻接关系的形成与否依赖于与这两台互为邻居的路由器所连接的网络的类型。一般情况下,在点到点、点到多点的网络上邻居路由器之间总是可以形成邻接关系。而在广播型网络和 NBMA 网络上,则需要选取 DR 和 BDR。DR 和 BDR 路由器将和所有的邻居路由器形成邻接关系,但是在 DRothers 路由器之间没有邻接关系存在。

### 3. 数据库同步

在该阶段,路由器之间将交换 DBD(数据库描述)、LSR(链路状态请求)、LSU(链路状态更新)和 LSAck(链路状态确认)数据包信息,以确保在邻居路由器的链路状态数据库中包含有相同的数据库信息。

数据库描述数据包对于邻接关系的建立过程来说是非常重要的。该数据包携带了始发路由器的链路状态数据库中的每一个 LSA 的简要描述,这些描述不是关于 LSA 的完整描述,而仅仅是它们的头部。另外,数据库描述数据包还可以管理邻接关系的建立过程。

当两台路由器建立双向通信后,便开始发送空的 DBD 数据包进行主/从关系的协商,并确定 DBD 数据包的序列号。具有较高路由器 ID 的邻居路由器将成为主路由器,而具有较低路由器 ID 的路由器将成为从路由器,主路由器将控制数据库的同步过程。

随后,邻居路由器之间开始同步它们的链路状态数据库,同步链路状态数据库的操作是通过发送包含它们各自的 LSA 头部列表的 DBD 数据包来实现的。本地路由器收到邻居路由器发送过来的 LSA 通告后,会同自己的链路状态数据库相比较,如果发现邻居路由器有一条 LSA 通告不在它自己的链路状态数据库中,那么本地路由器将发出一个链路状态请求数据包去请求关于该 LSA 的完整信息。邻居路由器收到该请求数据包后,会发送包含该 LSA 的完整信息的链路状态更新数据包。

在更新数据包中所传送的所有的 LSA 必须单独地进行确认,因此,本地路由器收到邻居发送来的链路状态更新数据包后,会发送链路状态确认数据包对收到的 LSA 进行确认。

### 4. 完全邻接

当双方的链路状态信息交互成功后,邻居状态将变迁为完全邻接(full)状态,这表明邻居路由器之间的链路状态信息已经同步。

邻居关系的路由器之间只会周期性地传送 OSPF 的 Hello 数据包。

邻接关系的路由器之间不但周期性地传送 OSPF 的 Hello 数据包,同时还可以进行 LSA 的泛洪扩散。

### ◆ 9.2.4 DR 与 BDR 的选举

对于 OSPF 协议来说,在广播网络和 NBMA 网络中,所有的路由器连接在同一个网段,在构建相关路由器之间的邻接关系时,会创建很多不必要的 LSA。如果网络中有 n 台路由器,则需要建立 n(n−1)/2 个邻接关系,如图 9-3 所示。这种邻接关系使得网络上 LSA 的泛洪扩散显得比较混乱,因为任何一台路由器都会向与它存在邻接关系的所有邻居发送 LSA,这些邻接的邻居又向与它有邻接关系的邻居发出这个 LSA,这样会在同一个网络上创建很多个相同 LSA 的副本,浪费了带宽资源。另外,在大型广播网络或 NBMA 网络中,存在着大量的路由器,每台路由器维持邻居关系的 Hello 包及邻居间的 LSA 会消耗掉很多带宽资源,若网络中突发大面积故障,同时发生的大量 LSA 可能会使路由器不断地进行重新计算路由,从而无法正常提供路由服务。

为了解决广播网络和 NBMA 网络中存在的上述问题,OSPF 协议定义了指定路由器(designated router,DR),网络中的每一台路由器都会与 DR 形成一个邻接关系,如图 9-4 所示。所有路由器都只将信息发送给 DR,由 DR 将网络链路状态广播出去。

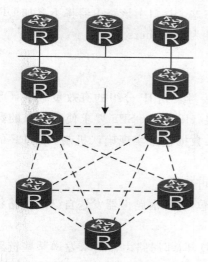

图 9-3　在 OSPF 网络上,路由器之间互相
形成完全网状的邻接关系

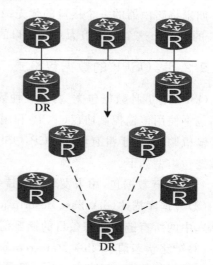

图 9-4　在 OSPF 网络上,网络上的其他
路由器与 DR 形成邻接关系

从图 9-4 可以看出,DR 成了网络中链路信息的汇聚点和发散点,如果 DR 由于某种故障而失效,就必须重新选举新的 DR。同时,网络上的所有路由器也要重新建立新的邻接关系,并且网络上所有的路由器必须根据新选出的 DR 同步它们的链路状态数据库。当上述过程发生时,网络将无法有效地传送数据包。为了避免这个问题,在网络上除了选取 DR,还应再选取一台备份指定路由器(backup designated router,BDR)。这样,网络上所有的路由器都将和 DR 与 BDR 同时形成邻接关系,DR 和 BDR 之间也将互相形成邻接关系,除 DR 和 BDR 之外的路由器(称为 DRothers)之间将不再建立邻接关系,也不再交换任何路由信

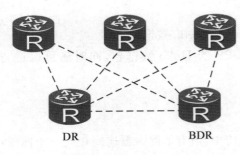

图 9-5　DR 与 BDR 操作

息,如图 9-5 所示。这时,如果 DR 失效了,BDR 将成为新的 DR。由于网络上其余的路由器已经和 BDR 形成了邻接关系,因此网络可以将无法传送数据的影响降低到最小。

DR 和 BDR 的选择是通过 Hello 协议来完成的。在每个网段上,Hello 数据包是通过 IP 组播来交换的。在广播和非广播的多路访问网络上,网段中带有最高 OSPF 优先级的路由器将会成为本网段中的 DR,优先级次高的路由器成为 BDR。这个优先级默认取值为 1,可以使用 display ospf interface 命令来查看它。如果所有的 OSPF 路由器都使用默认优先级设置,那么带有最高 Router ID 的路由器将会成为 DR,Router ID 次高的路由器为 BDR。

默认情况下,OSPF 路由器的优先级是一样的,这时,路由器通过比较 Router ID 选举 DR 和 BDR。Router ID 最大的路由器为 DR,Router ID 第二大的路由器为 BDR。一旦 DR 出现故障,BDR 会升级为 DR,同时引起新一轮的选举,从其余路由器中选举一台路由器作为新的 BDR。当发生故障的 DR 重新在线时,无论它的优先级多高,或者 Router ID 多大,它都不能得到原来的 DR 地位,只能成为普通的非 DR 路由器。只有等到下一次 DR 的选举,它才可能成为 DR。

如果将路由器的一个接口的优先级设置为 0,则在这个接口上该路由器将不参加 DR 和 BDR 的选举。这个优先级为 0 的接口的状态将随后变为 DRothers。

◆　**9.2.5　OSPF 的数据包格式**

OSPF 有五种数据包类型,这五种数据包类型直接封装到 IP 分组的有效负载中,OSPF 数据包不使用传输控制协议(TCP)和用户数据报协议(UDP)。OSPF 要求使用可靠的数据包传输机制,但由于没有使用 TCP,OSPF 将使用确认数据包来实现确认机制。OSPF 的五种数据包类型如下。

(1)Hello 数据包,用来发现和维持邻居路由器的可达性。

(2)数据库描述(database description,DBD)数据包,向邻居路由器发送自己的链路状态数据库中的所有链路状态条目的摘要信息。

(3)链路状态请求(link state request,LSR)数据包,向邻居路由器请求发送某些链路状态条目的详细信息。

(4)链路状态更新(link state update,LSU)数据包,用泛洪法向全网更新链路状态。这种分组是最复杂的,也是 OSPF 协议最核心的部分。路由器使用这种分组将其链路状态发送给邻居路由器。

(5)链路状态确认(link state acknowledgment,LSAck)数据包,对链路更新分组的确认。

**1. OSPF 数据包头部**

所有 OSPF 数据包都是使用 24 字节的固定长度首部,如图 9-6 所示,数据包的数据部分可以是五种类型数据包中的一种。在 IP 报头中,协议字段值为 89 表示 OSPF 分组。

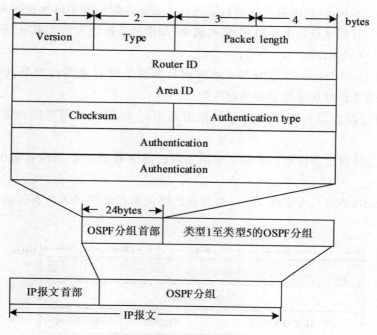

图 9-6　OSPF 分组报头的格式

OSPF 首部各字段的意义如下。

（1）Version（版本号）：用来定义所采用的 OSPF 路由协议的版本，当前版本号是 2。对于 IPv6 的路由选择是 OSPF 版本 3。

（2）Type（类型）：指出跟在 OSPF 头部后面的数据包类型，可以是以上五种数据包类型中的任一种。

（3）Packet length（数据包长度）：指包括数据包头部的 OSPF 数据包长度，以字节为单位。

（4）Router ID（路由器 ID）：用于描述数据包的源地址，以 IP 地址来表示。

（5）Area ID（区域 ID）：用于区分 OSPF 数据包所属的区域，所有的 OSPF 数据包都属于一个特定的 OSPF 区域。

（6）Checksum（校验和）：用来检测数据包中的差错。

（7）Authentication type（认证类型）：指正在使用的认证类型，0 为没有认证，1 为简单认证，2 为加密校验和（MD5）。

（8）Authentication（认证）：是数据包认证的必要信息。如果认证类型为 0，将不检查这个认证字段；如果认证类型为 1，这个字段将包含最长为 64 位的口令；如果认证类型为 2，这个认证字段将包含一个 Key ID、认证数据长度和一个不减小的加密序列号。

**2. Hello 数据包**

Hello 数据包是用来建立和维护邻接关系的。为了形成一种邻接关系，Hello 数据包携带的参数必须和它的邻居保持一致。

Hello 数据包的结构如图 9-7 所示，其各字段的含义如下。

（1）Network Mask（网络掩码）：是指发送数据包的接口的网络掩码。

（2）Hello Interval（Hello 时间间隔）：发送 Hello 数据包的时间间隔。

(3)Router Priority(路由器优先级):发送此 Hello 数据包的接口所在路由器的优先级,范围是 0～255。其用来进行 DR 和 BDR 的选举,如果该字段设置为 0,那么始发路由器将没有资格被选成 DR 或 BDR。

(4)Router Dead Interval(路由器失效时间):在这个时间范围内如果没有收到邻居的 Hello 数据包,则将该邻居从邻居表中删除。

(5)DR(指定路由器):指定路由器的路由器 ID。如果没有指定路由器,此字段内容为 0。

(6)BDR(备份指定路由器):备份指定路由器的路由器 ID。如果没有备份指定路由器,此字段内容为 0。

(7)Neighbor(邻居):发送此 Hello 数据包的路由器在此网段上所有邻居路由器的路由器 ID。

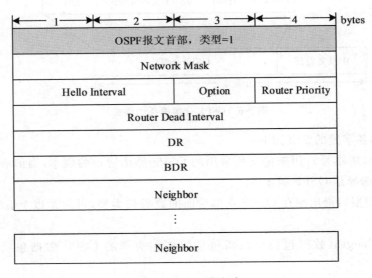

图 9-7　Hello 数据包

### 3. 数据库描述数据包

数据库描述数据包用于正在建立的邻接关系,它主要有以下三个方面的作用。

(1)选举数据库同步过程中路由器的主/从关系。

(2)确定数据库同步过程中初始的 DBD 序列号。

(3)交换所有的 LSA 头部(LSA 头部实际上是每个 LSA 条目的摘要),即两台路由器在进行数据库同步时,用数据库描述数据包来描述自己的链路状态数据库。

数据库描述数据包的结构如图 9-8 所示,其各字段的含义如下。

(1)Interface MTU(接口 MTU):用来指明接口最大可发出的 IP 数据包长度。

(2)I 位(Initial bit):当发送的是一系列数据库描述数据包中的第一个数据包时,该位置 1。后续的数据库描述数据包将把该位设置为 0。

(3)M 位(More bit):当发送的数据包不是一系列数据库描述数据包中的最后一个数据包时,该位置 1。最后一个数据库描述数据包将把该位设置为 0。

(4)MS 位(Master/Slave bit):在数据库同步过程中,该位置 1,用来指明始发数据库描述数据包的路由器是一台主路由器。从路由器将该位设置为 0。

**图 9-8　数据库描述数据包**

（5）DBD Sequence Number（数据库描述序列号）：用来标识数据库描述数据包交换过程中的每一个数据库描述数据包。该序列号只能由主设备设定、增加。

（6）LSAHeader（LSA 头部）：列出了始发路由器的链路状态数据库中部分或全部 LSA 头部。

**4. 链路状态请求数据包**

在数据库同步过程中，两台路由器互相交换过 DBD 数据包之后，知道对端的路由器有哪些 LSA 是本地的链路状态数据库所缺少的，这时需要发送链路状态请求数据包向对方请求所需的 LSA。

链路状态请求数据包的结构如图 9-9 所示，其各字段的含义如下。

（1）Link State Type（链路状态类型）：是一个链路状态类型号，用来指明要请求何种类型的 LSA 条目。

（2）Link State ID（链路状态 ID）：根据 LSA 的类型而定。

（3）Advertising Router（通告路由器）：是指始发 LSA 的路由器的 ID。

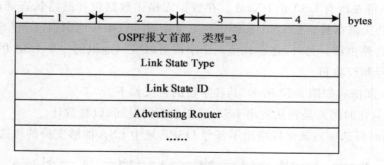

**图 9-9　链路状态请求数据包**

**5. 链路状态更新数据包**

如图 9-10 所示，链路状态更新数据包是用于 LSA 的泛洪扩散和发送 LSA 去响应链路状态请求数据包的。一个链路状态更新数据包可以携带一个或多个 LSA，但是这些 LSA 只能传送到始发它们的路由器的直连邻居。接收 LSA 的邻居路由器将负责在新的链路状态更新数据包中重新封装相关的 LSA，从而进一步泛洪扩散到它自己的其他邻居。

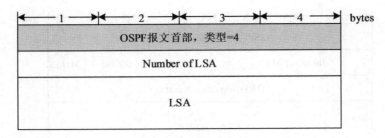

图 9-10 链路状态更新数据包

### 6. 链路状态确认数据包

链路状态确认数据包是用来进行 LSA 可靠的泛洪扩散的。一台路由器从它的邻居路由器收到的每一个 LSA 都必须在链路状态确认数据包中进行明确的确认。被确认的 LSA 是根据在链路状态确认数据包中包含它的头部来辨别的,并且多个 LSA 可以通过单个数据包来确认。如图 9-11 所示,一个链路状态确认数据包的组成除了 OSPF 包头和一个 LSA 头部的列表之外,就没有其他的内容了。

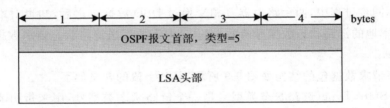

图 9-11 链路状态确认数据包

### 7. LSA 的头部

LSA 的头部在所有 LSA 的开始处。在数据库描述数据包和链路状态确认数据包里也使用了 LSA 的头部本身。在 LSA 头部中有三个字段可以唯一地识别每个 LSA:类型、链路状态 ID 和通告路由器。另外,还有其他三个字段可以唯一地识别一个 LSA 的最新示例:老化时间、序列号和校验和。

LSA 的头部格式如图 9-12 所示,其各字段的含义如下。

(1)Age(老化时间):是指从发出 LSA 后所经历的时间,以秒数计。

(2)Option(可选项):该字段指出了部分 OSPF 域中 LSA 能够支持的可选性能。

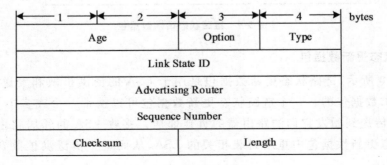

图 9-12 LSA 的头部格式

（3）Type（类型）：LSA 的类型。一些 LSA 的类型及标识这些类型的代码可以参见表 9-1。

（4）Link State ID（链路状态 ID）：用来指定 LSA 所描述的部分 OSPF 域。根据前一个字段 LSA 类型的不同，这个字段代表的含义有所不同。

（5）Advertising Router（通告路由器）：是指始发 LSA 的路由器的 ID。

（6）Sequence Number（序列号）：当 LSA 每次有新的示例产生时，这个序列号就会增加。其他路由器根据这个值可以判断哪个 LSA 是最新的。

（7）Checksum（校验和）：这是一个除了 Age 字段外，关于 LSA 的全部信息的校验和。

（8）Length（长度）：是一个包含 LSA 头部在内的 LSA 的长度，用 8 位组字节表示。

## 9.2.6  OSPF 路由计算

OSPF 路由计算通过以下步骤完成。

### 1. 评估一台路由器到另一台路由器所需要的开销

OSPF 协议是根据路由器的每一个接口指定的开销（cost）来计算最短路径的，一条路由的开销是指沿着到达目的网络的路径上所有路由器出接口的开销总和。

OSPF 协议的 Cost 与链路的带宽成反比，带宽越高则 Cost 越小，表示 OSPF 到目的网络的距离越近。路由器接口开销的计算公式为：

$$接口开销 = \frac{带宽参考值}{接口带宽}\ bps$$

其中，取计算结果的整数部分作为接口开销值（当结果小于 1 时取 1）。

### 2. 同步 OSPF 区域内每台路由器的 LSDB

OSPF 路由器会通过泛洪的方法来交换 LSA，即将 LSA 发送给所有与其相邻的 OSPF 路由器，相邻路由器根据其接收到的链路状态信息来更新自己的链路状态数据库，并将该 LSA 发送给与其相邻的其他路由器，直至 OSPF 域内所有的路由器具有相同的链路状态数据库。

链路状态数据库实质上是一个带权的有向图，这个图是对整个网络拓扑结构的真实反映。显然，OSPF 区域内所有路由器得到的是一个完全相同的图。

### 3. 使用 SPF 算法计算路由

如图 9-13 所示，OSPF 路由器用 SPF 算法以自身为根节点计算出一棵最短路径树，在这棵树上，由根到各个节点的累积开销最小，即由根到各个节点的路径在整个网络中都是最优的，这样也就获得了由根去往各个节点的路由。计算完成后，路由器将路由加入路由表。

## 9.2.7  OSPF 区域

OSPF 协议由于使用了多个数据库和复杂的算法，因而与前面介绍的距离矢量路由协议相比，它将会耗费路由器更多的内存和更多的 CPU 处理能力。当网络的规模不断增大时，对路由器的性能要求就会越高，甚至达到了路由器性能的极限。另一方面，虽然 LSA 的泛洪扩散比 RIP 协议周期性的、全路由表的更新更加有效率，但是对于一个大型网络来说，它依然给大量数据链路带来了无法承受的负担。LSA 的泛洪扩散和数据库的维护等相关

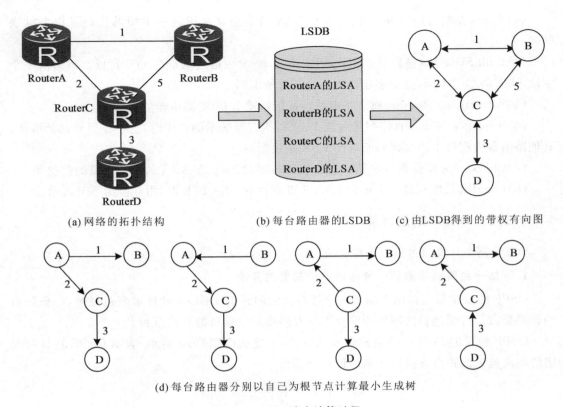

(a) 网络的拓扑结构　　　　(b) 每台路由器的LSDB　　　　(c) 由LSDB得到的带权有向图

(d) 每台路由器分别以自己为根节点计算最小生成树

图 9-13　OSPF 路由计算过程

的处理也会大大加重 CPU 的负担。

OSPF 协议利用区域来缩小这些不利的影响。在 OSPF 协议环境下，区域(area)是一组逻辑上的 OSPF 路由器和链路，它可以有效地把一个 OSPF 域分割成几个子域，如图 9-14 所示。在一个区域内的路由器将不需要了解它们所在区域外部的拓扑细节。

在划分了区域的环境下，路由器仅仅需要与它所在区域的其他路由器具有相同的链路状态数据库，而没有必要和整个 OSPF 域内的所有路由器共享相同的链路状态数据库。因此，在这种情况下，链路状态数据库的缩减就降低了对路由器内存的消耗。相应地，链路状态数据库的减小意味着处理较少的 LSA，从而也就降低了对路由器 CPU 的消耗。由于链路状态数据库只需要在一个区域内进行维护，因此，大量的 LSA 的泛洪扩散也就被限制在一个区域里面了。

区域是通过一个 32 位的区域 ID(area ID)来识别的。如图 9-14 所示，区域 ID 可以表示成一个十进制的数字，也可以表示成一个点分十进制的数字。

区域 0(或者区域 0.0.0.0)是为骨干区域保留的区域 ID 号。骨干区域(backbone area)的任务是汇总每一个区域的网络拓扑到其他所有的区域。正是由于这个原因，所有的域间通信量都必须通过骨干区域，非骨干区域之间不能直接交换数据包。

至少有一个接口与骨干区域相连的路由器被称为骨干路由器(backbone router)。连接一个或多个区域到骨干区域的路由器被称为区域边界路由器(area border routers，ABR)，这些路由器一般会成为域间通信的路由网关。

OSPF 自治系统要与其他的自治系统通信，必然需要有 OSPF 区域内的路由器与其他

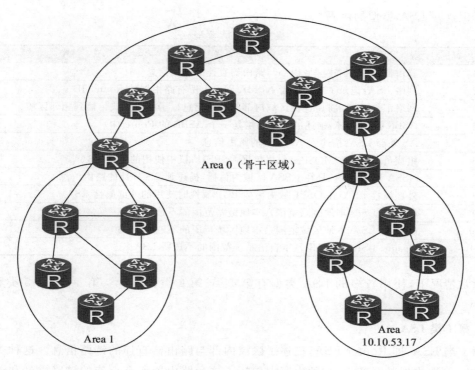

图 9-14　OSPF 区域

自治系统相连,这种路由器被称为自治系统边界路由器(autonomous system boundary router,ASBR)。自治系统边界路由器可以是位于 OSPF 自治系统内的任何一台路由器。

所有接口都属于同一个区域的路由器称为内部路由器(internal router),它只负责域内通信或同时承担自治系统边界路由器的任务。

划分区域后,仅在同一个区域的 OSPF 路由器能建立邻居和邻接关系。为保证区域间能正常通信,区域边界路由器要同时加入两个及两个以上的区域,负责向它连接的区域发布其他区域的 LSA,以实现 OSPF 自治系统内的链路状态同步、路由信息同步。因此,在进行 OSPF 区域划分时,会要求区域边界路由器的性能应更强一些。

大多数 OSPF 协议的设计者对于单个区域所能支持的路由器的最大数量都有一个个人认为较适当的经验值。单个区域能支持的路由器的最大数量的范围大约是 30～200。但是,在一个区域内实际加入的路由器数量要比单个区域所能容纳的路由器最大数量小一些。这是因为还有更为重要的一些因素影响着这个数量,如一个区域内链路的数量、网络拓扑的稳定性、路由器的内存和 CPU 性能、路由汇总的有效使用和注入这个区域的汇总 LSA 的数量等。正是由于这些因素,有时在一些区域里包含 25 台路由器可能都显得比较多了,而在另一些区域内却可以容纳多于 200 台的路由器。

◆ **9.2.8　OSPF 的 LSA 类型**

OSPF 协议作为典型的链路状态协议,其不同于距离矢量协议的重要特性就在于:OSPF 路由器之间交换的并非是路由表,而是链路状态描述信息。这就需要 OSPF 协议可以尽量精确地交流 LSA 以获得最佳的路由选择,因此在 OSPF 协议中定义了不同类型的 LSA,每一种类型的 LSA 都描述了 OSPF 网络的一种不同情况。表 9-1 中列出了 LSA 的类型和标识这些 LSA 类型的代码。

表 9-1 LSA 类型

| 类型代码 | 描述 |
|---|---|
| 1 | 路由器 LSA:描述区域内部与路由器直连的链路信息 |
| 2 | 网络 LSA:记录了广播或者 NBMA 网段上所有路由器的 Router ID |
| 3 | 网络汇总 LSA:将所连接区域内部的链路信息以子网的形式传播到相邻区域 |
| 4 | ASBR 汇总 LSA:描述的目的网络是一个 ASBR 的 Router ID |
| 5 | AS 外部 LSA:描述到 AS 外部的路由信息 |
| 6 | 组成员 LSA:在 MOSPF(组播扩展 OSPF)协议中使用的组播 LSA |
| 7 | NSSA 外部 LSA:只在 NSSA 区域内传播,描述到 AS 外部的路由信息 |
| 8 | 外部属性 LSA:在 OSPF 域内传播 BGP 属性时使用的外部属性 LSA |
| 9 | Opaque LSA(本地链路范围):本地链路范围的不透明 LSA |
| 10 | Opaque LSA(本地区域范围):本地区域范围的不透明 LSA |
| 11 | Opaque LSA(AS 范围):本自治系统范围的不透明 LSA |

通常情况下,使用较多的 LSA 类型有第 1 类、第 2 类、第 3 类、第 4 类、第 5 类和第 7 类 LSA。

**1. 第 1 类 LSA**

第 1 类 LSA,即 Router LSA,描述了区域内部与路由器直连的链路信息。这种类型的 LSA 每一台路由器都会产生,它的内容中包括了这台路由器所有直连的链路类型和链路开销等信息,并且向它的邻居传播。

一台路由器的所有链路信息都放在一个 Router LSA 内,并且只在此台路由器直连的链路上传播。如图 9-15 所示,RouterB 上有两条链路 Link1 和 Link2,因此它将产生一条 Router LSA,里面包含 Link1 和 Link2 这两条链路信息,并将此 LSA 向它的直连邻居 RouterA 和 RouterC 发送。

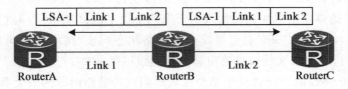

图 9-15　Router LSA 的传播范围

**2. 第 2 类 LSA**

第 2 类 LSA,即 Network LSA,是由 DR 产生,它描述的是连接到一个特定的广播网络或者 NBMA 网络的一组路由器。与 Router LSA 不同,Network LSA 的作用是保证对于广播网络或者 NBMA 网络只产生一条 LSA。这条 LSA 描述了该网络上连接的所有路由器以及网络掩码信息,记录了该网络上所有路由器的 Router ID,包括 DR 自己的 Router ID。Network LSA 的传播范围也是只在区域内部传播。

由于 Network LSA 是由 DR 产生的描述网络信息的 LSA,因此对于 P2P 这种网络类型的链路,路由器之间是不选举 DR 的,也就意味着,在这种网络类型上,不产生 Network LSA。

如图 9-16 所示,在 10.0.1.0/24 这个网络中,RouterC 作为这个网络的 DR。所以,RouterC 负责产生 Network LSA,包括这条链路的网络掩码信息,以及 RouterA、RouterB

和 RouterC 的 Router ID,并且将这条 LSA 向 RouterA 和 RouterB 传播。

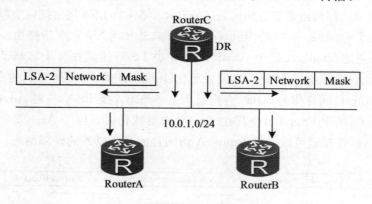

图 9-16　第 2 类 LSA 的传播范围

### 3. 第 3 类 LSA

第 3 类 LSA,即 Summary LSA,由 ABR 生成,将所连接区域内部的链路信息以子网的形式传播到相邻区域。Summary LSA 实际上就是将区域内部的第 1 类和第 2 类 LSA 信息收集起来以路由子网的形式进行传播。

ABR 收到来自同区域其他 ABR 传来的 Summary LSA 后,重新生成新的 Summary LSA(Advertising Router 改为自己),继续在整个 OSPF 系统内传播。一般情况下,Summary LSA 的传播范围是除生成这条 LSA 的区域外的其他区域。

第 3 类 LSA 直接传递路由条目,而不是链路状态描述,因此,路由器在处理第 3 类 LSA 的时候,并不运用 SPF 算法进行计算,而是直接作为路由条目加入路由表中,沿途的路由器也仅仅修改链路开销。这就导致了在某些设计不合理的情况下,可能导致路由环路。这也是 OSPF 协议要求非骨干区域必须通过骨干区域才能通信的原因。在某些情况下,Summary LSA 也可以用来生成默认路由,或者用来过滤明细路由。

如图 9-17 所示的 OSPF 网络中,Area 1 中的 RouterB 作为 ABR,产生一条描述该网段的第 3 类 LSA,使其在骨干区域 Area 0 中传播,其中这条 LSA 的 Advertising Router 字段设置为 RouterB 的 Router ID。这条 LSA 在传播到 RouterC 的时候,RouterC 同样作为 ABR,会重新产生一条第 3 类 LSA,并将这条 LSA 的 Advertising Router 字段设置为 RouterC 的 Router ID,使其在 Area 2 中继续传播。

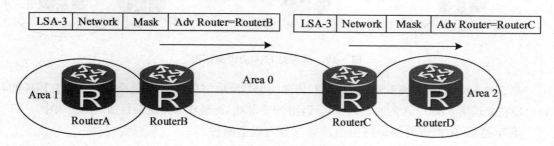

图 9-17　第 3 类 LSA 的传播范围

### 4. 第 4 类 LSA

第 4 类 LSA,即 ASBR Summary LSA,由 ABR 生成,格式与第 3 类 LSA 相同,描述的目标

网络是一个 ASBR 的 Router ID。它不会主动产生,触发条件为 ABR 收到一个第 5 类 LSA 时,其意义在于让区域内部路由器知道如何到达 ASBR。第 4 类 LSA 网络掩码字段全部设置为 0。

如图 9-18 所示,Area 1 中的 RouterA 作为 ASBR,引入了外部路由。RouterB 作为 ABR,产生一条描述 RouterA 这个 ASBR 的第 4 类 LSA,使其在骨干区域 Area 0 传播,其中这条 LSA 的 Advertising Router 字段设置为 RouterB 的 Router ID。这条 LSA 传播到 RouterC 时,RouterC 同样作为 ABR,会重新产生一条第 4 类 LSA,并将 Advertising Router 字段改为 RouterC 的 Router ID,使其在 Area 2 中继续传播。位于 Area 2 中的 RouterD 收到这条 LSA 之后,就知道可以通过 RouterA 访问自治系统以外的外部网络。

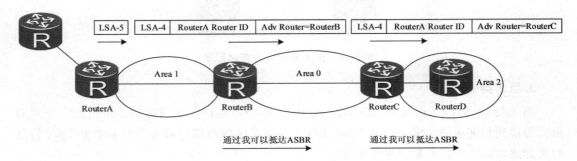

图 9-18　第 4 类 LSA 的传播范围

### 5. 第 5 类 LSA

第 5 类 LSA,即 AS External LSA,是由 ASBR 产生,描述到 AS 外部的路由信息。它一旦生成,将在整个 OSPF 系统内扩散,除非个别做了相关配置的特殊区域。AS 外部的路由信息来源很多,通常是通过引入静态路由或者其他路由协议的路由获得的。

如图 9-19 所示,Area 1 中的 RouterA 作为 ASBR 引入了一条外部路由。由 RouterA 产生一条第 5 类 LSA,描述此 AS 外部路由。这条第 5 类 LSA 会传播到 Area 1、Area 0 和 Area 2,沿途的路由器都会收到这条 LSA。

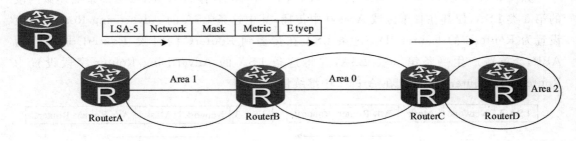

图 9-19　第 5 类 LSA 的传播范围

第 5 类 LSA 和第 3 类 LSA 非常相似,传递的也是路由信息,而不是链路状态信息。同样的,路由器在处理第 5 类 LSA 的时候,也不会运用 SPF 算法,而是作为路由条目加入路由表中。

第 5 类 LSA 携带的外部路由信息可以分为以下两种。

(1)第一类外部路由:是指来自于 IGP 的外部路由(如静态路由和 RIP 路由)。由于这类路由的可信程度较高,并且与 OSPF 自身路由的开销具有可比性,所以第一类外部路由的开销等于本路由器到相应的 ASBR 的开销与 ASBR 到该路由目的地址的开销之和。

(2)第二类外部路由:是指来自于 EGP 的外部路由。OSPF 协议认为从 ASBR 到自治系统之外的开销远远大于自治系统之内到达 ASBR 的开销,所以计算路由开销时将主要考虑前者,即第二类外部路由的开销等于 ASBR 到该路由目的地址的开销。如果计算出开销值相等的两条路由,再考虑本路由器到相应的 ASBR 的开销。

在第 5 类 LSA 中,专门有一个字段 E 位来标识引入的是第一类外部路由还是第二类外部路由。默认情况下,引入 OSPF 协议的都是第二类外部路由。

**6. 第 7 类 LSA**

第 7 类 LSA 在后文中会有详细阐述。

## ◆ 9.2.9　边缘区域

OSPF 协议主要依靠各种类型的 LSA 进行链路状态数据库的同步,然后使用 SPF 算法进行路由选择。在某些情况下,出于安全性的考虑,或者为了降低对路由器性能的要求,OSPF 除了常见的骨干区域和非骨干区域之外,还定义了一类特殊的区域,也就是边缘区域,边缘区域可以过滤掉一些类型的 LSA,并且使用默认路由通知区域内的路由器通过 ABR 访问其他区域。这样,区域内的路由器不需要掌握整个网络的 LSA,降低了网络安全方面的隐患,并且降低了对内存和 CPU 的需求。常见的边缘区域有以下几种。

(1)Stub 区域:在这个区域内,不存在第 4 类和第 5 类 LSA。

(2)Totally Stub 区域:是 Stub 区域的一种改进区域,不仅不存在第 4 类和第 5 类 LSA,连第 3 类 LSA 也不存在。

(3)NSSA(not-so-stubby area)区域:也是 Stub 区域的一种改进区域,不存在第 4 类和第 5 类 LSA,但可以允许第 7 类 LSA 注入。

**1. Stub 区域**

Stub 区域的 ABR 不允许注入第 5 类 LSA,在这些区域中路由器的路由表规模以及路由信息传递的数量都会大大减少。因为没有第 5 类 LSA,因此第 4 类 LSA 也没有必要存在,所以同样不允许注入。如图 9-20 所示,在 Area 2 配置为 Stub 区域之后,为保证自治系统外的路由依旧可达,ABR 会产生一条 0.0.0.0/0 的第 3 类 LSA,发布给区域内的其他路由器,通知它们如果要访问外部网络,可以通过 ABR。所以,区域内的其他路由器不用记录外部路由,从而大大降低了对路由器性能的要求。

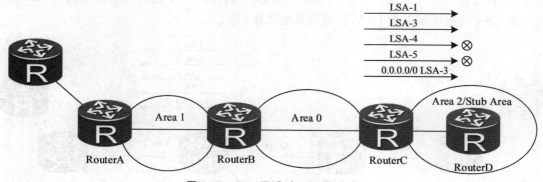

图 9-20　Stub 区域对 LSA 的过滤

在使用 Stub 区域时,需要注意以下几点。

(1)骨干区域不能配置成 Stub 区域。

（2）Stub 区域内不能存在 ASBR，即自治系统外部的路由不能在本区域内传播。

（3）虚连接不能穿过 Stub 区域。

（4）区域内可能不止有一个 ABR，这种情况下可能会产生次优路由。

**2. Totally Stub 区域**

为了进一步减少 Stub 区域中路由器的路由表规模以及路由信息传递的数量，可以将该区域配置为 Totally Stub 区域，该区域的 ABR 不会将区域间的路由信息和外部路由信息传递到本区域。在 Totally Stub 区域中，为了进一步降低链路状态数据库的大小，不仅不允许第 4 类 LSA 和第 5 类 LSA 注入，而且还不允许第 3 类 LSA 注入。为了保证该区域内的其他路由器到本自治系统的其他区域或者自治系统外的路由依旧可达，ABR 会重新产生一条 0.0.0.0/0 的第 3 类 LSA。

如图 9-21 所示，将 Area 2 配置成为 Totally Stub 区域后，第 3 类、第 4 类和第 5 类 LSA 都无法注入 Area 2，RouterC 作为 ABR，将重新给 RouterD 发送一条 0.0.0.0/0 的第 3 类 LSA，使其可以访问其他区域。

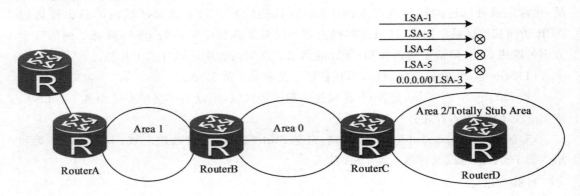

图 9-21　Totally Stub 区域对 LSA 的过滤

**3. NSSA 区域**

NSSA 区域是 Stub 区域的变形，与 Stub 区域有许多相似的地方，如图 9-22 所示。NSSA 区域也不允许第 5 类 LSA 注入，但可以允许第 7 类 LSA 注入。第 7 类 LSA，即 NSSA 外部 LSA（NSSA external LSA），由 NSSA 区域的 ASBR 产生，几乎与 LSA 5 通告是相同的，仅在 NSSA 区域内传播。当第 7 类 LSA 到达 NSSA 区域的 ABR 时，由 ABR 将第 7 类 LSA 转换成第 5 类 LSA，传播到其他区域。

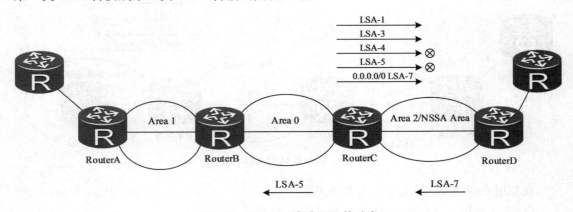

图 9-22　NSSA 区域对 LSA 的过滤

NSSA 区域内存在一个 ASBR,该区域不接收其他 ASBR 产生的外部路由。与 Stub 区域一样,虚连接也不能穿过 NSSA 区域。

## 9.3 配置 OSPF

### ◆ 9.3.1 OSPF 基本配置命令

OSPF 协议的一般配置步骤如下。

**1. 启用 OSPF 进程**

在系统视图下,使用如下命令启动 OSPF 进程并进入 OSPF 视图。

> **ospf** [ *process-id* ]

在该命令中,参数 *process-id* 是进程号,取值范围为 1~65535,默认值为 1。一台路由器上可以同时启动多个 OSPF 进程,系统用进程号区分它们。

用 **undo ospf** *process-id* 命令可以关闭指定的 OSPF 进程并删除其配置。

**2. 配置 OSPF 区域**

OSPF 路由器必须至少属于一个区域,因此在 OSPF 进程启动后,应首先配置区域。在 OSPF 视图下,使用如下命令配置一个区域并进入此区域视图。

> **area** *area-id*

在该命令中,参数 *area-id* 是标识 OSPF 区域 ID,它可以是一个十进制数字,也可以是一个形如 IP 地址的点分十进制的数字。路由器允许用户使用这两种方式进行配置,但仅以点分十进制数字的方式显示用户配置的区域。例如,当用户配置为 area 1 时,路由器显示出用户配置的区域为 area 0.0.0.1。

在 OSPF 视图下,使用 **undo area** *area-id* 命令删除一个区域。

**3. 在 OSPF 路由协议里发布网段**

配置 OSPF 区域后,还需要配置区域所包含的网段,也就是第 8 章介绍 RIP 路由配置时用 **network** 命令进行的“网络宣告”。该处的网段是指运行 OSPF 协议接口的 IP 地址所在的网段,一个网段只能属于一个区域,但这里的网络宣告与 RIP 不一样,可以是子网和超网宣告,而不一定需要采用主类网段进行宣告。

在区域视图下,采用如下命令将指定的接口加入该区域。

> **network** *network-address wildcard-mask*

在该命令中,参数 *network-address* 可以是网段、子网或者接口的 IP 地址;*wildcard-mask* 是 32 位二进制通配符掩码的点分十进制表示,它与子网掩码正好相反,其化为二进制后若某位为 0,表示必须比较 *network-address* 和接口地址中与该位对应的位,为 1 表示不比较 *network-address* 和接口地址中与该位对应的位。若 *network-address* 和接口地址中所有必须比较的位均匹配,则该接口被加入该区域并启动 OSPF。

在区域视图下,使用 **undo network** *network-address wildcard-mask* 命令将指定的接口从该区域删除。

完成上述的命令配置后,OSPF 即可工作。

◆ 9.3.2 OSPF 可选配置命令

除了启动 OSPF 协议必须配置的命令之外，还有一些命令是可以选择配置的，分别介绍如下。

**1. 配置 Router ID**

OSPF 协议定义了 Router ID，Router ID 是在 OSPF 区域内唯一标识一台路由器的 IP 地址。如果不配置 Router ID，路由器将自动选择其某一接口的 IP 地址作为 Router ID。由于这种方式下 Router ID 的选择存在一定的不确定性，不利于网络的运行和维护，通常不建议使用。

在系统视图下，配置 Router ID 的命令如下。

**router id** *ip-address*

该命令可以对该路由器上所有的 OSPF 进程配置 Router ID。

无论是手动配置还是自动选择的 Router ID，都在 OSPF 进程启动时立即生效。生效后如果更改了 Router ID 或接口地址，则只有重新启动 OSPF 协议或重启路由器后才会生效。

**2. 配置 OSPF 接口优先级**

对于广播型网络来说，DR/BDR 选举是 OSPF 路由器之间建立邻接关系时很重要的步骤。运行 OSPF 协议的路由器之间会比较各自的优先级，优先级高的路由器将成为 DR，优先级次高的将成为 BDR。优先级的范围是 0~255，其中如果优先级为 0，则该路由器永远不能成为 DR 或者 BDR。路由器上默认的优先级是 1。我们可以通过改变某一台路由器的优先级，使得该路由器成为 DR/BDR 或者永远不能成为 DR/BDR。

在接口视图下，配置 OSPF 接口优先级的命令格式如下。

**ospfdr-priority** *priority*

若要恢复 OSPF 接口默认优先级，则要在接口视图下使用 **undo ospf dr-priority** *priority* 命令。

**3. 配置 OSPF 接口开销**

OSPF 接口开销值影响路由的选择，开销值越大，优先级越低。OSPF 路由协议既可以通过对链路的带宽计算得出路径的开销值，也可以通过命令固定配置。OSPF 使用公式：

$$接口开销 = \frac{带宽参考值}{接口带宽}$$

自动计算接口开销值，因此可以通过两种方式来调整 OSPF 的接口开销：一是直接配置接口的开销值；二是通过改变带宽参考值来调整接口开销值。

1）直接配置 OSPF 接口开销

在接口视图下，使用如下命令直接指定 OSPF 的接口开销值。

**ospf cost** *value*

该命令中，参数 value 是配置的开销值，其范围是 1~65 535。OSPF 路由器计算路由时，只关心路径单方向的开销值，故改变一个接口的开销值，只对从此接口发出数据的路径有影响，不影响从这个接口接收数据的路径。

2）通过改变带宽参考值间接调整接口开销

在 OSPF 视图下，使用如下命令配置计算接口开销所依据的带宽参考值。

**bandwidth-reference** *value*

该命令中,参数 *value* 是配置的带宽参考值,其范围是(1~2147483648)Mbit/s。配置成功后,OSPF 进程内所有接口的带宽参考值都会改变,必须保证该进程中所有路由器的带宽参考值一致。

默认情况下,带宽参考值为 100Mbit/s,可用 **undo bandwidth-reference** 命令恢复带宽参考值为默认值。

**4. 配置 hello-interval 和 dead-interval**

hello-interval 是路由器发出 Hello 包的时间间隔,dead-interval 是邻居关系失效的时间间隔。对于广播型网络默认的 hello-interval 是 10s,dead-interval 是 40 秒。而对于非广播型网络默认的 hello-interval 是 30s,dead-interval 是 120 秒。当在 dead-interval 之内没有收到邻居的 Hello 包时,一旦 dead-interval 超时,OSPF 路由器就认为邻居已经失效。

在接口视图下,配置 hello-interval 和 dead-interval 的命令如下。

```
ospf timer hello interval
ospf timer dead interval
```

如果两台路由器的 hello-interval 或 dead-interval 配置不相同,则两台路由器不能形成邻居关系,所以更改该参数时一定要小心。

### ◆ 9.3.3  单区域 OSPF 配置示例

如图 9-23 所示,区域 0 具有 3 台路由器,它们彼此相连。将 RouterA 的 Router ID 设置为 1.1.1.1、RouterB 的 Router ID 设置为 2.2.2.2、RouterC 的 Router ID 设置为 3.3.3.3。

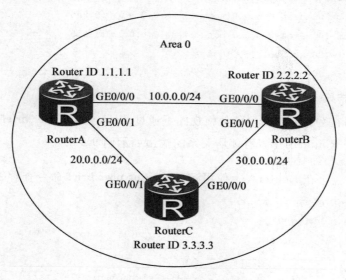

**图 9-23   OSPF 单区域配置示例拓扑图**

**1. 基本配置**

在 RouterA、RouterB 和 RouterC 上配置 OSPF 的步骤如示例 9-1 所示,其中配置主机名、接口 IP 地址等步骤省略。

在 RouterA、RouterB 和 RouterC 上配置单区域 OSPF。

```
// (1) 在 RouterA 上配置 OSPF
[RouterA]router id 1.1.1.1
[RouterA]ospf 100
[RouterA-ospf-100]area 0
[RouterA-ospf-100-area-0.0.0.0]network 10.0.0.0 0.0.0.255
[RouterA-ospf-100-area-0.0.0.0]network 20.0.0.0 0.0.0.255
[RouterA-ospf-100-area-0.0.0.0]quit
[RouterA-ospf-100]quit
// (2) 在 RouterB 上配置 OSPF
[RouterB]router id 2.2.2.2
[RouterB]ospf 100
[RouterB-ospf-100]area 0
[RouterB-ospf-100-area-0.0.0.0]network 10.0.0.0 0.0.0.255
[RouterB-ospf-100-area-0.0.0.0]network 30.0.0.0 0.0.0.255
[RouterB-ospf-100-area-0.0.0.0]quit
[RouterB-ospf-100]quit
// (3) 在 RouterC 上配置 OSPF
[RouterC]routerid 3.3.3.3
[RouterC]ospf 100
[RouterC-ospf-100]area 0
[RouterC-ospf-100-area-0.0.0.0]
[RouterC-ospf-100-area-0.0.0.0]network 20.0.0.0 0.0.0.255
[RouterC-ospf-100-area-0.0.0.0]network 30.0.0.0 0.0.0.255
[RouterC-ospf-100-area-0.0.0.0]quit
[RouterC-ospf-100]quit
```

**2. 验证配置结果**

配置完成后,在 OSPF 路由器的任何视图下通过 **display ospf peer brief** 命令可以查看邻居关系。其中,在 RouterA 上查看邻居关系的输出如示例 9-2 所示。

 示例 9-2 　　　　在 RouterA 上使用 **display ospf peer brief** 命令查看邻居关系。

```
<RouterA>display ospf peer brief
OSPF Process 100 with Router ID 1.1.1.1
  Peer Statistic Information
----------------------------------------
Area Id          Interface              Neighbor id      State
0.0.0.0          GigabitEthernet0/0/0     2.2.2.2        Full
0.0.0.0          GigabitEthernet0/0/1     3.3.3.3        Full
----------------------------------------
```

从以上输出结果可以看出,邻居之间的状态为 Full,这说明该网络中的 OSPF 路由器的链路状态已经同步。

在任何视图下通过 **display ospf lsdb** 命令可以查看 OSPF 路由器的链路状态数据库,OSPF 区域内各路由器的链路状态数据库是一样的。其中在 RouterA 上查看链路状态数据库的输出如示例 9-3 所示。

**示例 9-3**

在 RouterA 上使用 **display ospf lsdb** 命令查看链路状态数据库。

```
<RouterA>display ospf lsdb
OSPF Process 100 with Router ID 1.1.1.1
Link State Database
             Area: 0.0.0.0
Type      LinkState ID      AdvRouter        Age   Len   Sequence Metric
Router    2.2.2.2           2.2.2.2          125   48    8000000A   1
Router    1.1.1.1           1.1.1.1          134   48    8000000C   1
Router    3.3.3.3           3.3.3.3          130   48    80000008 1
Network   10.0.0.1          1.1.1.1          339   32    80000004   0
Network   20.0.0.1          1.1.1.1          134   32    80000004   0
Network   30.0.0.2          2.2.2.2          125   32    80000004   0
```

在任何视图下通过 **display ospf routing** 命令可以查看路由器的 OSPF 路由信息。并不是所有的 OSPF 路由都会被路由器使用，路由器还需要权衡其他协议提供的路由及路由器接口连接方式等，如果 OSPF 提供的路由与直连路由相同，路由器会选择直连路由加入路由表。其中在 RouterA 上查看 OSPF 路由信息的输出如示例 9-4 所示。

**示例 9-4**

在 RouterA 上使用 **display ospf routing** 命令查看 OSPF 路由信息。

```
<RouterA>display ospf routing
OSPF Process 100 with Router ID 1.1.1.1
  Routing Tables
Routing for Network
Destination        Cost  Type     NextHop        AdvRouter       Area
10.0.0.0/24        1     Transit  10.0.0.1       1.1.1.1         0.0.0.0
20.0.0.0/24        1     Transit  20.0.0.1       1.1.1.1         0.0.0.0
30.0.0.0/24        2     Transit  10.0.0.2       2.2.2.2         0.0.0.0
30.0.0.0/24        2     Transit  20.0.0.2       2.2.2.2         0.0.0.0
Total Nets: 4
Intra Area: 4  Inter Area: 0  ASE: 0  NSSA: 0
```

**3. 修改接口优先级**

由于 RouterA 的 GE0/0/0 接口与 RouterB 的 GE0/0/0 接口共享一条数据链路，并且在同一个网段内，故它们互为邻居，假设 RouterA 的 OSPF 先启动，那么 RouterA 会被选举为 RouterA 和 RouterB 之间网络的 DR，假设 RouterA 和 RouterB 的 OSPF 同时启动，根据优先级相同时 Router ID 大的优先的原则，RouterB 会被选举为 RouterA 和 RouterB 之间网络的 DR。

同理，RouterA 和 RouterC 互为邻居，假设 RouterA 的 OSPF 先启动，那么 RouterA 会被选举为 RouterA 和 RouterC 之间网络的 DR，假设 RouterA 和 RouterC 的 OSPF 同时启动，RouterC 会被选举为 RouterA 和 RouterC 之间网络的 DR。RouterB 和 RouterC 互为邻居，假设 RouterB 的 OSPF 先启动，那么 RouterB 会被选举为 RouterB 和 RouterC 之间网络的 DR，假设 RouterB 和 RouterC 的 OSPF 同时启动，RouterC 会被选举为 RouterB 和 RouterC 之间网络的 DR。

在该例子中，RouterA 的 OSPF 先启动，因此 RouterA 被选举为 DR，如示例 9-5 所示。

 示例 9-5    DR/BDR 的选举。

```
<RouterA>dis ospf interface
OSPF Process 100 with Router ID 1.1.1.1
Interfaces
Area: 0.0.0.0        (MPLS TE not enabled)
IP Address      Type        State   Cost   Pri   DR           BDR
10.0.0.1        Broadcast   DR      1      1     10.0.0.1     10.0.0.2
20.0.0.1        Broadcast   DR      1      1     20.0.0.1     20.0.0.2
```

在 RouterA 的 GE0/0/0 和 GE0/0/1 接口上配置接口优先级为 0，然后重新启动 OSPF 进程。如示例 9-6 所示。

示例 9-6    修改 RouterC 的接口优先级。

```
[RouterA]interface GigabitEthernet 0/0/0
[RouterA-GigabitEthernet0/0/0]ospf dr-priority 0
    [RouterA-GigabitEthernet0/0/0]quit
[RouterA]interface GigabitEthernet 0/0/1
[RouterA-GigabitEthernet0/0/1]ospf dr-priority 0
[RouterA-GigabitEthernet0/0/1]quit
```

由于 RouterA 的 GE0/0/0 和 GE0/0/1 接口的优先级为 0，它们都不具备 DR/BDR 的选举权，故在 RouterA 和 RouterB 之间的网络上 RouterB 为 DR，在 RouterA 和 RouterC 之间的网络上 RouterC 为 DR。如示例 9-7 所示。

示例 9-7    修改 RouteA 的接口优先级后 DR/BDR 的选举。

```
[RouterA]display ospf interface
OSPF Process 100 with Router ID 1.1.1.1
Interfaces
Area: 0.0.0.0        (MPLS TE not enabled)
IP Address      Type        State     Cost   Pri   DR           BDR
10.0.0.1        Broadcast   DROther   1      0     10.0.0.2     0.0.0.0
20.0.0.1        Broadcast   DROther   1      0     20.0.0.2     0.0.0.0
```

### 4. 修改接口开销

在 RouterC 的路由表上记录到达网络 10.0.0.0/24 的出接口为 GE0/0/0 和 GE0/0/1，因为 RouterC 从 GE0/0/0 和 GE0/0/1 接口出发到达 10.0.0.0/24 网段的开销均为 2，如示例 9-8 所示。

 示例 9-8    RouterC 的路由表。

```
<RouterC>display ip routing-table protocol ospf
Route Flags: R-relay,D-download to fib
------------------------------------------
Public routing table : OSPF
        Destinations : 1        Routes : 2
OSPF routing table status : <Active>
```

```
        Destinations : 1           Routes : 2
Destination/Mask     Proto   Pre  Cost  Flags NextHop      Interface
    10.0.0.0/24      OSPF    10    2     D    30.0.0.2     GigabitEthernet0/0/0
                     OSPF    10    2     D    20.0.0.1     GigabitEthernet0/0/1
OSPF routing table status : <Inactive>
        Destinations : 0           Routes : 0
```

在 RouterC 上配置 GE0/0/1 接口的开销值为 100,此时,路由表中到达网络 10.0.0.0/24 的出接口为 GE0/0/0,因为此时 RouterC 从 GE0/0/0 接口出发到达 10.0.0.0/24 网段的开销为 2,从 GE0/0/1 接口出发到达 10.0.0.0/24 网段的开销为 101,如示例 9-9 所示。

**示例 9-9**　　　修改 RouterC 的接口开销。

```
// (1) 在 RouterC 上修改接口 GE0/0/1 的开销值
[RouterC]int g 0/0/1
[RouterC-GigabitEthernet0/0/1]ospf cost 100
[RouterC-GigabitEthernet0/0/1]quit
// (2) 在 RouterC 上查看修改接口开销值之后的路由表
[RouterC]display ip routing-table protocol ospf
Route Flags: R-relay, D-download to fib
- - - - - - - - - - - - - - - - - - - - - - - - - - - - - - - - - - - - - - -
Public routing table : OSPF
        Destinations : 1           Routes : 1
OSPF routing table status : <Active>
        Destinations : 1           Routes : 1
Destination/Mask     Proto   Pre  Cost  Flags NextHop   Interface
    10.0.0.0/24      OSPF    10    2     D    30.0.0.2  GigabitEthernet0/0/0
OSPF routing table status : <Inactive>
        Destinations : 0           Routes : 0
```

### ◆ 9.3.4　多区域 OSPF 配置

如图 9-24 所示,RouterB 作为 Area 0 和 Area 2 的 ABR。

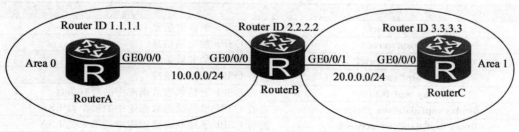

图 9-24　OSPF 多区域配置示例拓扑图

本例中,RouterA 和 RouterC 的配置与单区域 OSPF 的配置相同,重点集中在 RouterB 的配置上,RouterB 作为 ABR,需要同时加入 RouterA 和 RouterB 所在的区域。在 RouterA、RouterB 和 RouterC 上的配置如示例 9-10 所示,其中配置主机名、接口 IP 地址等步骤省略。

**示例 9-10** 配置多区域 OSPF。

```
// (1) 在 RouterA 上配置 OSPF
[RouterA]router id 1.1.1.1
[RouterA]ospf 100
[RouterA-ospf-100]area 0
[RouterA-ospf-100-area-0.0.0.0]network 10.0.0.0 0.0.0.255
[RouterA-ospf-100-area-0.0.0.0]quit
[RouterA-ospf-100]quit
// (2) 在 RouterB 上配置 OSPF
[RouterB]router id 2.2.2.2
[RouterB]ospf 100
[RouterB-ospf-100]area 0
[RouterB-ospf-100-area-0.0.0.0]network 10.0.0.0 0.0.0.255
[RouterB-ospf-100-area-0.0.0.0]quit
[RouterB-ospf-100]area 1
[RouterB-ospf-100-area-0.0.0.1]network 20.0.0.0 0.0.0.255
[RouterB-ospf-100-area-0.0.0.1]quit
// (3) 在 RouterC 上配置 OSPF
[RouterC]router id 3.3.3.3
[RouterC]ospf 100
[RouterC-ospf-100]area 1
[RouterC-ospf-100-area-0.0.0.1]network 20.0.0.0 0.0.0.255
[RouterC-ospf-100-area-0.0.0.1]quit
[RouterC-ospf-100]quit
```

◆ **9.3.5 OSPF 的检验与排错**

为了验证 OSPF 的配置和进行故障诊断,可以使用表 9-2 所示的与 OSPF 操作相关的命令。

表 9-2 OSPF 故障诊断命令

| 命　　令 | 描述/功能 |
|---|---|
| display ospf brief | 查看 OSPF 的摘要信息 |
| display ospf error | 查看 OSPF 的出错信息 |
| display ospf peer [ brief ] | 查看 OSPF 的邻居关系 |
| display ospf routing | 查看 OSPF 的路由情况 |
| display ospf lsdb | 查看 OSPF 链路状态数据库中的所有条目 |
| display ospf database router | 查看 OSPF 链路状态数据库中的第 1 类 LSA |
| display ospf database network | 查看 OSPF 链路状态数据库中的第 2 类 LSA |
| display ospf database summary | 查看 OSPF 链路状态数据库中的第 3 类 LSA |
| display ospf database asbr | 查看 OSPF 链路状态数据库中的第 4 类 LSA |
| display ospf database ase | 查看 OSPF 链路状态数据库中的第 5 类 LSA |
| display ospf database nssa | 查看 OSPF 链路状态数据库中的第 7 类 LSA |
| debugging ospf event | 查看 OSPF 的事件信息 |
| debugging ospf lsa | 查看 OSPF 的链路状态通告信息 |
| debugging ospf packet | 查看 OSPF 的分组信息 |

**本章小结**

　　本章首先介绍了链路状态路由协议相对于距离矢量路由协议的优势,然后详细讲解了 OSPF 路由协议。

　　文中对 OSPF 路由协议的原理、术语、算法等知识进行了详细的说明,了解了 OSPF 协议可以在广播型网络、点到点网络及 NBMA 网络等网络中使用,并重点介绍了 OSPF 在广播型网络上 DR 和 BDR 的选举、OSPF 的区域、OSPF 的 LSA 类型以及 OSPF 协议学习路由的过程。另外,还介绍了 OSPF 协议的配置命令和一些辅助命令。

 **习题9**

　　1. 选择题

　　(1)对 OSPF 协议计算路由的过程,下列排列顺序正确的是(　　　)。

　　a.每台路由器都根据自己周围的拓扑结构生成一条 LSA

　　b.根据收集的所有的 LSA 计算路由,生成网络的最小生成树

　　c.将 LSA 发送给网络中其他的所有路由器,同时收集所有的其他路由器生成的 LSA

　　d.生成链路状态数据库 LSDB

　　A. a-b-c-d　　　　　　　　B. a-c-b-d　　　　　　　　C. a-c-d-b　　　　　　　　D. d-a-c-b

　　(2)要查找一台路由器的邻居状态,应使用(　　　)命令。

　　A. display ospf peer　　　　　　　　　　B. display ospf neighbor

　　C. display ospf interface　　　　　　　　D. display ospf adjacency

　　(3)以下有关 OSPF 网络中 BDR 的说法正确的是(　　　)。

　　A. 一个 OSPF 区域(area)中只能有一个 BDR

　　B. 某一网段中的 BDR 必须是经过手工配置产生

　　C. 只有网络中 priority 第二大的路由器才能成为 DR

　　D. 只有 NBMA 或广播网络中才会选举 BDR

　　(4)在默认情况下,OSPF 在广播多路访问链路上每隔(　　　)发送一个 Hello 分组。

　　A. 30 秒　　　　　　B. 40 秒　　　　　　C. 3.3 秒　　　　　　D. 10 秒

　　(5)接口处于初始(init)状态表示(　　　)。

　　A. 该接口已连接到网络,正确定其 IP 地址和 OSPF 参数

　　B. 路由器接收到了邻居的 Hello 分组,但该分组中没有包含其路由器 ID

　　C. 这是一个点到点接口

　　D. 仅在广播链路上会出现这种情况,它表明正在选举 DR

　　(6)获悉新路由时,如果收到了数据库中没有的 LSA,内部 OSPF 路由器将(　　　)。

　　A. 立即将该 LSA 从所有 OSPF 接口(收到该 LSA 的接口除外)发送出去

　　B. 将该 LSA 丢弃,并给始发路由器发送一条信息

　　C. 将该 LSA 加到拓扑数据库中,并给始发路由器发送一条确认信息

　　D. 检查序列号,如果该 LSA 有效,则将其加入到拓扑数据库中

(7)路由器的 OSPF 优先级为 0 表示( )。

A. 该路由器可参与 DR 选举,其优先级最高

B. 该路由器执行其他操作之前转发 OSPF 分组

C. 该路由器不能参与 DR 选举,它不能成为 DR,也不能成为 BDR

D. 该路由器不能参与 DR 选举,但可以成为 BDR

(8)命令 network 10.1.32.0 0.0.31.255 指定的地址有( )。

A. 10.1.32.255　　　B. 10.1.34.0　　　C. 10.1.64.0　　　　D. 10.1.64.255

(9)对于划分区域的必要性,下列描述不正确的是( )。

A. 减小 LSDB 的规模　　　　　　　B. 减轻运行 SPF 算法的复杂度

C. 有利于路由进行聚合　　　　　　D. 缩短路由器间 LSDB 的同步时间

(10)下列关于骨干区域的描述,不正确的是( )。

A. 骨干区域号的 Area ID 是 0.0.0.0

B. 所有区域必须与骨干区域相连

C. 骨干区域之间可以是不连通的

D. 每个区域边界路由器 ABR 连接的区域中至少有一个是骨干区域

### 2. 问答题

(1)简述 OSPF 与 RIP 的主要差别?

(2)在 OSPF 协议中,需要选举 DR/BDR 的网络类型有哪些?

(3)OSPF 协议报文的类型一共有哪几种?

(4)OSPF 协议如何自动计算接口开销值?

(5)OSPF 协议如何选举 DR/DBR?

# 第10章 虚拟路由器冗余协议

通常,网络中的主机都设置一条以某一台路由器(或三层交换机)为下一跳的默认路由,即以此路由器作为其默认网关。如果子网或 VLAN 的网关路由器出现故障,就不能将分组转发到子网外,因此网关的可用性非常重要。本章介绍了提供路由器冗余的协议——虚拟路由器冗余协议(virtual router redundancy protocol,VRRP),该协议可以让多台路由设备共享同一个网关地址,这样如果一台设备出现故障,另一台设备可以自动承担网关的角色。

学习完本章,要达成如下目标。
- 掌握 VRRP 的作用。
- 掌握 VRRP 转发和选举机制。
- 掌握 VRRP 基本配置。
- 熟悉调整 VRRP 优先级功能与配置。
- 熟悉 VRRP 跟踪、抢占、定时器配置。
- 掌握 VRRP 多组配置。

## 10.1 VRRP 概述

通常,同一网段内的所有主机都设置一条以某一台路由器(或三层交换机)为下一跳的默认路由,即以此路由器作为其默认网关。主机发往其他网段的报文将通过默认路由发往默认网关,再由默认网关进行转发,从而实现主机与外网的通信。当默认网关发生故障时,所有主机都无法与外部网络通信。

如图 10-1 所示,一个局域网内的所有主机都设置了默认网关 192.168.1.1,即以路由器作为默认网关。这样,主机通过路由器与外部网络通信。而当路由器出现故障时,本网段内所有的主机将中断与外部的通信。

要提高网络的可靠性,就要使用设备为默认网关提供设备备份,增加冗余性。RFC 2338 定义的 VRRP(virtual router redundancy protocol,虚拟路由器冗余协议)就是为这一目的而设计的。VRRP 是一种容错协议,通过将物理设备和逻辑设备的分离,很好地解决了局域网网关的冗余备份问题,在提高可靠性的同时,也简化了主机的配置。在具有多播或广播能力的局域网(如以太网)中配置 VRRP,能在某台网关出现故障时提供高可靠的备份网关,有效避免了单一设备或链路发生故障后网络中断的问题。

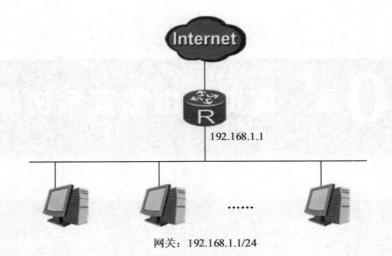

图 10-1　使用一个网关的局域网

◆　10.1.1　VRRP 的功能

VRRP 能够在不改变组网的情况下,将多台路由设备组成一个虚拟路由器,通过配置虚拟路由器的 IP 地址作为默认网关,实现对默认网关的备份。当现有网关设备发生故障时,VRRP 机制能够选举新的网关设备承担数据流量,从而保障网络的可靠通信。

如图 10-2 所示,主机通过双线连接到 RouterA 和 RouterB。在 RouterA 和 RouterB 上配置 VRRP 备份组,对外体现为一台虚拟路由器,实现到达 Internet 的链路冗余备份。

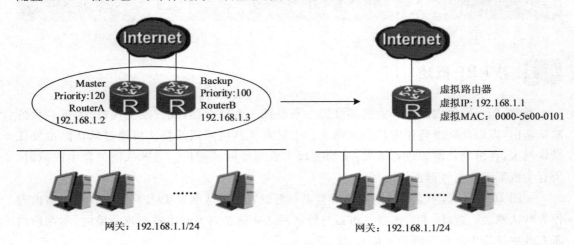

图 10-2　VRRP 备份组形成示意图

在图 10-2 中,RouterA 和 RouterB 在局域网中的地址分别为 192.168.1.2 和 192.168.1.3。RouterA 和 RouterB 运行 VRRP,构成一个备份组,生成一个虚拟网关 192.168.1.1。局域网内的主机并不需要了解 RouterA 和 RouterB 的存在,而仅仅将虚拟网关192.168.1.1设置为其默认网关。假定正常情况下,VRRP 选举备份组内的 RouterA 为 Master,而RouterB 为 Backup,则 RouterA 负责执行虚拟网关的功能,所有主机与外部网络的通信名义上通过虚拟网关 192.168.1.1 进行,实际上的数据转发却是通过 RouterA 进行。

一台路由器可以属于多个备份组,各个备份组独立进行选举,互不干扰。假定在图 10-2 所示的网络中,在 RouterA 和 RouterB 上配置了另外一个备份组,在这个备份组中 RouterB 为 Master,RouterA 为 Backup,虚拟 IP 地址为 192.168.1.254。这样网络中就有两个备份组,每台路由器既是一个备份组的 Master,又是另一个备份组的 Backup,局域网中的一半主机以 192.168.1.1 为默认网关,另一半主机以 192.168.1.254 为默认网关,从而既实现了两台路由器互为备份,又实现了局域网流量的负载均衡。这也是目前最常用的 VRRP 协议解决方案。

#### ◆ 10.1.2  VRRP 基本概念

在后面讲解 VRRP 工作原理和配置的过程中会遇到许多与 VRRP 相关的基本概念,所以下面先介绍这些 VRRP 基本概念。

(1)VRRP 路由器(VRRP Router):运行 VRRP 的设备(可以是路由器,也可以是三层交换机,后同),可加入到一个或多个虚拟路由器备份组中。

(2)虚拟路由器(virtual router):又称为 VRRP 备份组,由一个 Master(主用)设备和多个 Backup(备用)设备组成,被当成一个共享局域网内主机的默认网关。

(3)Master 路由器(主用路由器):VRRP 备份组中当前承担转发报文任务的 VRRP 设备。

(4)Backup 路由器(备用路由器):VRRP 备份组中一组没有承担转发任务的 VRRP 设备,但当 Master 设备出现故障时,它们将可通过选举成为新的 Master 设备。

(5)VRID:虚拟路由器标识,用来唯一标识一个 VRRP 备份组。

(6)虚拟 IP 地址(virtual IP address):分配给虚拟路由器的 IP 地址。一个虚拟路由器可以有一个或多个 IP 地址(多个 IP 地址时,只有一个是主 IP 地址,其他为从 IP 地址),由用户配置。

(7)IP 地址拥有者(IP address owner):如果一个 VRRP 设备将虚拟路由器的 IP 地址作为真实的接口地址,则该设备被称为 IP 地址拥有者。如果该 IP 地址拥有者是可用的,将直接成为 Master 路由器,不用选举,也不可抢占,除非该设备不可用。

(8)虚拟 MAC 地址(virtual MAC address):是虚拟路由器根据虚拟路由器 ID(RID)生成的 MAC 地址。一个虚拟路由器拥有一个虚拟 MAC 地址,格式为:00-00-5E0001-{VRID}。当虚拟路由器回应 ARP 请求时,使用的是虚拟 MAC 地址,而不是接口的真实 MAC 地址。

(9)路由器根据优先级选举出 Master 设备和 Backup 设备。

(10)抢占模式:在抢占模式下,如果 Backup 设备的优先级比当前 Master 设备的优先级高,则主动将自己切换成 Master。

(11)非抢占模式:在非抢占模式下,只要 Master 设备没有出现故障,Backup 设备即使随后被配置了更高的优先级也不会成为 Master 设备。

#### ◆ 10.1.3  VRRP 的优点

在网络中配置 VRRP 功能,具有以下优点。

(1)简化网络管理。VRRP 能在当前网关设备出现故障时仍然提供高可靠的默认链路,且无须修改动态路由协议、路由发现协议等配置信息,可有效避免单一链路发生故障后的网络中断问题。

(2)适应性强。VRRP 报文封装在 IP 报文中,支持各种上层协议。

(3)网络开销小。VRRP 只定义了一种报文,即 VRRP 协议报文,有效减轻了网络设备的额外负担。

## 10.2 VRRP 工作原理

### ◆ 10.2.1 VRRP 报文格式

VRRP 中只定义了一种报文——VRRP 报文,用来将 Master 设备的优先级和状态通告给同一备份组的所有 Backup 设备,即仅 Master 设备会发送 VRRP 协议报文。这是一种 IP 组播报文,报文头部中源地址为发送报文接口的主 IP 地址(不是虚拟路由器的 IP 地址),目的地址为 VRRP 组播 IP 地址 224.0.0.18,TTL 是 255,协议号是 112。VRRP 报文发布范围只限于同一局域网内,这保证了 VRID 在不同网络中可以重复使用。

VRRP 报文目前有 VRRPv2 和 VRRPv3 两个版本,其中 VRRPv2 基于 IPv4,VRRPv3 基于 IPv6。VRRPv2 的报文格式如图 10-3 所示。

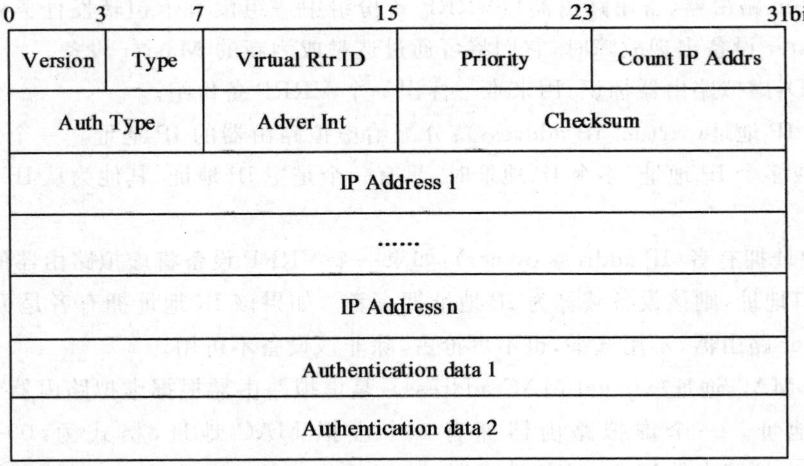

| 0 3 | 7 | 15 | 23 | 31bit |
|---|---|---|---|---|
| Version | Type | Virtual Rtr ID | Priority | Count IP Addrs |
| Auth Type | | Adver Int | Checksum | |
| IP Address 1 | | | | |
| ...... | | | | |
| IP Address n | | | | |
| Authentication data 1 | | | | |
| Authentication data 2 | | | | |

图 10-3  VRRPv2 报文格式

VRRPv2 报文中各字段的含义分别介绍如下。

(1)Version:协议版本号。

(2)Type:VRRP 报文的类型。VRRPv2 报文只有一种类型,即 VRRP 通告报文(advertisement),该字段取值为 1。

(3)Virtual Rtr ID(VRID):虚拟路由器号(即备份组号),取值范围为 1~255。一个虚拟路由器有唯一的 VRID,该路由器对外表现为唯一的虚拟 MAC 地址,地址的格式为 00-00-5E-00-01-xx。其中,xx 是两个表示 VRID 的十六进制位。

(4)Priority:路由器在备份组中的优先级,取值范围为 0~255,数值越大表明优先级越高,其中可用的范围是 1~254,0 表示设备停止参与 VRRP,255 则保留给 IP 地址拥有者。

（5）Count IP Addrs：备份组中虚拟 IP 地址的个数。一个备份组可对应多个虚拟 IP 地址。

（6）Auth Type：认证类型。该值为 0 表示无认证，为 1 表示简单字符认证，为 2 表示 MD5 认证。

（7）Adver Int：发送通告报文的时间间隔。VRRPv2 中单位为秒，默认为 1 秒。

（8）Checksum：16 位校验和，用于检测 VRRP 报文中的数据破坏情况。

（9）IP Address：备份组虚拟 IP 地址表项。所包含的地址数定义在 Count IP Addrs 字段。

（10）Authentication Data：验证字，目前只用于简单字符认证，对于其他认证方式一律填 0。

使用 VRRP 报文可以传递备份组中的参数，还可以用于 Master 的选举。为了减少网络带宽的消耗只有 Master 路由器才可以周期性的发送 VRRP 通告报文。备份路由器在连续三个通告间隔内收不到 VRRP 或收到优先级为 0 的通告后启动新的一轮 VRRP 选举。

### 10.2.2　VRRP 状态机

VRRP 的工作原理主要体现在设备的协议状态改变上。VRRP 中定义了三种状态：初始状态（Initialize）、活动状态（Master）和备份状态（Backup），其中只有处于活动状态的设备才可以为到虚拟 IP 地址的转发请求提供服务。这三种协议状态之间的转换关系如图 10-4 所示。

**图 10-4　VRRP 状态机**

#### 1. Initialize 状态

初始状态，为 VRRP 不可用状态，在此状态时设备不会对 VRRP 报文做任何处理。通常刚配置 VRRP 时或设备检测到故障时会进入该状态。

收到接口 Startup（启动）的消息后；如果设备的优先级为 255（表示该设备为虚拟路由器 IP 地址拥有者），则直接成为 Master 设备；如果设备的优先级小于 255，则会先切换至 Backup 状态。

#### 2. Master 状态

活动状态，表示当前设备为 Master 设备。当 VRRP 设备处于 Master 状态时，该设备会进行下列工作。

（1）定时发送 VRRP 通告报文。

（2）以虚拟 MAC 地址响应对虚拟 IP 地址的 ARP 请求。

（3）转发目的 MAC 地址为虚拟 MAC 地址的 IP 报文。

（4）如果该设备是这个虚拟 IP 地址的拥有者，则接收目的 IP 地址为这个虚拟 IP 地址的 IP 报文；否则，丢弃这个 IP 报文。

（5）如果收到比自己优先级大的 VRRP 报文，或者收到与自己优先级相等的 VRRP 报文，且本地接口 IP 地址小于源端接口 IP 地址时，则立即转变为 Backup 状态（仅在抢占模式下生效）。

（6）收到接口 Shutdown（关闭）消息后，则立即转变为 Initialize 状态。

**3. Backup 状态**

备份状态，表示当前设备为 Backup 设备。当 VRRP 设备处于 Backup 状态时，该设备将会进行下列工作。

（1）接收 Master 设备发送的 VRRP 通告报文，判断 Master 设备的状态是否正常。

（2）对虚拟路由器 IP 地址的 ARP 请求不做响应。

（3）丢弃目的 MAC 地址为虚拟路由器 MAC 地址的 IP 报文。

（4）丢弃目的 IP 地址为虚拟路由器 IP 地址的 IP 报文。

（5）如果收到优先级和自己相同，或者优先级比自己高的 VRRP 报文，则重置 Master_Down_Interval 定时器（不进一步比较 IP 地址）。

（6）如果收到比自己优先级小的 VRRP 报文，且该报文优先级是 0（表示发送 VRRP 报文的原 Master 设备声明不再参与 VRRP 组了）时，定时器时间设置为 Skew_time（偏移时间）。

（7）如果收到比自己优先级小的 VRRP 报文，且该报文优先级不是 0，则丢弃报文，立刻转变为 Master 状态（仅在抢占模式下生效）。

（8）如果 Master_Down_Interval 定时器超时，则立即转变为 Master 状态。

（9）如果收到接口 Shutdown 消息，则立即转变为 Initialize 状态。

## 10.2.3 VRRPMaster 选举和状态通告

为了保证 Master 设备和 Backup 设备能够协调工作，VRRP 需要实现 Master 设备的选举和 Master 设备状态的通告两项基本功能。

**1. Master 设备的选举**

VRRP 根据优先级来确定虚拟路由器中每台设备的角色，Master 设备或 Backup 设备，对应于上节介绍的 Master 状态或 Backup 状态。优先级越高，则越有可能成为 Master 设备。Master 设备的选举过程如下。

（1）初始创建的 VRRP 设备都工作在 Initialize 状态，当 VRRP 设备在收到 VRRP 接口 Startup 的消息后，如果此设备的优先级等于 255（也就是所配置的虚拟路由器 IP 地址是本设备 VRRP 接口的真实 IP 地址），将会直接切换至 Master 状态，并且无须进行下面的 Master 选举。否则，会先切换至 Backup 状态，待 Maste_Down_Interval 定时器超时再切换至 Master 状态，因为一开始，还没有最终选举 Master 设备，则这个 Master_Down_Interval 定时器最终肯定会超时。

（2）首先切换至 Master 状态的 VRRP 设备通过 VRRP 通告报文的交互获知虚拟设备

中其他成员的优先级,然后根据以下规则进行 Master 的选举。

①如果收到的 VRRP 报文中显示的 Master 设备的优先级高于或等于自己的优先级,则当前 Backup 设备保持 Backup 状态。

②如果 VRRP 报文中 Master 设备的优先级低于自己的优先级,当采用抢占方式时(默认为抢占方式),则当前 Backup 设备将切换至 Master 状态;当采用非抢占方式时,当前 Backup 设备仍保持 Backup 状态

> **注意:**
> 如果有多台 VRRP 设备同时切换到 Master 状态,通过 VRRP 通告报文的交互进协商后,优先级较低的 VRRP 设备将切换成 Backup 状态,优先级最高的 VRRP 设备成为最终的 Master 设备;优先级相同时,再根据 VRRP 设备上 VRRP 备份组所在接口主 IP 地址大小进行比较,IP 地址较大的成为 Master 设备。

**2. VRRP 设备状态的通告**

Master 设备会周期性地发送 VRRP 通告报文,在 VRRP 备份组中公布其配置信息(优先级等)和工作状况。Backup 设备通过接收到 Master 设备发来的 VRRP 报文的情况来判断 Master 设备是否工作正常。

(1)当 Master 设备主动放弃 Master 地位(如 Master 设备退出备份组)时,会发送优先级为 0 的 VRRP 通告报文,使 Backup 设备快速切换成 Master 设备(当有多台 Backup 设备时也要进行 Master 选举),而不用等到 Master_Down_Interval 定时器超时。这个切换的时间称为 Skew_time,计算方式为:(256−Backup 设备的优先级)/256,单位为秒。

(2)当 Master 设备发生网络故障而不能发送 VRRP 通告报文的时候,Backup 设备并不能立即知道其工作状况,要等到 Master_Down_Interval 定时器超时后,才会认为 Master 设备无法正常工作,从而将状态切换为 Master(同样,当有多台 Backup 设备时也要进行 Master 选举)。其中,Master_Down_Interval 定时器取值为:(3×Advertisement_Interval)+Skew_time,单位为秒。

◆ **10.2.4 VRRP 的两种主备模式**

在 VRRP 的主备应用中,根据不同的应用需求可以配置为主备备份和负载分担两种模式。

**1. VRRP 主备备份模式**

主备备份模式是 VRRP 提供备份功能的基本模式,就是同一时间仅由 Master 设备负责业务数据的处理,所有 Backup 设备均仅处于待命备份状态,不进行业务数据的处理。仅在当前 Master 设备出现故障时,再从 Backup 设备中选举一台设备成为新的 Master 设备,接替原来 Master 设备的业务处理工作。

图 10-5 所示为一个 VRRP 主备备份模式的示例。在所建立的虚拟路由器中包括一台 Master 设备和一台 Backup 设备。

正常情况下,RouterA 为 Master 设备并承担业务转发任务,RouterB 为 Backup 设备且不承担业务转发。RouterA 定期发送 VRRP 通告报文通知 RouterB 自己工作正常。如果 RouterA 发生故障,RouterB 会成为新的 Master 设备,继续为主机提供数据转发服务,实现

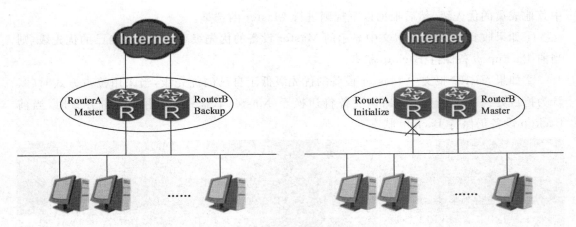

图 10-5　VRRP 主备备份模式示意图

网关备份的功能。

当 RouterA 故障恢复后,在抢占方式下,将重新抢占为 Master,因为它的优先级比 RouterB 的高;在非抢占方式下,RouterA 将继续保持为 Backup 状态,直到新 Master 设备出现故障时才有可能通过重新选举成为 Master 状态。

**2. VRRP 负载分担模式**

以上主备备份模式显然有些浪费资源了,因为大多数时间 Backup 设备都没有发挥作用,所以通常采用的是 VRRP 负载分担模式。负载分担模式可以充分发挥每台 VRRP 设备的业务处理能力。

> **注意:**
> 负载分担模式需要建立多个指派不同设备为 Master 设备的 VRRP 备份组,同一台 VRRP 设备可以加入多个备份组,在不同的备份组中具有不同的优先级。但每个备份组与 VRRP 主备备份模式的基本原理和报文协商过程都是相同的,对于每一个 VRRP 备份组,也都包含一个 Master 设备和若干 Backup 设备。

负载分担的实现方式有以下两种。

1)多网关负载分担

通过创建多个带虚拟 IP 地址的 VRRP 备份组,为不同的用户指定不同的 VRRP 备份组作为网关,实现负载分担。这是最常用的负载分担方式。

在图 10-6 所示的网络中,配置了两个 VRRP 备份组:在 VRRP 备份组 1 中,RouterA 为 Master 设备,RouterB 为 Backup 设备;在 VRRP 备份组 2 中,RouterB 为 Master 设备,RouterA 为 Backup 设备。这样就可以使一部分用户将 VRRP 备份组 1 作为网关,另一部分用户将 VRRP 备份组 2 作为网关。这样既可实现对基于不同用户的业务流量的负载分担,同时又起到了相互备份的作用。

2)单网关负载分担

单网关负载分担方式是通过创建带有虚拟路由器 IP 地址的 VRRP LBRO(load-balance redundancy group,负载分担管理组),并向该负载分担管理组中加入成员 VRRP 备份组(无须配置虚拟路由器 IP 地址),指定负载分担管理组 IP 地址作为所有用户的网关,来实现负载分担的。

单网关负载分担方式是前面介绍的多网关负载分担方式的升级版。通过创建 VRRP 负载分担备份组，可以在实现不同的用户共用同一个网关来同时实现负载分担，从而简化了用户侧的配置，便于维护和管理。

在图 10-6 所示的网络中，首先配置两个 VRRP 备份组：在 VRRP 备份组 1 中 RouterA 作为 Master 设备，RouterB 作为 Backup 设备；VRRP 备份组 2 中，RouterB 作为 Master 设备，RouterA 作为 Backup 设备。然后创建一个负载分担管理组，把 VRRP 备份组 1 和 VRRP 备份组 2 加入其中，并将 VRRP 备份组 1 作为管理组，VRRP 备份组 2 作为成员组。这样一来，所有用户都将负载分担管理组的 IP 地址作为网关。在收到用户侧的 ARP 请求报文时，VRRP 备份组 1 随机将自己的虚拟 MAC 地址或者 VRRP 备份组 2 的虚拟 MAC 地址封装到 ARP 响应报文，对 ARP 请求报文进行应答，进而实现负载分担。

◆ **10.2.5 VRRP 的监视接口功能**

VRRP 只是解决了设备的冗余问题，却无法感知上行链路的故障。当路由器连接上行链路的接口出现故障时，如果该路由器此时处于 Master 状态，将会导致局域网内的主机无法访问外部网络，或者通过非最优路径访问外部网络。

如图 10-7 所示，Master 路由器连接到网络骨干或 Internet 的线路出现故障，Master 路由器还能够通过"心跳线"向 Backup 路由器发送 VRRP 报文，Backup 路由器就无法切换为活动模式，网络的通信就会中断。

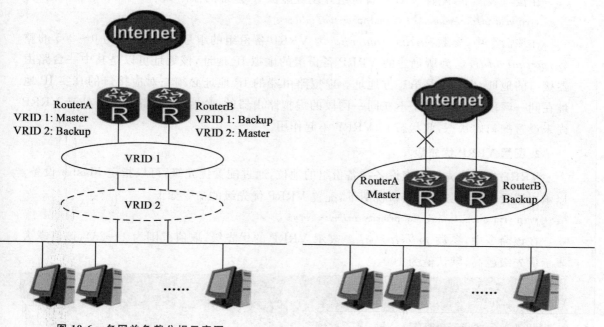

图 10-6  多网关负载分担示意图        图 10-7  VRRP 监视接口功能的使用

VRRP 的监视接口功能是为了解决 VRRP 备份组只能感知其所在接口状态的变化，而无法感知 VRRP 设备上行接口故障，导致业务流量中断的问题。在 Master 设备上部署了 VRRP 监视接口功能后，当 Master 设备的上行链路发生故障时，可通过调整自身优先级触发主备切换，确保流量正常转发。

在图 10-7 所示的网络中，如果在 RouterA 上配置了监视接口功能，当连接上行链路的接口处于 Down 或 Removed 状态时,该路由器就会主动降低自己的优先级,其数值应降到低于 Backup 路由器的优先级。这样,通过 VRRP 报文的传递,Backup 路由器看到 Master 路由器的优先级变得低于自己,它就会升级为 Master 路由器,而原来的 Master 路由器则降为 Backup 路由器。

我们通常把监视接口功能和 VRRP 技术结合在一起使用,以通过监视接口功能提供网络线路的冗余能力。

## 10.3　VRRP 配置

### ◆ 10.3.1　配置 VRRP

VRRP 基本功能的配置很简单,最基本的配置为以下两个方面:① 创建 VRRP 备份组(如果要实现负载分担,则要创建多个以不同设备担当 Master 设备的 VRRP 备份组),② 配置用于 Master 设备选举的各 VRRP 备份组成员设备的优先级。另外,还可以配置一些可选功能(如抢占功能、VRRP 认证功能等)或时间参数(如 VRRP 通告报文发送时间间隔、VRRP 备份组抢占延时等)。

**1. 配置 VRRP 备份组**

在接口视图下,配置 VRRP 备份组并设置虚拟 IP 地址的命令如下。

**vrrp vrid** *virtual-router-id* **virtual-ip** *virtual-address*

在该命令中,参数 *virtual-router-id* 为 VRRP 备份组的组号,取值范围为 $0 \sim 255$ 的整数;*virtual-address* 为所创建的 VRRP 备份组的虚拟 IP 地址,该地址可以是其中一台路由器接口的地址,也可以是第三方地址。虚拟路由器的 IP 地址必须与对应接口的真实 IP 地址在同一网段,如果配置了不在同一网段的虚拟路由器的 IP 地址,该备份组会处于 VRRP 尚未设置的初始状态,此状态下,VRRP 不起作用。

**2. 配置 VRRP 优先级**

VRRP 根据优先级决定设备在备份组的地位,通过配置优先级,可以指定 Master 设备,以承担流量转发业务。在接口视图下,配置 VRRP 优先级的命令如下。

**vrrp vrid** *virtual-router-id* **priority** *priority-value*

在该命令中,参数 *priority-value* 表示 VRRP 的优先级,取值范围为 $1 \sim 254$,该值越大表示优先级越高,默认值为 100。

> **注意:**
> 优先级值 0 是系统保留作为特殊用途的,优先级值 255 保留给 IP 地址拥有者。IP 地址拥有者的优先级不可配置,也不需要配置,直接为最高值 255。

**3. 配置 VRRP 定时器**

VRRP 定时器分为两种:VRRP 抢占延迟时间定时器和 VRRP 通告报文间隔时间定时器。

VRRP 备份组中的 Master 设备会以 Advertisement_Interval 为定时器向备份组内的 Backup 设备发送 VRRP 通告报文,通知备份组内的路由器工作正常。如果 Backup 设备在

Master_Down_Interval 定时器超时后仍未收到 VRRP 通告报文,则重新选举 Master 设备。在接口视图下,可以通过如下命令设置 VRRP 定时器来调整 Master 设备发送 VRRP 通告报文的时间间隔。

**vrrp vrid** *virtual-router-id* **timers advertise** *advertise-interval*

其中,参数 *advertise-interval* 的取值范围为 1~255,单位为秒,默认值为 1。

在设置抢占的同时,还可以设置延迟时间,这样可以使得 Backup 设备延迟一段时间成为 Master 设备。如果没有延迟时间,在性能不够稳定的网络中,如果 Backup 设备没有按时收到来自 Master 设备的报文,就会立即成为 Master 设备。由于导致 Backup 设备收不到报文的原因很可能是由于网络堵塞、丢包,而非 Master 设备无法正常工作,这样可能导致频繁的 VRRP 状态转换。

为了避免备份组内的成员频繁进行主备状态转换,让 Backup 设备有足够的时间搜集必要的信息,可以设置一定的延迟时间,Backup 设备在延迟时间内可以继续等待来自 Master 设备的报文,从而避免了频繁的状态切换。在接口视图下,配置 VRRP 抢占延迟时间的命令如下。

**vrrp vrid** *virtual-router-id* **preempt-mode timer delay** *delay-value*

其中,参数 *delay-value* 为抢占延迟的时间,单位为秒,范围为 0~3600。默认情况下,抢占延迟时间为 0,即为立即抢占。

#### 4. 配置 VRRP 报文的认证方式

为了防止非法用户构造报文攻击备份组,VRRP 通过在 VRRP 报文中增加认证字段的方式,验证接收到的 VRRP 报文。VRRP 提供了以下两种认证方式。

(1)simple:简单字符认证。发送 VRRP 报文的路由器将认证字填入到 VRRP 报文中,而收到 VRRP 报文的路由器会将收到的 VRRP 报文中的认证字和本地配置的认证字进行比较。如果认证字相同,则认为接收到的报文是真实、合法的 VRRP 报文;否则认为接收到的报文是一个非法报文。

(2)md5:MD5 认证。发送 VRRP 报文的路由器利用认证字和 MD5 算法对 VRRP 报文进行摘要运算,运算结果保存在 Authentication Header(认证头)中。收到 VRRP 报文的路由器会利用认证字和 MD5 算法进行同样的运算,并将运算结果与认证头的内容进行比较。如果相同,则认为接收到的报文是真实、合法的 VRRP 报文;否则认为接收到的报文是一个非法报文。

在接口视图下,配置 VRRP 认证的命令如下。

**vrrp vrid** *virtual-router-id* **authentication-mode** 〈**simple** {*key* | **plain** *key* | **cipher** *cipher-key* } | **md**5 *md5-key* }

命令中的参数和选项说明如下。

(1)**simple**:二选一选项,指定采用 Simple 认证方式。

(2)*key*:多选一参数,指定 Simple 认证方式的认证字符,1~8 个字符,不支持空格,区分大小写。

(3)**plain** *key*:多选一参数,指定明文认证方式的认证字符,1~8 个字符,不支持空格,区分大小写。

(4)**cipher** *cipher-key*:多选一参数,指定密文认证方式的认证字符,可以是明文字符,也可以是密文字符,明文长度为 1～8 个字符,密文长度为 32 个字符,不支持空格,区分大小写。

(5)**md**5 *md5-key*:二选一参数,指定 MD5 认证方式的认证字符,也可以是明文字符,或者密文字符,明文长度为 1～8 个字符,密文长度为 24 个或者 32 个字符,不支持空格,区分大小写。

同一 VRRP 备份组的认证方式和认证字符必须相同,否则 Master 设备和 Backup 设备无法协商成功。默认情况下,VRRP 备份组采用无认证方式。

**5. 配置监视接口功能**

在接口视图下,配置监视接口功能的命令如下。

**vrrp vrid** *virtual-router-id* **track interface** *interface-type interface-number* [**reduced** *value-reduced*]

其中,参数 *interface-type interface-number* 指定要监视状态的上行接口;*value-reduced* 表示降低的优先级值,范围是 1～255,默认为 10。另外,在监视接口降低优先级后,Backup 设备仅在下面两个条件满足时才能接管活动角色。

(1)Backup 设备的优先级更高。

(2)Backup 设备在其 VRRP 配置中使用了抢占。

**6. VRRP 的监控与维护**

配置 VRRP 后,可使用如下命令查看 VRRP 备份组的状态信息。

**display vrrp** [**verbose**] [**interface** *interface-type interface-number* [**vrid** *virtual-router-id*]]

◆ **10.3.2　VRRP 主备配置示例**

如图 10-8 所示,RouterA 和 RouterB 之间运行 VRRP 协议。RouterA 为 Master 设备,RouterB 为 Backup 设备,VRID 为 1,虚拟 IP 地址为 192.168.1.1。当 RouterA 故障时,RouterB 接替作为网关继续进行工作,实现网关的冗余备份;RouterA 故障恢复后,可以在 20 秒内重新成为网关(即抢占延时为 20 秒)。

在 RouterA 上创建 VRRP 备份组 1,配置虚拟路由器 IP 地址,并设置 RouterA 在该备份组中的优先级为 120、抢占时间为 20 秒。具体配置命令如示例 10-1 所示。

**示例 10-1**　　　　在 RouterA 配置 VRRP。

```
// (1) 配置 VRRP 备份组
[RouterA]interface GigabitEthernet 0/0/0
[RouterA-GigabitEthernet0/0/0]vrrp vrid 1 virtual-ip 192.168.1.1
// (2) 配置 RouterA 在备份组 1 中的优先级为 120
[RouterA-GigabitEthernet0/0/0]vrrp vrid 1 priority 120
// (3) 配置 RouterA 在备份组 1 中的抢占延时方式
[RouterA-GigabitEthernet0/0/0]vrrp vrid 1 preempt-mode timer delay 20
[RouterA-GigabitEthernet0/0/0]quit
```

在 RouterB 上配置与 RouterA 相同的备份组和虚拟路由器 IP 地址,其在该备份组中的优先级为默认值 100,使它成为 Backup 设备。具体配置命令如示例 10-2 所示。

**示例 10-2**　　　　在 RouterB 上配置 VRRP。

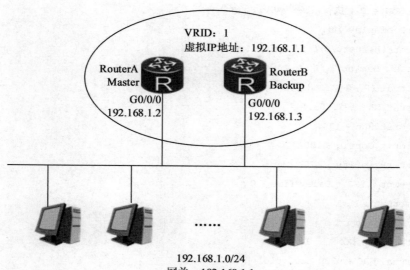

VRID：1
虚拟IP地址：192.168.1.1

RouterA
Master
G0/0/0
192.168.1.2

RouterB
Backup
G0/0/0
192.168.1.3

......

192.168.1.0/24
网关：192.168.1.1

**图 10-8　VRRP 主备配置拓扑图**

```
[RouterB]interface GigabitEthernet 0/0/0
[RouterB-GigabitEthernet0/0/0]vrrp vrid 1 virtual-ip 192.168.1.1
```

完成以上配置后，在 RouterA 和 RouterB 上使用 **display vrrp** 命令查看 VRRP 的运行结果，可以看到 RouterA 作为备份组 1 的 Master 设备，RouterB 作为备份组 1 的 Backup 设备，如示例 10-3 所示。

**示例 10-3**　　显示 RouterA 和 RouterB 上 VRRP 备份组的配置信息。

```
// (1) 在 RouterA 上执行 display vrrp 命令
<RouterA>display vrrp
  GigabitEthernet0/0/0 | Virtual Router 1
    State : Master
    Virtual IP : 192.168.1.1
    Master IP : 192.168.1.2
    PriorityRun : 120
    PriorityConfig : 120
    MasterPriority : 120
    Preempt : YES    Delay Time : 20 s
    TimerRun : 1 s
    TimerConfig : 1 s
    Auth type : NONE
    Virtual MAC : 0000-5e00-0101
    Check TTL : YES
    Config type : normal-vrrp
    Backup-forward : disabled
    Create time : 2018-02-10 12:04:41 UTC-08:00
    Last change time : 2018-02-10 12:04:45 UTC-08:00
```

```
// (2)在 RouterB 上执行 display vrrp 命令
<RouterB>display vrrp
  GigabitEthernet0/0/0 | Virtual Router 1
    State : Backup
    Virtual IP : 192.168.1.1
    Master IP : 192.168.1.2
    PriorityRun : 100
    PriorityConfig : 100
    MasterPriority : 120
    Preempt : YES    Delay Time : 0 s
    TimerRun : 1 s
    TimerConfig : 1 s
    Auth type : NONE
    Virtual MAC : 0000-5e00-0101
    Check TTL : YES
    Config type : normal-vrrp
    Backup-forward : disabled
    Create time : 2018-02-10 12:22:48 UTC-08:00
    Last change time : 2018-02-10 12:22:48 UTC-08:00
```

在 RouterA 的 G0/0/0 接口上执行 **shutdown** 命令,模拟 RouterA 出现故障。然后再在
RouterB 上执行 **display vrrp** 命令查看 VRRP 状态信息,可以看到 RouterB 的状态已是
Master。如示例 10-4 所示。

**示例 10-4**    RouterA 出现故障后在 RouterB 上查看 VRRP 组的配置信息。

```
<RouterB>display vrrp
  GigabitEthernet0/0/0 | Virtual Router 1
    State : Master
    Virtual IP : 192.168.1.1
    Master IP : 192.168.1.3
    PriorityRun : 100
    PriorityConfig : 100
    MasterPriority : 100
    Preempt : YES    Delay Time : 0 s
    TimerRun : 1 s
    TimerConfig : 1 s
    Auth type : NONE
    Virtual MAC : 0000-5e00-0101
    Check TTL : YES
    Config type : normal-vrrp
    Backup-forward : disabled
    Create time : 2018-02-10 12:22:48 UTC-08:00
    Last change time : 2018-02-10 12:59:04 UTC-08:00
```

### 10.3.3　VRRP 多网关负载分担配置示例

如图 10-9 所示的网络，主机通过双线连接到 RouterA 和 RouterB。一部分主机以 RouterA 作为默认网关，RouterB 作为备份网关；另一部分主机以 RouterB 作为默认网关，RouterA 作为备份网关，以实现流量的负载均衡。原 Master 设备故障恢复后，备份网关可以在 20 秒内重新成为网关。

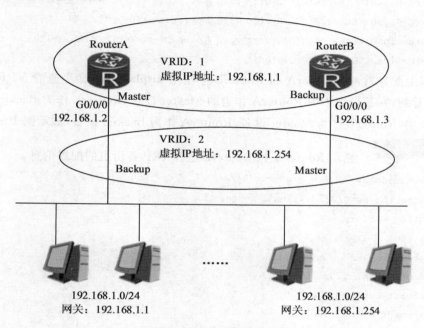

图 10-9　VRRP 多网关负载分担配置拓扑图

本示例要求不同主机用户采用不同的设备作为默认网关实现流量的负载均衡，所以需要采用 VRRP 多网关负载分担方式。

在 RouterA 和 RouterB 上创建两个 VRRP 备份组，在备份组 1 中 RouterA 为 Master 路由器，RouterB 为 Backup 路由器，192.168.1.1 为虚拟 IP 地址；在备份组 2 中 RouterB 为 Master 路由器，RouterA 为 Backup 路由器，192.168.1.254 为虚拟 IP 地址。下面的主机一部分使用备份组 1 的虚拟 IP 地址 192.168.1.1 作为默认网关，另一部分使用备份组 2 的虚拟 IP 地址 192.168.1.254 作为默认网关。在 RouterA 和 RouterB 上的相关配置如示例 10-5 和示例 10-6 所示。

 在 RouterA 上和 RouterB 配置备份组 1。

```
[RouterA]interface GigabitEthernet 0/0/0
[RouterA-GigabitEthernet0/0/0]vrrp vrid 1 virtual-ip 192.168.1.1
[RouterA-GigabitEthernet0/0/0]vrrp vrid 1 priority 120
[RouterA-GigabitEthernet0/0/0]vrrp vrid 1 preempt-mode timer delay 20
[RouterA-GigabitEthernet0/0/0]quit
[RouterB]interface GigabitEthernet 0/0/0
[RouterB-GigabitEthernet0/0/0]vrrp vrid 1 virtual-ip 192.168.1.1
```

在 RouterA 上和 RouterB 配置备份组 2。

```
[RouterA]interface GigabitEthernet 0/0/0
[RouterA-GigabitEthernet0/0/0]vrrp vrid 2 virtual-ip 192.168.1.254
[RouterA-GigabitEthernet0/0/0]quit
[RouterB]interface GigabitEthernet 0/0/0
[RouterB-GigabitEthernet0/0/0]vrrp vrid 2 virtual-ip 192.168.1.254
[RouterB-GigabitEthernet0/0/0]vrrp vrid 2 priority 120
[RouterB-GigabitEthernet0/0/0]vrrp vrid 2 preempt-mode timer delay 120
[RouterB-GigabitEthernet0/0/0]quit
```

完成以上配置后，在 RouterA 和 RouterB 上使用 **display vrrp** 命令查看 VRRP 的运行结果，可以看到，在备份组 1 中 RouterA 作为的 Master 设备，RouterB 作为 Backup 设备，而在备份组 2 中，RouterB 作为 Master 设备，RouterA 作为 Backup 设备，如示例 10-7 所示。

 显示 RouterA 和 RouterB 上 VRRP 备份组的配置信息。

```
<RouterA>display vrrp
  GigabitEthernet0/0/0 | Virtual Router 1
    State : Master
    Virtual IP : 192.168.1.1
    Master IP : 192.168.1.2
    PriorityRun : 120
    PriorityConfig : 120
    MasterPriority : 120
    Preempt : YES   Delay Time : 20 s
    TimerRun : 1 s
    TimerConfig : 1 s
    Auth type : NONE
    Virtual MAC : 0000-5e00-0101
    Check TTL : YES
    Config type : normal-vrrp
    Backup-forward : disabled
    Create time : 2018-02-10 18:15:05 UTC-08:00
    Last change time : 2018-02-10 18:15:08 UTC-08:00

  GigabitEthernet0/0/0 | Virtual Router 2
    State : Backup
    Virtual IP : 192.168.1.254
    Master IP : 192.168.1.3
    PriorityRun : 100
    PriorityConfig : 100
    MasterPriority : 120
    Preempt : YES   Delay Time : 0 s
    TimerRun : 1 s
```

```
        TimerConfig : 1 s
        Auth type : NONE
        Virtual MAC : 0000-5e00-0102
        Check TTL : YES
        Config type : normal-vrrp
        Backup-forward : disabled
        Create time : 2018-02-10 18:16:27 UTC-08:00
  Last change time : 2018-02-10 18:18:37 UTC-08:00


<RouterB>display vrrp
   GigabitEthernet0/0/0 | Virtual Router 1
     State : Backup
     Virtual IP : 192.168.1.1
     Master IP : 192.168.1.2
     PriorityRun : 100
     PriorityConfig : 100
     MasterPriority : 120
     Preempt : YES    Delay Time : 0 s
     TimerRun : 1 s
     TimerConfig : 1 s
     Auth type : NONE
     Virtual MAC : 0000-5e00-0101
     Check TTL : YES
     Config type : normal-vrrp
     Backup-forward : disabled
     Create time : 2018-02-10 18:18:03 UTC-08:00
     Last change time : 2018-02-10 18:18:03 UTC-08:00


   GigabitEthernet0/0/0 | Virtual Router 2
     State : Master
     Virtual IP : 192.168.1.254
     Master IP : 192.168.1.3
     PriorityRun : 120
     PriorityConfig : 120
     MasterPriority : 120
     Preempt : YES    Delay Time : 120 s
     TimerRun : 1 s
     TimerConfig : 1 s
     Auth type : NONE
     Virtual MAC : 0000-5e00-0102
     Check TTL : YES
     Config type : normal-vrrp
     Backup-forward : disabled
```

```
Create time : 2018-02-10 18:18:28 UTC-08:00
Last change time : 2018-02-10 18:18:37 UTC-08:00
```

◆ **10.3.4 VRRP 监视接口功能配置示例**

如图 10-10 所示的网络,局域网主机通过双线连接到部署了 VRRP 备份组的 RouterA 和 RouterB,其中 RouterA 为 Master 设备。现用户希望当 RouterA 的上行接口 G0/0/1 状态为 Down 时,VRRP 备份组能够及时感知并进行主备切换,由 RouterB 接替作为网关继续承担业务转发,以减小接口状态 Down 对业务传输的影响。

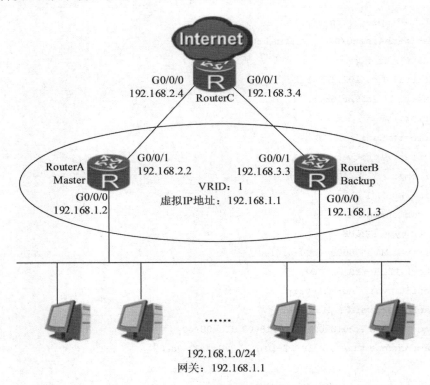

**图 10-10 VRRP 与监视接口功能配置拓扑图**

本示例要监控的是 RouterA 的上行接口,故可采用 VRRP 与监视接口功能联动来实现对上行接口故障的感知及主备网关的切换。具体的配置命令如示例 10-8 所示,其中配置各设备接口 IP 地址及路由协议命令的示例略。

**示例 10-8** VRRP 及监视接口功能配置。

```
// (1) 在 RouterA 和 RouterB 上配置 VRRP 备份组
[RouterA]interface GigabitEthernet 0/0/0
[RouterA-GigabitEthernet0/0/0]vrrp vrid 1 virtual-ip 192.168.1.1
[RouterA-GigabitEthernet0/0/0]vrrp vrid 1 priority 120
[RouterA-GigabitEthernet0/0/0]vrrp vrid 1 preempt-mode timer delay 20
[RouterA-GigabitEthernet0/0/0]quit
[RouterB]interface GigabitEthernet 0/0/0
[RouterB-GigabitEthernet0/0/0]vrrp vrid 1 virtual-ip 192.168.1.1
```

// (2) 在担当 Master 设备的 RouterA 上配置监视接口功能

```
[RouterA]interface GigabitEthernet 0/0/0
[RouterA - GigabitEthernet0/0/0] vrrp vrid 1 track interface GigabitEthernet 0/0/1
reduced 50 .
[RouterA-GigabitEthernet0/0/0]quit
```

完成以上配置后,在 RouterA 和 RouterB 上使用 **display vrrp** 命令查看 VRRP 的运行结果,可以看到,RouterA 为 Master 设备,监视的接口状态为 Up,RouterB 为 Backup 设备。示例 10-9 所示为 RouterA 上的查看结果。

 **示例 10-9**　　　　　在 RouterA 执行 **display vrrp** 命令输出结果。

```
<RouterA>display vrrp
  GigabitEthernet0/0/0 | Virtual Router 1
    State : Master
    Virtual IP : 192.168.1.1
    Master IP : 192.168.1.2
    PriorityRun : 120
    PriorityConfig : 120
    MasterPriority : 120
    Preempt : YES    Delay Time : 20 s
    TimerRun : 1 s
    TimerConfig : 1 s
    Auth type : NONE
    Virtual MAC : 0000-5e00-0101
    Check TTL : YES
    Config type : normal-vrrp
    Backup-forward : disabled
    Track IF : GigabitEthernet0/0/1    Priority reduced : 50
    IF state : UP
    Create time : 2018-02-10 18:15:05 UTC-08:00
    Last change time : 2018-02-10 18:15:08 UTC-08:00
```

在 RouterA 的 G0/0/1 接口上执行 **shutdown** 命令模拟链路出现故障。然后再在 RouterA 和 RouterB 上分别执行 **display vrrp** 命令查看 VRRP 状态信息,可以看到 RouterA 的状态切换成 Backup,监视接口状态为 Down,RouterB 的状态已是 Master。查看输出结果如示例 10-10 所示。

**示例 10-10**　　　　　RouterA 的上行链路故障时在 RouterA 和 RouterB 上执行 **display vrrp** 命令输出结果。

```
// (1) 在 RouterA 上执行 display vrrp 命令
<RouterA>display vrrp
  GigabitEthernet0/0/0 | Virtual Router 1
    State : Backup
    Virtual IP : 192.168.1.1
    Master IP : 192.168.1.3
```

```
        PriorityRun : 70

        PriorityConfig : 120

        MasterPriority : 100

        Preempt : YES    Delay Time : 20 s

        TimerRun : 1 s

        TimerConfig : 1 s

        Auth type : NONE

        Virtual MAC : 0000-5e00-0101

        Check TTL : YES

        Config type : normal-vrrp

        Backup-forward : disabled

        Track IF : GigabitEthernet0/0/1    Priority reduced : 50

        IF state : DOWN

        Create time : 2018-02-10 18:15:05 UTC-08:00

        Last change time : 2018-02-10 20:04:00 UTC-08:00
```

// (2)在 RouterB 上执行 display vrrp 命令

```
<RouterB>display vrrp

  GigabitEthernet0/0/0 | Virtual Router 1

    State : Master

    Virtual IP : 192.168.1.1

    Master IP : 192.168.1.3

    PriorityRun : 100

    PriorityConfig : 100

    MasterPriority : 100

    Preempt : YES    Delay Time : 0 s

    TimerRun : 1 s

    TimerConfig : 1 s

    Auth type : NONE

    Virtual MAC : 0000-5e00-0101

    Check TTL : YES

    Config type : normal-vrrp

    Backup-forward : disabled

    Create time : 2018-02-10 18:18:03 UTC-08:00

    Last change time : 2018-02-10 20:04:01 UTC-08:00
```

在 RouterA 的 G0/0/1 接口上执行 **undo shutdown** 命令恢复链路故障,再在 RouterA 和 RouterB 上分别执行 **display vrrp** 命令查看 VRRP 状态信息,20 秒钟后,可以看到 RouterA 的状态恢复为 Master,监视接口状态为 Up,RouterB 的状态恢复为 Backup。查看输出结果示例略。

**本章小结**

本章主要介绍了 VRRP 协议的作用、原理和配置。

VRRP 协议可以让多台路由设备共享同一个网关地址,这样,如果一台设备出现故障,另一台设备可自动承担网关的角色。

VRRP 将局域网内的一组路由器划分在一起,组织成一个备份组。备份组内的路由器根据优先级,选举出 Master 设备,承担网关功能,如果路由器优先级相同,则比较接口的主 IP 地址,主 IP 地址大的就成为 Master 路由器。其他路由器作为 Backup 路由器,当 Master 设备发生故障时,取代 Master 继续履行网关职责,从而保证网络内的主机不间断地与外部网络进行通信。

 **习题10**

### 1. 选择题

(1)以下关于 VRRP 协议说法不正确的是( )。

A. VRRP 是一种虚拟冗余网关协议　　　　B. VRRP 可以实现 HSRP 的功能

C. VRRP 组不能支持认证　　　　D. VRRP 组的虚拟 IP 地址可以作为 PC 机的网关

(2)在 VRRP 的状态转换过程中,如果路由器收到一个比自己本地的优先级大的 VRRP 报文,则会转换状态为( )。

A. Initialize　　　　B. Backup　　　　C. Master　　　　D. 以上都不是

(3)VRRP 配置中,如果 VRRP 组中的虚拟地址配置为某路由的接口地址,那么此路由器的优先级为( )。

A. 255　　　　B. 100　　　　C. 1　　　　D. 244

(4)VRRP 协议使用的组播地址是( )。

A. 224.0.0.5　　　B. 224.0.0.9　　　C. 224.0.0.18　　　D. 224.0.0.28

(5)根据下面的输出结果,后面描述正确的是( )。

```
[Router]display vrrp
    GigabitEthernet0 0 0|Virtual Router 1
    Stat:Master
    Virtual IP:192 168.1.1
    Master IP:192.168.1.2
    PrioriityRun:120
    PriorityConfig:120
    MasterPrioriry:120
    Preemap:YES    Delay Time:20 s
    TimerRun:1 s
    TimerConfig:1 s
```

```
            Auth type:NONE
            Virtual MAC:0000-5e00-0101
            Check TTL:YES
            Config type:normal-vrrp
            Backkup-forvard:disabled
            Track IF:GigabitEthemet0 0 1   Priority reduced:50
            IF state:UP
            Create time:2018-02-10 18:15:05 UTC-08:00
            Last change time:2018-02-10 20:18:20 UTC-08:00
```

A. 此路由器为 Master 设备,VRRP 通告间隔为 1 秒,抢占模式已关闭

B. 虚拟 IP 地址为 192.168.1.2,抢占延迟为 1 秒,优先级为 120

C. Master 设备的 IP 地址是 192.168.1.2,即本地路由器,优先级为 120,验证已启用

D. Master 设备通告间隔为 1 秒,监视接口的状态为 UP,优先级降低值为 50

2.问答题

(1)VRRP 的主要功能是什么?

(2)VRRP 负载均衡是如何实现的?

(3)VRRP 支持哪些认证方式?

(4)VRRP 路由器有哪三种状态?

# 第11章 动态主机配置协议

随着网络规模的不断扩大和网络复杂度的提高，计算机的数量经常超过可供分配的 IP 地址数量。同时随着便携式计算机及无线网络的广泛使用，计算机的位置也经常变化，相应的 IP 地址也必须经常更新，从而导致网络配置越来越复杂。动态主机配置协议（dynamic host configuration protocol，DHCP）就是为满足这些需求而发展起来的。

动态主机配置协议的作用是为局域网中的每台计算机自动分配 TCP/IP 信息，包括 IP 地址、子网掩码、网关，以及 DNS 服务器等。其优点是终端主机无须配置、网络维护方便。本章主要介绍 DHCP 协议的特点、原理，并介绍了 DHCP 中继，最后介绍如何在华为路由器上配置 DHCP 服务。

学习完本章，要达成如下目标。
- 理解 DHCP 的基本概念和作用。
- 掌握 DHCP 原理和特点。
- 理解 DHCP 中继代理的作用及部署位置。
- 掌握 DHCP 中继的工作原理。
- 掌握路由器上 DHCP 相关配置方法。

## 11.1 DHCP 基础

DHCP 协议是从 BOOTP（bootstrap protocol）协议发展而来的。在计算机网络发展初期，由于硬盘昂贵，无盘工作站被大量使用。这些没有硬盘的主机通过 BOOTROM 启动并初始化系统，再通过 BOOTP 协议由服务器为这些主机设置 TCP/IP 环境，从而使主机能够连接到网络上并工作。不过，在早期的 BOOTP 协议中，设置 BOOTP 服务器前必须事先获得客户端的硬件地址，而且硬件地址与 IP 地址是静态绑定的，即便无盘工作站没有连接到网络上，IP 地址也不能够被其他主机使用。因为这个缺陷，BOOTP 逐渐被 DHCP 协议所取代。

DHCP 可以说是 BOOTP 的增强版本，它能够动态地为主机分配 IP 地址，并设置主机的其他信息，如默认网关、DNS 服务器地址等。而且 DHCP 完全向下兼容 BOOTP，BOOTP 客户端也能够在 DHCP 的环境中良好运行。

DHCP 运行在客户机/服务器模式，服务器负责集中管理 IP 配置信息（包括 IP 地址、子网掩码、默认网关、DNS 服务器地址等）。客户端主动向服务器提出请求，服务器根据所预先配置的策略返回相应 IP 配置信息。客户端使用从服务器获得的 IP 配置信息与其他主机进行通信。

DHCP 协议具有以下有优点。

(1)即插即用性:在一个通过 DHCP 实现 IP 地址分配和管理的网络中,终端主机无须配置即可自动获得所需要的网络参数,网络管理人员和维护人员的工作压力得到了很大程度上的减轻。

(2)统一管理:在 DHCP 协议中,由服务器对客户端的所有配置信息进行统一管理。服务器通过监听客户端的请求,根据预先配置的策略给予相应的回复,将设置好的 IP 地址、子网掩码、默认网关等参数分配给用户。

(3)有效利用 IP 地址资源:在 DHCP 协议中,服务器可以设置所分配 IP 地址资源的使用期限。使用期限到期后的 IP 地址资源可以由服务器进行回收。

通常情况下,DHCP 采用广播方式实现报文交互,DHCP 服务仅局限在本地网段,如果需要跨越本地网段实现 DHCP,需要使用 DHCP 中继技术实现。

◆ **11.1.1 DHCP 系统组成**

DHCP 系统由 DHCP 服务器(DHCP Server)、DHCP 客户端(DHCP Client)和 DHCP 中继(DHCP Relay)等组成,如图 11-1 所示。

**图 11-1 DHCP 系统组成**

(1)DHCP 服务器:DHCP 服务器提供网络设置参数给 DHCP 客户端,通常是一台能提供 DHCP 服务的服务器或网络设备(路由器或三层交换机)。

(2)DHCP 客户端:DHCP 客户端通过 DHCP 服务器来获取网络配置参数,通常是一台主机或网络设备。

(3)DHCP 中继:在 DHCP 服务器和 DHCP 客户端之间转发跨网段 DHCP 报文的设备,通常是网络设备。这样可以避免在每个网段范围内都部署 DHCP 服务器,既节省了成本,又便于进行集中管理。

◆ **11.1.2 DHCP 报文及其格式**

**1. DHCP 报文类型**

DHCP 报文采用 UDP 方式封装。DHCP 服务器所侦听的端口号是 67,客户端的端口号是 68。DHCP 客户端向 DHCP 服务器发送的报文称为 DHCP 请求报文,而 DHCP 服务器向 DHCP 客户端发送的报文称为 DHCP 应答报文。

DHCP 主要的报文类型分为八种。其中,DHCP Discover、DHCP Offer、DHCP Request、DHCP ACK 和 DHCP Release 这五种报文在 DHCP 协议交互过程中比较常见;而 DHCP NAK、DHCP Decline 和 DHCP Inform 这三种报文则较少使用。这些类型报文基本功能如表 11-1 所示。

表 11-1  DHCP 报文功能

| DHCP 报文类型 | 说　明 |
| --- | --- |
| DHCP Discover | 因为 DHCP 客户端在请求 IP 地址时并不知道 DHCP 服务器的位置,因此客户端会在本地网络内以广播方式发送 Discover 请求报文,以发现网络中的服务器。所有收到 Discover 报文的 DHCP 服务器都会发送应答报文,DHCP 客户端据此可以知道网络中存在的 DHCP 服务器的位置 |
| DHCP Offer | DHCP 服务器收到 Discover 报文后,就会在所配置的地址池中查找一个合适的 IP 地址,加上相应的租约期限和其他配置信息(如网关、DNS 服务器等)构造一个 Offer 报文,发送给 DHCP 客户端,告知用户本服务器可以为其提供 IP 地址。但这个报文只是告诉 DHCP 客户端可以提供 IP 地址,最终还需要客户端通过 ARP 来检测该 IP 地址是否重复 |
| DHCP Request | DHCP 客户端可能会收到很多 Offer 请求报文,所以必须在这些应答中选择一个。通常是选择第一个 Offer 应答报文的服务器作为自己的目标服务器,并向该服务器发送一个广播的 Request 请求报文,通告选择的服务器,希望获得所分配的 IP 地址。另外,DHCP 客户端在成功获取 IP 地址后,在地址使用租期过去 1/2 时,也会向 DHCP 服务器发送单播 Request 请求报文请求续延租约,如果没有收到 ACK 报文,在租期过去 3/4 时,会再次发送广播的 Request 请求报文以请求续延租约 |
| DHCPACK | DHCP 服务器收到 Request 请求报文后,根据 Request 报文中携带的用户 MAC 来查找有没有相应的租约记录,如果有则发送 ACK 应答报文,通知用户可以使用分配的 IP 地址 |
| DHCP Release | 当 DHCP 客户端不再需要使用分配 IP 地址时,就会主动向 DHCP 服务器发送 Release 请求报文,告知服务器用户不再需要分配 IP 地址,请求 DHCP 服务器释放对应的 IP 地址 |
| DHCP NAK | 如果 DHCP 服务器收到 Request 请求报文后,没有发现有相应的租约记录或者由于某些原因无法正常分配 IP 地址,则向 DHCP 客户端发送 NAK 应答报文,通知用户无法分配合适的 IP 地址 |
| DHCP Decline | DHCP 客户端可能会收到很多 Offer 请求报文,所以必须在这些应答中选择一个。通常是选择第一个 Offer 应答报文的服务器作为自己的目标服务器,并向 Decline 请求报文,通知服务器所分配的 IP 地址不可用,以期获得新的 IP 地址 |
| DHCP Inform | DHCP 客户端如果需要从 DHCP 服务器端获取更为详细的配置信息,则向 DHCP 服务器发送 Inform 请求报文。DHCP 服务器在收到该报文后,将根据租约查找到相应的配置信息后,向 DHCP 客户端发送 ACK 应答报文。该类型目前基本上不用了 |

**2. DHCP 报文格式**

虽然 DHCP 服务的报文类型比较多,但每种报文的格式相同,不同类型的报文只是报文中的某些字段取值不同。DHCP 报文格式基于 BOOTP 的报文格式,具体格式如图 11-2 所示。

(1)OP:Operation,指定 DHCP 报文的操作类型,占 1 个字节。分为请求报文和应答报文。请求报文置 1,应答报文置 2。表 11-1 中的 DHCP Discover、DHCP Request、DHCP Release、DHCP Inform 和 DHCP Decline 为请求报文,而 DHCP Offer、DHCP ACK 和 DHCP NAK 为应答报文。

(2)Htype:指定 DHCP 客户端的 MAC 地址类型,占 1 个字节。MAC 地址类型其实是指明网络类型,Htype 值为 1 时表示为最常见的以太网 MAC 地址类型。

(3)Hlen:指定 DHCP 客户端的 MAC 地址长度,占 1 个字节。以太网 MAC 地址长度为 6 个字节,即以太网的 Hlen 值为 6。

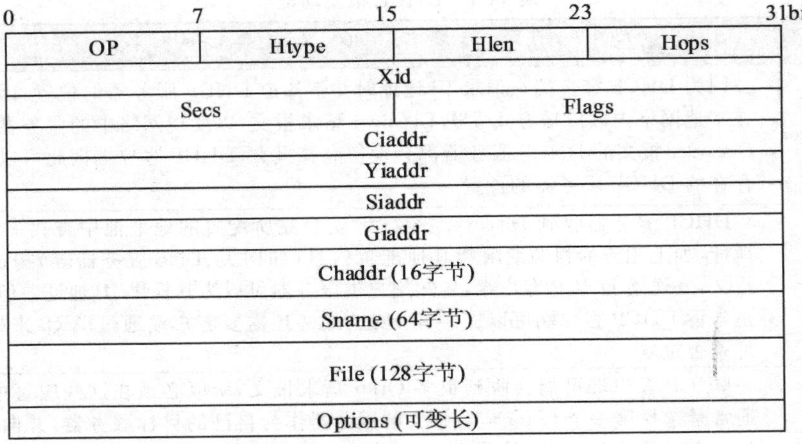

**图 11-2　DHCP 报文格式**

（4）Hops：指定 DHCP 报文经过的 DHCP 中继的数目，占 1 个字节，默认为 0。DHCP 请求报文每经过一个 DHCP 中继该字段就会增加 1，没有经过 DHCP 中继时值为 0。

（5）Xid：客户端通过 DHCP Discover 报文发起一次 IP 地址请求时选择的随机数，相当于请求标识，占 4 个字节。用来标识一次 IP 地址请求过程。在一次请求中所有报文的 Xid 都是一样的。

（6）Secs：DHCP 客户端从获取到 IP 地址或者续约过程开始到现在所消耗的时间，以秒为单位，占 2 个字节。在没有获得 IP 地址前该字段始终为 0。

（7）Flags：标志位，占 2 个字节。只使用第 0 比特位，是广播应答标识位，用来标识 DHCP 服务器应答报文是采用单播还是广播发送，置 0 时表示采用单播发送方式，置 1 时表示采用广播发送方式。其余位尚未使用。

> **注意：**
> 在客户端正式分配了 IP 地址之前的第一次 IP 地址请求过程中，所有 DHCP 报文都是以广播方式发送的，包括客户端发送的 DHCP Discover 和 DHCP Request 报文，以及 DHCP 服务器发送的 DHCP Offer、DHCP ACK 和 DHCP NAK 报文。当然，如果是由 DHCP 中继器转的报文，则都是以单播方式发送的。另外，IP 地址续约、IP 地址释放的相关报文都是采用单播方式进行发送的。

（8）Ciaddr：指示 DHCP 客户端的 IP 地址，占 4 个字节。仅在 DHCP 服务器发送的 ACK 报文中显示，在其他报文中均显示 0.0.0.0，因为在得到 DHCP 服务器确认前，DHCP 客户端是还没有分配到 IP 地址的。

（9）Yiaddr：指示 DHCP 服务器分配给客户端的 IP 地址，占 4 个字节。仅在 DHCP 服务器发送的 Offer 和 ACK 报文中显示，其他报文中显示为 0.0.0.0。

（10）Siaddr：指示下一个为 DHCP 客户端分配 IP 地址等信息的 DHCP 服务器 IP 地址，占 4 个字节。仅在 DHCP Offer、DHCP ACK 报文中显示，其他报文中显示为 0.0.0.0。

（11）Giaddr：指示 DHCP 客户端发出请求报文后经过的第一个 DHCP 中继的 IP 地址，占 4 个字节。如果没有经过 DHCP 中继，则显示为 0.0.0.0。

（12）Chaddr：指示 DHCP 客户端的 MAC 地址，占 16 个字节。在每个报文中都会显示对应 DHCP 客户端的 MAC 地址。

(13)Sname：指示为 DHCP 客户端分配 IP 地址的 DHCP 服务器名称(DNS 域名格式)，占 64 个字节。在 Offer 和 ACK 报文中显示发送报文的 DHCP 服务器名称，其他报文显示为空。

(14)File：指示 DHCP 服务器为 DHCP 客户端指定的启动配置文件名称及路径信息，占 128 个字节。仅在 DHCP Offer 报文中显示，其他报文中显示为空。

(15)Options：可选项字段，长度可变，最多占 312 个字节。格式为"代码＋长度＋数据"，表 11-2 列出了部分可选的选项。

表 11-2 DHCP 报文 Options 字段部分可选的选项

| 代码 | 长度/字节 | 数 据 |
| --- | --- | --- |
| 1 | 4 | 子网掩码 |
| 3 | 长度可变，必须是 4 个字节的倍数 | 默认网关(可以是一个路由器 IP 地址列表) |
| 6 | 长度可变，必须是 4 个字节的倍数 | DNS 服务器(可以是一个 DNS 服务器 IP 地址列表) |
| 15 | 长度可变 | 域名称(主 DNS 服务器名称) |
| 44 | 长度可变，必须是 4 个字节的倍数 | WINS 服务器(可以是一个 WINS 服务器 IP 列表) |
| 51 | 4 | 有效租约期(以秒为单位) |
| 53 | 1 | 报文类型<br>1：DHCP Discover<br>2：DHCP Offer<br>3：DHCP Request<br>4：DHCP Decline<br>5：DHCP ACK<br>6：DHCP NAK<br>7：DHCP Release<br>8：DHCP Inform |
| 58 | 4 | 续约时间 |

## 11.2 DHCP 服务器与客户机交互过程

DHCP 在提供服务时，DHCP 客户端是以 UDP 68 端口进行数据传输，而 DHCP 服务器是以 UDP 67 端口进行数据传输。DHCP 服务不仅体现在为 DHCP 客户端提供 IP 地址自动分配过程中，还体现在后面的 IP 地址续约和释放的过程中。

### ◆ 11.2.1 DHCP 服务 IP 地址自动分配原理

当 DHCP 客户端接入网络第一次进行 IP 地址申请时，DHCP 服务器和 DHCP 客户端的信息交互过程一共经历了四个阶段，即：发现阶段、提供阶段、选择阶段和确认阶段。这四个阶段如图 11-3 所示。

**1. 发现阶段**

发现阶段即 DHCP 客户端获取网络中 DHCP 服务器信息的阶段。DHCP 客户端在它所在的本地物理子网中广播一个 DHCP Discover 报文，目的是寻找能够分配 IP 地址的 DHCP 服务器。此报文可以包含 IP 地址和 IP 地址租期的建议值。

**2. 提供阶段**

提供阶段即 DHCP 服务器向 DHCP 客户端提供预分配 IP 地址的阶段。本地物理子网

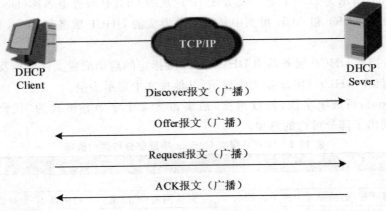

**图 11-3　DHCP 客户端从 DHCP 放服务器获取 IP 地址的阶段**

中的所有 DHCP 服务器都将通过 DHCP Offer 报文来回应 DHCP Discover 报文。DHCP Offer 报文包含了可用网络地址和其他 DHCP 配置参数。当 DHCP 服务器分配新的地址时，应该确认提供的网络地址没有被其他 DHCP 客户端使用（DHCP 服务器可以通过发送指向被分配地址的 ICMP Echo Request 来确认被分配的地址没有被使用）。然后 DHCP 服务器发送 DHCP Offer 报文给 DHCP 客户端。

**3. 选择阶段**

选择阶段即 DHCP 客户端选择 IP 地址的阶段。DHCP 客户端收到一个或多个 DHCP 服务器发送的 DHCP Offer 报文后将从多个 DHCP 服务器中选择一个，并且广播 DHCP Request 报文来表明哪个 DHCP 服务器被选择，同时也可以包括其他配置参数的期望值。如果 DHCP 客户端在一定时间后依然没有收到 DHCP Offer 报文，那么它就会重新发送 DHCP Discover 报文。

**4. 确认阶段**

确认阶段即 DHCP 服务器确认分配给 DHCP 客户端 IP 地址的阶段。DHCP 服务器在收到 DHCP 客户端发来的 DHCP Request 报文后，只有 DHCP 客户端选择的服务器会发送 DHCP ACK 报文作为回应，其中包含 DHCP 客户端的配置参数。DHCP ACK 报文中的配置参数不能与以前相应的 DHCP 客户端的 DHCP Offer 报文中的配置参数有冲突。如果因请求的地址已经被分配等情况导致被选择的 DHCP 服务器不能满足需求，DHCP 服务器应该回应一个 DHCP NAK 报文。

当 DHCP 客户端收到 DHCP 服务器包含配置参数的 DHCP ACK 报文后，会以广播的方式发送免费 ARP 报文（该报文中，源 IP 地址和目标 IP 地址都是本机 IP 地址，源 MAC 地址是本机 MAC 地址，目的 MAC 地址是广播 MAC 地址），探测是否有主机使用服务器分配的 IP 地址，如果在规定的时间内没有收到回应，客户端才使用此地址。否则，客户端会发送 DHCP Decline 报文给 DHCP 服务器，并重新开始 DHCP 进程，如图 11-4 所示。另外，如果 DHCP 客户端收到 DHCP NAK 报文，也将重新启动 DHCP 进程。当 DHCP 客户端选择放弃它的 IP 地址或租期时，它将向 DHCP 服务器发送 DHCP Release 报文。

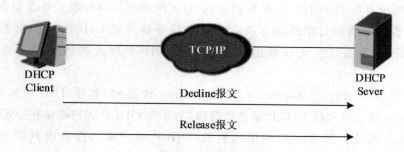

图 11-4　DHCP IP 地址的拒绝及释放

◆ ## 11.2.2　DHCP 服务 IP 地址租约更新原理

当 DHCP 客户端从 DHCP 服务器获取到相应的 IP 地址后，同时也获得了这个 IP 地址的租期。所谓租期就是 DHCP 客户端可以使用相应 IP 地址的有效期，租期到期后 DHCP 客户端必须放弃该 IP 地址的使用权并重新进行申请。为了避免上述情况，DHCP 客户端必须在租期到期前重新进行更新，延长该 IP 地址的使用期限。在 DHCP 中，租期的更新同下面两个状态密切相关，如图 11-5 所示。

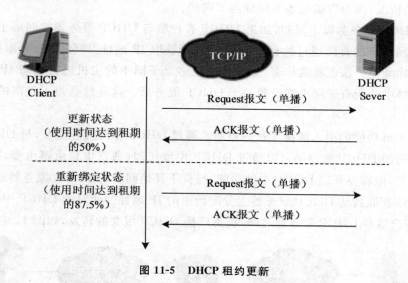

图 11-5　DHCP 租约更新

**1. 更新状态**

当 DHCP 客户端所使用的 IP 地址时间到达有效租期的 50% 的时候，DHCP 客户端将进入更新（renewing）状态。此时，DHCP 客户端将通过单播的方式向 DHCP 服务器发送 DHCP Request 报文，用来请求 DHCP 服务器对它有效租期进行更新，当 DHCP 服务器收到该请求报文后，如果确认客户端可以继续使用此 IP 地址，则 DHCP 服务器回应 DHCP ACK 报文，通知 DHCP 客户端已经获得新 IP 租约；如果此 IP 地址不可以再分配给该客户端，则 DHCP 服务器回应 DHCP NAK 报文，通知 DHCP 客户端不能获得新的租约。

**2. 重新绑定状态**

当 DHCP 客户端所使用的 IP 地址时间到达有效期的 87.5% 的时候，DHCP 客户端将进入重新绑定状态（rebinding）。到达这个状态的原因很有可能是在 Renewing 状态时

DHCP 客户端没有收到 DHCP 服务器回应的 DHCP ACK/NAK 报文导致租期更新失败。这时 DHCP 客户端将通过单播的方式向 DHCP 服务器发送 DHCP Request 报文,用来继续请求 DHCP 服务器对它的有效租期进行更新,DHCP 服务器的处理方式同上,不再赘述。

当 DHCP 客户端处于 Renewing 和 Rebinding 状态时,如果 DHCP 客户端发送的 DHCP Request 报文没有被 DHCP 服务器端回应,那么 DHCP 客户端将在一定时间后重传 DHCP Request 报文。如果一直到租期到期,DHCP 客户端仍没有收到应答报文,那么 DHCP 客户端将被迫放弃所拥有的 IP 地址。

## 11.3 DHCP 中继

因为在 DHCP 客户端初次从 DHCP 服务器获取 IP 地址的过程中,所有从 DHCP 客户端发出的请求报文和所有由 DHCP 服务器返回的应答报文均是以广播方式(目的地址为 255.255.255.255)进行发送的,所以 DHCP 服务只适用于 DHCP 客户端和 DHCP 服务器处于同一个子网(也就是 DHCP 服务器有至少有一个端口是与 DHCP 客户端所在子网是直接连接的)的情况,因为广播包是不能穿越子网的。

基于 DHCP 服务的以上限制,如果 DHCP 客户端与 DHCP 服务器之间隔了路由设备,不在同一子网就不能直接通过这台 DHCP 服务器获取 IP 地址,即使 DHCP 服务器上已配置了对应的地址池。这也就意味着,如果想要让多个子网中的主机进行动态 IP 地址分配,就需要在网络中的所有子网中都设置一个 DHCP 服务器。这显然是很不经济的,也是没有必要的。

DHCP 中继功能的引入解决了这一难题。通过 DHCP 中继代理服务,与 DHCP 服务器不在同一子网的 DHCP 客户端可以通过 DHCP 中继代理(通常也是由路由器,或三层交换机设备来担当,但需要开启 DHCP 中继功能)与位于其他网段的 DHCP 服务器通信,最终使 DHCP 客户端获取到从 DHCP 服务器上分配而来的 IP 地址。此时的 DHCP 中继代理就位于 DHCP 客户端和 DHCP 服务器之间,负责广播 DHCP 报文的转发,如图 11-6 所示。

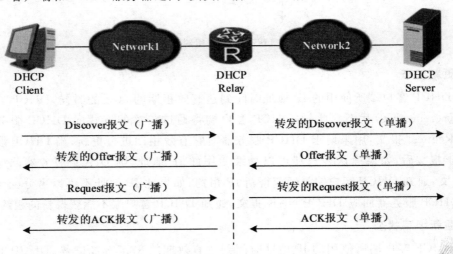

图 11-6　DHCP 中继工作原理

具有 DHCP 中继功能的网络设备收到 DHCP 客户端以广播方式发送的 DHCP Discover 或 DHCP Request 报文后,根据配置将报文单播转发给指定的 DHCP 服务器。DHCP 服务器进行 IP 地址的分配,并通过 DHCP 中继将配置信息广播发送给客户端,完成对客户端的动态配置。

## 11.4 DHCP 服务器配置

在大型网络中,客户端通常由专门的 DHCP 服务器分配 IP 地址。在小型网络中,可以在路由器上启用 DHCP 服务,使路由器具有 DHCP 服务器功能,从而给客户端分配地址及相关参数。充当 DHCP 服务器是路由器的一项重要功能。当要把路由器配置为 DHCP 服务器时,需要首先创建 IP 地址池,从中选择合适的 IP 地址分配给 DHCP 客户端。

在路由器上,可以创建"全局地址池"(是在系统视图下全局配置的)和"接口地址池"(是在 DHCP 服务器连接 DHCP 客户端的对应接口视图下配置的)两种 IP 地址池,同一网段的地址池仅可采用其中一种模式。基于全局地址池的 DHCP 服务器一般应用于 DHCP 服务器和 DHCP 客户端在不同网段的情况。而对于基于接口地址池的 DHCP 服务器,只有从对应接口上线的用户才可以从该地址池中分配地址,一般应用于 DHCP 服务器和 DHCP 客户端在同一网段的情况。

### ◆ 11.4.1 配置基于全局地址池的 DHCP 服务器

配置基于全局地址池的 DHCP 服务器时,从设备上所有接口上线的用户都可以选择对应地址池进行 IP 地址分配,但与 DHCP 服务器接口不在同一网段的 DHCP 客户端需要通过 DHCP 中继来从 DHCP 服务器全局地址池中获取 IP 地址。它的基本配置思想就是:在系统视图下为各 DHCP 客户端所在网段配置对应网段的 IP 地址池(包括指定地址池所在网段,以及可选配置的排除地址、地址租用期、需静态绑定的 IP 地址、网关 IP 地址等信息),然后在 DHCP 服务器连接对应的 DHCP 客户端的接口上使能基于全局地址的 DHCP 服务器功能,这样 DHCP 服务器就会自动选择对应的全局地址池为对应网段的 DHCP 客户端分配 IP 地址。

配置基于全局地址池的 DHCP 服务器所包括的配置任务如下。

**1. 启动 DHCP 功能**

默认情况下,路由器的 DHCP 服务功能未开启。要在路由器上使能 DHCP 功能,必须在系统视图下执行如下命令。

**dhcp enable**

只有在路由器上使能 DHCP 服务后,其他相关的 DHCP 配置才能生效。

**2. 配置全局地址池**

这项配置任务包括创建全局地址池,然后配置包括地址范围、地址租期、要排除的 IP 地址以及要静态绑定的 IP 地址的全局地址池属性。具体配置步骤如表 11-3 所示。

表 11-3　DHCP 全局地址池的配置步骤

| 步骤 | 命　令 | 说　明 |
|---|---|---|
| 1 | **ip pool** *pool-name* | 在系统视图下创建全局地址池,同时进入全局地址池视图。参数 *pool-name* 用来指定所创建的地址池名称 |

续表

| 步骤 | 命令 | 说明 |
|---|---|---|
| 2 | **network** *ip-address* [**mask** {*mask* \| *mask-length*}] | 配置全局地址池可动态分配的 IP 地址范围。命令中的参数说明如下。<br>● *ip-address*：指定地址中的网络地址段，必须是一个网络 IP 地址，不能是主机 IP 地址和广播 IP 地址。<br>● **mask**{*mask* \| *mask-length*}：可选参数，指定 IP 地址池中 IP 地址对应的子网掩码（选择 *mask* 参数时）或者子网掩码长度（选择 *mask-length* 参数时），但子网掩码长度不能小于 16。如果不指定该参数时，则地址池中的 IP 地址使用对应的标准网络子网掩码（仅可以是 B、C 类网络对应的子网掩码） |
| 3 | **lease** {**day** *day* [**hour** *hour* [**minute** *minute*]] \| *unlimited*} | 配置地址池中的 IP 地址租用期。命令中的参数和选项说明如下。<br>● **day** *day*：指定客户端租用 IP 地址的期限，取值范围为 0～999 的整数，默认值是 1。<br>● **hour** *hour*：二选一可选参数，指定客户端租用 IP 地址的小时数，取值范围是 0～23 的整数，默认值是 0。<br>● **minute** *minute*：可选参数，指定客户端租用 IP 地址的分钟数，取值范围是 0～59 的整数，默认值是 0。<br>● *unlimited*：二选一可选选项，指定客户端可以无限期租用所分配的 IP 地址 |
| 4 | **excluded-ip-address** *start-ip-address* [*end-ip-address*] | 配置地址池中不参与自动分配的 IP 地址，也即要排除分配的 IP 地址。因为地址池中有些 IP 地址因特殊用途需要保留，有些 IP 地址被长期固定分配给某些特定主机后就不能再进行自动分配。命令中的参数说明如下。<br>● *start-ip-address*：指定要排除的 IP 地址段的起始 IP 地址。<br>● *end-ip-address*：可选参数，指定要排除的 IP 地址段的结束 IP 地址，应与 *start-ip-address* 在同一网段，并且不能小于 *start-ip-address*。如果不指定该参数，表示只有参数 *start-ip-address* 指定的这个 IP 地址被排除 |
| 5 | **gateway-list** *ip-address* | 配置到达 DHCP 客户端的网关地址，也就是 DHCP 服务器直接连接 DHCP 客户端，或者 DHCP 中继的接口的 IP 地址。参数 *ip-address* 必须与地址池中的 IP 地址在同一网段 |
| 6 | **dns-list** *ip-address* | 为了使 DHCP 客户端能够通过域名访问 Internet 上的主机，DHCP 服务器应在为客户端分配 IP 地址的同时指定 DNS 服务器地址 |
| 7 | **static-bind ip-address** *ip-address* **mac-address** *mac-address* | 采用静态地址绑定方式将全局地址池中的 IP 地址与 DHCP 客户端的 MAC 地址绑定。相当于静态为某客户端分配 IP 地址。当有用户（如某服务器）需要固定的 IP 地址时，可以将地址池中尚未分配的 IP 地址与用户的 MAC 地址绑定，这样这个 IP 地址就只会分配给固定的 DHCP 客户端。命令中的参数说明如下。<br>● *ip-address*：指定要绑定的 IP 地址，必须是当前全局地址池中的合法 IP 地址。<br>● *mac-address*：指定以上 IP 地址要绑定的用户 MAC 地址 |

**3. 配置接口工作在全局地址池模式**

配置了全局地址池后，还需要配置连接 DHCP 客户端或者 DHCP 中继设备的对应 DHCP 服务器接口启用全局地址池的 DHCP 服务器功能。这项配置很简单，在接口视图下执行如下命令：

**dhcp select global**

◆ **11.4.2 基于全局地址池的 DHCP 服务器的配置示例**

本示例的网络拓扑如图 11-7 所示，图中路由器启用 DHCP 服务功能，为两个网络内的

主机统一分配 IP 地址。网络 1 所使用的 DHCP 地址池是 192.168.1.0/24,地址租期为 5
天,池中有 2 个 IP 地址不能被自动分配,其中 IP 地址 192.168.1.10 被 DNS 服务器固定使
用,192.168.1.20 被 WWW 服务器固定使用;网络 2 所使用的 DHCP 地址池是 192.168.2.
0/24,地址租期为 2 天。现要求在路由器上配置全局地址池,采取动态地址分配方式为两个
网络内的主机分配 IP 地址。

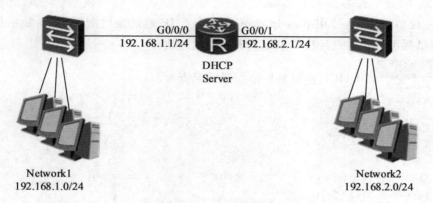

**图 11-7　基于全局地址池的 DHCP 服务器的配置示例**

　　本示例是为两个网络中的 DHCP 客户端配置不同的全局地址池,所以需要在路由器上
创建两个全局地址池,并配置各自的地址池相关属性,实现根据不同需求,为网络 1 和网络 2
动态分配地址。然后在对应接口上配置采用全局 DHCP 服务器的地址分配方式,实现
DHCP 服务器从全局地址池中给客户端分配 IP 地址的目标。具体配置步骤及配置命令如
示例 11-1 所示。

 配置基于全局地址池的 DHCP 服务器。

```
// (1) 启动 DHCP 功能
[Router]dhcp enable
// (2) 配置全局地址池
[Router]ip pool NET1
[Router-ip-pool-NET1]network 192.168.1.0 mask 255.255.255.0
[Router-ip--pool-NET1]gateway-list 192.168.1.1
[Router-ip-pool-NET1]dns-list 192.168.1.10
[Router-ip-pool-NET1]excluded-ip-address 192.168.1.10
[Router-ip-pool-NET1]excluded-ip-address 192.168.2.10
[Router-ip-pool-NET1]lease day 5
[Router-ip-pool-NET1]quit
[Router]ip pool NET2
[Router-ip-pool-NET2]network 192.168.2.0 mask 255.255.255.0
[Router-ip-pool-NET2]gateway-list 192.168.2.1
[Router-ip-pool-NET2]dns-list 192.168.1.10
[Router-ip-pool-NET2]lease day 2
[Router-ip-pool-NET2]quit
// (3) 配置接口工作在全局地址池模式
```

```
[Router]interface GigabitEthernet 0/0/0
[Router-GigabitEthernet0/0/0]dhcp select global
[Router-GigabitEthernet0/0/0]quit
[Router]interface GigabitEthernet 0/0/1
[Router-GigabitEthernet0/0/1]dhcp select global
[Router-GigabitEthernet0/0/1]quit
```

配置完成后,可以通过 **display ip pool** 命令查看 IP 地址池时配置情况,如示例 11-2 所示,从查看结果可以看出已经按要求配置了两个地址池。

**示例 11-2**　　DHCP 全局地址池配置情况查看。

```
[Router]display ip pool
- - - - - - - - - - - - - - - - - - - - - - - - - - - - - - - -
 Pool-name      : NET1
 Pool-No        : 0
 Position       : Local          Status         : Unlocked
 Gateway-0      : 192.168.1.1
 Mask           : 255.255.255.0
 VPN instance   :- -
- - - - - - - - - - - - - - - - - - - - - - - - - - - - - - - -
 Pool-name      : NET2
 Pool-No        : 1
 Position       : Local          Status         : Unlocked
 Gateway-0      : 192.168.2.1
 Mask           : 255.255.255.0
 VPN instance   :- -

 IP address Statistic
  Total      :506
   Used      :6          Idle       :498
   Expired   :0          Conflict   :0          Disable   :2
```

◆　**11.4.3　配置基于接口地址池的 DHCP 服务器**

配置基于接口地址池的 DHCP 服务器,可以使从这个接口上线的用户都从该接口地址池中获取 IP 地址等分配信息。它的基本配置思想很简单,只需要配置好接口 IP 地址,然后在该接口下使能基于接口地址池 DHCP 服务器功能即可。相当于在使能了基于接口地址池 DHCP 服务器功能后,系统自动创建了一个与接口的 IP 地址在同一网段的地址池,不需要手动创建地址池。但仍可根据需要为自动生成的接口地址池配置类似租用期、静态绑定、IP 地址排除等信息。

配置接口地址池的任务主要包括使能对应接口采用接口地址池的 DHCP 服务器功能,配置接口地址池的相关属性,包括地址租期、不参与自动分配的 IP 地址以及静态绑定的 IP 地址。根据客户端的实际需要,可以选择采用动态地址分配方式或静态地址绑定方式。具体配置步骤如表 11-4 所示。

表 11-4　DHCP 接口地址池的配置步骤

| 步骤 | 命　令 | 说　明 |
|---|---|---|
| 1 | **dhcp enable** | 全局使能 DHCP 服务 |
| 2 | **dhcp select interface** | 在接口视图下,使能接口采用接口地址池的 DHCP 服务器功能。接口地址池可动态分配的 IP 地址范围就是接口的 IP 地址所在的网段,且只在此接口下有效 |
| 3 | **dhcp server lease** {**day** *day* [**hour** *hour* [**minute** *minute*]] \| *unlimited*} | 配置接口地址池中的 IP 地址租期,命令中的参数说明参见 11.4.1 小节的表 11-3 第 3 步 |
| 4 | **dhcp server excluded-ip-address** *start-ip-address* [*end-ip-address*] | 配置接口地址池中要排除分配的 IP 地址,命令中的参数说明参见 11.4.1 小节的表 11-3 第 4 步 |
| 5 | **dhcp server dns-list** *ip-address* | 为了使 DHCP 客户端能够通过域名访问 Internet 上的主机,DHCP 服务器应在为客户端分配 IP 地址的同时指定 DNS 服务器地址 |
| 6 | **dhcp server static-bind ip-address** *ip-address* **mac-address** *mac-address* | 采用静态地址绑定的方式将接口地址池中的个别 IP 地址与指定客户端的 MAC 地址进行绑定。仅当用户需要分配到固定的 IP 地址时,才需要将地址池中尚未分配的 IP 地址与用户的 MAC 地址绑定。命令中的参数说明参见 11.4.1 小节的表 11-3 第 7 步 |

### ◆ 11.4.4　基于接口地址池的 DHCP 服务器的配置示例

本示例的网络拓扑如图 11-8 所示,图中路由器启用 DHCP 服务功能,所使用的 DHCP 地址池是 192.168.1.0/24,地址租期为 2 天,池中有 2 个地址不能被自动分配:其中地址 192.168.1.10 被 DNS 服务器固定使用,192.168.1.20 被 WWW 服务器固定使用。现要求在路由器上配置接口地址池,采取动态地址分配的方式为网络内的主机分配 IP 地址。

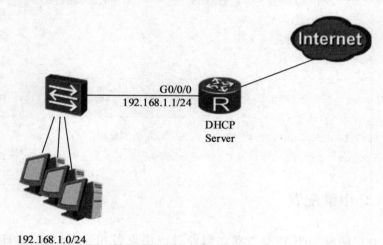

图 11-8　基于接口地址池的 DHCP 服务器的配置示例

本示例是要为网络中的 DHCP 客户端配置接口地址池,可以在路由器上对应接口下创建接口地址池(其实并不需要手动创建这个地址池,只需在对应接口使能基于接口的 DHCP 服务器功能即可),并配置地址池相关属性,实现 DHCP 服务器从基于接口的地址池中选择 IP 地址分配给客户端的目的。具体配置步骤及配置命令如示例 11-3 所示。

示例 11-3

配置基于接口地址池的 DHCP 服务器。

```
// (1)启动 DHCP功能
[Router]dhcp enable
// (2)配置接口工作在接口地址池模式
[Router]interface GigabitEthernet 0/0/0
[Router-GigabitEthernet0/0/0]dhcp select interface
[Router-GigabitEthernet0/0/0]dhcp server dns-list 192.168.1.10
[Router-GigabitEthernet0/0/0]dhcp server excluded-ip-address 192.168.1.10
[Router-GigabitEthernet0/0/0]dhcp server excluded-ip-address 192.168.1.20
[Router-GigabitEthernet0/0/0]dhcp server lease day 2
[Router-GigabitEthernet0/0/0]quit
```

接口地址池配置好后,可以通过 **display ip pool interface** 命令查看接口下的地址池配置情况,如示例 11-4 所示。

**示例 11-4**　　DHCP 接口地址池配置情况查看。

```
[Router]display ip pool interface GigabitEthernet0/0/0
  Pool-name        : GigabitEthernet0/0/0
  Pool-No          : 0
  Lease            : 2 Days 0 Hours 0 Minutes
  Domain-name      :-
  DNS-server0      : 192.168.1.10
  NBNS-server0     :-
  Netbios-type     :-
  Position         : Interface        Status          : Unlocked
  Gateway-0        : 192.168.1.1
  Mask             : 255.255.255.0
  VPN instance     :--
 -------------------------------------------------------------------------
     Start          End        Total  Used  Idle(Expired) Conflict Disable
 -------------------------------------------------------------------------
   192.168.1.1  192.168.1.254   253    6      245(0)         0        2
 -------------------------------------------------------------------------
```

## 11.5　DHCP 中继配置

当 DHCP 客户端与 DHCP 服务器之间经过三层设备相连时(此时 DHCP 客户端与 DHCP 服务器不在同一网段中),DHCP 客户端就不能直接与 DHCP 服务器进行 DHCP 通信。这时就需要通过 DHCP 中继设备在中间担当一个中间代理角色,负责转发 DHCP 客户端与 DHCP 服务器之间的 DHCP 通信。同时,这样多个网段的 DHCP 客户端可以使用同一个 DHCP 服务器,既节省了成本,又便于集中管理。

DHCP 中继是直接与 DHCP 所在网段客户端连接的,但不一定要与 DHCP 服务器所在网段直接连接,所以在配置 DHCP 中继之前,除了需要先配置好 DHCP 服务器外,还要确保 DHCP 中继到达 DHCP 服务器的路由畅通。

## 11.5.1 DHCP 中继配置任务

路由器作为 DHCP 中继时所包括的主要配置任务如下。

**1. 开启 DHCP 功能**

在系统视图下执行如下命令开启 DHCP 功能。

```
dhcp enable
```

**2. 配置指定接口工作在 DHCP 中继模式**

默认情况下,使能 DHCP 服务后,接口工作在 DHCP 服务器模式。需要在接口视图下执行如下命令使用 DHCP 中继功能。

```
dhcp select relay
```

 **注意:**

DHCP 服务器与 DHCP 中继相连的接口不允许再配置接口地址池。

**3. 配置 DHCP 中继转发的目的 DHCP 服务器组**

为了提高可靠性,可以在一个网络中设置多个 DHCP 服务器。多个 DHCP 服务器构成一个 DHCP 服务器组。当接口与 DHCP 服务器组关联后,会将客户端发来的 DHCP 报文转发给服务器组中的所有服务器。具体配置步骤如表 11-5 所示。

表 11-5　DHCP 服务器组的配置步骤

| 步骤 | 命令 | 说明 |
| --- | --- | --- |
| 1 | **dhcp server group** *group-name* | 创建 DHCP 服务器组,进入 DHCP 服务器组视图。参数 *group-name* 用来指定所创建的 DHCP 服务器组的名称为 1～32 个字符,区分大小写,不支持空格。全局最多可以配置 64 个 DHCP 服务器组 |
| 2 | **dhcp-server** *ip-address* [*ip-address-index*] | 向以上 DHCP 服务器组中添加一个 DHCP 服务器 IP 地址。命令中的参数说明如下。<br>● *ip-address*:指定要添加的 DHCP 服务器 IP 地址。<br>● *ip-address-index*:可选参数,指定 DHCP 服务器 IP 地址索引号,取值范围为 0～7 的整数。如果不指定索引,此时系统将自动分配一个空闲的索引号。<br>每个 DHCP 服务器组下最多可以配置 8 个 DHCP 服务器。如要添加多个 DHCP 服务器地址时,则需要多次执行本命令 |

该配置仅当 DHCP 中继设备需要为多个 DHCP 服务器进行报文转发时才需要。

**4. 配置 DHCP 中继接口关联 DHCP 服务器或 DHCP 服务器组**

使能了 DHCP 中继设备连接 DHCP 客户端的接口的中继功能后,就可以在 DHCP 中继接口上关联创建的 DHCP 服务器组,从而为 DHCP 客户端指定可以访问的 DHCP 服务器。当然,如果 DHCP 中继接口仅需要与一个 DHCP 服务器进行关联,也可以不用关联 DHCP 服务器组,而是直接配置所要代理的 DHCP 服务器。在接口视图下,使用如下命令可以配置接口与 DHCP 服务器或 DHCP 服务器组关联。

```
dhcp relay server-select group-name
dhcp relay server-ip ip-address
```

默认情况下,接口没有与任何一个 DHCP 服务器组关联。配置完成后,当接口收到 DHCP 协议报文后,会向服务器组中所配置的 DHCP 服务器转发。通过以上配置,路由器 在收到客户端发出的 DHCP 协议报文后,会以单播形式转发给指定的 DHCP 服务器。

## ◆ 11.5.2 DHCP 中继配置示例

本示例的网络拓扑如图 11-9 所示,图中 RouterA 作为 DHCP 中继转发 DHCP 报文, RouterB 作为 DHCP 服务器。RouterA 的 G0/0/0 接口连接到客户端,DHCP 服务器的 IP 地址是 200.10.30.1。

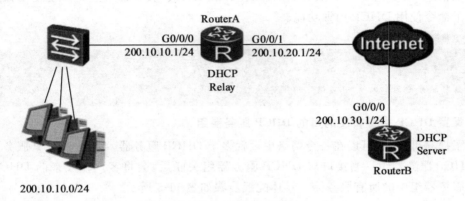

**图 11-9 DHCP 中继配置示例**

本示例同时涉及 DHCP 中继和 DHCP 服务器配置。在 RouterA 的 G0/0/0 接口上使 能 DHCP 中继功能,实现 RouterA 转发不同网段的 DHCP 报文功能。具体配置步骤及配置 命令如示例 11-5 所示。

**示例 11-5**　　配置 DHCP 中继。

```
// (1) 启动 DHCP 功能
[RouterA]dhcp enable
// (2) 在接口下使能 DHCP 中继功能
[RouterA]interface GigabitEthernet 0/0/0
[RouterA-GigabitEthernet0/0/0]dhcp select relay
[RouterA-GigabitEthernet0/0/0]quit
// (3) 创建 DHCP 服务器组并为服务器组添加 DHCP 服务器
[RouterA]dhcp server group DHCPGROUP1
[RouterA-dhcp-server-group-DHCPGROUP1]dhcp-server 200.10.30.1
[RouterA-dhcp-server-group-DHCPGROUP1]quit
// (4) 配置接口关联前面创建的 DHCP 服务器组
[RouterA]interface GigabitEthernet 0/0/0
[RouterA-GigabitEthernet0/0/0]dhcp relay server-select DHCPGROUP1
[RouterA-GigabitEthernet0/0/0]quit
```

配置好后,可以在 RouterA 上使用 **display dhcp relay interface** 命令查看接口的 DHCP 中继配置情况,具体如示例 11-6 所示。

**示例 11-6**

DHCP 中继配置情况查看。

```
[RouterA]display dhcp relay interface GigabitEthernet 0/0/0
DHCP relay agent running information of interface GigabitEthernet0/0/0 :
Server group name      : DHCPGROUP1
Gateway address in use : 200.10.10.1
```

 **本章小结**

在本章中,我们首先介绍了 DHCP 系统的组成、DHCP 报文类型及其格式,阐明了 DHCP 服务器与客户机交互过程,包括 DHCP 服务 IP 地址自动分配原理和地址租约更新原理。然后,我们详细讲解了配置 DHCP 服务器和 DHCP 中继的命令。

 **习题11**

**1.选择题**

(1)DHCP 协议采用的传输层协议是(　　)。

A. TCP　　　　　　B. UDP　　　　　　C. TCP 或 UDP　　　D. NCP

(2)DHCP 采用客户机/服务器体系架构,客户端和服务器端侦听的知名端口号分别是(　　)。

A. 67 68　　　　　B. 68 67　　　　　C. 54 53　　　　　　D. 68 69

(3)DHCP 客户端初始化完毕后向 DHCP 服务器发送的第一个 DHCP 报文是(　　)。

A. DHCP Offer　　　B. DHCP Request　　C. DHCP Discover　　D. DHCP Inform

(4)DHCP 客户端和 DHCP 中继之间的 DHCP Discover 报文和 DHCP Request 报文采用(　　)发送。

A. 单播　　　　　　B. 广播　　　　　　C. 组播　　　　　　D. 任播

(5)如果客户机同时得到多台 DHCP 服务器的 IP 地址,它将(　　)。

A. 随机选择　　　　　　　　　　　　　B. 选择最先得到的

C. 选择网络号较小的　　　　　　　　　D. 选择网络号较大的

**2.问答题**

(1)简述 DHCP 系统由哪几部分组成。

(2)当 DHCP 客户端接入网络第一次进行 IP 地址申请时,DHCP 服务器和 DHCP 客户端的信息交互过程一共经历了哪几个阶段?

(3)简述 DHCP 中继的工作原理。

# 第**12**章 访问控制列表

要增强网络的安全性,网络设备需要具备控制某些访问或某些数据的能力。访问控制列表(access control lists,ACL)就是一种被广泛使用的网络安全技术。

ACL 实际上是一组有序的关于数据包过滤的规则,通过一系列的匹配条件对数据报文进行过滤,这些条件可以是报文的源地址、目的地址、端口号等信息。另外,由 ACL 定义的报文匹配规则,可以被其他需要对数据报文进行区分的场合引用,如 QoS 的数据分类、NAT 转换源地址匹配等。

学习完本章,要达成如下目标。
- 了解 ACL 的定义及应用。
- 掌握 ACL 包过滤的工作原理。
- 掌握 ACL 的分类及应用。
- 掌握 ACL 的配置。

## 12.1 ACL 概述

ACL 是一组报文过滤规则的集合,它是用来实现数据识别功能的。为了实现数据识别,网络设备需要配置一系列的匹配条件对报文进行分类,这些条件可以是报文的源地址、目的地址、端口号、协议类型等。它的应用非常广泛且非常灵活,在许多领域都可以见到它的身影,比较典型的应用场景如下。

(1)包过滤防火墙(packet filter firewall)功能:网络设备的包过滤防火墙功能用于实现包过滤。配置基于访问控制列表的包过滤防火墙,可以在保证合法用户的报文通过的同时,拒绝非法用户的访问。

(2)NAT(network address translation,网络地址转换):公网地址的短缺使 NAT 的应用需求旺盛,而通过设置访问控制列表可以规定哪些数据包需要进行地址转换。

(3)QoS(quality of service,服务质量)的数据分类:QoS 是指网络转发数据报文的服务品质保障,新业务的不断涌现对 IP 网络的服务品质提出了更高的要求,用户已不再满足于简单地将报文送达目的地,而是希望得到更好的服务,诸如为用户提供专用带宽、减少报文的丢失率等。QoS 可以通过 ACL 实现数据分类,并进一步对不同类别的数据提供有差别的服务。

(4)路由策略和过滤:路由器在发布与接收路由信息时,可能需要实施一些策略,以便对路由信息进行过滤。例如,路由器可以通过引用 ACL 来对匹配路由信息的目的网段地址实施路由过滤,过滤掉不需要的路由而只保留必须的路由。

(5)按需拨号:配置路由器建立 PSTN/ISDN 等按需拨号连接时,需要配置触发拨号行为的数据,即只有需要发送某类数据时路由器才会发起拨号连接。这种对数据的匹配也通过配置和引用 ACL 来实现。

本章主要讲解路由器基于 ACL 的包过滤防火墙的工作原理。

## 12.2 基于 ACL 的包过滤

默认情况下,一旦配置好路由选择协议,路由器允许任何分组从一个接口传送到另一个接口。但在实际应用中,出于安全或流量策略的考虑,需要实施一些策略来限制流量的传送。通过在路由器上使用 ACL 可以影响流量从一个接口传送到另一接口。

◆ 12.2.1 ACL 基本工作原理

ACL 是在路由器上实现包过滤防火墙功能的核心,它实际上是在路由器上定义的应用在网络接口上的一组有序的关于数据包过滤的规则。利用 ACL 可以在路由器接口上对进入、离开网络的数据包进行过滤,从而实现允许或禁止具有某一类特征的数据包进入网络或离开网络。

图 12-1　ACL 包过滤基本工作原理

如图 12-1 所示,ACL 配置在路由器的接口上,并且具有方向性。每个接口的出站方向和入站方向均可配置独立的 ACL 进行包过滤。

当数据包被路由器接收时,就会受到入接口上入站方向的 ACL 过滤;反之,当数据包即将从一个接口发出时,就会受到出接口上出站方向的 ACL 过滤。当然,如果该接口的该方向上没有应用 ACL,数据包就直接通过,而不会被过滤。

一个 ACL 可以包含多条过滤规则,每条过滤规则都定义了一个匹配条件及相应动作。ACL 规则的匹配条件主要包括数据包的源 IP 地址、目的 IP 地址、协议、源端口号、目的端口号等;另外还可以有 IP 优先级、分片数据包位、MAC 地址、VLAN 信息等。不同分类的ACL 所包含的匹配条件也不同。ACL 过滤规则的动作有两个:允许(permit)或拒绝(deny)。

ACL 的一个局限是,它不能过滤路由器自己产生的流量。例如,当从路由器上执行ping 或 traceroute 命令,或者从路由器上 telnet 到其他设备时,应用到此路由器接口的 ACL无法对这些流量进行过滤。然而,如果外部设备要 ping、traceroute 或 telnet 到此路由器,或者通过此路由器到达远程接收站,路由器可以过滤这些数据流。

◆ 12.2.2 入站 ACL

当路由器收到一个数据包时,如果入接口的入站方向没有应用 ACL,则数据包直接被提交给路由转发进程去处理;如果入接口的入站方向应用了 ACL,则将数据包交给入站ACL 进行过滤,其工作流程如图 12-2 所示。

图 12-2 所示的入站 ACL 过滤数据包的过程如下。

(1)系统用 ACL 中第一条过滤规则的条件来匹配数据包中的信息。如果数据包信息符

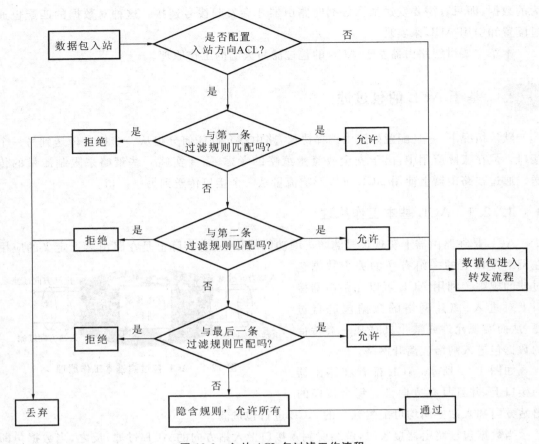

**图 12-2　入站 ACL 包过滤工作流程**

合此规则的条件,则执行规则所设定的动作。若动作为允许,则允许此数据包进入路由器,并将其提交给路由转发进程去处理;若动作为拒绝,则丢弃此数据包。

(2)如果数据包信息不符合此过滤规则的条件,则继续尝试匹配下一条 ACL 过滤规则。

(3)如果数据包信息不符合任何一条过滤规则的条件,则执行隐式允许动作。华为的 ACL 在最后都有一条 **permit any any**,即允许所有报文通过的规则,当前面所有规则都匹配不上时将直接采用最后这条规则,允许通过。

◆　12.2.3　出站 ACL

当路由器准备从某个接口上发出一个数据包时,如果出接口的出站方向上没有应用 ACL,则数据包直接由该接口发出;如果出接口的出站方向上应用了 ACL,则将该数据包交给出站 ACL 进行过滤,其工作流程如图 12-3 所示。

路由器采取自顶向下的方法处理 ACL。当我们把一个 ACL 应用在路由器接口上时,到达该接口的数据包首先与 ACL 中的第一条过滤规则中的条件进行匹配,如果匹配成功则执行规则中包含的动作;如果匹配失败,数据包将向下与下一条规则中的条件匹配,直到它符合某一条规则的条件为止。如果一个数据包与所有规则的条件都不能匹配,在访问控制列表的最后,有一条隐含的过滤规则,它将会强制性地允许这个数据包通过。

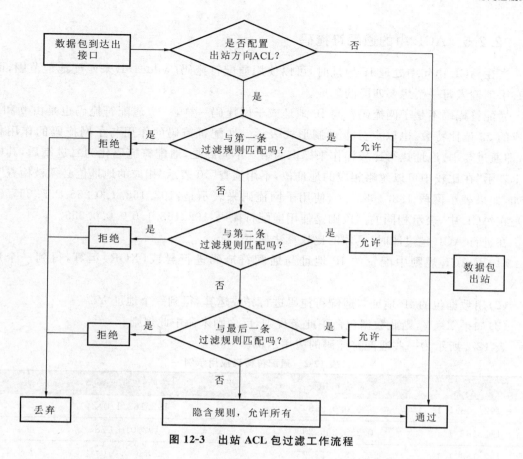

图 12-3 出站 ACL 包过滤工作流程

## ◆ 12.2.4 ACL 的分类

根据所过滤数据包类型的不同,路由器上的 ACL 包含 IPv4 ACL 和 IPv6 ACL,本章仅介绍 IPv4 ACL。

ACL 的类型根据不同的划分规则可以有不同的分类。按照创建 ACL 时的命名方式分为数字型 ACL 和命名型 ACL:创建 ACL 时如果仅指定了一个编号,则所创建的是数字型 ACL;创建 ACL 时如果指定了一个名称,则所创建的是命名型 ACL。按照 ACL 功能的不同,又可以把 ACL 分为基本 ACL、高级 ACL、二层 ACL 和用户自定义 ACL 这几类。它们的主要区别就是所支持的过滤条件的不同,具体说明如表 12-1 所示。

表 12-1 ACL 编号及类型

| ACL 的类型 | 编号范围 | 规则过滤条件 |
| --- | --- | --- |
| 基本 ACL | 2000~2999 | 只根据报文的源 IP 地址信息制定规则 |
| 高级 ACL | 3000~3999 | 既可以根据 IP 报文的源 IP 地址,也可根据目的地址、IP 优先级、ToS、DSCP、IP 承载的协议类型、ICMP 类型、TCP 源端口/目的端口、UDP 源端口/目的端口号等来制定规则 |
| 二层 ACL | 4000~4999 | 根据报文的源 MAC 地址、目的 MAC 地址、VLAN 优先级、二层协议类型等二层信息制定规则 |
| 用户自定义 ACL | 5000~5999 | 可根据偏移位置和偏移量从 IP 报文中提取出一段内容进行匹配过滤。其应用于一些特定的环境和需求下,比如要过滤网络中传输的包含某段内容信息的数据报文 |

### ◆ 12.2.5　ACL 中的通配符掩码

当在 ACL 语句中处理 IP 地址时,可以使用通配符掩码(wildcard)来匹配地址范围,而不必手动输入每一个想要匹配的地址。

通配符掩码不是子网掩码。与 IP 地址或子网掩码一样,一个通配符掩码也是由 0 和 1 组成的 32 位比特数,也以点分十进制形式表示。通配符掩码的作用与子网掩码的作用相似,即通过与 IP 地址执行比较操作来标识网络。不同的是,通配符掩码化为二进制后,其中的 1 表示"在比较中可以忽略相应的地址位,不用检查",0 表示"相应的地址位必须被检查"。例如,如果表示网段 192.168.1.0,使用子网掩码来表示是:192.168.1.0 255.255.255.0。但是在 ACL 中,表示相同的网段则是使用通配符掩码:192.168.1.0 0.0.0.255。

在进行 ACL 包过滤时,具体的比较算法如下。

(1)用 ACL 规则中配置的 IP 地址与通配符掩码进行异或(XOR)运算,得到一个地址 X。

(2)用数据包的 IP 地址与通配符掩码进行异或运算,得到一个地址 Y。

(3)如果 X=Y,则此数据包命中此条规则,反之则未命中此规则。

表 12-2 所示为一些通配符掩码的应用示例。

**表 12-2　通配符掩码应用示例**

| IP 地址 | 通配符掩码 | 表示的地址范围 |
| --- | --- | --- |
| 192.168.1.1 | 0.0.0.255 | 192.168.1.0/24 |
| 192.168.1.1 | 0.255.255.255 | 192.0.0.0/8 |
| 192.168.1.1 | 255.255.255.255 | 0.0.0.0/0 |
| 192.168.1.1 | 0.0.0.0 | 192.168.1.1 |
| 192.168.1.1 | 0.0.3.255 | 192.168.0.0/22 |
| 192.168.1.1 | 0.0.2.255 | 192.168.1.0/24 和 192.168.3.0/24 |

在 ACL 中,通配符掩码 0.0.0.0 告诉路由器,ACL 语句中 IP 地址的所有 32 位比特都必须与数据包中的 IP 地址匹配,路由器才能执行该语句的动作。0.0.0.0 通配符掩码称为主机掩码。通配符掩码 255.255.255.255 表示对 IP 地址没有任何限制,ACL 语句中 IP 地址的所有 32 位比特都不必与数据包中的 IP 地址匹配。我们可以把 0.0.0.0 255.255.255.255 简写为 **any**。

### ◆ 12.2.6　ACL 规则的匹配顺序

一个 ACL 可以由多条语句组成,每一条语句描述一条规则。由于每条规则中的报文匹配选项不同,从而使这些规则之间可能存在动作冲突。因此,在将一个报文与 ACL 的各条规则进行匹配时,就需要有明确的匹配顺序来确定规则执行的优先级。

华为设备的 ACL 规则匹配顺序有"配置顺序"和"自动排序"两种。当将一个数据包与访问控制列表的规则进行匹配的时候,由规则的匹配顺序设置决定规则的优先级。

(1)配置顺序:是按照用户配置规则编号的大小顺序进行匹配。我们可利用这一特点在原来规则前、后或者中间插入新的规则,以修改原来的规则匹配结果。因此,后插的规则如果编号较小也有可能先被匹配。默认采用配置顺序进行匹配。

（2）自动排序：是按照"深度优先"原则由深到浅进行匹配。"深度优先"即根据规则的精确度排序，匹配条件（如协议类型、源和目的 IP 地址范围等）限制越严格越精确，优先级越高。若"深度优先"的顺序相同，则匹配该规则时按规则编号从小到大排列。

## 12.3 ACL 配置

ACL 包过滤配置任务包括如下内容。

### 1. 根据需要选择合适的 ACL 分类

不同的 ACL 分类其所能配置的报文匹配条件是不同的，应该根据实际情况的需要来选择合适的 ACL 分类。例如，如果防火墙只需要过滤来自于特定网络的 IP 报文，那么选择基本 ACL 就可以了；如果需要过滤上层协议应用，那么就需要用到高级 ACL。

### 2. 配置 ACL 生效的时间段（可选）

时间段用于描述一个 ACL 发生作用的特殊时间范围。用户可能有这样的需求，即一些 ACL 规则需要在某个或某些特定时间内生效，而在其他时间段不生效。例如，某单位严禁员工上班时间浏览非工作网站，而下班后则允许通过指定设备浏览娱乐网站，就可以对 ACL 规则约定生效时间段。这时用户就可以先配置一个或多个时间段，然后通过配置规则引用该时间段，从而实现基于时间段的 ACL 过滤。但如果规则中引用的时间段未配置，则整个规则不能立即生效，直到用户配置了引用的时间段，并且系统时间在指定时间段范围内，ACL 规则才能生效。

### 3. 创建规则，设置匹配条件及相应的动作（permit/deny）

要注意定义正确的通配符掩码以命中需要匹配的 IP 地址范围；选择正确的协议类型、端口号来命中需要匹配的上层协议应用；并给每条规则选择合适的动作，如果一条规则不能满足需求，那还需要配置多条规则并注意规则之间的排列顺序。

### 4. 在路由器的接口应用 ACL，并指明是对入接口还是出接口的报文进行过滤

只有在路由器的接口上应用了 ACL 后，包过滤防火墙才会生效，另外，对于接口来说，可分为入接口的报文和出接口的报文，所以还需要指明是对哪个方向的报文进行过滤。

### ◆ 12.3.1 配置基本 ACL

基本 ACL 的语句所依据的判断条件是数据包的源 IP 地址，它只能过滤来自某个网络或主机的数据包，功能有限，但方便易用，如图 12-4 所示。

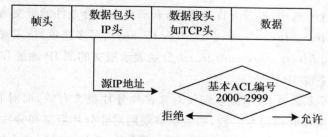

图 12-4 基本 ACL

#### 1. 创建基本 ACL

可以创建数字型的或者命名型的基本 ACL。在系统视图下使用如下命令创建一个数字型的基本 ACL 并进入基本 ACL 视图。

**acl**〔**number**〕*acl-number*〔**match-order**〈**auto**｜**config**〉〕

命令中的参数和选项说明如下。

(1)**number**：可选项，指定创建数字型 ACL，默认也是数字型的，所以也可以不选择此可选项。

(2)*acl-number*：用来指定基本 ACL 的编号，取值范围是 2000～2999。

(3)**match-order**〈**auto**｜**config**〉：可选项，用来指定规则的匹配顺序。二选一选项 **auto** 表示按照自动排序（即按"深度优先"原则）的顺序进行规则匹配，若"深度优先"的顺序相同，则匹配规则时按规则号由小到大的顺序；二选一选项 **config** 表示按照配置顺序进行规则匹配，即在用户没有指定规则编号时按用户的配置顺序进行匹配；如果用户指定了规则编号，则按规则编号由小到大的顺序进行匹配。默认情况下，规则的匹配顺序为配置顺序。

在系统视图下使用如下命令创建一个命名型的基本 ACL 并进入基本 ACL 视图。

**acl name** *acl-name*〈**basic**｜*acl-number*〉〔**match-order**〈**auto**｜**config**〉〕

在该命令中，参数 *acl-name* 为创建的 ACL 的名称；**basic** 为二选一选项，指定 ACL 的类型为基本 ACL。此时设备为其分配的 ACL 编号是该类型 ACL 可用编号中取值范围内的最大值。设备不会为命名型 ACL 重复分配编号。*acl-number* 为二选一参数，其取值范围也是 2000～2999。

#### 2. 配置基本 ACL 规则

在 ACL 视图下，使用如下命令配置基本 ACL 的规则。如果需要配置多个规则，可以反复执行本命令。

**rule**〔*rule-id*〕〈**deny**｜**permit**〉〔**source**〈*source-address source-wildcard*｜**any**〉｜**fragment**｜**logging** ｜**time-range** *time-range-name*〕

该命令中的参数和选项说明如下。

(1)*rule-id*：可选参数，用来指定基本 ACL 规则的编号，取值范围为 0～4294967294。如果指定规则号的规则已经存在，则会在旧规则的基础上叠加新定义的规则，相当于编辑一个已经存在的规则；如果指定的规则号的规则不存在，则使用指定的规则号创建一个新规则，并且按照规则号的大小决定规则插入的位置。如果不指定本参数，则增加一个新规则时设备自动会为这个规则分配一个规则号，规则号按照大小排序。系统自动分配规则号时会留有一定的空间，相邻规则号的范围由 **step** *step* 命令指定。

(2)**deny**：二选一选项，设置拒绝型操作，表示拒绝符合条件的报文通过。

(3)**permit**：二选一选项，设置允许型操作，表示允许符合条件的报文通过。

(4)**source**〈*source-address source-wildcard*｜**any**〉：可多选项，指定规则的源地址信息。二选一参数 *source-address source-wildcard* 分别表示报文的源 IP 地址和通配符掩码；二选一选项 **any** 表示任意源 IP 地址。

(5)**fragment**：可多选项，表示该规则仅对非首片分片报文有效，而对非分片报文和首片分片报文无效。如果没有指定本参数，则表示该规则对非分片报文和分片报文均有效。

(6)**logging**：可多选项，指定将该规则匹配的报文的 IP 信息进行日志记录。

（7）**time-range** *time-range-name*：可多选项，指定该规则生效的时间段。

示例 12-1 为一个配置基本 ACL 的例子。

**示例 12-1**　配置基本 ACL。

```
// (1)创建基本 ACL
[Router]acl 2000
// (2)配置基本 ACL 规则
[Router-acl-basic-2000] rule permit source 172.22.30.6 0.0.0.0
[Router-acl-basic-2000] rule deny source 172.22.30.0 0.0.0.255
[Router-acl-basic-2000] rule permit source 172.22.0.0 0.0.31.255
[Router-acl-basic-2000] rule deny source 172.22.0.0 0.0.255.255
[Router-acl-basic-2000] quit
```

示例 12-1 中的第 1 条语句用来创建一个编号为 2000 的基本 ACL；第 2 条语句允许指定主机 172.22.30.6 的数据包通过；第 3 条语句拒绝子网 172.22.30.0/24 上所有主机；第 4 条语句允许地址范围是 172.22.0.1～172.22.31.255 的主机的数据包通过，通配符掩码指定了本行的地址范围；第 5 条语句拒绝 B 类网络 172.22.0.0 的所有子网。

**3. 配置 ACL 生效的时间段**

时间段的配置包括周期时间段和绝对时间段两种方式。其中，周期时间段采用每个星期固定时间段的形式，例如从星期一到星期五的 8：00 至 18：00；绝对时间段采用从某年某月某日某时某分起至某年某月某日某时某分结束的形式，例如从 2017 年 12 月 28 日 10：00 起至 2018 年 4 月 28 日 10：00 结束。

在系统视图下，配置 ACL 生效时间段的命令如下。

**time-range** *time-range-name* ⟨*start-time* **to** *end-time days* | **from** *time*1 *data*1 [**to** *time*2 *date*2]⟩

该命令中的参数和选项说明如下。

（1）*time-range-name*：定义时间段的名称，作为一个引用时间段的标识。同一名称时间段下面可以配置多个不同的时间段。

（2）*start-time* **to** *end-time*：二选一参数，指定周期时间段的时间范围，参数 *start-time* 和 *end-time* 分别表示起始时间和结束时间，格式均为 hh:mm（小时：分钟）。hh 的取值范围为 0～23，mm 的取值范围为 0～59，且结束时间必须大于起始时间。

（3）*days*：与上面的"*start-time* **to** *end-time*"参数一起构成一个二选一参数，用于指定周期时间段在每周的周几生效，有如下几种输入格式。

①0～6 数字的表示周日期，其中 0 表示星期天。此格式支持输入多个参数，各个值之间以空格分配。

②**Mon**、**Tue**、**Wed**、**Thu**、**Fri**、**Sat**、**Sun** 英文表示的周日期，分别对应星期一到星期日。此格式支持输入多个参数，各个值之间以空格分配。

③**daily** 表示所有日子，包括一周共 7 天。

④**off-day** 表示休息日，包括星期六和星期天。

⑤**working-day** 表示工作日，包括从星期一到星期五。

（4）*time*1 *data*1：二选一参数，用于指定绝对时间段的开始日期，表示到某一天某一时间开始。其表示形式为 hh：mm YYYY/MM/DD（小时：分钟 年/月/日）或 hh：mm MM/

DD/YYYY(小时：分钟 月/日/年)。

(5)*time2 data2*：可选参数,用于指定绝对时间段的结束日期,表示到某一天某一时间结束。它的表示形式也 hh：mm YYYY/MM/DD(小时：分钟 年/月/日)或 hh：mm MM/DD/YYYY(小时：分钟 月/日/年)。

◆ **12.3.2 配置高级 ACL**

高级 ACL 的语句所依据的判断条件是数据包的源 IP 地址、目的 IP 地址、协议、源端口、目的端口以及在特定报文字段中允许进行特殊位比较的各种选项。在判断条件上,高级 ACL 具有比基本 ACL 更加灵活的优势,能够完成很多基本 ACL 不能够完成的工作,如图 12-5 所示。

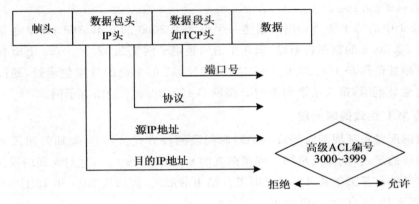

图 12-5 高级 ACL

**1.创建高级 ACL**

在高级 ACL 的创建中,同样可以创建数字型的或者命名型的。在系统视图下使用如下命令创建一个数字型的高级 ACL 并进入基本 ACL 视图。

**acl**〔 **number**〕*acl-number*〔 **match-order**〈**auto** | **config**〉〕

在该命令中,参数 *acl-number* 用来指定高级 ACL 的编号,取值范围是 3000~3999。

如果要创建一个命名型的高级 ACL,则需要在系统视图下使用如下命令。

**acl name** *acl-name*〈**advance** | *acl-number*〉〔 **match-order**〈**auto** | **config**〉〕

在该命令中,**advance** 为二选一选项,用于指定 ACL 的类型为高级 ACL;*acl-number* 为二选一参数,其取值范围也是 3000~3999。

**2.配置高级 ACL 规则**

高级 ACL 规则的配置比基本 ACL 规则的配置更复杂,因为可以用来匹配的过滤条件参数非常多,而且基本上是可同时配置的。在 ACL 视图下,使用如下命令配置高级 ACL 的规则。如果需要配置多个规则,可以反复执行本命令。

**rule**〔 *rule-id*〕{ **deny** | **permit** }{ *protocol-number* | *protocol* }〔**destination**〈*destination-address destination-wildcard*〉| **destination-port** *operator port*1〔*port*2〕**fragment** | **logging** | **source**〈*source address source-wildcard*〉| **any**〉| **destination-port** *operator port*1〔*port*2〕| **time-range** *time-range-name*〕

该命令中的参数和选项说明如下。

(1)*rule-id*：可选参数，用来指定基本 ACL 规则的编号，取值范围为 0～4294967294。

(2)**deny**：二选一选项，设置拒绝型操作，表示拒绝符合条件的报文通过。

(3)**permit**：二选一选项，设置允许型操作，表示允许符合条件的报文通过。

(4)*protocol-number*：IP 承载的协议号，取值范围为 0～255。

(5)*protocol*：IP 承载的协议类型，如 ICMP、TCP、UDP、GRE、OSPF 等。

(6)**destination** ⟨*destination-address destination-wildcard* ｜ **any**⟩：可多选项，用于指定规则的目的地址信息。二选一参数 *destination-address destination-wildcard* 分别表示报文的源 IP 地址和通配符掩码；二选一选项 **any** 表示任意目的 IP 地址。

(7)*operator*：端口操作符，取值可以为 **eq**(等于)、**lt**(小于)、**gt**(大于)、**range**(在范围内，包括边界值)。只有操作符 **range** 需要两个端口号做操作数，其他的只需要一个端口号做操作数。

(8)*port1* [*port2*]：TCP 或 UDP 的端口号，用数字表示时，取值范围为 0～65535，也可以用名字表示。

(9)**fragment**：可多选项，表示该规则仅对非首片分片报文有效，而对非分片报文和首片分片报文无效。如果没有指定本参数，则表示该规则对非分片报文和分片报文均有效。

(10)**logging**：可多选项，用于指定将该规则匹配的报文的 IP 信息进行日志记录

(11)**source** ⟨ *source-address source-wildcard* ｜ **any**⟩：可多选项，指定规则的源地址信息。二选一参数 *source-address source-wildcard* 分别表示报文的源 IP 地址和通配符掩码；二选一选项 **any** 表示任意源 IP 地址。

(12)**time-range** *time-range-name*：可多选项，用于指定该规则生效的时间段。

示例 12-2 为一个配置高级 ACL 的例子。

**示例 12-2**　　　　　　　配置高级 ACL。

```
// (1) 创建高级 ACL
[Router]acl 3000
// (2)配置高级 ACL 规则
[Router-acl-adv-3000] rule permittcp destination 172.22.15.83 0.0.0.0 destination-
port eq 25 source any
[Router-acl-adv-3000] rule permittcp destination 172.22.114.0 0.0.0.255 destination-
port eq 23 source 10.0.0.0 0.255.255.255
[Router-acl-adv-3000]rule permitip destination 10.0.0.0 0.255.255.255 source 172.22.
30.6 0.0.0.0
[Router-acl-adv-3000]quit
```

示例 12-2 中，第 1 条语句表示建立了一个编号为 3000 的高级 ACL；第 2 条语句表示允许来自任意主机且目标主机是 172.22.15.83、目标端口号是 25(SMTP)的 TCP 数据包通过；第 3 条语句表示允许来自网络 10.0.0.0/8，去往网络 172.22.114.0/24 且目标端口为 23(telnet)的 TCP 数据包通过；第 4 条语句表示源地址是 172.22.30.6 且目的地址属于 10.0.0.0/8 的数据包允许通过。

### ◆ 12.3.3　配置二层 ACL

二层 ACL 根据报文的源 MAC 地址、目的 MAC 地址、VLAN ID 号、二层协议类型等二

层信息制定匹配规则,对报文进行相应的分析处理,如图 12-6 所示。

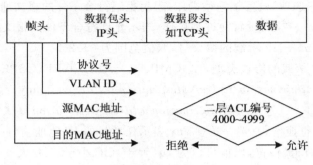

图 12-6　二层 ACL

### 1. 创建二层 ACL

在二层 ACL 的创建中,同样可以创建数字型的或者命名型的。在系统视图下使用如下命令创建一个数字型的二层 ACL 并进入基本 ACL 视图。

**acl** [ **number** ] *acl-number* [ **match-order** {**auto** | **config**} ]

在该命令中,参数 *acl-number* 用来指定二层 ACL 的编号,取值范围是 4000~4999。

如果要创建一个命名型的二层 ACL,则需要在系统视图下使用如下命令。

**acl name** *acl-name* {**link** | *acl-number* } [ **match-order** {**auto** | **config**} ]

在该命令中,**link** 为二选一选项,指定 ACL 的类型为二层 ACL,*acl-number* 为二选一参数,其取值范围也是 4000~4999。

### 2. 配置二层 ACL 规则

二层 ACL 规则的配置比基本 ACL 规则的配置复杂许多,可以用来匹配的过滤条件参数比较多,而且基本上是可同时配置的。在 ACL 视图下,使用如下命令配置二层 ACL 的规则。如果需要配置多个规则,可以反复执行本命令。

**rule** [ *rule-id* ] {**deny** | **permit**} [ **l2-protocol** *type-value* [ *type-mask* ] | **destination-mac** *destination-mac-address* [ *destination-mac-mask* ] | **source-mac** *source-mac-address* [ *source-mac-mask* ] | **vlan-id** *vlan-id* [ *vlan-id-mask* ] | 8021**p** *802.1p-value* | **time-range** *time-range-name* ]

该命令中的参数和选项说明如下。

(1)*rule-id*:可选参数,用来指定基本 ACL 规则的编号,取值范围为 0~4294967294。

(2)**deny**:二选一选项,用于设置拒绝型操作,表示拒绝符合条件的报文通过。

(3)**permit**:二选一选项,用于设置允许型操作,表示允许符合条件的报文通过。

(4)**l2-protocol** *type-value* [ *type-mask* ]:指定 ACL 规则匹配报文的链路层协议类型。其中:type-value 表示以 16 位的十六进制数标识的二层协议类型,对应 Ethernet_Ⅱ类型帧和 Ethernet_SNAP 类型帧中的 Type(类型)字段(2 个字节)的值,取值范围为 0x0000~0xFFFF;可选参数 *type-mask* 表示二层协议类型掩码,为 16 比特的十六进制数,用于指定屏蔽位(0 表示不需要匹配,F 表示需要匹配,注意这里与前面说到的"通配符掩码"是相反的),可以用来指定一个协议类型值范围,默认值为 0xFFFF,即对每位都进行匹配,即仅指定一个协议类型值。

(5)**destination-mac** *destination-mac-address* [ *destination-mac-mask* ]:可多选项,用于指定 ACL 规则匹配报文的目的 MAC 地址信息。参数 *destination-mac-address* 和 *destination-mac-mask* 的格式均为十六进制数。其中,*destination-mac-address* 用来指定要

匹配的数据包的目的 MAC 地址;可选参数 *destination-mac-mask* 用来指定目的 MAC 地址掩码,可以用来指定一个 MAC 地址范围。参数 *destination-mac-mask* 的默认值为 0xFFFF-FFFF-FFFF,即对每位都进行匹配,仅指定一个 MAC 地址。这两个参数共同作用可以定义用户想要匹配的目的 MAC 地址范围。

（6）**source-mac** *source-mac-address* [ *source-mac-mask* ]:可多选项,指定 ACL 规则匹配报文的源 MAC 地址信息。其中,*source-mac-address* 用来指定要匹配的数据包的源 MAC 地址;可选参数 *source-mac-mask* 用来指定源 MAC 地址掩码。

（7）**vlan-id** *vlan-id* [ *vlan-id-mask* ]:可多选项,用于指定 ACL 规则匹配报文的外层 VLAN 的编号。其中,参数 *vlan-id* 用来指定要匹配的外层 VLAN ID 的值,取值范围为 1～4094;*vlan-id-mask* 用来指定外层 VLAN ID 值的掩码(与前面介绍的 MAC 地址掩码作用一样),可以用来指定一个外层 VLAN 或一个范围的外层 VLAN。如果不配置此参数,则掩码相当于 0xFFFF,即仅指定一个外层 VLAN。

（8）**8021p** *802.1p-value*:可多选项,用于指定 ACL 规则匹配报文的外层 VLAN 的 802.lp 优先级,取值范围为 0～7。

（9）**time-range** *time-range-name*:可多选项,用于指定该规则生效的时间段。

示例 12-3 为一个配置二层 ACL 的例子。

**示例 12-3**         配置二层 ACL。

```
// (1)创建二层 ACL
[Router]acl 4000
// (2)配置二层 ACL 规则
[Router-acl-L2-4000] rule deny 8021p 4
[Router-acl-L2-4000] rule deny destination-mac 0011-4444-991e source-mac 0022-88f5
-971e
[Router-acl-L2-4000] rule permit vlan-id 2 0xff3
[Router-acl-L2-4000] rule permit l2-protocol 0x0806
[Router-acl-L2-4000 ]rule deny l2-protocol 0x0835
[Router-acl-L2-4000] quit
```

示例 12-3 中,第 1 条语句表示建立了一个编号为 4000 的二层 ACL;第 2 条语句表示拒绝 802.1p 优先级为 4 的报文;第 3 条语句表示禁止从 MAC 地址 0022-88f5-971e 发送到 MAC 地址 0011-4444-991e 的报文通过;第 4 条语句表示允许 VLAN ID 号为 2～10 的报文通过;第 5 条语句和第 6 语句分别表示允许 ARP(类型值为 0x0806)报文通过,但拒绝 RARP(类型值为 0x0835)报文通过。

◆ **12.3.4 在接口上应用 ACL**

在建立了访问控制列表之后,如果不将其应用在接口上,访问控制列表是不进行任何处理的。将 ACL 应用在接口上的命令如下。

**traffic-filter**〈 **inbound** | **outbound** 〉 **acl** 〈 *acl-number* | **name** *acl-name* 〉

在接口视图下配置这条命令可以建立安全过滤器或流量过滤器,并且可以应用于进出流量。其中,关键字 **inbound** 表示过滤接口接收的数据包,**outbound** 表示过滤接口转发的数据包。图 12-7 所示为在路由器接口的入站和出站方向应用 ACL。

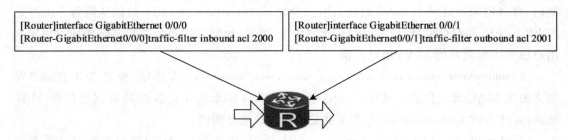

图 12-7　使用 traffic-filter 命令在路由器接口上应用 ACL

　　图 12-7 中的 ACL 2000 过滤进入接口 G0/0/0 的 IP 数据包,它对于出站数据包和其他协议(如 IPX)产生的数据包不起作用。ACL 2001 过滤离开接口 G0/0/1 的 IP 数据包,它对于入站数据包和其他协议产生的数据包不起作用。

> **注意:**
> 　　多个接口可以调用相同的访问控制列表,但是在任意一个接口上,对每一种协议仅能有一个进入和离开的访问列表。

　　在将 ACL 应用到设备接口时,要注意设备接口的位置和 ACL 要过滤的数据包的流向。应可能地把 ACL 放置于距离要被拒绝的通信流量来源最近的地方。即按照将 ACL 应用到最靠近数据包流向的接口的原则来布置 ACL,以减少不必要的网络流量,如图 12-8 所示。

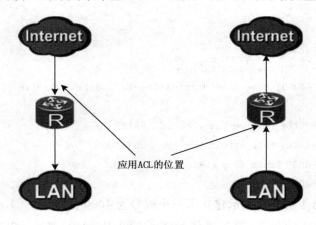

图 12-8　ACL 应用位置示意图

　　例如,在路由器上应用 ACL,如果要对流入局域网的数据包进行过滤,则应将 ACL 应用在靠近数据包流向的接口,即路由器的广域网接口;如果要对流出局域网的数据包进行过滤,则应将 ACL 应用到路由器的局域网接口。这样做的目的是减少路由器的负担,提高网络的性能。因为如果将过滤流入局域网的数据包的 ACL 应用到路由器局域网接口的出站方向,尽管也可以起到同样的作用,但路由器不得不对那些将被过滤掉的数据包进行拆包、重新打包、确定路由路径,然后转发。这种转发是没有意义的,因为即使转发过去,这些数据包也注定要被抛弃,白白浪费路由器宝贵的资源。对于流出局域网的数据包的过滤也会存在同样的问题。

## 12.4 ACL 配置示例

### 12.4.1 基本 ACL 配置示例

我们通过下面的例子来说明如何配置基本 ACL。如图 12-9 所示的网络,我们通过配置基本 ACL,允许 192.16.1.0/24 网段内的主机 PCA 和 192.16.2.0/24 网段内的所有主机可以访问 192.16.3.0/24 网段内的服务器,拒绝 192.16.1.0/24 网段内的其他所有主机访问 192.16.3.0/24 网段内的服务器。

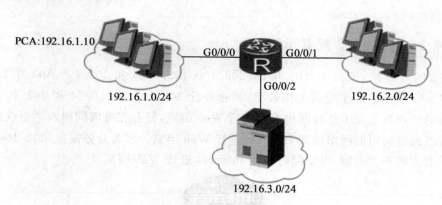

图 12-9 基本 ACL 配置示意图

配置基本 ACL 可以使用编号和命名两种方式,分别如示例 12-4 和示例 12-5 所示。

 使用编号方式配置基本 ACL。

```
[Router]acl 2001
[Router-acl-basic-2001]rule 1 permit source 192.16.1.10 0.0.0.0
[Router-acl-basic-2001]rule 2 permit source 192.16.2.0 0.0.0.255
[Router-acl-basic-2001]rule 3 deny source any
[Router-acl-basic-2001]quit
[Router]interfaceGigabitEthernet 0/0/2
[Router-GigabitEthernet0/0/2]traffic-filter outboundacl 2001
[Router-GigabitEthernet0/0/2]quit
```

**示例 12-5** 使用命名方式配置基本 ACL。

```
[Router]acl name Basic_ACL basic
[Router-acl-basic-Basic_ACL]rule 1 permit source 192.16.1.10 0
[Router-acl-basic-Basic_ACL]rule 2 permit source 192.16.2.0 0.0.0.255
[Router-acl-basic-Basic_ACL]rule 3 deny source any
[Router-acl-basic-Basic_ACL]quit
[Router]interfaceGigabitEthernet 0/0/2
[Router-GigabitEthernet0/0/2]traffic-filter outboundacl name Basic_ACL
[Router-GigabitEthernet0/0/2]quit
```

完成以上配置后,使用 **display acl** {*acl-num* | **name** *acl-name* | **all**}命令可以查看 ACL

的相关配置信息。查看输出结果如示例 12-6 所示。

**示例 12-6** 基本 ACL 相关配置信息输出显示。

```
[Router]displayacl all

Total quantity of nonempty ACL number is 1
Basic ACL 2001,3 rules
Acl's step is 5
rule 1 permit source 192.16.1.10 0 (5 matches)
rule 2 permit source 192.16.2.0 0.0.0.255
rule 3 deny (10 matches)
```

### ◆ 12.4.2 高级 ACL 配置示例

某企业网内部有 202.100.101.0/24、202.100.102.0/24 和 202.100.103.0/24 三个网络,如图 12-10 所示。为了提高工作效率,该企业让 202.100.101.0/24 和 202.100.102.0/24 网络内的公司员工在工作时间内不能进行 Web 浏览,只有在每周的周六早 7 点到周日晚 10 点才可以通过公司的网络访问 Internet 进行 Web 浏览。因为业务需要,202.100.103.0/24 网络内的主机不受限制,可以随时访问 Internet 进行 Web 浏览。

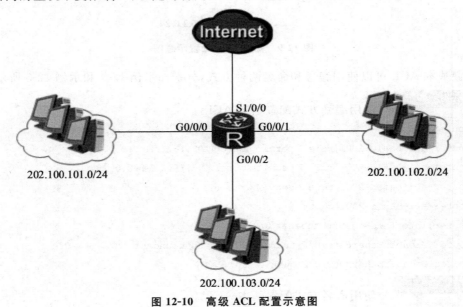

**图 12-10 高级 ACL 配置示意图**

实现该企业需求要配置高级 ACL。与配置基本 ACL 相同,配置高级 ACL 也可以使用编号和命名两种方式,分别如示例 12-7 和示例 12-8 所示。

**示例 12-7** 使用编号方式配置高级 ACL。

```
[Router] time-rangeWEB_Access 7:00 to 22:00 off-day
[Router]acl 3001
[Router-acl-adv-3001] rule permittcp source 202.100.101.0 0.0.0.255 destination any
destination-port eq www time-range WEB_Access
```

```
[Router-acl-adv-3001] rule permittcp source 202.100.102.0 0.0.0.255 destination any
destination-port eq www time-range WEB_Access
[Router-acl-adv-3001] rule denytcp source 202.100.101.0 0.0.0.255 destination any
destination-port eq www
[Router-acl-adv-3001] rule denytcp source 202.100.102.0 0.0.0.255 destination any
destination-port eq www
[Router-acl-adv-3001]quit
[Router]interface Serial 1/0/0
[Router-Serial1/0/0]traffic-filter outboundacl 3001
[Router-Serial1/0/0]quit
```

**示例 12-8**　使用命名方式配置高级 ACL。

```
[Router] time-rangeWEB_Access 7:00 to 22:00 off-day
[Router]acl name Advanced_ACL advance
[Router-acl-adv-Advanced_ACL] rule permit tcp source 202.100.101.0 0.0.0.255
destination any destination-port eq www time-range WEB_Access
[Router-acl-adv-Advanced_ACL] rule permit tcp source 202.100.102.0 0.0.0.255
destination any destination-port eq www time-range WEB_Access
[Router-acl-adv-Advanced_ACL] rule deny tcp source 202.100.101.0 0.0.0.255 destination
any destination-port eq www
[Router-acl-adv-Advanced_ACL] rule deny tcp source 202.100.102.0 0.0.0.255 destination
any destination-port eq www
[Router-acl-adv-Advanced_ACL] quit
[Router]interface Serial 1/0/0
[Router-Serial1/0/0] traffic-filter outboundacl name Advanced_ACL
[Router-Serial1/0/0] quit
```

完成以上配置后,使用 **display time-range** {**all** | *time-range-name*}命令可以查看当前时间段的配置和状态,使用 **display acl** {*acl-num* | **name** *acl-name* |**all**}命令可以查看 ACL 的相关配置信息。查看输出结果如示例 12-9 所示。

**示例 12-9**　高级 ACL 相关配置信息输出显示。

```
[Router-Serial1/0/0]disacl all
Total quantity of nonempty ACL number is 1

Advanced ACL 3001,4 rules
Acl's step is 5
rule 5 permittcp source 202.100.101.0 0.0.0.255 destination-port eq www time-r
ange WEB_Access (Inactive)
rule 10 permittcp source 202.100.102.0 0.0.0.255 destination-port eq www time-
rangeWEB_Access (Inactive)
rule 15 denytcp source 202.100.101.0 0.0.0.255 destination-port eq www
rule 20 denytcp source 202.100.102.0 0.0.0.255 destination-port eq www
```

**本章小结**

在本章中,我们首先介绍了访问控制列表在路由网络中的功能和应用,如包过滤防火墙使用 ACL 过滤数据包,以及将 ACL 用于 NAT、QoS、路由策略、按需拨号等。阐明了访问控制列表的分类和工作原理,基本 ACL 根据 IP 地址进行过滤,高级 ACL 根据 IP 地址、IP 协议号、端口号等进行过滤,二层 ACL 根据 MAC 地址、二层协议、VLAN ID 号等进行过滤。讲解了使用访问控制列表所应遵循的规范和应当注意的问题。最后,详细讲解了配置和调用访问控制列表的命令以及检查访问控制列表正确性的命令。

**习题12**

**1.选择题**

(1)基本 ACL 以下面(　　)一项作为判别条件。

A.数据包的大小　　B.数据包的源地址　　C.数据包的目的地址　　D.数据包的端口号

(2)基本 ACL 的序列规则范围是(　　)。

A.2000~2999　　　　B.3000~3999　　　　C.4000~4999　　　　D.5000~5999

(3)访问控制列表是路由器的一种安全策略,以下(　　)为基本 ACL 的例子。

A. rule deny source 192.168.10.23 255.255.255.0

B. rule deny source 192.168.10.0 0.0.0.255

C. rule deny ip source 192.168.10.0 0.0.0.255

D. rule deny tcp source 192.168.10.0 0.0.0.255

(4)在访问控制列表中,有一条规则如下:

rule permittcp source 0.0.0.0 255.255.255.255 destination 192.168.10.0 0.0.0.255 destination-port eq ftp

在该规则中,255.255.255.255 表示的是(　　)。

A.检察源地址的所有 bit 位　　　　　　B.检查目的地址的所有 bit 位

C.允许所有的源地址　　　　　　　　　D.允许 255.255.255.255 0.0.0.0

(5)通过以下(　　)命令可以把一个高级 ACL 应用到接口上。

A. traffic-filter outbound acl 3001　　　　B. traffic-filter outbound acl 2001

C. traffic-policy outbound acl 3001　　　　D. traffic-policy inbound acl 3001

(6)在路由器上配置一个基本 ACL,只允许所有源自 B 类地址:172.16.0.0 的 IP 数据包通过,那么以下(　　)wildcard mask 是正确的。

A.255.255.0.0　　　　　　　　　　　　B.255.255.255.0

C.0.0.255.255　　　　　　　　　　　　D.0.255.255.255

(7)配置如下两条访问控制列表:

rulepermit source 10.110.10.10 0.0.255.255

rulepermit source 10.110.100.100 0.0.255.255

访问控制列表1和2所控制的地址范围关系是(　　)。

A.1 和 2 的范围相同　　　　　　　　　B.1 的范围包含 2 的范围

C.2 的范围包含 1 的范围　　　　　　　D.1 和 2 的范围没有包含关系

(8)访问控制列表 rule 100 deny tcp source 10.1.10.10 0.0.255.255 destination-port eq 80 的含义是( )。

 A. 规则序列号是 100,禁止到 10.1.10.10 主机的 telnet 访问

 B. 规则序列号是 100,禁止到 10.1.0.0/16 网段的 www 访问

 C. 规则序列号是 100,禁止从 10.1.0.0/16 网段来的 www 访问

 D. 规则序列号是 100,禁止从 10.1.10.10 主机来的 rlogin 访问

(9)关于高级 ACL 的规则,下面说法不正确的是( )。

 A. 高级 ACL 的规则可用于识别报文的 TCP 目的端口号

 B. 高级 ACL 的规则可用于识别报文的源 IP 地址和目的 IP 地址

 C. 高级 ACL 的规则可用于识别报文的 UDP 目的端口号

 D. 高级 ACL 的规则可用于识别报文的源 MAC 地址和目的 MAC 地址

(10)实现"禁止从 172.16.10.0/24 网段内的主机建立与 202.38.160.0/24 网段内的主机的 www 端口(80)的连接"功能所需的 ACL 配置命令是( )。

 A. rule deny tcp source 172.16.10.0 0.0.0.255 destination 202.38.160.0 0.0.0.255 destination-port eq 80

 B. rule deny source 172.16.10.0 0.0.0.255 destination 202.38.160.0 0.0.0.255 destination-port eq 80

 C. rule deny tcp 172.16.10.0 0.0.0.255 202.38.160.0 0.0.0.255 destination-port eq 80

 D. rule deny tcp source 172.16.10.0 0.0.255.255 destination 202.38.160.0 0.0.0.255 destination-port eq 80

**2. 问答题**

(1)访问控制列表具有哪些作用?

(2)简述基本 ACL 和高级 ACL 的特点。

(3)如下访问控制列表的含义是什么?

rule deny udp source 102.12.8.0 0.0.0.255 destination 202.38.160.0 0.0.0.255 destination-port gt 128

(4)若计费服务器的 IP 地址在 192.168.1.0/24 子网内,为了保证计费服务器的安全,请配置访问控制列表,不允许任何用户 telnet 到该服务器。

# 第13章 网络地址转换

网络地址转换（network address translation，NAT）是一个 IETF 标准，它的产生是因为 IP 地址被划分为公有地址和私有地址，使用私有地址的企业或机构的内部网络在和互联网连接时，必须要把内部的私有地址转换成互联网上使用的公有地址才能通信。这个地址的转换，是由 NAT 技术来实现的。

NAT 技术不仅能够提供地址的转换功能，还能提供一定的网络安全性，但是应用 NAT 技术后，路由器的性能可能有所下降。本章将详细介绍 NAT 的分类及其工作原理、NAT 的配置以及如何正确应用 NAT 技术。

学习完本章，要达成以下目标。
- 了解 NAT 技术产生的原因。
- 理解 NAT 技术的功能与作用。
- 掌握 NAT 的分类及其工作原理。
- 掌握 NAT 的配置及应用。

## 13.1 NAT 概述

在前面的章节中，我们已经了解到，全世界网络上使用的 IP 地址，被分为公有地址和私有地址两部分。其中，公用地址是在互联网上可用的 IP 地址，而私有地址只能在某个企业或机构内部网络中使用，私有地址是不能在互联网上使用的地址。如果在一个连接互联网的网络结点上使用一个私有的 IP 地址，则该结点不能与互联网的任何其他结点通信，因为互联网上的其他结点认为该结点的地址是非法的。

IPv4 的地址标准中定义的私有地址范围如下。

（1）A 类 10.0.0.0/8，即 10.0.0.0～10.255.255.255。

（2）B 类 172.16.0.0/12，即 172.16.0.0～172.31.255.255。

（3）C 类 192.168.0.0/16，即 192.168.0.0～192.168.255.255。

将 IP 地址划分为公有地址和私有地址是有原因的，因为互联网的爆炸式增长使得 IP 地址资源极度紧缺。如果世界上每一个企业或者机构的内部每一台主机都被分配一个全球唯一的 IP 地址，虽然这些主机能够与互联网联通，但是在 IPv4 标准中所定义的地址也将会被耗尽。所以，互联网管理者把 IP 地址分为公有地址和私有地址，公有地址只负责连接互联网上的结点，这些地址是全球唯一的地址，而私有地址只负责连接企业或者机构内部的网络,这些地址不能在互联网上使用,但是他们却可以在不同的企业或者机构内部重复的使用。这些地址不能在互联网上使用,因此不同的企业内部网络使用相同的地址时自然也不会产生地址冲突,如此就可以很好地缓解互联网上的 IP 地址紧缺问题。

但是,由于内部网络的主机使用的是私有地址,则产生了另一个问题,即内部网络如何与外界进行网络通信的问题。所以我们为了解决内部私有地址的主机和互联网上的公有地址的主机的通信问题,必须进行网络地址的转换,即在通信时把私有地址转换成互联网上的合法的公有地址。

可以说,NAT 技术的产生,主要是因为互联网地址资源的耗尽问题。NAT 技术保证了企业或机构内部网络使用私有地址的同时还能够与互联网上的主机通信。

## ◆ 13.1.1 NAT 的功能与作用

类似于无类域间路由(classless inter-domain routing,CIDR),NAT 的最初目的是允许把私有 IP 地址映射到外部网络的合法 IP 地址,以减缓可用 IP 地址空间的消耗。从那时开始发现,在移植和合并网络、服务器负载共享以及创建虚拟服务器中,NAT 是一个很有用的工具。当两个具有相同内网地址配置的公司网络合并时,NAT 也是必不可少的。当一个组织更换它的互联网服务提供商(Internet service provider,ISP),而网络管理员不希望更改内网配置方案时,NAT 同样很有用处。

以下是适合使用 NAT 的各种情况。

(1)内部网络需要连接到因特网,但是没有足够多的公有 IP 地址供内网主机使用。

(2)更换了一个新的 ISP,需要重新组织网络。

(3)需要合并两个具有相同网络地址的内网。

NAT 一般应用在边界路由器中,图 13-1 说明了 NAT 的应用位置。

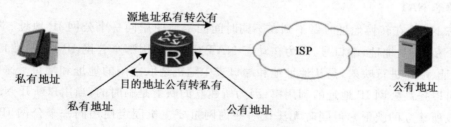

图 13-1　在边界路由器上应用 NAT

如图 13-1 所示,当内部网络上的一台主机访问互联网上的一台主机时,内部网络主机所发出的数据包的源 IP 地址是私有地址,这个数据包到达路由器后,路由器使用事先设置好的公有地址替换掉私有地址,这样这个数据包的源 IP 地址就变成了互联网上唯一的公有地址了,然后此数据包被发送到互联网上的目的主机处。互联网上的主机并不认为是内部网络中的主机在访问它,而认为是路由器在访问它,因为数据包的源 IP 地址是路由器的地址,换句话说,我们可以认为在使用了 NAT 技术之后,互联网上的主机无法"看到"内部网络的地址,这就提高了内部网络的安全性。互联网上的主机会把内部网主机所请求的数据以路由器的公有地址为目的 IP 发送数据包,当数据包到达路由器时,路由器再用内部网络主机的私有地址替换掉数据包中的目的 IP 地址,然后把这个数据包发送给内部网络主机。

从以上过程可以看出,NAT 技术正是通过改变经过路由器的数据包中的 IP 地址,来实现内部网络使用私有地址的主机和互联网上使用公有地址的主机通信的。在内部网络和互联网的接口处使用 NAT 技术，为节省互联网的可用地址提供了可能。通过使用 NAT 技术，我们将企业或机构的内部网和互联网连接了起来。

### ◆ 13.1.2 NAT 的类型

我们通常使用的 NAT 技术根据环境的具体使用情况可以分为三种：动态 NAT、静态NAT 和 NAT Server(NAT 服务器)。

#### 1. 动态 NAT

顾名思义，动态 NAT 就是私网 IP 地址与公网 IP 地址之间的转换不是固定的，具有动态性，是通过把需要访问公网的私网 IP 地址动态地与公网 IP 地址建立临时映射关系，并将报文中的私网 IP 地址进行对应的临时替换，待返回报文到达设备时再根据映射表"反向"把公网 IP 地址临时替换回对应的私网 IP 地址，然后转发给主机，实现内网用户和外网的通信。

动态 NAT 的实现方式有 Basic NAT(基本 NAT)和 NAPT(network address port translation，网络地址端口转换)两种方式。Basic NAT 是一种"一对一"的动态地址转换，即一个私网 IP 地址与一个公网 IP 地址进行映射；而 NAPT 则通过引入"端口"变量，是一种"多对一"的动态地址转换，即多个私网 IP 地址可以与同一个公网 IP 地址进行映射(但所映射的公网端口必须不同)。目前使用最多的是 NAPT 方式，因为它能提供一对多的映射功能。Easy IP 是 NAPT 的一种特例，主要应用于中小型企业 Internet 接入时的 NAT 地址转换。有关 Basic NAT、NAPT 和 Easy IP 这三种 NAT 的详细实现原理将在本章后面具体介绍。

#### 2. 静态 NAT

动态 NAT 在转换地址时做不到在不同时间固定地使用同一个公网 IP 地址、端口号替换同一个私网 IP 地址、端口号，因为在动态 NAT 中，具体用哪个公网 IP 地址、端口来与私网 IP 地址、端口进行映射，是从地址池和端口表中随机选取空闲的地址和端口号来实现的。这虽然可以提高公网 IP 地址的利用率(因为所建立的映射是临时的，当用户断开 NAT 应用时将释放所建立的映射)，但同时无法让一些内网重要主机固定使用同一个公网 IP 地址访问外网。

静态 NAT 可以建立固定的一对一的公网 IP 地址和私网 IP 地址的映射，特定的私网 IP地址只会被特定的公网 IP 地址替换，相反亦然。这样，就保证了重要主机使用固定的公网 IP 地址访问外网。但在实际应用中，这种情形并不多见，因为采用固定公网 IP 地址的通常是内部网络服务器，而这时通常是采用下面将要介绍的 NAT Server 技术。

#### 3. NAT Server

前面说到的静态 NAT 和动态 NAT 讲的都是由内网向外网发起访问的情形，这时通过NAT 一方面可以实现多个内网用户共用一个或者多个公网 IP 地址访问外网，同时又因为私网 IP 地址都经过了转换，所以具有"屏蔽"内部主机 IP 地址的作用。

有时内网需要向外网提供服务，架设于内网的各种服务器(如 Web 服务器、FTP 服务器、邮件服务器等)要向外网用户提供服务。这种情况下需要内网的服务器不能被"屏蔽"，外网用户需要随时访问内网服务器。这是一种由外网发起向内网访问的 NAT 转换情形。

NAT Server 可以很好地解决这个问题。当外网用户访问内网服务器时,它通过事先配置好的服务器的"公网 IP 地址:端口号"与服务器的"私网 IP 地址:端口号"间的固定映射关系,即将服务器的"公网 IP 地址:端口号"根据映射关系替换成对应的"私网 IP 地址:端口号",以实现外网用户对位于内网的服务器的访问。从私网 IP 地址与公网 IP 地址的映射关系看,它也是一种静态映射关系。

### ◆ 13.1.3 NAT 的优缺点

**1. NAT 的优点**

NAT 技术的优点如下。

(1)为节省公有地址提供了技术支持。

(2)在外部用户面前隐藏内部网络地址。

(3)解决地址重复问题。

**2. NAT 的缺点**

NAT 技术的缺点如下。

(1)NAT 的操作比较耗费设备资源,可能增加网络延时。

首先,由于 NAT 转换映射表需要大量的缓存空间,对于那些没有专门 NAT 缓存的设备,就需要消耗额外的大量的内存空间存储 NAT 映射信息,从而消耗了设备的内存资源,使得设备能够缓存的数据包变少;其次,由于 NAT 的操作主要是在 NAT 转换映射表中查找信息,这种检索比较消耗设备的 CPU 资源;另外,路由器的 NAT 操作需要更改每一个数据包的包头,以转换地址,这种操作也十分消耗设备的 CPU 资源。在某些极端的情况下,大量的 NAT 操作可能导致路由器甚至是高端路由器不堪重负而死机或者重新启动。因此很多高端的设备要求配置额外的 NAT 处理模块来解决这些对设备性能和网络性能有严重影响的问题。

(2)不能 ping 或者 tracert 应用了 NAT 技术的路由器中的网段。

由于经过了地址转换之后,外部网络的用户或者主机将无法知道内部网络的地址,所以外部网络中的用户也无法使用 ping 或 tracert 等命令来验证网络的连通性。

(3)某些应用可能无法穿越过 NAT。

目前,还有一些应用无法穿透 NAT。例如在一些使用 L2TP 协议建立 VPN 的方式中,在某些特定情况下可能 VPN 无法穿透 NAT 建立连接。

## 13.2 NAT 的工作原理

### ◆ 13.2.1 Basic NAT 的工作原理

Basic NAT 方式属于一对一的地址转换,但要注意它不是静态的一对一转换,而是动态的。

在这种转换方式下,在内网用户向公网发起连接请求时,请求报文中的私网 IP 地址就会通过事先配置好的公网 IP 地址池动态地建立私网 IP 地址与公网 IP 地址的 NAT 映射表项,并利用所映射的公网 IP 地址将报文中的源 IP 地址(也就是内网用户主机的私网 IP 地址)进行替换,然后送达给外网的目的主机。而当外网主机收到请求报文后进行响应时,响应报文到达 NAT 设备后,又将依据前面请求报文所建立的私网 IP 地址与公网 IP 地址的映射关系反向将报文中的目的 IP 地址(为内部主机私网 IP 地址映射后的公网 IP 地址)替换成对应的私网 IP 地址,然后送达给内部源主机。Basic NAT 只转换 IP 地址,而不处理 TCP/UDP 协议的端口号,且一个公网 IP 地址不能同时被多个私网 IP 地址映射。图 13-2 所示为 Basic NAT 的基本原理。

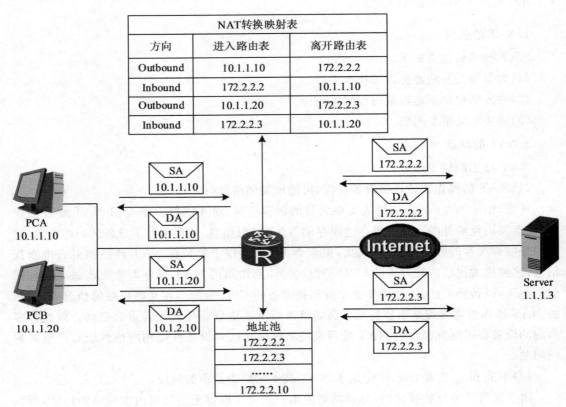

| NAT转换映射表 | | |
| --- | --- | --- |
| 方向 | 进入路由表 | 离开路由表 |
| Outbound | 10.1.1.10 | 172.2.2.2 |
| Inbound | 172.2.2.2 | 10.1.1.10 |
| Outbound | 10.1.1.20 | 172.2.2.3 |
| Inbound | 172.2.2.3 | 10.1.1.20 |

图 13-2　Basic NAT 实现过程示意图

图 13-2 所示的 Basic NAT 实现过程如下。

(1)当内网侧 PCA 要访问公网侧 Server 时,向 Router 发送请求报文(即 Outbound 方向),此时报文中的源 IP 地址为 PCA 自己的 10.1.1.10,目的 IP 地址为 Server 的 IP 地址 211.1.1.3。

(2)Router 在收到来自 PCA 的请求报文后,会从事先配置好的公网地址池中选取一个空闲的公网 IP 地址,建立与内网侧报文源 IP 地址间的 NAT 转换映射表项,包括正(outbound)、反(inbound)两个方向,然后依据查找正向 NAT 表项的结果将报文中的源 IP 地址转换成对应的公网 IP 地址后向公网侧发送。此时发送的报文的源 IP 地址已是转换后的公网 IP 地址 172.2.2.2,目的地址不变,仍为 Server 的 IP 地址 211.1.1.3。

(3)当 Server 收到请求报文后,需要向 Router 发送响应报文(即 inbound 方向),此时只要将收到的请求报文中的源 IP 地址和目的 IP 地址对调即可,即报文的源 IP 地址就是 Server 自己的 IP 地址 211.1.1.3,目的 IP 地址是 PCA 私网 IP 地址转换后的公网 IP 地址

172.2.2.2。

（4）当 Router 收到来自公网侧 Server 发送的响应报文后，会根据报文中的目的 IP 地址查找反向 NAT 映射表项，并根据查找结果将报文中的目的 IP 地址转换成 PCA 对应的私网 IP 地址（源地址不变）后向私网侧发送，即此时报文中的源 IP 地址仍是 Server 的 IP 地址 211.1.1.3，目的 IP 地址已转换成了 PCA 的私网 IP 地址 10.1.1.10。

此时，如果 PCB 也要访问公网中的 Server，当请求报文到达 Router 时，报文中的源地址需要使用地址池中未使用的地址进行转换。

从以上 Basic NAT 实现原理分析可以看出，Basic NAT 中的请求报文转换的仅是其中的源 IP 地址（目的 IP 地址不变），即仅需关心源 IP 地址；而响应报文转换的仅是其中的目的 IP 地址（源 IP 地址不变），即仅需关心目的 IP 地址。两个方向所转换的 IP 地址是相反的。

◆ **13.2.2 NAPT 工作原理**

由于 Basic NAT 这种一对一的转换方式并未实现公网地址的复用，不能有效解决 IP 地址短缺的问题，因此在实际应用中并不常见。而这里要介绍的 NAPT 可以实现多个内部地址映射到同一个公有地址上，因此也可以称为"多对一地址转换"或地址复用。

NAPT 使用"IP 地址＋端口号"的形式进行转换，相当于增加了一个变量，最终可以使多个私网用户共用一个公网 IP 地址访问外网。图 13-3 所示为 NAPT 的实现原理。

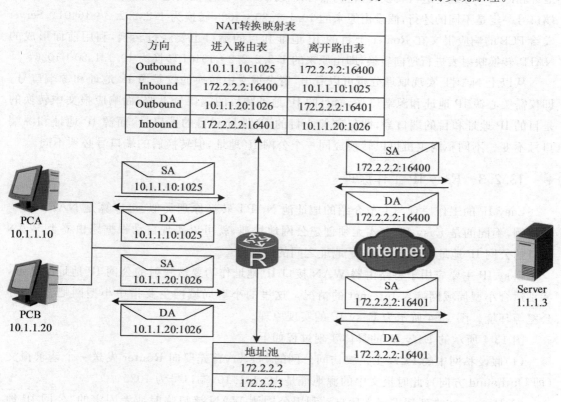

**图 13-3 NAPT 实现过程示意图**

图 13-3 所示的 NAPT 的具体实现过程如下。

（1）假设先是私网侧 PCA 要访问公网侧 Server，向 Router 发送请求报文（即 Outbound

方向),此时报文中的源地址是 PCA 的 IP 地址 10.1.1.10,源端口号为 1025。

(2)Router 在收到来自 PCA 发来的请求报文后,从事先配置好的公网地址池中选取一对空闲的"公网 IP 地址:端口号",建立与内网侧 PCA 发送的请求报文中的"源 IP 地址:源端口号"间的 NAPT 转换表项(同样包括正、反两个方向),然后依据正向 NAPT 表项查找结果将请求报文中的"源 IP 地址:源端口号"(10.1.1.10:1025)转换成对应的"公网 IP 地址:端口号"(172.2.2.2:16400)后向公网侧发送。即此时经过 Router 的 NAPT 转换后,发送的请求报文中的源 IP 地址为 172.2.2.2,源端口号为 16400,目的 IP 地址和目的端口号不变。

(3)公网侧 Server 在收到由 Router 转发的请求报文后,需要向 Router 发送响应报文(即 Inbound 方向),此时只需将收到的请求报文中的源 IP 地址、源端口和目的 IP 地址目的端口对调即可,即此时报文中的目的 IP 地址和目的端口号就是收到的请求报文中的源 IP 地址和源端口(172.2.2.2:16400)。

(4)当 Router 收到来自 Server 的响应报文后,根据其中的"目的 IP 地址:目的端口号"查找反向 NAPT 表项,并依据查找结果将报文转换后向私网侧发送。此时,报文中的目的 IP 地址和目的端口在到达 Router 前的源 IP 地址和源端口(即 10.1.1.10:1025)时又将转换成请求报文。

此时,如果主机 PCB 也要访问公网中的 Server,当请求报文到达 Router 时,报文中的源 IP 地址和源端口号也将进行转换,且它仍然可以使用 PCA 原来使用过的公网 IP 地址,但所用的端口号一定是不同的才行,假设由原来的 10.1.1.20:1026 转换为 172.2.2.2:16401。Server 发给 PCB 的响应报文在 Router 上目的 IP 地址和目的端口也要经过转换,利用前面形成的 NATP 转换映射表进行逆向转换,即由原来的 172.2.2.2:16401 转换为 10.1.1.20:1026。

从以上 NAPT 实现原理分析可以看出,请求报文中转换的仅是源 IP 地址和源端口号,即仅需关心源 IP 地址和源端口号,而目的 IP 地址和目的端口号不变;而响应报文中转换的是目的 IP 地址和目的端口号,即仅需关心目的 IP 地址和目的端口号,而源 IP 地址和源端口号不变。不同私网主机可以转换成同一个公网 IP 地址,但转换后的端口号必须不同。

## 13.2.3 Easy IP 工作原理

Easy IP 的工作原理与上节介绍的地址池 NAPT 转换原理类似,可以算是 NAPT 的一种特例,不同的是 Easy IP 方式无须创建公网地址池,就可以实现自动根据路由器上 WAN 接口的公网 IP 地址实现与私网 IP 地址之间的映射。

Easy IP 主要应用于将路由器 WAN 接口 IP 地址作为要被映射的公网 IP 地址的情形,特别适合小型局域网接入 Internet 的情况。这里的小型局域网主要指中小型网吧、小型办公室等环境。图 13-4 所示为 Easy IP 的实现原理。

图 13-4 所示的 Easy IP 的具体实现过程如下。

(1)假设私网中的 PCA 主机要访问公网的 Server,首先要向 Router 发送一个请求报文(即 Outbound 方向),此时报文中的源地址是 10.1.1.10,端口号为 1025。

(2)Router 在收到请求报文后自动利用公网侧 WAN 接口临时或者固定的"公网 IP 地址:端口号"(172.2.2.2:16400),建立与内网侧报文"源 IP 地址:源端口号"间的 NAT 地址转换表项(也包括正、反两个方向),并依据正向 NAT 地址转换表项的查找结果将报文转换后向公网侧发送。此时,转换后的报文源地址和源端口号由原来的 10.1.1.10:1025 转

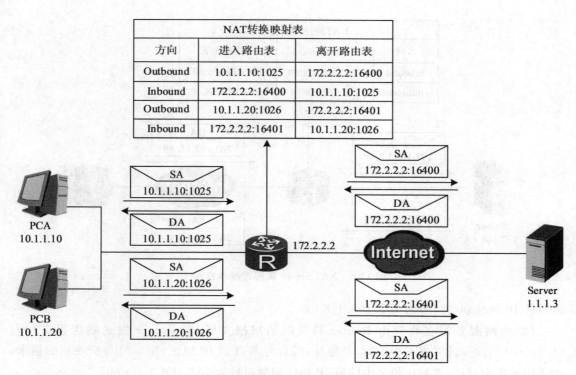

| NAT转换映射表 | | |
|---|---|---|
| 方向 | 进入路由表 | 离开路由表 |
| Outbound | 10.1.1.10:1025 | 172.2.2.2:16400 |
| Inbound | 172.2.2.2:16400 | 10.1.1.10:1025 |
| Outbound | 10.1.1.20:1026 | 172.2.2.2:16401 |
| Inbound | 172.2.2.2:16401 | 10.1.1.20:1026 |

图 13-4　Easy IP 实现过程示意图

换成了 172.2.2.2：16400。

（3）Server 在收到请求报文后需要向 Router 发送响应报文（即 Inbound 方向），此时只需将收到的请求报文中的源 IP 地址、源端口号和目的 IP 地址、目的端口号对调即可，即此时的响应报文中的目的 IP 地址、目的端口号为 172.2.2.2：16400。

（4）Router 在收到公网侧 Server 的回应报文后，根据其"目的 IP 地址：目的端口号"查找反向 NAT 地址转换表项，并依据查找结果将报文转换后向内网侧发送。即转换后的报文中的目的 IP 为 10.1.1.10，目的端口号为 1025，与 PCA 发送请求报文中的源 IP 地址和源端口完全一样。

如果私网中的主机 PCB 也要访问公网，则它所利用的公网 IP 地址与 PCA 一样，都是路由器 WAN 口的公网 IP 地址，但转换时所用的端口号一定要与 PCA 转换时所用的端口不一样。

### ◆ 13.2.4 NAT Server 工作原理

NAT Server 用于外网用户需要使用固定公网 IP 地址访问内部服务器的情形。它通过事先配置好的服务器的"公网 IP 地址＋端口号"与服务器的"私网 IP 地址＋端口号"间的静态映射关系来实现。图 13-5 所示为 NAT Server 的实现原理。

图 13-5 所示的 NAT Server 的具体实现过程如下。

（1）Router 在收到外网用户发起的访问请求报文后（即 Inbound 方向），根据该请求的"目的 IP 地址：端口号"查找 NAT 转换映射表，找出对应的"私网 IP 地址：端口号"，然后用查找的结果直接替换报文的"目的 IP 地址：端口号"，最后向内网侧发送。例如，本示例中外网主机发送的请求报文中目的 IP 地址是 202.102.1.8，端口号为 80，经 Router 转换后

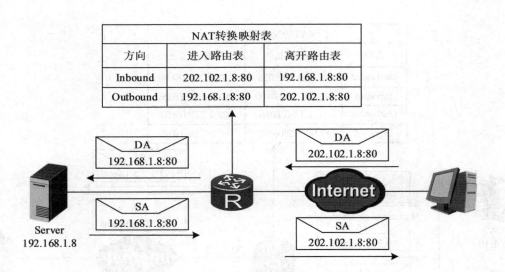

图 13-5　NAT Server 实现过程示意图

的目的 IP 地址和端口号为 192.168.1.8：80。

（2）内网服务器在收到由 Router 转发的请求报文后，向 Router 发送响应报文（即 Outbound 方向），此时报文中的源 IP 地址、端口号与目的 IP 地址、端口号与所收到的请求报文中的完全对调，即响应报文中的源 IP 地址和端口号为 192.168.1.8：80。

（3）Router 在收到内网服务器的回应报文后，又会根据该响应报文中的"源 IP 地址：源端口号"查找 NAT Server 转换表项，找出对应的"公网 IP 地址：端口号"，然后用查找结果替换报文的"源 IP 地址：源端口号"。例如，本示例中内网服务器响应外网主机的报文的源 IP 地址和端口号是 192.168.1.8：80，经 Router 转换后的源 IP 地址和端口号为 202.102.1.8：80。

从以上 NAT Server 实现原理可以看出，由外网向内网服务器发送的请求报文中转换的仅是其目的 IP 地址和目的端口号，源 IP 地址和源端口号不变，即仅需关心目的 IP 地址和目的端口号；而从内网向外网发送的响应报文中转换的仅是其源 IP 地址和源端口号，目的 IP 地址和目的端口号不变，即仅需关心源 IP 地址和源端口号。两个方向所转换的 IP 地址和端口号是相反的。

综合前面 13.2.1 和 13.2.2 小节可以得出，NAT 中凡是由内网向外网发送的报文，不管是请求报文还是响应报文，在 NAT 路由器上转换的都是源 IP 地址（或者同时包括源端口号），而凡是由外网向内网发送的报文，不管是请求报文还是响应报文，在 NAT 路由器上转换的都是目的 IP 地址（或者同时包括目的端口号）。

◆　**13.2.5　静态 NAT 工作原理**

静态 NAT 是指在进行 NAT 转换时，内部网络主机的 IP 地址与公网 IP 地址是一对一静态绑定的，且每个公网 IP 只会分配给固定的内网主机转换使用。这前面介绍的 Basic NAT 实现原理基本一样，不同的只是这里先要在 NAT 路由器上配置好静态 NAT 转换映射表，而不是地址池。

静态 NAT 还支持将指定的一个范围的私网主机 IP 地址转换为指定的公网范围内的主

机 IP 地址。当内部主机访问外部网络时，如果该主机地址在指定的内部主机地址范围内，则会被转换为对应的公网地址。同样，当公网主机对内部主机进行访问时，如果该公网主机 IP 经过 NAT 转换后对应的私网 IP 地址在指定的内部主机地址范围内，则也可以直接访问到内部主机。

## 13.3　NAT 的配置

### ◆　13.3.1　配置动态 NAT

通过配置动态 NAT 可以动态地建立私网 IP 地址和公网 IP 地址的映射表项，实现私网用户访问公网，同时节省了所需拥有的公网 IP 地址数量。但在这里要特别说明的是动态 NAT 包括前面介绍的一对一转换的 Basic NAT 和多对一转换的 NAPT、Easy IP 这三种 NAT 实现方式。

动态 NAT 的基本配置主要包括三个方面：首先通过 ACL 指定允许使用 NAT 进行 IP 地址转换的用户范围，然后创建用于动态 NAT 地址转换的公网地址池，最后在 NAT 的出接口上把前面配置的 ACL 和公网地址池进行关联，相当于在 NAT 出接口上应用所配置的 ACL 和公网地址池。如果采用的是 Easy IP 方式，则此时的公网地址池就是 NAT 出接口的 IP 地址。

**1. 配置地址转换的 ACL**

可根据实际情况选择配置基本 ACL 或者高级 ACL，用于指定允许使用 NAT 进行地址转换的用户私网 IP 地址范围。可使用高级 ACL 同时限制使用 NAT 的通信协议类型，但在 ACL 规则中的地址范围方面仅可指定源 IP 地址，不能指定目的 IP 地址。

动态 NAT 地址转换 ACL 的配置方法很简单，只需先在系统视图下使用如下命令配置一个基本 ACL 或高级 ACL。

**acl** [ **number** ] *acl-number* [ **match-order** {**auto** | **config**} ]

仅在动态 NAT 中调用 ACL 来控制允许使用地址池进行地址转换的内部网络用户，在静态 NAT 和 NAT Server 中因为相当于都静态配置了一对一的地址映射表，所以不需要 ACL 来控制。

**2. 配置 NAT 地址池**

地址池是一些连续的公网 IP 地址集合，用于为私网用户动态分配公网 IP 地址。在系统视图下，使用如下命令配置 NAT 地址池。

**nat address-group** *group-index start-address end-address*

该命令中的参数说明如下。

（1）*group-index*：指定 NAT 地址池索引号。

（2）*start-address*：指定地址池中的起始 IP 地址。

（3）*end-address*：指定地址池中的结束 IP 地址。

地址池的起始地址必须小于等于结束地址，且起始地址到结束地址之间的地址个数不能大于 255。

**3. 配置出接口的地址关联**

为使符合 ACL 中规定的私网 IP 地址可以使用公网地址池进行地址转换,在接口视图下,使用如下命令将前面配置的 ACL 和地址池在出接口上进行关联。

> **nat outbound** *acl-number*〈**address-group** *group-index* [**no-pat**] | **interface** *interface-type interface-number*〉

命令中的参数和选项说明如下。

(1)*acl-number*:指定前面配置的用于控制 NAT 应用的 ACL。

(2)**address-group** *group-index*:二选一参数,表示使用地址池的方式配置地址转换,用于指定要与 ACL 关联的地址池索引号。

(3)**no-pat**:可选项,表示这是一个 Basic NAT,即只使用一对一的地址转换,且只转换数据报文的地址而不转换端口信息。如果不使用该选项,则表示是一个 NAPT。

(4)**interface** *interface-type interface-number*:二选一参数,指定使用某个接口(一般就是 NAT 的出接口)的 IP 地址作为转换后的公网 IP 地址。可以在同一个接口上配置不同的地址转换关联。

如果用户在配置了 NAT 设备出接口的 IP 地址和其他应用之后,已没有其他可用公网 IP 地址,则可以选择 Easy IP 方式,因为 Easy IP 可以借用 NAT 设备出接口的 IP 地址完成动态 NAT。在接口视图下,使用如下命令配置 Easy IP。

> **nat outbound** *acl-number*

配置 Easy IP 地址转换,直接使用出接口 IP 地址进行转换。参数 *acl-number* 用来指定前面已创建,要应用于控制 NAT 地址转换的 ACL 编号。

## ◆ 13.3.2 配置静态 NAT

静态 NAT 可以实现私网 IP 地址和公网 IP 地址的固定一对一映射,其基本配置就是配置用户私网 IP 地址与用于 NAT 地址转换的公网 IP 地址之间的一对一静态映射表项,可以在系统视图下为所有 NAT 出接口进行全局配置,也可以在 NAT 出接口视图下仅为该接口配置。

在系统视图下配置 NAT 静态映射的命令如下所示。

> **nat static protocol**〈**tcp** | **udp**〉**global** *global-address* [*global-port*] **inside** *host-address* [*host-port*]

该命令中的参数说明如下。

(1)*global-address*:指定 NAT 地址映射表项中的公网 IP 地址。

(2)*host-address*:指定 NAT 地址映射表项中的私网 IP 地址。

(3)*global-port*:指定 NAT 地址映射表项中提供给外部访问的服务的端口号,取值范围为 0~65535。如果不配置此参数,则表示端口号为零,即任何类型的服务都提供。

(4)*host-port*:可选参数,指定 NAT 地址映射表项中内部主机提供的服务端口号,取值范围为 0~65535。如果不配置此参数,则与 *global-port* 参数值所指定的端口号一致。

在系统视图下配置完 NAT 静态映射后,还要在接口视图下使用 **nat static enable** 命令使能 NAT 静态地址映射功能。

在接口视图下配置 NAT 静态映射的命令如下所示。

> **nat static protocol**〈**tcp** | **udp**〉**global**〈*global-address* | **current-interface**〉[*global-port*] **inside** *host-address* [*host-port*]

在该命令中,选项 **current-interface** 为二选一选项,表示以当前接口 IP 地址作为公网 IP 地址。

### 13.3.3  配置 NAT Server

动态 NAT 和静态 NAT 都是针对内网访问外网的情形,而 NAT Server 是为了解决外网用户访问采用私网 IP 地址的内网服务器的一种 NAT 方案,所以又称为"内部服务器" NAT 方案。

NAT Server 的基本配置就是为内部服务器创建全局公网 IP 地址到内部私网 IP 地址之间的一对一静态映射表项。在系统视图下,NAT Server 的配置命令如下。

> **nat server protocol** ⟨**tcp** | **udp**⟩ **global** {*global-address* | **current-interface**}[*global-port*] **inside** *host-address* [*host-port*]

## 13.4　NAT 配置示例

### 13.4.1  Basic NAT 配置示例

本示例的网络拓扑如图 13-6 所示,私网用户通过路由器和 Internet 相连,路由器的出接口 S1/0/0 的 IP 地址为 202.100.1.2/24,内网侧网关地址为 192.168.1.1/24,对端运营商侧地址为 202.100.1.1/24。私网用户希望使用公网地址池中的地址(202.100.1.50～202.100.1.100),采用 Basic NAT 方式访问 Internet。

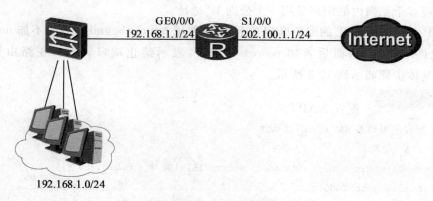

图 13-6　Basic NAT 配置网络拓扑图

在路由器上配置 Basic NAT 的具体步骤如示例 13-1 所示。

**示例 13-1**　配置 Basic NAT。

```
// (1) 配置应用动态 NAT 地址转换 ACL
[Router]acl 2000
[Router-acl-basic-2000]rule permit source 192.168.1.0 0.0.0.255
[Router-acl-basic-2000]quit
// (2) 配置 NAT 地址池
[Router]nat address-group 1 202.100.1.50 202.100.1.100
// (3) 配置出接口的地址关联
```

```
[Router]interface Serial 1/0/0
[Router-Serial1/0/0] nat outbound 2000 address-group 1 no-pat
[Router-Serial1/0/0]quit
```

配置完成后,在路由器上执行 display nat outbound 命令可查看地址转换配置,查看结果如示例 13-2 所示。

**示例 13-2** 执行 display nat outbound 命令查看结果。

```
[Router]displaynat outbound
NAT Outbound Information:
------------------------------------------
InterfaceAcl     Address- group/IP/Interface     Type
------------------------------------------
Serial1/0/0              2000                         1     no-pat
------------------------------------------
 Total : 1
```

示例 13-2 输出结果中的关键字 no-pat 表示这是一个 Basic NAT 转换,即只进行一对一的地址转换,且只转换数据包的地址而不转换端口。

◆ **13.4.2 NAPT 配置示例**

本示例的网络拓扑如图 13-6 所示,私网用户希望使用公网地址池中的地址访问Internet,不同的是地址池内只有一个公网 IP 地址 202.100.1.50,这需要在路由器上配置NAPT 实现多个私网内的用户复用一个公网 IP 地址。

NATP 与 Basic NAT 的配置区别在于,前者使用 nat outbound 命令时不加 no-pat 关键字,表示允许端口转换;而后者加 no-pat 关键字,表示禁止端口转换。在路由器是配置NAPT 的具体步骤如示例 13-3 所示。

**示例 13-3** 配置 NAPT。

```
// (1) 配置应用动态 NAT 地址转换 ACL
[Router]acl 2000
[Router-acl-basic-2000]rule permit source 192.168.1.0 0.0.0.255
[Router-acl-basic-2000]quit
// (2) 配置 NAT 地址池
[Router]nat address-group 1 202.100.1.50 202.100.1.50
// (3) 配置出接口的地址关联
[Router]interface Serial 1/0/0
[Router-Serial1/0/0] nat outbound 2000 address-group 1
[Router-Serial1/0/0]quit
```

配置完成后,在路由器上执行 **display nat outbound** 命令可查看地址转换配置,查看结果如示例 13-4 所示。

**示例 13-4** 执行 **display nat outbound** 命令查看结果。

```
NAT Outbound Information:
------------------------------------------
InterfaceAcl    Address-group/IP/Interface    Type
------------------------------------------
Serial1/0/0 2000                        1    pat
------------------------------------------
  Total : 1
```

### ◆ 13.4.3 Easy IP 配置示例

本示例的网络拓扑如图 13-6 所示,不同的是私网用户希望使用路由器公网接口 IP 地址访问 Internet,这需要在路由器上配置 Easy IP 实现多个私网内的用户复用路由器公网接口 IP 地址。在路由器上配置 Easy IP 的步骤如示例 13-5 所示。

**示例 13-5**　　配置 Easy IP。

```
// (1) 配置应用动态 NAT 地址转换 ACL
[Router]acl 2000
[Router-acl-basic-2000]rule permit source 192.168.1.0 0.0.0.255
[Router-acl-basic-2000]quit
// (2)配置出接口的地址关联
[Router]interface Serial 1/0/0
[Router-Serial1/0/0] nat outbound 2000
[Router-Serial1/0/0]quit
```

配置完成后,在路由器上执行 **display nat outbound** 命令可查看地址池映射关系,查看结果如示例 13-6 所示。

**示例 13-6**　　执行 **display nat static** 命令查看结果。

```
[Router]displaynat outbound
NAT Outbound Information:
------------------------------------------
InterfaceAcl    Address-group/IP/Interface    Type
------------------------------------------
Serial1/0/0              2000                  202.100.1.2easyip
------------------------------------------
  Total : 1
```

### ◆ 13.4.4 静态 NAT 配置示例

本示例的网络拓扑如图 13-7 所示,路由器的出接口 S1/0/0 的 IP 地址为 202.100.1.2/24,内网侧网关地址为 192.168.1.1/24,对端运营商侧地址为 202.100.1.1/24。现 IP 地址为 192.168.1.10/24 的内网主机需要使用固定的公网 IP 地址 202.100.1.3/24 来访问 Internet。

这里只需要在路由器上配置一条一对一的静态 NAT 地址转换,具体配置如示例 13-7 所示。

**图 13-7 静态 NAT 配置网络拓扑图**

示例 13-7　配置静态 NAT。

```
[Router]interface Serial 1/0/0
[Router-Serial1/0/0]nat static global 202.100.1.3 inside 192.168.1.10
[Router-Serial1/0/0]quit
```

配置完成后,在路由器上执行 **display nat static** 命令可查看地址池映射关系,查看结果
如示例 13-8 所示。

示例 13-8　执行 **display nat static** 命令查看结果。

```
[Router]displaynat static
  Static Nat Information:
  Interface  : Serial1/0/0
    Global IP/Port    : 202.100.1.3/----
    Inside IP/Port    : 192.168.1.10/----
    Protocol :----
    VPN instance-name  :----
Acl number         :----
Netmask  : 255.255.255.255
    Description :----
  Total :  1
```

### ◆　13.4.5　NAT Server 配置示例

本示例的网络拓扑如图 13-8 所示,某公司的网络提供 WWW Server 和 Telnet Server
供外部网络用户访问。WWW Server 的内部 IP 地址为 192.168.1.10/24,提供服务的端口
为 8080,对外公布的地址为 202.100.10.3/24。Telnet Server 的内部 IP 地址为 192.168.1.
20/24,对外公布的地址为 202.100.10.4/24,对端运营商侧地址为 202.100.10.2/24。因
此,要在路由器上配置 NAT Server 把内部 WWW Server 和 Telnet Server 发布到
Internet 上。

在路由器上配置 NAT Server 的具体步骤如示例 13-9 所示。

示例 13-9　配置 NAT Server。

```
[Router]interface Serial 1/0/0
[Router-Serial1/0/0]nat server protocol tcp global 202.100.1.3 www inside 192.168.1.10
8080
[Router-Serial1/0/0]nat server protocol tcp global 202.100.1.4 telnet inside 192.168.
1.20 23[Router-Serial1/0/0]quit
```

配置完成后,在路由器上执行 **display nat server** 命令可查看 NAT Server 配置,查看结

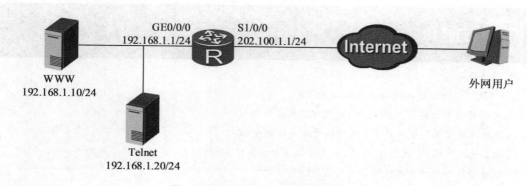

GE0/0/0
192.168.1.1/24

S1/0/0
202.100.1.1/24

**Internet**

外网用户

WWW
192.168.1.10/24

Telnet
192.168.1.20/24

**图 13-8   NAT Server 配置网络拓扑图**

果如示例 13-10 所示。

**示例 13-10**　　　执行 **display nat server** 命令查看结果。

```
[Router]displaynat server
  Nat Server Information:
  Interface  : Serial1/0/0
    Global IP/Port    : 202.100.1.3/80(www)
    Inside IP/Port    : 192.168.1.10/8080
    Protocol : 6(tcp)
    VPN instance-name  :----
Acl number       :----
  Description :----
    Global IP/Port    : 202.100.1.4/23(telnet)
    Inside IP/Port    : 192.168.1.20/23(telnet)
    Protocol : 6(tcp)
    VPN instance-name  :----
Acl number       :----
  Description :----
  Total :    2
```

 **本章小结**

　　本章介绍了 NAT 的功能与作用，NAT 的类型与优缺点，重点介绍了 NAT 的工作原理及配置。

　　NAT 可以有限缓解 IPv4 地址短缺，并提高安全性。Basic NAT 实现私网地址与公网地址一对一转换；NAPT 实现私网地址与公网地址多对一转换；Easy IP 是 NAPT 的一个特例，适用于出接口地址无法预知的场合；NAT Server 使公网主机可以主动连接私网服务器获取服务。

## 习题13

**1. 选择题**

(1)下列关于地址转换的描述中不正确的是( )。

A. 地址转换有效解决了因特网地址短缺所面临的问题

B. 地址转换实现了对用户透明的网络外部地址的分配

C. 使用地址转换后,对 IP 包加密、快速转发不会造成什么影响

D. 地址转换为内部主机提供了一定的"隐私"保护

(2)以下( )不是 NAT 的缺点。

A. 地址转换对于报文内容中含有有用的地址信息的情况很难处理

B. 地址转换不能处理 IP 报头加密的情况

C. 地址转换可以缓解地地址短缺的问题

D. 地址转换由于隐藏了内部主机地址,有时会使网络调试变得复杂

(3)在配置 NAT 时,以下( )确定了内网主机的地址将被转换。

A. 地址池　　　　　　B. NAT 转换映射表　C. ACL　　　　　　　D. 配置 NAT 的接口

(4)某公司维护它自己的公共 Web 服务器,并打算实现 NAT。应该为该 Web 服务器使用( )。

A. Basic NAT　　　　B. Easy IP　　　　　　C. NAT Server　　　　D. NAPT

(5)以下 NAT 技术中,不可以使多个内网主机共用一个 IP 地址的是( )。

A. Basic NAT　　　　B. Easy IP　　　　　　C. NAT Server　　　　D. NAPT

(6)以下 NAT 技术中,允许外网主机主动对内网主机发起连接的是( )。

A. Basic NAT　　　　B. Easy IP　　　　　　C. NAT Server　　　　D. NAPT

**2. 问答题**

(1)NAT 技术根据环境的具体使用情况可以分为哪三种?

(2)最常用的网络地址转换类型有哪几种?

(3)NAPT 与 Easy IP 的主要区别是什么?

# 第14章 广域网与 PPP 协议

局域网主要完成工作站、服务器等在较小物理范围内的互连，只能实现局部的资源共享，却不能满足远距离计算机网络通信的要求。通过运营商提供的基础通信设施，广域网可以使相距遥远的局域网互连起来，实现远距离、大范围的资源共享。

多样的广域网线路类型需要更强大、功能更完善的链路层协议支持，例如适应多变的链路类型，并提供一定的安全特性等。PPP 协议是提供点到点链路上传递、封装网络层数据包的一种数据链路层协议。由于其支持同步/异步线路，能够提供验证，并且易于扩展，故 PPP 协议获得了广泛的应用。

学习完本章，要达成以下目标。
- 理解常见广域网的连接方式。
- 理解常用广域网协议的分类和特点。
- 理解 PPP 协议的特点。
- 掌握 PPP 协议的会话过程。
- 掌握 PPP 协议的两种认证方式。
- 掌握 PPP 协议的配置。

## 14.1 广域网技术概述

### 14.1.1 广域网的作用

早期局域网采用以太网、快速以太网、令牌环网、FDDI 等技术，其带宽较高，性能较稳定，但是却无法满足远程连接的需要。以快速以太网 100BASE-TX 为例，其以双绞线作为传输介质，一条线路的长度不能超过 100 米，如果通过交换机级联的方法，理论上最大可以延长至几千米。这样的传输距离是非常有限的，无法支持几百千米乃至上万千米的远程传输。

另一方面，即使可以将以太网技术改造成支持超远程的连接，这也要求用户在两端的站点之间布设专用的线缆。而在大多数情况下，普通的用户组织不具备这种能力，也没有这种许可权。

广域网是随着相距遥远的局域网互连的要求而产生的。广域网能够延伸到比较远的物理距离，可以是城市范围、国家范围，甚至于全球范围。分散在各个不同地理位置的局域网通过广域网互连起来，如图 14-1 所示。

传统电信运营商经营的语音网络已经建设多年，几乎可以连通所有的办公场所、家庭、各类建筑等。利用这些现成的基础设施建设广域网，是一种明智的选择。计算机网络的广

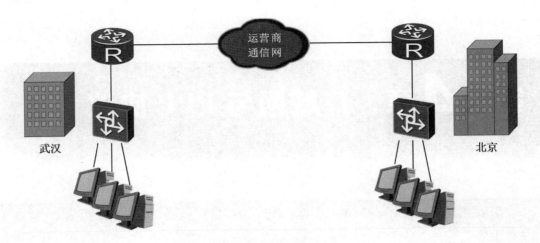

图 14-1　广域网的作用

域网最初都是基于已有的电信运营商通信网建立的。

　　由于电信运营商传统通信网技术的多样性和接入的灵活性，广域网技术也呈多样化发展，以便适应用户对计算机网络的多样化需求。例如，用户路由器可以通过 PSTN（public switched telephone network，公共交换电话网）或 ISDN（integrated services digital betwork，综合业务数字网）拨号接通对端路由器，也可以直接租用模拟或数字专线连通对端路由器。

　　建立广域网通常要求用户使用路由器，以便连接局域网和广域网的不同介质，实现复杂的广域网协议，并跨越网段进行通信。

### ◆　14.1.2　广域网与 OSI 参考模型

　　广域网技术主要对应于 OSI 参考模型的物理层和数据链路层，也即 TCP/IP 模型的网络接口层，如图 14-2 所示。

| 网络层 | IP、IPX等网络层协议 | | | |
|---|---|---|---|---|
| 数据链路层 | HDLC | PPP | 帧中继 | LAPB |
| 物理层 | V.24、V.35、X.21、RS-232<br>RS-449、RS-530、G.703、E1/T1 | | | |

图 14-2　广域网与 OSI 参考模型

　　广域网的物理层规定了向广域网提供服务的设备、线缆和接口的物理特性，包括电气特性、机械特性和连接标准等。常见的此类标准如下。

　　（1）支持同/异步两种方式的 V.24 规程接口和支持同步方式的 V.35 规程接口。

　　（2）支持 E1/T1 线路的 G.703 接口，E1 多用于欧亚，而 T1 多用于北美。

　　（3）用于提供同步数字线路上串行通信的 X.21，主要用于日本和欧洲。

　　数据在广域网上传输，必须封装成广域网能够识别及支持的数据链路层协议。广域网常用的数据链路层协议如下。

（1）HDLC(high-level data link control,高级数据链路控制)：用于同步点到点连接,其特点是面向比特,对任何一种比特流均可实现透明传输,只能工作在同步方式下。

（2）PPP(point-to-point protocol,点对点协议)：提供了在点到点链路上封装、传递网络数据包的能力。PPP 易于扩展,能支持多种网络层协议,支持认证,可工作在同步或异步方式下。

（3）LAPB(link access procedure balanced,平衡性链路接入规程)：LAPB 是 X.25 协议栈中的数据链路层协议。LAPB 由 HDLC 发展而来。虽然 LAPB 是作为 X.25 的数据链路层被定义的,但作为独立的链路层协议,它可以直接承载非 X.25 的上层协议进行数据传输。

（4）帧中继(frame relay)：帧中继技术是在数据链路层用简化的方法传递和交换数据单元的快速分组交换技术。帧中继采用虚电路技术,并在链路层完成统计复用、帧透明传输和错误检测功能。

◆ **14.1.3 广域网连接方式**

常见的广域网连接方式包括专线方式、电路交换方式和分组交换方式等,如图 14-3 所示。

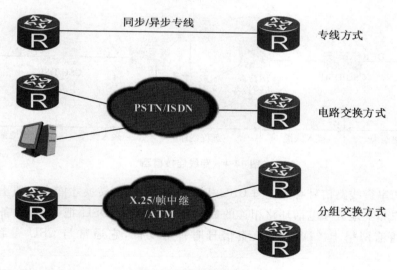

**图 14-3 广域网连接方式**

（1）专线方式：在这种方式中,用户独占一条永久性的、点对点的、速率固定的专用线路,并独享其带宽。

（2）电路交换方式：在这种方式中,用户设备之间的连接是按需建立的。当用户需要发送数据时,运营商交换机就在主叫端和被叫端之间接通一条物理的数据传输通道；当用户不再发送数据时,运营商交换机立即切断传输通道。

（3）分组交换方式：这是一种基于运营商分组交换网络的交换方式。用户设备将需要传输的信息划分为一定长度的分组提交给运营商分组交换机,每个分组都载有接收方和发送方的地址标识,运营商分组交换机依据这些地址标识将分组转发到目的端用户设备。

其中专线方式和电路交换方式都属于点对点方式,而分组交换方式可以实现点对多点的通信。

## 14.2　点到点广域网技术介绍

◆ 　14.2.1　专线连接模型

如图 14-4 所示,在专线(leased line)方式的连接模型中,运营商通过其通信网络中的传输设备和传输线路,为用户配置一条专用的通信线路。两端的用户路由器使用串行接口(serial interface,简称串口)通过几米至十几米长的本地线缆连接到 CSU/DSU(channel service unit/data service unit,通道服务单元/数据服务单元),而 CSU/DSU 通过数百米至上千米的接入线路接入运营商传输网络。本地线缆通常为 V.24、V.35 等串口线缆;而接入线路通常为传统的双绞线;远程线路既可以是用户独占的物理线路,也可以是运营商通过 TDM(time division multiplexing,时分复用)等技术为用户分配的独占资源。专线既可以是数字的(如直接利用运营商电话网的数字传输通道),也可以是模拟的(如直接利用一对电话铜线经运营商跳线连接两端)。

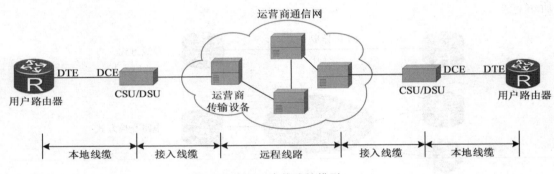

图 14-4　专线连接模型

路由器的串行线路信号必须经过 CSU/DSU 设备的调制转换才能在专线上传输。CSU 是把终端用户和本地数字电话环路相连的数字接口设备,而 DSU 把 DTE 设备上的物理层接口适配到通信网络上。DSU 也负责信号时钟等功能,它通常与 CSU 一起提及,称为 CSU/DSU。

通信设备的物理接口可分为 DCE(data communications equipment,数据通信设备)和 DTE(data terminal equipment,数据终端设备)两类。

(1)DCE:DCE 设备对用户端设备提供网络通信服务的接口,并且提供用于同步 DCE 设备和 DTE 设备之间数据传输的时钟信号。

(2)DTE:是接收线路时钟并获得网络通信服务的设备。DTE 设备通常通过 CSU/DSU 连接到传输线路上,并且使用其提供的时钟信号。

在专线模型中,线路的速率由运营商确定,因而 CSU/DSU 为 DCE 设备,负责向 DTE 设备发送时钟信号,控制传输速率等;而用户路由器通常为 DTE 设备,接收 DCE 设备提供的服务。

在专线方式中,用户独占一条永久性、点对点、速率固定的专用线路,并独享其带宽。这种方式部署简单,通信可靠,可以提供的带宽范围比较广,传输延迟小;但其资源利用率低,费用昂贵,且点对点的结构不够灵活。

◆ **14.2.2 电路交换连接模型**

电路交换连接模型如图 14-5 所示。在这种方式中,用户路由器通过串口线缆连接到 CSU/DSU,而 CSU/DSU 通过接入线路连接到运营商的广域网交换机上,从而接入电路交换网络。最典型的电路交换网络是 PSTN 和 ISDN。

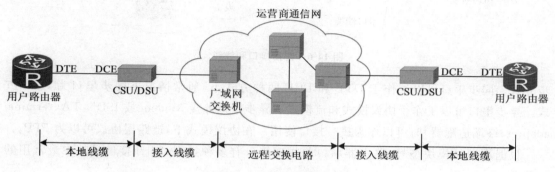

图 14-5 电路交换连接模型

(1)PSTN:也就是人们日常使用的电话网,这种系统使用电路交换技术,给每一个通话分配一个专用的语音通道,语音以模拟的形式在 PSTN 用户回路上传输,并最终形成数字信号在运营商中继线路上远程传输。路由器通过 Modem(modulator-demodulator,调制解调器)连接到 PSTN 接入线路。PSTN 在办公场所几乎无处不在,它的优点是安装费用低、分布广泛、易于部署,缺点是最高带宽仅有 56kbps,且信号容易受到干扰。

(2)ISDN:这是一种以拨号方式接入的数字通信网络。ISDN 通过独立的 D 信道传送信令,通过专用的 B 信道传送用户数据。ISDN 服务有两种:BRI(basic rate interface,基本速率接口)和 PRI(primary rate interface,基群速率接口)。ISDN BRI 提供 2B+D 信道,每个 B 信道速率为 64kbps,其速率可高达 128 kbps;ISDN T1 PRI 提供 23B+D 信道,而 ISDN E1 PRI 提供 30B+D 信道。路由器通过独立的或内置的终端适配器接入 ISDN 网络。ISDN 具有连接迅速、传输可靠、带宽较高等优点。ISDN 话费较普通电话略高,但其双 B 信道使其能同时支持两路独立的应用,是一种个人或小型办公室较合适的网络接入方式。

在电路交换方式中,用户设备之间的连接是按需建立的。当用户需要发送数据时,运营商交换机就在主叫端和被叫端之间接通一条物理的数据传输通道;当用户不再发送数据时,运营商交换机立即切断传输通道。

电路交换方式适用于临时性、低带宽的通信,可以降低其费用;其缺点是连接延迟大、带宽通常较小。

◆ **14.2.3 物理层标准**

在典型的点到点连接方式下,从终端用户的角度来看,可见的部分通常包括路由器串口、串口电缆、CSU/DSU、接入线路和接头等,如图 14-6 所示。

路由器支持的 WAN 接口种类很多,包括同/异步串口、AUX 接口、AM 接口、FCM 接口、ISDN BRI 接口、CE1/PRI 接口、CT1/PRI 接口、ATM 接口等。但串口是最基本且最常用的一种。路由器通常通过串口连接到广域网,接收广域网服务。

串口的工作方式分为同步和异步两种。某些串口既可以支持同步方式,也可以支持异

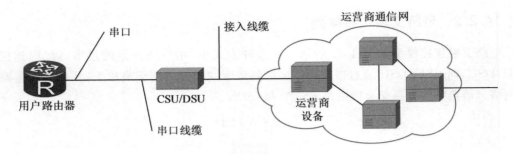

图 14-6　常用接口和线缆

步方式。同步串口可以工作于 DTE 和 DCE 两种方式下,通常情况下同步串口为 DTE 方式。异步串口可以工作于协议模式和流模式。异步串口外接 Modem 或 ISDN TA(terminal adapter,终端适配器)时可以作为拨号接口使用。在协议模式下,链路层协议可以为 PPP。

根据不同的模块型号,路由器串口的物理接口有多种类型,28 针接口是其中最常用的一种。

路由器串口与 CSU/DSU 通过串口线缆连接起来。串口线缆的一端与路由器串口匹配,另一端与 CSU/DSU 的接口匹配。常见的串口线缆标准有 V.24、V.35、X.21、RS-232、RS-449、RS-530 等。根据其物理接口的不同,线缆也分为 DTE 和 DCE 两种。路由器使用 DTE 线缆连接 CSU/DSU。设备可以自动检测同步串口外接电缆类型,并完成电气特性的选择,一般情况下无须手动配置。

CSU/DSU 通过一条接入线缆接入到运营商网络。这条线缆的末端通常为屏蔽或无屏蔽双绞线,插入 CSU/DSU 的接头通常为 RJ-11 或 RJ-45 接头。

#### ◆ 14.2.4　链路层协议

在利用专线方式和电路交换方式的点到点连接中,运营商提供的连接线路相对于 TCP/IP 网络而言位于物理层。运营商传输网络只提供一条端到端的传输通道,并不负责建立数据链路,也不关心实际的传输内容。

数据链路层协议工作于用户路由器之间,直接建立端到端的数据链路,如图 14-7 所示。这些数据链路层协议包括 SLIP(serial line internet protocol,串行线路互联网协议)、SDLC(synchronous data link control,同步数据链路控制)、HDLC(high-level data link control,高级数据链路控制)和 PPP(point-to-point protocol,点对点协议)等。

专线连接的链路层常使用 HDLC、PPP,而电路交换连接的链路层常使用 PPP。

### 14.3　分组交换广域网技术介绍

如图 14-8 所示,在分组交换方式中,用户路由器通过接入线路连接到运营商分组交换机上。运营商分组交换网络负责为用户按需或永久性地建立点对点虚电路(virtual circuit,VC)。每个用户路由器可以利用一个物理接口通过多条虚电路连接到多个对端路由器。用户设备将需要传输的信息划分为一定长度的分组提交给运营商分组交换机,每个分组都载有接收方和发送方的地址标识,运营商分组交换机依据这些地址标识通过虚电路将分组转

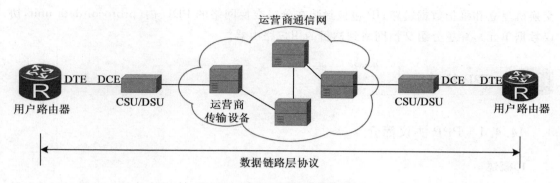

图 14-7　广域网数据链路层协议

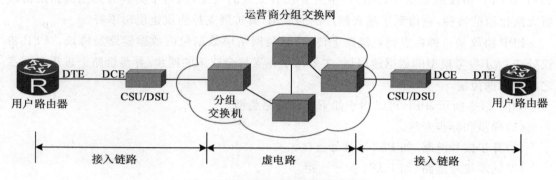

图 14-8　分组交换广域网连接模型

发到目的端用户设备。

用户接入线路使用与同步专线完全相同的连接方式,其工作方式与点到点同步专线完全相同。可以认为用户路由器是通过同步专线连接到分组交换机的。

这种方式的结构灵活、迁移方便,费用比专线低;缺点是配置复杂、传输延迟较大。常见的分组交换有帧中继(frame relay)和 ATM(asynchronous transfer mode,异步传输模式)。

分组交换方式使用的典型技术包括 X.25、帧中继和 ATM。

(1)X.25:是一种出现较早的分组交换技术。内置的差错纠正、流量控制和丢包重传机制使之具有高度的可靠性,适用于长途高噪声线路,但由此带来的负效应是速度慢、吞吐率很低、延迟大。早期 X.25 的最大速率仅为有限的 64kbps,使之可以提供的业务非常有限;1992 年 ITU-T 更新了 X.25 标准,使其传输速度可高达 2Mbps。随着线路传输质量的日趋稳定,X.25 的高可靠性功能已经不再必要。

(2)帧中继:是在 X.25 基础上发展起来的技术。帧中继在数据链路层使用简化的方法转发和交换数据单元,相对于 X.25 协议,帧中继只完成链路层的核心功能,简单而高效。帧中继取消了纠错功能,简化了信令,中间节点的延迟比 X.25 小得多。帧中继的帧长可变,提供了对用户的透明性。帧中继速率较快,但是容易受到网络拥塞的影响,对于时间敏感的实时通信没有特殊的保障措施。

(3)ATM:是一种基于信元(cell)的交换技术,其最大特点是速率高、延迟小、传输质量有保障。ATM 大多采用光纤作为传输介质,速率可高达上千兆,但成本也很高。ATM 可以同时支持多种数据类型,可以用于承载 IP 数据包。

在分组交换方式中,用户路由器同样运用相应的分组交换协议,并且与负责接入的分组交换机建立和维护数据链路;IP 包被封装在分组交换网络的 PDU 内(protocol data unit,协议数据单元),穿越分组交换网络到达目的用户路由器。

## 14.4 PPP 协议

### ◆ 14.4.1 PPP 协议简介

**1. 概述**

PPP 协议是一种点到点方式的链路层协议,它是在 SLIP 协议的基础上发展起来的。从 1994 年 PPP 协议诞生至今,该协议本身并没有太大的改变,但由于其具有其他链路层协议所无法比拟的特性,它得到了越来越广泛的应用,其扩展支持协议也层出不穷。

PPP 协议是一种在点到点链路上传输、封装网络层数据包的数据链路层协议。PPP 协议处于 OSI 参考模型的数据链路层,主要用于在支持全双工的同步/异步链路上进行点到点之间的数据传输。

如图 14-9 所示,PPP 可以用于如下几种链路类型。

(1)同步和异步专线。

(2)异步拨号链路,如 PSTN 拨号连接。

(3)同步拨号链路,如 ISDN 拨号连接。

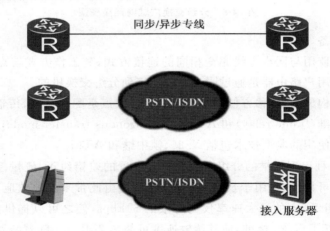

**图 14-9 PPP 协议适用的链路**

**2. PPP 协议的特点**

作为目前适用最广泛的广域网协议,PPP 具有如下特点。

(1)PPP 是面向字符的,在点到点串行链路上使用字符填充技术,既支持同步链路又支持异步链路。

(2)PPP 通过 LCP(link control protocol,链路控制协议)部件能够有效控制数据链路的建立。

(3)PPP 支持认证协议族 PAP(password authentication protocol,密码认证协议)和 CHAP(challenge handshake authentication protocol,挑战式握手认证协议),更好地保证了网络的安全性。

（4）PPP 支持各种 NCP(network control protocol,网络控制协议),可以同时支持多种网络层协议。典型的 NCP 包括支持 IP 的 IPCP(网际协议控制协议)和支持 IPX 的 IPXCP(网际信息包交换控制协议)等。

**3. PPP 协议的组成**

PPP 并非单一的协议,而是由一系列协议构成的协议族。图 14-10 所示为 PPP 协议的分层结构。

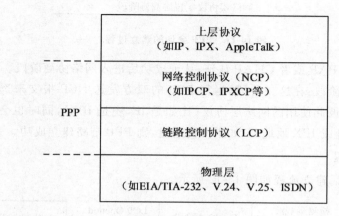

图 14-10　PPP 协议栈

在物理层,PPP 能使用同步介质(如 ISDN 或同步 DDN 专线),也能使用异步介质(如基于 Modem 拨号的 PSTN)。

PPP 通过链路控制协议在链路管理方面提供了丰富的服务,这些服务以 LCP 协商选项的形式提供;通过网络控制协议族提供对多种网络层协议的支持;通过 PPP 扩展协议族提供对 PPP 扩展特性的支持,如 PPP 以 PAP 或 CHAP 实现安全认证功能。

PPP 的主要组成及其作用如下。

（1）链路控制协议（LCP）:主要用于管理 PPP 数据链路,包括进行链路层参数的协商,建立、拆除和监控数据链路等。

（2）网络控制协议（NCP）:主要用于协商所承载的网络层协议的类型及其属性,协商在该数据链路上所传输的数据包的格式与类型,配置网络层协议等。

（3）认证协议 PAP 和 CHAP:主要用来验证 PPP 对端设备的身份合法性,在一定程度上保证链路的安全性。

在上层,PPP 通过多种 NCP 提供对多种网络层协议的支持。每一种网络层协议都有一种对应的 NCP 为其提供服务,因此 PPP 具有强大的扩展性和适应性。

## 14.4.2　PPP 会话

**1. PPP 会话的建立过程**

一个完整的 PPP 会话建立大体需要如下三个步骤,如图 14-11 所示。

（1）链路建立阶段:在这个阶段,运行 PPP 协议的设备会发送 LCP 报文来检测链路的可用情况,如果链路可用,则会成功建立链路,否则链路建立失败。

（2）认证阶段(可选):链路成功建立后,根据 PPP 帧中的认证选项来决定是否认证。如

**图 14-11　PPP 会话的建立过程**

果需要认证,则开始 PAP 或者 CHAP 认证,认证成功后进入网络协商阶段。

(3)网络层协商阶段:在这一阶段,运行 PPP 的双方发送 NCP 报文来选择并配置网络层协议,双方会协商彼此使用的网络层协议(比如是 IP,还是 IPX),同时也会选择对应的网络层地址(如 IP 地址或 IPX 地址)。如果协商通过,则 PPP 链路建立成功。

**2. PPP 会话流程**

详细的 PPP 会话建立流程如图 14-12 所示。

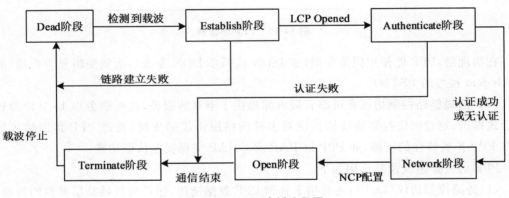

**图 14-12　PPP 会话流程图**

(1)当物理层不可用时,PPP 链路处于 Dead 阶段,链路必须从这个阶段开始和结束。当通信双方的两端检测到物理线路激活(通常是检测到链路上有载波信号)时,就会从当前这个阶段进入下一个阶段。

(2)当物理层可用时,进入 Establish 阶段。PPP 链路在 Establish 阶段进行 LCP 协商,协商的内容包括是否采用链路捆绑、使用何种认证方式、最大传输单元等。协商成功后 LCP 进入 Opened 状态,表示底层链路已经建立。

(3)如果配置了认证,则进入 Authenticate 阶段,开始 PAP 或 CHAP 认证。这个阶段仅支持链路控制协议、认证协议和质量检测数据报文,其他的数据报文都会被丢弃。

(4)如果认证失败,则进入 Terminate 阶段,拆除链路,LCP 状态转为 Down。如果认证成功,则进入 Network 阶段,由 NCP 协商网络层协议参数,此时 LCP 状态仍为 Opened,而 NCP 状态从 Initial 转到 Request。

(5)通过 NCP 协商来选择和配置一个网络层协议,只有相应的网络层协议协商成功后,该网络层协议才可以通过这条 PPP 链路发送报文。

（6）PPP 链路将一直保持通信，直至有明确的 LCP 或 NCP 帧来关闭这条链路，或发生了某些外部事件。

（7）PPP 能在任何时候终止链路。在载波丢失、认证失败、链路质量检测失败或管理员人为关闭链路等情况下均会导致链路终止。

◆ **14.4.3 PPP 认证**

PPP 会话的认证阶段是可选的。在链路建立完成并选好认证协议后，双方便可以开始进行验证。若要使用验证，必须在网络层协议配置阶段先配置命令以使用认证。

当设定 PPP 认证时，既可以选择 PAP，也可以选择 CHAP。一般而言，CHAP 通常是首选使用的协议。

**1. PAP 认证**

PAP 认证是一种两次握手认证协议，它以明文方式在链路上发送认证密码，认证过程仅在链路初始建立阶段进行。PAP 的认证过程如图 14-13 所示。

PAP 认证分为 PAP 单向认证与 PAP 双向认证。PAP 单向认证是指一端作为主认证方，另一端作为被认证方；PAP 双向认证是单向认证的简单叠加，即两端都是既作为主认证方又作为被认证方。

被认证方以明文发送用户名和密码到主认证方。主认证方核实用户名和密码，如果此用户合法且密码正确，则会给对端发送 ACK（配置确认）消息，通知对端认证通过，允许进入下一阶段协商；如果用户名和密码不正确，则发送 NAK（配置否认）消息，通知对端认证失败。

为了确认用户名和密码的正确性，主认证方要么检索本机预先配置的本地用户列表，要么采用类似于 RADIUS（远程认证拨入用户服务协议）的远程验证协议向网络上的认证服务器查询用户名和密码信息。

PAP 认证失败后不会直接将链路关闭，只有当认证失败次数达到一定值时，链路才会被关闭，这样可以防止因误传、线路干扰等造成不必要的 LCP 重新协商过程。

在 PAP 认证中，用户名和密码在网络上以明文的方式传送，如果在传输的过程中被监听，监听者可以获知用户名和密码，并利用其通过认证，从而可能对网络安全造成威胁。因此，PAP 认证适合于对网络安全要求相对较低的环境。

**2. CHAP 认证**

CHAP 认证为三次握手认证，CHAP 协议是在链路建立的开始就完成的。在链路建立完成后的任何时间都可以重复发送认证信息进行再验证。CHAP 可以提供定期检验以改善安全性等功能，这使得 CHAP 比 PAP 更有效率。CHAP 认证过程如图 14-14 所示。

（1）CHAP 认证由主认证方主动发起认证请求，主认证方向被认证方发送一个挑战信息（一般为随机数）。

（2）被认证方收到主认证方的认证请求后，利用密码和单向散列函数（典型为 MD5）对该挑战信息进行计算，生成一个摘要，并将此摘要发给主认证方。

（3）主认证方用收到的摘要值与它本身按同样的方法计算出来的摘要值进行比较。如果相同，则向被认证方发送 ACK 消息声明认证通过；如果不同，则认证不通过，向被认证方发送 NAK 消息。

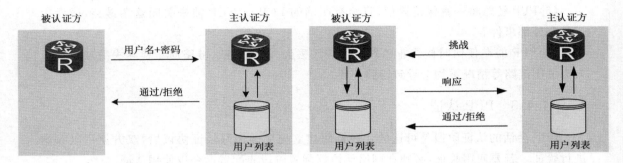

图 14-13　PAP 认证过程　　　　　　　　图 14-14　CHAP 认证过程

CHAP 单向认证是指一端作为主认证方,另一端作为被认证方。双向认证是单向认证的叠加,即两端都是既作为主认证方又作为被认证方。

**3. PAP 与 CHAP 对比**

PPP 支持的两种认证方式 PAP 和 CHAP 的区别介绍如下。

(1)PAP 通过两次握手的方式来完成认证,而 CHAP 通过三次握手验证远端设备。PAP 认证由被认证方首先发起验证请求,而 CHAP 认证由主认证方首先发起认证请求。

(2)PAP 密码以明文方式在链路上发送,并且当 PPP 链路建立后,被认证方会不停地在链路上反复发送用户名和密码,直到身份验证过程结束,所以不能防止攻击。CHAP 只会在网络上传输主机名,并不传输用户密码,因此它的安全性要比 PAP 高。

(3)PAP 和 CHAP 都支持双向身份验证,即参与验证的一方可以同时是主认证方和被认证方。

由于 CHAP 的安全性高于 PAP,因此其应用更加广泛。

◆ **14.4.4　配置 PPP 协议**

**1. 配置 PPP 基本功能**

配置 PPP 基本功能包括配置接口的链路层协议为 PPP 和配置端口的 IP 地址。通信双方的 PPP 基本功能配置完成后,可以初步建立 PPP 链路。其主要包括以下两项配置任务。

1)配置接口封装的链路层协议为 PPP

要在路由器接口上封装 PPP 协议,在接口视图下使用如下命令。

**link-protocol ppp**

这一步其实不用配置,因为默认情况下除以太网接口外,其他接口封装的链路层协议均为 PPP。配置时应当注意:通信双方的接口都要使用 PPP,如果双方采用不同的封装协议,比如一端使用 HDLC 协议封装,而另一端使用 PPP 协议封装,则双方关于封装协议的协商将失败。此时,链路处于协议性关闭(protocol down)状态,通信无法进行。

2)配置接口的 IP 地址

配置接口的 IP 地址主要有两种方式:一种是在接口上直接配置 IP 地址,另一种是通过 IP 地址协商获取 IP 地址。配置 PPP 协商 IP 地址又分以下两种情况。

(1)配置设备作为 PPP 客户端。

如果本端设备接口封装的链路层协议为 PPP,且未配置 IP 地址,而对端已有 IP 地址时,可把本端设备配置为客户端,使本端设备接口接收 PPP 协商产生的由对端分配的 IP 地址。这种方式主要用在通过 ISP 访问 Internet 时,获得由 ISP 分配的 IP 地址。

默认情况下,接口不通过 PPP 协商获取 IP 地址。要使用 PPP 协商获取 IP 地址,在接口视图下使用如下命令。

**ip address ppp-negotiate**

(2)配置设备作为 PPP 服务器。

设备作为服务器时,可以直接为对端分配 IP 地址,也可以采用 DHCP 全局地址池为对端分配 IP 地址。在接口视图下使用如下命令为对端设备指定 IP 地址。

**remote address**⟨*ip-address* │ **pool** *pool-name*⟩

配置直接为对端分配 IP 地址时,需要在作为客户端的设备上配置 **ip address ppp-negotiate** 命令,以使对端接口接受由 PPP 协商产生的 IP 地址。

配置采用 DHCP 全局地址池为对端分配 IP 地址时,首先要在系统视图下配置本地 IP 地址池,指明地址池的地址范围,然后在接口视图下指定该接口使用的地址池。

图 14-15 所示为 PPP 基本功能配置的示例,RouterA 作为 PPP 客户端使用 PPP 协商获取 IP 地址。

S1/0/0:10.0.0.1/32                                S1/0/0:10.0.0.2/30

**RouterA**                                                              **RouterB**

[RouterA]interface Serial 1/0/0                  [RouterB]interface Serial 1/0/0
[RouterA-Serial1/0/0]link-protocol ppp          [RouterB-Serial1/0/0]link-protocol ppp
[RouterA-Serial1/0/0]ip address ppp-negotiate   [RouterB-Serial1/0/0]ip address 10.0.0.2 30
                                                 [RouterB-Serial1/0/0]remote address 10.0.0.1

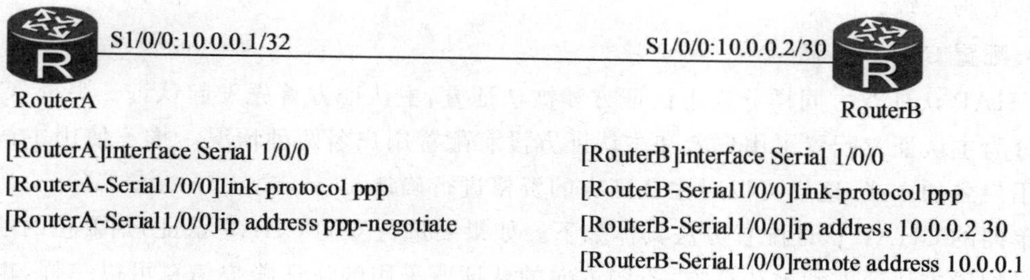

**图 14-15　PPP 基本功能配置示例**

### 2. 配置 PAP 认证

PPP 基本功能实现后,用户根据需要配置 PAP 或 CHAP 认证。PAP 认证需要同时在主认证方和被认证方进行配置。在主认证方本地要创建好用于对被认证方进行认证的用户账户信息(包括用户名和密码),而在被认证方要配置在进行认证时要发送的用户账户信息,且要与主认证方本地用于认证的用户账户信息完全一致。当然,两端还要配置采用相同的 PPP 认证方式。

单向的 PAP 认证配置方法具体如下,如果要进行双向 PAP 认证,则要在两端设备上同时配置主认证方和被认证方,不同方向的认证所采用的认证账户信息可以一样,也可以不一样。

1)主认证方设备上配置 PAP 认证

PAP 认证分为主认证方和被认证方,在主认证方设备上配置 PAP 认证的步骤如下。

(1)在接口视图下使用如下命令配置本地认证对端的方式为 PAP。

**ppp authentication-mode pap** [ [**call-in**] **domain** *domain-name* ]

该命令中:参数 **call-in** 为可选项,指定只在远端用户呼入时才认证对方;**domain** *domain-name* 为可选参数,指定用户认证采用的域名。

(2)将对端用户名和密码加入本地用户列表并设置服务类型,其具体命令格式如下。

```
aaa
    local-user username password cipher password
    local-user username service-type ppp
```

首先在系统视图下使用 **aaa** 命令进入 AAA 视图,然后使用 **local-user** *username* **password cipher** *password* 命令创建本地用户的用户名和密码,使用 **local-user** *username* **service-type ppp** 命令指定本地用户使用的服务类型为 PPP,默认情况下,本地用户可以使用所有的接入类型。

2)被认证方设备上配置 PAP 认证

在被认证方设备上配置 PAP 认证只需要一条命令,即将用户名和密码发送到主认证方,配置命令格式如下。

```
ppp paplocal-user username password ⟨cipher | simple⟩ password
```

该命令中:参数 **username** 指定本地设备被对端设备采用 PAP 方式认证时发送的用户名,要与主认证方配置的用户名一致;**cipher** 指定密码为密文显示,**simple** 指定密码为明文显示;*password* 指定本地设备被对端设备采用 PAP 方式认证时发送的密码,要与主认证方配置的密码一致。

**3. 配置 CHAP 认证**

CHAP 认证双方同样分为主认证方和被认证方,主认证方首先发起认证。另外,CHAP 认证分为主认证方配置了用户名和主认证方没有配置用户名两种情况。推荐使用主认证方配置用户名的方式,这样可以对主认证方的资格进行确认。

单向的 CHAP 认证配置方法具体如下。如果要进行双向 CHAP 认证,则要在两端设备上同时配置主认证方和被认证方,不同方向的认证所采用的认证账户信息可以一样,也可以不一样。

1)主认证方设备上配置 CHAP 认证

在主认证方设备上配置 CHAP 认证的步骤如下。

(1) 在接口视图下使用如下命令配置本地认证对端的方式为 CHAP。

```
ppp authentication-modechap [ [call-in] domain domain-name]
```

该命令中:参数 **call-in** 为可选项,指定只在远端用户呼入时才认证对方;**domain** *domain-name* 为可选参数,指定用户认证采用的域名。

(2) 将对端用户名和密码加入本地用户列表并设置服务类型。具体命令格式如下。

```
aaa
    local-user username password cipher password
    local-user username service-type ppp
```

首先在系统视图下使用 **aaa** 命令进入 AAA 视图,然后使用 **local-user** *username* **password cipher** *password* 命令创建本地用户的用户名和密码,使用 **local-user** *username* **service-type ppp** 命令指定本地用户使用的服务类型为 PPP,默认情况下,本地用户可以使用所有的接入类型。

2)被认证方设备上配置 CHAP 认证

在被认证方设备上配置 CHAP 认证,需要在接口视图下使用如下两条命令。

```
ppp chap user username
ppp chap password⟨cipher | simple⟩ password
```

参数 *username* 用于指定本地设备被对端设备采用 CHAP 方式认证时发送的用户名，要与主认证方配置的用户名一致；**cipher** 指定密码为密文显示，**simple** 指定密码为明文显示；*password* 指定本地设备被对端设备采用 CHAP 方式认证时发送的密码，要与主认证方配置的密码一致。

◆ **14.4.5 PPP PAP 配置示例**

本示例的基本网络拓扑结构如图 14-16 所示，RouterA 的 Serial 1/0/0 接口和 RouterB 的 Serial 1/0/0 接口相连。RouterA 和 RouterB 之间运行 PPP 协议，并采用 PAP 认证。

**图 14-16　PPP PAP 配置示例**

如果用户希望 RouterA 认证 RouterB，则需要配置 PAP 单向认证，即 RouterA 作为 PAP 认证的主认证方，RouterB 作为 PAP 认证的被认证方。RouterB 使用用户名为 routerb、密码为 huawei123 向 RouterA 请求认证。在 RouterA 和 RouterB 上配置 PAP 单向认证的步骤如示例 14-1 所示。

　配置 PPP PAP 单向认证。

```
// (1) 主认证方配置
[RouterA]aaa
[RouterA-aaa]local-user routerb password cipher huawei123
[RouterA-aaa]local-user routerb service-type ppp
[RouterA-aaa]quit
[RouterA]interface Serial 1/0/0
[RouterA-Serial1/0/0]link-protocol ppp
[RouterA-Serial1/0/0]ip address 10.0.0.1 30
[RouterA-Serial1/0/0]ppp authentication-mode pap
[RouterA-Serial1/0/0]quit
// (2) 被认证方配置
[RouterB]interface Serial 1/0/0
[RouterB-Serial1/0/0]ip address 10.0.0.2 30
[RouterB-Serial1/0/0]link-protocol ppp
[RouterB-Serial1/0/0]ppp pap local-user routerb password cipher huawei123
[RouterB-Serial1/0/0]quit
```

完成以上配置后，在 RouterA 上执行 **display local-user** 命令查看本地用户的配置情况，执行 **display interface serial** 1/0/0 命令查看接口的配置信息、验证配置结果，如示例 14-2 所示。

　　执行 **display local-user** 和 **display interface serial** 1/0/0 命令显示信息。

```
[RouterA]display local-user
-------------------------------------------
User-name                    State  AuthMask  AdminLevel
-------------------------------------------
admin                          A      H          -
routerb A      P               -
-------------------------------------------
[RouterA]display interface Serial 1/0/0
Serial1/0/0 current state : UP
Line protocol current state :UP
Last line protocol up time : 2018-03-30 09:30:05 UTC-08:00
Description:HUAWEI,AR Series,Serial1/0/0 Interface
Route Port,The Maximum Transmit Unit is 1500,Hold timer is 10(sec)
Internet Address is 10.0.0.1/30
Link layer protocol is PPP
LCP opened,IPCP opened
Last physical up time   : 2018-03-30 09:30:03 UTC-08:00
Last physical down time : 2018-03-30 09:30:01 UTC-08:00
Current system time: 2018-03-30 09:32:21-08:00
Physical layer is synchronous,Virtualbaudrate is 64000 bps
Interface is DTE,Cable type is V11,Clock mode is TC
Last 300 seconds input rate 6 bytes/sec 48 bits/sec 0 packets/sec
Last 300 seconds output rate 2 bytes/sec 16 bits/sec 0 packets/sec
Input: 699 packets,22802 bytes
  Broadcast:           0, Multicast:            0
  Errors:              0, Runts:                0
  Giants:              0, CRC:                  0
  Alignments:          0, Overruns:             0
  Dribbles:            0, Aborts:               0
  No Buffers:          0, Frame Error:          0
Output: 702 packets,8968 bytes
  Total Error:         0, Overruns:             0
  Collisions:          0, Deferred:             0
    Input bandwidth utilization  :    0%
    Output bandwidth utilization :    0%
```

从以上输出结果可以看出接口物理层和数据链路层的状态都是 up,并且 PPP 的 LCP
和 IPCP 都是 opened 状态,说明链路的 PPP 协商已经成功,并且 RouterA 和 RouterB 可以
互相 Ping 通对方。

如果用户希望 RouterA 和 RouterB 互相进行认证,则需要配置 PAP 双向认证,既
RouterA 和 RouterB 都要作为 PAP 认证的主认证方和被认证方。RouterA 使用用户名为
routera、密码为 huawei123 向 RouterB 请求认证,RouterB 使用用户名为 routerb、密码为
huawei123 向 RouterA 请求认证。在 RouterA 和 RouterB 上配置 PAP 双向认证的步骤如

示例 14-3 所示。

 配置 PPP PAP 双向认证。

```
// (1) RouterA 作为主认证方和 RouterB 作为被认证方配置
[RouterA]aaa
[RouterA-aaa]local-user routerb password cipher huawei123
[RouterA-aaa]local-user routerb service-type ppp
[RouterA-aaa]quit
[RouterA]interface Serial 1/0/0
[RouterA-Serial1/0/0]link-protocol ppp
[RouterA-Serial1/0/0]ip address 10.0.0.1 30
[RouterA-Serial1/0/0]ppp authentication-mode pap
[RouterA-Serial1/0/0]quit
[RouterB]interface Serial 1/0/0
[RouterB-Serial1/0/0]ip address 10.0.0.2 30
[RouterB-Serial1/0/0]link-protocol ppp
[RouterB-Serial1/0/0]ppp pap local-user routerb password cipher huawei123
[RouterB-Serial1/0/0]quit
// (2) RouterB 作为主认证方和 RouterA 作为被认证方配置
[RouterB]aaa
[RouterB-aaa]local-user routera password cipher huawei123
[RouterB-aaa]local-user routera service-type ppp
[RouterB-aaa]quit
[RouterB]interface Serial 1/0/0
[RouterB-Serial1/0/0]ppp authentication-mode pap
[RouterB-Serial1/0/0]quit
[RouterA]interface Serial 1/0/0
[RouterA-Serial1/0/0]ppp pap local-user routera password cipher huawei123
[RouterA-Serial1/0/0]quit
```

◆ **14.4.6 PPP CHAP 配置示例**

本示例的基本网络拓扑结构如图 14-16 所示,此处不同的是用户希望 RouterA 对 RouterB 进行可靠的 CHAP 认证,而 RouterB 不需要对 RouterA 进行认证。

RouterA 作为 CHAP 认证的主认证方,RouterB 作为 CHAP 认证的被认证方。 RouterB 使用用户名为 routerb、密码为 huawei123 向 RouterA 请求认证。在 RouterA 和 RouterB 上配置 CHAP 单向认证的步骤如示例 14-4 所示。

 配置 PPP CHAP 单向认证。

```
// (1) 主认证方配置
[RouterA]aaa
[RouterA-aaa]local-user routerb password cipher huawei123
[RouterA-aaa]local-user routerb service-type ppp
[RouterA-aaa]quit
```

```
[RouterA]interface Serial 1/0/0
[RouterA-Serial1/0/0]ip address 10.0.0.1 30
[RouterA-Serial1/0/0]link-protocol ppp
[RouterA-Serial1/0/0]ppp authentication-mode chap
[RouterA-Serial1/0/0]quit
// (2) 被认证方配置
[RouterB]interface Serial 1/0/0
[RouterB-Serial1/0/0]ip address 10.0.0.2 30
[RouterB-Serial1/0/0]link-protocol ppp
[RouterB-Serial1/0/0]ppp chap user routerb
[RouterB-Serial1/0/0]ppp chap password cipher huawei123
[RouterB-Serial1/0/0]quit
```

## 14.5 MP 配置与管理

MP(multilink PPP)是将多条 PPP 链路捆绑使用的技术,可以满足增加整个通信链路的带宽,增强可靠性(因为捆绑的多条链路之间具有冗余、备份功能)的需求。MP 捆绑的是物理 PPP 链路,包括 Serial 接口、Async 接口、CPOS 接口、ISDN BRI 接口、E1-F 接口、CEL/PRI 接口、T1-F 接口、CT1/PRI 接口、虚拟模板接口、CPOS 接口和 POS 接口等。

### ◆ 14.5.1 MP 概述

当用户对带宽的要求较高时,单个的 PPP 链路无法提供足够的带宽,这时将多个 PPP 链路进行捆绑形成 MP 链路,旨在增加链路的带宽并增强链路可靠性。

如图 4-17 所示,RouterA 和 RouterB 之间存在四条直连 PPP 链路,可以通过创建 MP 逻辑接口,将四条 PPP 链路进行捆绑,以提高速率、增加链路的带宽,且其中一条链路发生故障时,其他链路可以正常通信。

图 14-17　PPP MP 功能示意图

MP 的作用主要有以下几种。

(1)提供更高的带宽:当一条链路带宽无法满足需要时,可以用多个 PPP 链路捆绑提供更高的带宽。

(2)结合 DCC(dial control center,拨号控制中心)实现动态增加或减小带宽:可以在当前使用的链路带宽不足时再自动接通一条链路,而带宽足够时挂断另一条链路。

(3)实现多条链路的负载分担:PPP 可以向捆绑在一起的多条链路上平均分配载荷数据。

(4)多条链路互为备份:同一 MP 捆绑中的某条链路中断时,整个 MP 捆绑链路仍然可以正常工作。

(5)利用分片可以降低报文传输延迟：MP 可以将报文分片并分配在多个链路上，这样在发送较大的分组时可以降低其传输延迟。MP 会将报文分片，并从 MP 链路下的多个 PPP 通道发送到 PPP 对端设备，对端再将这些分片组装起来传递给网络层。

## 14.5.2　MP 实现方式

MP 的实现主要有两种方式：一种是通过配置虚拟模板接口（virtual-template，VT）实现；另一种是利用 MP-Group 接口实现，具体实现方式及应用场景如表 14-1 所示。

表 14-1　MP 的实现方式

| 分　类 | 子　分　类 | 特点及应用场景 | 限　制 |
|---|---|---|---|
| 采用虚拟模板接口实现 MP | 将多条 PPP 链路直接绑定到 VT 上实现 MP | 通过多条 PPP 链路和一个虚拟接口模板的直接绑定实现 MP，可以配置认证，也可以配置不认证。这种方法配置简单，但当采用不认证方式时，安全性不高 | 同一条链路上这两种实现方式互斥 |
| | 按照 PPP 链路用户名查找 VT 实现 MP | 系统可以根据认证通过的对端用户名找到绑定的虚拟接口模板，相同用户名绑定到一个虚拟接口模板。这种 MP 绑定方式一定要配置 PPP 认证，只有接口通过认证后，绑定才能生效。这种方法实现灵活，但配置复杂，一般用于灵活性要求较高的场合 | |
| 采用 MP-Group 实现 MP | 将多条 PPP 链路加入 MP-Group 实现 MP | MP-Group 接口是 MP 的专用逻辑接口，不能支持其他应用，通过直接将多条 PPP 链路加入 MP-Group 实现 MP。这种方法快速高效、配置简单、容易理解，实际应用中多采用这种方法进行 PPP 绑定 | |

MP 链路的建立过程与 PPP 链路的建立过程类似，在 Dead 阶段与 Terminate 阶段与 PPP 一致，在其他阶段与 PPP 有一定区别，主要表现存以下几个方面。

（1）在 Establish 阶段，在 MP 中的 PPP 链路进行 LCP 协商时，除了协商一般 LCP 参数外，还要认证终端描述符是否一致，以及对端接口是否也工作在 MP 方式下。如果协商不一致，LCP 协商将不成功。

（2）在 Authenticate 阶段，无论是 VT 接口还是 MP-Group 接口都不支持认证，只能在物理接口下进行认证配置。

（3）在 Network 阶段，是在 MP 链路上进行的 IPCP 协商，IPCP 协商通过后，MP 链路就可以正式使用，在上面传送 IP 报文了。

## 14.5.3　配置 PPP MP

### 1. 配置将 PPP 链路直接绑定到 VT 上实现 MP

设备通过多个接口和一个虚拟模板接口的直接绑定实现 MP。在这种 MP 实现方式下，可以配置 PPP 认证，也可以不配置 PPP 认证。配置 PPP 认证时，认证均仅可在物理 PPP 接口上配置，各 PPP 物理接口通过 PPP 认证后，绑定才能生效；不配置 PPP 认证时，当各 PPP 物理接口的 LCP 状态为 UP 后，绑定就生效。具体的配置步骤如表 14-2 所示。

表 14-2　将 PPP 链路直接绑定到 VT 上实现 MP 的配置步骤

| 步骤 | 命　令 | 说　明 |
|---|---|---|
| 1 | **interface virtual-template** *vt-number* | 创建并进入指定的虚拟模板接口视图。参数 *vt-number* 用来指定创建的虚拟模板接口的编号 |
| 2 | **ip address** *ip-address*｛ *mask* ｜ *mask-length* ｝ | 直接为 VT 接口配置 IP 地址,不需要再在各个物理 PPP 链路接口上配置 IP 地址 |
| | **ip address ppp-negotiate** | 配置本端 VT 接口接受 PPP 协商产生的由对端 VT 接口分配的 IP 地址,不需要再在各个物理 PPP 链路接口上配置 IP 地址 |
| 3 | **interface** *interface-type interface-number* | 进入要绑定到 VT 中的物理接口视图 |
| 4 | **ppp mp virtual-template** *vt-number* | 在接口视图下,将以上物理接口绑定在指定 VT 上。这里的参数 *vt-number* 取值要和步骤 1 中配置的 *vt-number* 值一致 |
| 5 | 请根据需要配置认证或不配置 | |
| 6 | 重复步骤 3 至步骤 5,可以将多个接口和虚拟接口模板绑定,但对于需要绑定在一起的接口,必须采用同样的绑定方式 | |
| 7 | 为了使 PPP 重新协商,以保证所有物理接口成功绑定到 MP,配置完成后,请重启所有物理接口 | |

在采用 VT 进行 MP 直接绑定时,不能实现 VT 接口嵌套绑定,如果在一个 VT1 接口下绑定另一个 VT2 接口时,VT1 上的业务不能在 VT2 接口下生效。

**2. 配置按照 PPP 链路用户名查找 VT 实现 MP**

设备可以根据验证通过的对端用户名找到绑定的 VT 接口,将使用相同用户名认证的 PPP 链路被绑定到同一个 VT 接口上。这种 MP 绑定方式一定要配置 PPP 认证,只有接口通过 PPP 认证后,绑定才能生效。具体的配置步骤如表 14-3 所示。

表 14-3　按照 PPP 链路用户名查找 VT 上实现 MP 的配置步骤

| 步骤 | 命　令 | 说　明 |
|---|---|---|
| 1 | **interface virtual-template** *vt-number* | 创建并进入指定的虚拟模板接口视图。参数 *vt-number* 用来指定创建的虚拟模板接口的编号 |
| 2 | **ip address** *ip-address*｛*mask* ｜ *mask-length*｝ | 直接为 VT 接口配置 IP 地址,不需要再在各个物理 PPP 链路接口上配置 IP 地址 |
| | **ip address ppp-negotiate** | 配置本端 VT 接口接受 PPP 协商产生的由对端 VT 接口分配的 IP 地址,不需要再在各个物理 PPP 链路接口上配置 IP 地址 |
| 3 | **ppp mp binding-mode**｛ **authentication** ｜ **descriptor** ｜ **both** ｝ | 配置 MP 捆绑的条件。命令中的选项说明如下:<br>● **authentication**:多选一选项,指定根据对端用于 PPP 认证的用户名进行 PPP 捆绑。<br>● **descriptor**:多选一选项,指定根据对端设备的终端标识符进行 PPP 捆绑。此时要根据需要在对端设备上使用 **ppp mp endpoint** *endpoint-name* 命令配置终端描述符。<br>● **both**:多选一选项,指定同时根据对端用户名和终端标符进行 PPP 捆绑。<br>配置的 MP 捆绑条件需要与对端保持一致,否则会导致 MP 协商异常。默认情况下,同时根据对端用户名和终端标识符进行 MP 捆绑,即捆绑模式为 **both** |

续表

| 步骤 | 命 令 | 说 明 |
|---|---|---|
| 4 | **ppp mp** *userusername* **bind virtual-template** *vt-number* | 配置对端用户和虚拟接口模板的对应关系。命令中的参数说明如下。<br>● *usernames*：指定用户名，即指定 PPP 链路进行 PAP 或 CHAP 认证时所接收到的对端用户名。<br>● *vt-number*：指定以上用户名要绑定的虚拟模板接口号。该参数的取值要和步骤 1 中配置的 *vt-number* 值一致 |
| 5 | **interf** *aceinterface-type interface-number* | 进入要绑定到 VT 中的物理接口视图 |
| 6 | **ppp mp** | 配置封装 PPP 的接口工作在 MP 方式。<br>默认情况下，接口工作在普通 PPP 方式 |
| 7 | 配置 PPP 双向认证（可以是 PAP 认证或者 CHAP 认证） | |
| 8 | 重复步骤 5 至步骤 7，可以将多个接口和虚拟接口模板绑定，但对于需要绑定在一起的接口，必须采用同样的绑定方式 | |
| 9 | 为了使 PPP 重新协商，以保证所有物理接口成功绑定到 MP，配置完成后，请重启所有物理接口 | |

### 3. 配置将 PPP 链路加入 MP-Group 实现 MP

MP-Group 是一个专门用于 MP 的逻辑接口，通过建立接口和 MP-Group 的对应关系，将多个接口加入到一个 MP-Group 逻辑接口，实现 MP。这种方式实现更为简单，所以被广泛采用，具体配置步骤如表 14-4 所示。

表 14-4  将 PPP 链路加入 MP-Group 实现 MP 的配置步骤

| 步骤 | 命 令 | 说 明 |
|---|---|---|
| 1 | **interfacemp-group** *number* | 创建一个 MP-Group 类型的接口并进入指定的 MP-Group 接口视图。参数 *number* 用来指定创建的 MP-Group 接口的编号 |
| 2 | **ip address** *ip-address* { *mask* \| *mask-length* } | 直接为 VT 接口配置 IP 地址，不需要再在各个物理 PPP 链路接口上配置 IP 地址 |
| | **ip address ppp-negotiate** | 配置本端 VT 接口接受 PPP 协商产生的由对端 VT 接口分配的 IP 地址，不需要再在各个物理 PPP 链路接口上配置 IP 地址 |
| 3 | **interface** *interface-type interface-number* | 进入要绑定到 VT 中的物理接口视图 |
| 4 | **ppp mpmp-group** *number* | 在接口视图下，将以上物理接口加入指定 MP-Group，使该接口工作在 MP 方式。这里的参数 *number* 取值要和步骤 1 中配置的 *number* 值一致 |
| 5 | 请根据需要配置认证或不配置 | |
| 6 | 重复步骤 3 至步骤 5，可以将多个物理接口和 MP-Group 绑定，但对于需要绑定在一起的接口，必须采用同样的绑定方式 | |
| 7 | 为了使 PPP 重新协商，以保证所有物理接口成功绑定到 MP，配置完成后，应重启所有物理接口 | |

## ◆ 14.5.4  PPP MP 配置示例

### 1. 将 PPP 链路直接绑定到 VT 上实现 MP 的配置示例

本示例的基本网络结构如图 14-18 所示，路由器 RouterA 和 RouterB 的两对串口分别相连。在大型企业网中,用户发现业务繁忙,单条链路无法支持数据的传输,现希望采用配置简单,安全性不高的方法增加传输带宽,以保证数据的传输。

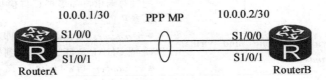

图 14-18  PPP MP 配置示例

本示例中用户要求配置简单,可以使用将 PPP 链路直接绑定到 VT 上的方式来实 MP,同时用户对安全性要求又不高,故无须配置每条 PPP 链路的用户认证。因为 RouterA 和 RouterB 的配置是对称的,基本一样,不同的只是 IP 地址,故在此仅以 RouterA 上的配置为例进行介绍。具体配置步骤如示例 14-5 所示。

  配置将 PPP 链路直接绑定到 VT 上实现 MP。

```
// (1) 创建并配置虚拟模板接口 VT1,然后根据图示为接口 VT1 配置 IP 地址
[RouterA]interface Virtual-Template 1
[RouterA-Virtual-Template1]ip address 10.0.0.1 30
[RouterA-Virtual-Template1]quit
// (2) 配置物理接口 Serial 1/0/0、Serial1 1/0/1 与前面创建的 VT1 直接绑定,使物理接口工作在
MP方式
[RouterA]interface Serial 1/0/0
[RouterA-Serial 1/0/0]ppp mp virtual-template 1
[RouterA-Serial 1/0/0]quit
[RouterA]interface Serial 1/0/1
[RouterA-Serial 1/0/1]ppp mp virtual-template 1
[RouterA-Serial 1/0/1]quit
```

配置好后,可使用 **display ppp mp** 命令查看绑定效果。示例 14-6 是在 RouterA 上输出的结果。

**示例 14-6**  命令 **display ppp mp** 输出信息。

```
[RouterA]display ppp mp
Template is Virtual-Template1
Bundle 23df3e968e39,2 members,slot 0,Master link is Virtual-Template1:0
  0 lost fragments,0 reordered,0 unassigned,
sequence 0/0 rcvd/sent
The bundled sub channels are:
    Serial 1/0/0
    Serial 1/0/1
```

从以上输出显示的信息可以看出:Bundle 23df3e968e39,表示 MP 是通过虚拟接口模板直接绑定的。其中,23df3e968e39 是对端设备的终端描述符;从" The bundled sub channels are:"下面的列表可以看出,当前 MP 包含两个子链路,分别是 Serial 1/0/0 和 Serial 1/0/1。

**2. 按照 PPP 链路用户名查找 VT 实现 MP 的配置示例**

本示例的基本网络结构见图 14-18，不同的只是现用户希望维护方便，需要根据 PPP 链路的用户名灵活地增加或减少传输带宽，且对安全性要求较高。

根据本示例用户希望维护方便和较高安全性的要求，可以选择使用按照 PPP 链路用户名查找 VT 实现 MP 的方式，并在每条 PPP 链路上配置 CHAP 双向认证。在 RouterA 和 RouterB 上的具体配置步骤分别如示例 14-7 和示例 14-8 所示。

**示例 14-7**　　在 RouterA 上配置按照 PPP 链路用户名查找 VT 实现 MP。

```
// (1) 创建并配置虚拟模板接口 VT1，并指定采用根据对端用户名进行 PPP 捆绑，为 VT1 接口配置 IP
地址
[RouterA]interface virtual-template 1
[RouterA-Virtual-Template1]ip address 10.0.0.1 30
[RouterA-Virtual-Template1]ppp mp binding-mode authentication
[RouterA-Virtual-Template1]quit
// (2) 配置 VT1 要绑定的对端用户名
// (3) 配置物理接口 Serial1 1/0/0、Serial 1/0/1 工作在 MP 方式，并采用 CHAP 认证，配置设备作
为主认证方时需要配置的本地用户以及作为被认证方时需要的 CHAP 认证用户名和密码
[RouterA]aaa
[RouterA-aaa]local-user routerb password cipher huawei123
[RouterA-aaa]local-user routerb service-type ppp
[RouterA-aaa]quit
[RouterA]interface Serial 1/0/0
[RouterA-Serial1/0/0]ppp mp
[RouterA-Serial1/0/0]ppp authentication-mode chap
[RouterA-Serial1/0/0]ppp chap user routera
[RouterA-Serial1/0/0]ppp chap password cipher huawei123
[RouterA-Serial1/0/0]quit
[RouterA]interface Serial 1/0/1
[RouterA-Serial1/0/1]ppp mp
[RouterA-Serial1/0/1]ppp authentication-mode chap
[RouterA-Serial1/0/1]ppp chap user routera
[RouterA-Serial1/0/1]ppp chap password cipher huawei123
[RouterA-Serial1/0/1]quit
// (4) 重启 Serial 1/0/0、Serial1 1/0/1 接口，使 MP 配置生效
[RouterA]interface Serial 1/0/0
[RouterA-Serial1/0/0]shutdown
[RouterA-Serial1/0/0]undo shutdown
[RouterA-Serial1/0/0]quit
[RouterA]interface Serial 1/0/1
[RouterA-Serial1/0/1]shutdown
[RouterA-Serial1/0/1]undo shutdown
[RouterA-Serial1/0/1]quit
```

示例 14-8        在 RouterB 上配置按照 PPP 链路用户名查找 VT 实现 MP。

// (1) 创建并配置虚拟模板接口 VT1,并指定采用根据对端用户名进行 PPP 捆绑,为 VT1 接口配置 IP

地址

[RouterB]interface virtual-template 1

[RouterB-Virtual-Template1]ip address 10.0.0.2 30

[RouterB-Virtual-Template1]ppp mp binding-mode authentication

[RouterB-Virtual-Template1]quit

// (2) 配置 VT1 要绑定的对端用户名

[RouterB]ppp mp user routera bind virtual-template 1

// (3) 配置物理接口 Serial1 1/0/0、Serial 1/0/1 工作在 MP 方式,并采用 CHAP 认证,配置设备作

为主认证方时需要配置的本地用户以及作为被认证方时需要的 CHAP 认证用户名和密码

[RouterB]aaa

[RouterB-aaa]local-user routera password cipher huawei123

[RouterB-aaa]local-user routera service-type ppp

[RouterB-aaa]quit

[RouterB]interface Serial 1/0/0

[RouterB-Serial1/0/0]ppp mp

[RouterB-Serial1/0/0]ppp authentication-mode chap

[RouterB-Serial1/0/0]ppp chap user routerb

[RouterB-Serial1/0/0]ppp chap password cipher huawei123

[RouterB-Serial1/0/0]quit

[RouterB]interface Serial 1/0/1

[RouterB-Serial1/0/1]ppp mp

[RouterB-Serial1/0/1]ppp authentication-mode chap

[RouterB-Serial1/0/1]ppp chap user routerb

[RouterB-Serial1/0/1]ppp chap password cipher huawei123

[RouterB-Serial1/0/1]quit

[RouterB]

// (4) 重启 Serial 1/0/0、Serial 1/0/1 接口,使 MP 配置生效

[RouterB]interface Serial 1/0/0

[RouterB-Serial1/0/0]shutdown

[RouterB-Serial1/0/0]undo shutdown

[RouterB-Serial1/0/0]quit

[RouterB]interface Serial 1/0/1

[RouterB-Serial1/0/1]shutdown

[RouterB-Serial1/0/1]undo shutdown

[RouterB-Serial1/0/1]quit

配置好后,可在 RouterA 和 RouterB 上分别执行 **display ppp mp** 命令,查看配置结果和
绑定效果。以下示例 14-9 所示是在 RouterA 上的输出结果。

示例 14-9        命令 **display ppp mp** 输出信息。

```
<RouterA>display ppp mp
Template is Virtual-Template1
Bundle routerb,2 members,slot 0,Master link is Virtual-Template1:0
  0 lost fragments,0 reordered,0 unassigned,
sequence 0/0 rcvd/sent
The bundled sub channels are:
      Serial 1/0/0
      Serial 1/0/1
```

根据显示信息可以看出：Bundle routerb 表示 MP 是通过用户名验证绑定虚拟接口模板生成的，包含 Serial 1/0/0 和 Serial 1/0/1 两个成员信息。

**3. 将 PPP 链路加入 MP-Group 实现 MP 的配置示例**

本示例的基本网络结构见图 14-18，不同的只是用户希望采用配置快速高效、简单且安全性较高的方法增加传输带宽，以保证数据的传输。根据用户的要求，可以将 PPP 链路加入 MP-Group 实现 MP，并对物理接口采用 CHAP 双向认证。在 RouterA 和 RouterB 上的具体配置步骤分别如示例 14-10 和示例 14-11 所示。

**示例 14-10**　在 RouterA 上配置将 PPP 链路加入 MP-Group 实现 MP。

```
// (1) 创建并配置 MP-Group 接口,并为 MP-Group 接口配置 IP 地址
[RouterA]interface Mp-group 0/0/1
[RouterA-Mp-group0/0/1]ip address 10.0.0.1 30
[RouterA-Mp-group0/0/1]quit
// (2) 配置物理接口 Serial 1/0/0、Serial 1/0/1 加入 MP-Group,并采用 CHAP 认证,配置设备作为
主认证方时需要配置的本地用户以及作为被认证方时需要的 CHAP 认证用户名和密码
[RouterA]aaa
[RouterA-aaa]local-user routerb password cipher huawei123
[RouterA-aaa]local-user routerb service--type ppp
[RouterA-aaa]quit
[RouterA]interface Serial 1/0/0
[RouterA-Serial1/0/0]ppp mp Mp-group 0/0/1
[RouterA-Serial1/0/0]ppp authentication-mode chap
[RouterA-Serial1/0/0]ppp chap user routera
[RouterA-Serial1/0/0]ppp chap password cipher huawei123
[RouterA-Serial1/0/0]quit
[RouterA]interface Serial 1/0/1
[RouterA-Serial1/0/1]ppp mp Mp-group 0/0/1
[RouterA-Serial1/0/1]ppp authentication-mode chap
[RouterA-Serial1/0/1]ppp chap user routera
[RouterA-Serial1/0/1]ppp chap password cipher huawei123
[RouterA-Serial1/0/1]quit
// (3) 重启 Serial 1/0/0、Serial 1/0/1 接口,使 MP 配置生效
[RouterA]interface Serial 1/0/0
[RouterA-Serial1/0/0]shutdown
```

```
[RouterA-Serial1/0/0]undo shutdown
[RouterA-Serial1/0/0]quit
[RouterA]interface Serial 1/0/1
[RouterA-Serial1/0/1]shutdown
[RouterA-Serial1/0/1]undo shutdown
[RouterA-Serial1/0/1]quit
```

**示例 14-11**　在 RouterB 上配置将 PPP 链路加入 MP-Group 实现 MP。

// (1) 创建并配置 MP-Group 接口，并为 MP-Group 接口配置 IP 地址
```
[RouterB]interface Mp-group 0/0/1
[RouterB-Mp-group0/0/1]ip address 10.0.0.2 30
[RouterB-Mp-group0/0/1]quit
```
// (2) 配置物理接口 Serial 1/0/0、Serial 1/0/1 加入 MP-Group，并采用 CHAP 认证，配置设备作为主认证方时需要配置的本地用户以及作为被认证方时需要的 CHAP 认证用户名和密码
```
[RouterB]aaa
[RouterB-aaa]local-user routera password cipher huawei123
[RouterB-aaa]local-user routera service-type ppp
[RouterB-aaa]quit
[RouterB]interface Serial 1/0/0
[RouterB-Serial1/0/0]ppp mp Mp-group 0/0/1
[RouterB-Serial1/0/0]ppp authentication-mode chap
[RouterB-Serial1/0/0]ppp chap user routerb
[RouterB-Serial1/0/0]ppp chap password cipher huawei123
[RouterB-Serial1/0/0]quit
[RouterB]interface Serial 1/0/1
[RouterB-Serial1/0/1]ppp mp Mp-group 0/0/1
[RouterB-Serial1/0/1]ppp authentication-mode chap
[RouterB-Serial1/0/1]ppp chap user routerb
[RouterB-Serial1/0/1]ppp chap password cipher huawei123
[RouterB-Serial1/0/1]quit
```
// (3) 重启 Serial/0/0、Serial1/0/1 接口，使 MP 配置生效
```
[RouterB]interface Serial 1/0/0
[RouterB-Serial1/0/0]shutdown
[RouterB-Serial1/0/0]undo shutdown
[RouterB-Serial1/0/0]quit
[RouterB]interface Serial 1/0/1
[RouterB-Serial1/0/1]shutdown
[RouterB-Serial1/0/1]undo shutdown
[RouterB-Serial1/0/1]quit
```

配置好后，同样可在 RouterA 和 RouterB 上分别执行 **display ppp mp** 命令，查看配置结果和绑定效果。示例 14-12 所示是在 RouterA 上的输出结果。从中可以看出 MP 子链路的物理状态和协议状态、子链路数及 MP 的成员等信息。

示例 14-12

命令 **display ppp mp** 输出信息。

```
<RouterA>display ppp mp
Mp-group is Mp-group0/0/1
===========Sublinks status begin======
Serial1/0/0 physical UP,protocol UP
Serial1/0/1 physical UP,protocol UP
===========Sublinks status end=======
Bundle Multilink,2 members,slot 0,Master link is Mp-group0/0/1
   0 lost fragments,0 reordered,0 unassigned,
sequence 0/0 rcvd/sent
The bundled sub channels are:
      Serial 1/0/0
      Serial 1/0/1
```

 **本章小结**

在本章中,我们介绍了在广域网中使用的各种协议与技术。

首先,我们介绍了广域网的作用、广域网与 OSI 参考模型以及广域网的连接方式。广域网的连接方式有专线连接、电路交换连接和分组交换连接三种类型。通过不同的接入方式的实现,可以满足不同用户的需求。

其次,讨论了点到点广域网技术和分组交换广域网技术。

最后,重点介绍了 PPP 协议的工作过程、PAP 和 CHAP 认证,以及 PPP 的配置命令。PPP 广泛地应用于点对点的场合,由 LCP、NCP、PAP 和 CHAP 等协议组成。PPP 的链路建立由三个部分组成:链路建立阶段、可选的网络验证阶段,以及网络层协商阶段。PPP 有 PAP 和 CHAP 两种认证方式。MP 是将多条 PPP 链路捆绑使用的技术,可以满足增加整个通信链路的带宽、增强可靠性的需求。

**习题14**

**1.选择题**

(1)广域网技术主要对应于 TCP/IP 模型的(　　)。

A.网络接口层　　　B.网络层　　　　C.传输层　　　　　D.应用层

(2)以下(　　)不是广域网的连接方式。

A.专线　　　　　　B.分组交换　　　C.电路交换　　　D.时分复用

(3)以下(　　)和(　　)两项属于电路交换广域网连接技术。

A.PSTN　　　　　　B.ISDN　　　　　C.帧中继　　　　D.ATM

(4)以下(　　)和(　　)两项属于分组交换广域网连接技术。

A.PSTN　　　　　　B.ISDN　　　　　C.帧中继　　　　D.ATM

(5)在 PPP 验证中,(　　)采用明文方式传送用户名和密码。

A. PAP　　　　　　　B. CHAP　　　　　　C. EPA　　　　　　　D. DES

(6)在 CHAP 验证中,敏感信息以(　　)形式进行传送。

A. 明文　　　　　　　B. 加密　　　　　　 C. 摘要　　　　　　　D. 加密的摘要

(7)在 PPP 协议中,(　　)子协议对验证选项进行协商。

A. NCP　　　　　　　B. ISDN　　　　　　C. SLIP　　　　　　　D. LCP

(8)在 PPP 协议中,(　　)子协议可用于为对等体分配 IP 地址。

A. NCP　　　　　　　B. ISDN　　　　　　C. SLIP　　　　　　　D. LCP

(9)以下(　　)不是 PPP MP 的实现方式。

A. 将链路直接绑定到 VT 上　　　　　　B. 按用户名查找 VT

C. 将链路直接绑定到 MP-Group 接口　　D. 按用户名查找 MP-Group

## 2. 问答题

(1)广域网的作用是什么?

(2)广域网链的连接方式有哪些?

(3)PPP 的主要特征是什么?

(4)简述 PPP 认证的过程。

(5)比较 PAP 和 CHAP 认证的优缺点。

(6)简述 MP 的实现方式。

# 附录 A 本书命令的语法规范及图标说明

本书命令的语法表示习惯与华为 VRP 命令参考的表示方法是相同的。命令手册中采用的表示方法如下。

(1) **粗体字**  表示按照原样输入的命令和关键字。在实际配置的示例和输出中,粗体字为用户手工输入的命令,如 **display** 命令。

(2) 斜体字  表示用户应当输入的具体值参数。

(3) 竖线(|)  用于分开可选择的、互斥的选项。

(4) 方括号([ ])  表示可选项。

(5) 大括号({ })  表示必选项。

(6) 方括号中的大括号([{ }])  表示可选项中的必选项。

本书中所使用的图标示例如下:

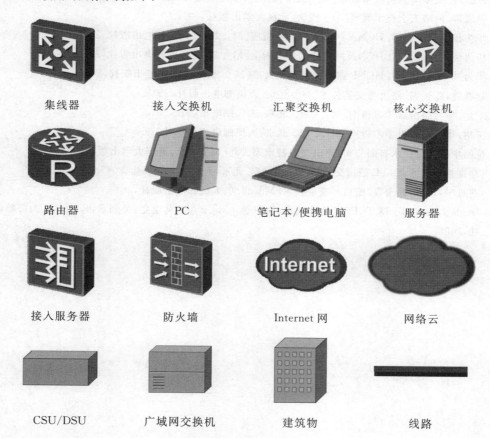

| 集线器 | 接入交换机 | 汇聚交换机 | 核心交换机 |

| 路由器 | PC | 笔记本/便携电脑 | 服务器 |

| 接入服务器 | 防火墙 | Internet 网 | 网络云 |

| CSU/DSU | 广域网交换机 | 建筑物 | 线路 |

参考文献

[1]  尹淑玲.交换与路由技术教程[M].武汉:武汉大学出版社,2012.

[2]  尹淑玲.网络安全技术教程[M].武汉:武汉大学出版社,2014.

[3]  华为技术有限公司.HCNA 网络技术实验指南[M].北京:人民邮电出版社,2017.

[4]  华为技术有限公司.HCNA 网络技术学习指南[M].北京:人民邮电出版社,2015.

[5]  华为技术有限公司.HCNP 路由交换实验指南[M].北京:人民邮电出版社,2017.

[6]  赵新胜,陈美娟.路由与交换技术[M].北京:人民邮电出版社.2018.

[7]  王达.华为路由器学习指南[M].2 版.北京:人民邮电出版社,2020.

[8]  王达.华为交换机学习指南[M].2 版.北京:人民邮电出版社,2019.

[9]  杭州华三通信技术有限公司.路由交换技术第 1 卷[M].北京:清华大学出版社,2011.

[10]  泰克教育集团.HCIE 路由交换学习指南[M].北京:人民邮电出版社,2017.

[11]  刘丹宁,田果,韩士良.路由与交换技术[M].北京:人民邮电出版社,2017.

[12]  Doyle J,Carroll J D. TCP/IP 路由技术(第一卷)[M].2 版.葛建立,吴剑章,译.北京:人民邮电出版
社,2006.